리버트론 SYS-Lab 5000 활용

임베디드 소프트웨어 쉽게 배우기

남상엽 · 김영일 · 하판봉 공저

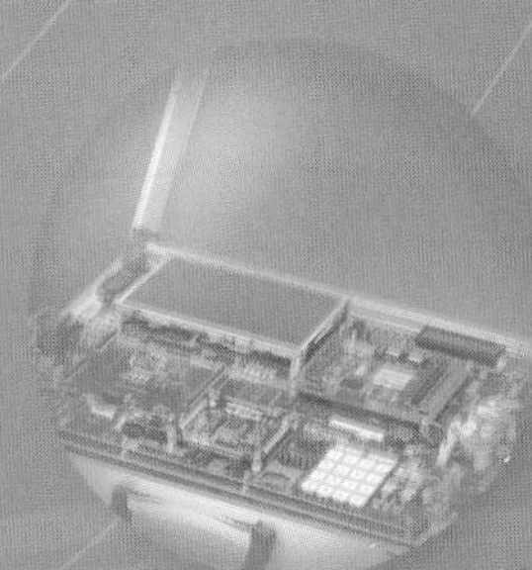

도서출판 상학당

머리말

최근 유비쿼터스(Ubiquitous) 컴퓨팅, 센서 네트워크 등의 차세대 IT 패러다임이 정보통신 분야의 핵심 이슈로 거론되고 있다. 인간의 생활공간 여기저기에 분산된 전자, 정보 기기들은 사용자의 프로파일(Profile)과 환경 상황 정보를 바탕으로 사용자에게 필요한 정보와 환경을 제공한다. 미래의 사회에서 사용자의 생활환경 요소로 자리 잡을 이러한 정보 기기들은 특정한 형태를 가지지 않으며 다른 전자 제품 속에 숨어들어 눈에 띄지 않게 될 것이다. 앞으로의 정보 처리기기 개발을 위해 가장 중요하게 고려될 핵심은 정보시스템을 사물의 안쪽으로 감추는 **임베디드(Embedded) 기술**이다.

컴퓨터의 하드웨어인 프로세서, 메모리, 입출력장치와 하드웨어를 제어하는 소프트웨어가 조합되어 특정한 목적을 수행하는 시스템을 **임베디드 시스템**(Embedded System)이라 한다. 특히 임베디드 시스템은 유비쿼터스 컴퓨팅(Ubiquitous Computing)시스템의 중추적인 요소로서 모바일, 정보가전, 웨어러블 단말 등 미래의 유비쿼터스 시대의 핵심적인 요소가 될 전망이다. 그러므로 임베디드 시스템의 기술은 다가올 유비쿼터스 사회에서 사회적 기반 환경이 될 중요한 기술 중의 하나로 소형, 경량화, 저전력화, 안정화, 네트워크화, 멀티미디어 지원, 실시간 처리하는 시스템으로 주요한 특징을 가지고 있으며 이를 통해 전반적인 산업구조 및 시장구조의 큰 변화를 주도할 기술이 될 것이다.

임베디드 시스템은 유비쿼터스 네트워크에 적용되는 범위로 실생활의 모든 분야에 적용할 수 있으며, PDA, 휴대폰, 지능형 TV 등과 같은 범용 플랫폼 또는 가전 장치들, 통신용 장비들, 센서들을 장착한 초소형 장치들, 로봇 및 제어기기와 같은 전통적 임베디드 장치, 물류/유통, ITS, 헬스케어, 국방, 환경, 자동차, 공장 자동화 등에 주로 응용한다.

국내의 임베디드 시스템의 개발동향은 최근 차세대 성장동력 10대 과제, IT839와 같이 IT 신기술 확보의 중요성이 인식되면서 ETRI, KETI 같은 연구기관 및 대학 그리고 산업체에서 임베디드 H/W 및 S/W 관련 연구를 활발히 진행하고 있다.

이러한 유비쿼터스 시대에 기초 임베디드 시스템 기술력이 필요해짐에 따라 **임베디드 소프트웨어 쉽게 배우기**를 구성하여 발간하게 되었다. 이전까지 XScale 프로세서 기반의 임베디드 시스템은 타깃 시스템의 환경 설정에 어려움이 있었기 때문에 많은 학생 및 연구원들이 사용하는데 복잡하고 까다로운 시스템으로 인식되어 왔다. 이러한 약점을 보강하고 타깃 프로세서가 차세대 모바일 멀티미디어용 프로세서인 Bulverde를 사용한 강력한 시스템인 SYS-Lab 5000을 기반으로 하여 새로운 개념의 임베디드 시스템의 리눅스 운영체제 실습 및 응용을 구현할 수 있는 교재를 마련하였다.

특히 이 책은 각 과정의 핵심적인 실험 목적을 숙지하고 기초적인 이론을 이해하며, 실험을 통하여 이론을 검증하는 데 주안점을 두었다.

또한 컴퓨터, 전자, 제어, 통신 분야 관련 학생 및 초보 개발자를 대상으로 한 임베디드 시스템에 대한 기본학습 및 실습을 위한 교재로서, 처음 임베디드 시스템을 접하는 학생에게 쉽고 빠르게 접근할 수 있도록 하는 데 초점을 맞추어 편찬되었다. 따라서 임베디드 개발 및 환경 구축에 대한 이론과 실습을 통해 임베디드 시스템의 작동 원리에 대한 이해와 감각을 키우는 데 부족함이 없을 것이라 생각된다.

이 책의 주요 구성은 제1장 임베디드 시스템의 개요, 제2장 임베디드 리눅스 운영 체제, 제3장 ARM 프로세서의 이해, 제4장 임베디드 시스템의 구성 및 특징, 제5장 호스트 환경 구축, 제6장 임베디드 타깃 시스템 구동, 제7장 부트로더 동작 및 기능, 제8장 리눅스 커널 및 환경 설정, 제9장 디바이스 드라이버, 제10장 FPGA 디바이스의 제어로 되어 있다.

끝으로 이 책을 집필하는 데 많은 도움을 주신 (주)리버트론의 김만복 대표, 최경옥 부장, 김도원 연구원, 김재훈 연구원, 김영석 팀장과 도서출판 상학당의 관계자 여러분에게 감사의 마음을 전하고자 한다. 그리고 어려운 환경 속에도 묵묵히 이 책의 집필에 많은 도움을 준 남상석님에게 감사의 말을 전한다.

살아가면서 무엇인가를 선택하는 것과 그 선택에 따른 결과는 자신의 몫이므로 책임을 갖고 최선을 다하는 일이 가장 힘들 것이다. 그러나 그 어려움을 극복하였을 때 얻는 것은 무엇보다 값진 결실이 될 것이다. 기존 임베디드 개발환경 및 시장이 아직 초보적인 단계이지만 이 책이 보다 많은 임베디드 시스템 인력 양성에 힘이 되어주기 바란다.

저 자 씀

차 례

제3장 ARM 프로세서의 이해

제4장 임베디드 타깃 시스템 구성 및 특징

제5장 호스트 환경 구축

제8장 리눅스 커널 및 환경 설정

제9장 디바이스 드라이버

제10장 FPGA 디바이스의 제어

제1장

임베디드 시스템의 개요

최근 유비쿼터스(ubiquitous) 컴퓨팅, 센서 네트워크 등 차세대 IT 패러다임이 정보통신 분야의 핵심 이슈로 거론되고 있다. 기존의 컴퓨터들은 고정된 위치에 머물러 있고 기계 중심적 인터페이스를 가지며 수동적인 연산을 담당해왔다. 반면 새로운 기술들은 극도로 분산된 전산 자원을 기반으로 기존의 컴퓨터 형식을 해체하고, 보다 인간중심적이고 능동적인 컴퓨팅 환경의 구성을 추구한다.

인간의 생활공간 여기저기에 분산된 전자, 정보 기기들은 사용자의 프로파일(profile)과 환경 상황(context) 정보를 바탕으로 사용자에게 필요한 정보와 환경을 제공한다. 자연환경과 마찬가지로, 미래의 사회에서 사용자의 생활환경 요소로 자리 잡을 이러한 정보 기기들은 특정한 형태를 가지지 않으며 다른 전자 제품 속에 숨어들어 눈에 띄지 않게 될 것이다. 앞으로의 정보 처리기기 개발을 위해 가장중요하게 고려될 핵심은 정보시스템을 사물의 안쪽으로 감추는 임베디드(embedded) 기술이다.

1.1 임베디드 시스템이란?

컴퓨터의 하드웨어인 프로세서, 메모리, 입출력장치와 하드웨어를 제어하는 소프트웨어가 조합되어 특정한 목적을 수행하는 시스템을 임베디드 시스템(Embedded System)이라 한다.

임베디드(Embedded)라는 단어의 사전적인 의미는 "끼어 넣다"라는 뜻이고 보통 컴퓨터 시스템에서는 "내장된 또는 탑재된"이란 의미로 해석하고 있다.

어떤 제품이나 솔루션에 추가로 탑재되어 그 제품 안에서 특정한 작업을 수행하도록 하는 솔루션을 말한다. 예를 들어 주된 용도가 전화인 휴대폰에 카메라, MP3기능, 텔레비전 기능이 들어가 있다면, 카메라, MP3기능, 텔레비전 기능(시스템)이 바로 임베디드 시스템이다. 본래의 고유의 기능으로만 동작되지만 다른 제품과 결합하여 본래의 고유기능과 추가적인 기능을 수행하는 시스템이다.

특히 임베디드 시스템은 유비쿼터스 컴퓨팅(Ubiquitous Computing) 시스템의 중추적인 요소로써 모바일, 정보가전, 웨어러블 단말 등 미래의 유비쿼터스 시대의 핵심적인 요소가 될 전망이다. [그림 1-1]은 임베디드 시스템의 전망을 나타낸다.

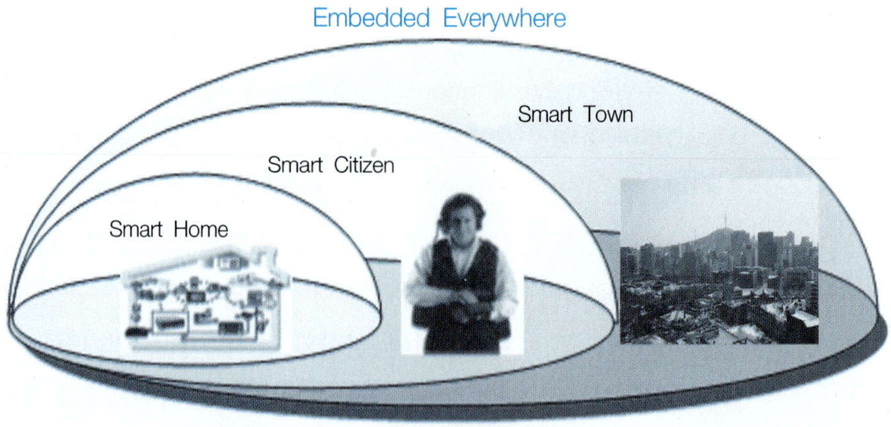

서 버	홈서버	퍼스널 서버	웹서비스 서버
클라이언트	정보가전	웨어러블 단말	임베디드 시스템
통신망	홈네트워크	Personal Area Network	Ubiquitous Network
서비스유형	홈서비스	모바일 서비스	유비쿼터스 서비스

[그림 1-1] ▶ **임베디드 시스템의 전망**

1.2 임베디드 시스템의 특징

임베디드 시스템의 소형, 경량화, 저전력화, 안정화, 네트워크화, 멀티미디어 지원, 실시간 처리 등이 [그림 1-2]처럼 주요한 특징을 나타내고 이는 임베디드 시스템 개발시 반드시 고려되는 사항이다.

① 실시간 처리 지원

실시간 처리가 지원되지 않으면 큰 손실이나 위험을 초래할 수 있는 비행제어 시스템 및 항법 시스템 등에서 실시간 처리를 지원해야 한다.

② 고신뢰성

원자력 발전, 항공기 및 미사일 제어 등과 같은 S/W 오작동이나 불시의 작동 중지 등으로 심각한 결과를 초래할 수 있는 시스템에서 고도의 신뢰성이 요구된다.

③ 최적화 기술 지원

임베디드 시스템은 크기, 가격 및 발열 등을 이유로 제한된 H/W 자원으로 구성되기 때문에 임베디드 S/W는 경량화, 저전력 지원, 자원의 효율적 관리 등의 측면에서 H/W에 최적화되는 기술을 지원해야 한다.

④ 특정 시스템 전용

범용 데스크탑 또는 서버에서 실행되는 패키지 소프트웨어와 달리 특정 시스템의 실행을 목적으로 개발되는 S/W이다.

⑤ 네트워크 및 멀티미디어 처리기능 지원

임베디드 시스템들이 단독형 시스템뿐만 아니라 유무선 네트워크를 통해 연결될 수 있어야 하고, 멀티미디어 정보를 처리하는 기술이 필요한 디지털 TV, PDA 및 스마트폰 등과 같은 임베디드 시스템을 지원해야 한다.

⑥ 다양한 솔루션과 개발 도구 필요

다양한 기종과 규격의 마이크로프로세서에 최적화된 별도의 솔루션이 동시에 제공되어야 하며, 고난도의 임베디드 S/W 애플리케이션을 빠르고 안정되게 개발하기 위해 사용하기 쉬운 개발 도구가 필요하다.

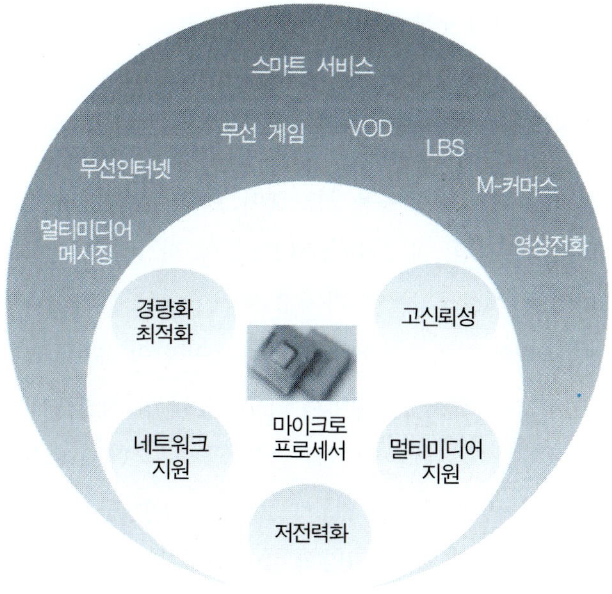

[그림 1-2] ▶ 임베디드 시스템의 특징

1.3 임베디드 시스템의 구성

임베디드 시스템은 [그림 1-3]처럼 하드웨어와 소프트웨어로 구성된다.

하드웨어는 명령어를 해석하여 각종 연산과 제어를 실행하는 프로세서, 명령어와 데이터를 저장하는 메모리, 입출력 상태를 감시 및 실행하는 입출력 장치, 그 외 네트워크 장치, 센서, 구동기 등으로 구성되어 있다.

소프트웨어는 운영체계(OS ; Operating System), 디바이스를 직접 제어, 통신프로토콜, 멀티미디어 관련 코덱 그래픽 API 등의 시스템 소프트웨어 및 전화번호부, 인터넷/메시지, 전자다이어리, 전자소리함, 휴대폰관리, 게임 등의 응용 소프트웨어로 구성되어 있다.

[그림 1-3] ▶ **임베디드 시스템의 구성**

1) 임베디드 시스템 하드웨어 구성

임베디드 시스템 하드웨어는 교육용 하드웨어, 무기, 통신장치, 가전기기에서 로봇에 이르기까지 매우 다양하다. 프로세서, 메모리 및 저장장치를 기본으로 각 시스템의 종류에 따른 다양한 주변장치들을 가지고 있지만 시스템의 서비스 및 기능을 위한 최소의 저전력 자원으로 이루어진다는 것에는 변함이 없다.

일반적으로 임베디드 시스템 하드웨어는 PDA, 휴대폰, 지능형 TV 등과 같은 범용 플랫폼 또는 가전 장치들, 통신용 장비들, 센서들을 장착한 초소형 장치들, 로봇 및 제어기기와 같은 전통적 임베디드 장치들로 크게 분류할 수 있다. 이러한 시스템들은 그 크기와 성능 및 기능에 따라 다양한 종류의 프로세서, 메모리 및 주변장치의 구성을 갖게 된다.

다음 〈표 1-1〉은 임베디드 시스템 하드웨어의 기본적 구성 요소에 대한 내용이다.

〈표 1-1〉 임베디드 시스템 하드웨어 구성 요소

장 치	지원 여부 또는 종류
프로세서	연산, 제어, 레지스터, 내부버스로 구성, CISC/RISC/EISC, MHz 실행속도, 저전력 지원, 가상 메모리 관리를 위한 MMU의 내장 유무 마이크로프로세서, 마이크로컨트롤러(주변장치 내장)
주변장치, IO	직렬·병렬 포트, USB, 네트워크 장치, LED, LCD, GPIO
기억장치	ROM, RAM, Flash Memory, Hard disk 등
구성 형태	SOB(System on Board), SOC(System on Chip)

다음 〈표 1-2〉는 임베디드 시스템과 PC와 하드웨어를 항목별 비교한 것이다. 이 표에서 볼 수 있듯이 핸드폰이라는 임베디드 시스템이라고 가정하면 프로세서는 최소한의 성능만 탑재하고 물론 최근에는 여러 가능이 포함되면 메모리도 핸드폰 기능에 맞는 메모리를 선택해야 하고 보조기억장치도 PC에서 사용하는 HDD, ODD, DVD 등을 사용하지 않고 핸드폰의 기능(전자사전, MP3, DMB, 전자지도, 게임, 블루투스, GPS 등)에 따라 용량을 선택한 플래시 메모리를 사용한다. 단, 주변 입출력 장치는 최적의 핸드폰에 적용할 수 있는 것을 선택적으로 사용한다.

〈표 1-2〉 PC와 임베디드 시스템 비교

H/W 항목	PC	임베디드 시스템
프로세서	고성능탑재	최소한의 성능 탑재
메모리	대용량 메모리	최소한의 메모리 사용
보조기억장치	다양함 : HDD, ODD, DVD	거의 사용 안 함 또는 플래시 메모리
주변장치	다양함 : KBD, MOUSE, SPKR	필요한 장치만 사용

(1) 프로세서

프로세서는 중앙처리장치(CPU ; Central Processing Unit)로써 연산장치, 제어장치, 레지스터 및 내부버스로 구성되어 있다. 프로세서는 해당 명령어에 연산, 비교, 전송, 변환, 편집, 분기 등의 데이터를 처리하고 각종 I/O 장치를 실행하는 역할을 수행하고 데이터 버스의 크기 및 연산의 단위에 따라 8비트, 16비트, 32비트, 64비트 프로세서들이 사용된다. 간단한 장치의 제어(MCU, 센서 네트워크 장치, 모터 구동 등의 소형 제어보드) 등에는 8비트 또는 16비트 프로세서들이 많이 사용되고, 빠른 통신의 제공, 인터넷 및 멀티미디어 서비스의 제공 등 점차 많은 고급기능들이 요구되는 통신장비 및 정보가전 기기의 경우는 32비트 프로세서의 사용이 이미 보편화되었고, 더 나아가서는 64비트 프로세서까지 사용되는 경우가 늘어나고 있다.

프로세서의 기능면에서도 가상 메모리 관리의 편리성과 제어성 확보를 위해 MMU(Memory Management Unit)를 장착하는 경우가 많고, 속도면에서도 일반 PC급 프로세서의 속도보다는 느리지만 점차 빠른 프로세서가 장착되는 추세이다. 또한 이동성 확보를 위해 축전지의 사용량을 최소화하기 위한 전압 조정, 속도 조정 기능을 가진 프로세서들도 많이 사용되고 있다.

① 마이크로프로세서와 마이크로컨트롤러

마이크로프로세서는 CPU 코어(core)만을 하나의 칩(chip)으로 구성한 경우이고 마이크로컨트롤러는 CPU 코어와 메모리 및 다른 여러 주변장치들이 부착하고, 이를 칩셋들은 하나의 보드에 구성하는 경우도 있고, 임베디드 시스템 코어처럼 좀더 경박 단소하게 만들고 가격을 낮추기 위해 칩 내부에 프로세서 코어뿐만 아니라 다양한 종류의 메모리, 네트워크 입출력장치, TPU 등의 타이머(timer) 프로세서 장치, ADC(Analog Digital Converter) 등 여러 종류의 주변 장치 컨트롤러를 함께 내장하는 칩을 구성하는 경우도 있다.

마이크로프로세서 코어는 x86 계열, ARM 계열처럼 아키텍처에 따른 다양한 종류가 있고, 마이크로컨트롤러는 인텔(Intel) 8051, Xscale 등이 대표적이다.

② CISC, RISC 및 EISC 프로세서

프로세서들은 그 명령어 집합과 명령어 수행의 제어방식에 따라 CISC(Complex Instruction Set Computer)와 RISC(Reduced Instruction Set Computer) 아키텍처(architecture)로 크게 분류된다. 〈표 1-3〉은 이들의 특징에 대한 요약이다.

복잡하고 다양한 고기능의 CPU 명령어(instruction)를 갖는 CISC에 반해, RISC는 명령어의 개수를 줄이고 동일 규격화하여 명령어 수행의 파이프라이닝(pipelining)을 극대화하며, 저전력 소모에 저가로 생산할 수 있도록 한 아키텍처이다. CISC의 대표적 예로 PC에서 많이 사용되는 x86 계열을 들 수 있고, RISC로는 ARM 계열을 그 대표적 예로 들 수 있다.

임베디드 시스템의 경우에 있어서 CISC와 RISC 프로세서는 〈표 1-3〉과 같은 각각의 장단점이 있으나, 점차 가격이 싸고 전력 소모가 작은 RISC 계열을 많이 사용하는 추세에 있다. 특히 ARM 계열 프로세서는 정보가전 분야의 임베디드 시스템에서 가장 많이 사용되는 프로세서로 등장하게 되었다.

그 외 CISC와 RISC의 단점을 제거하고 장점만을 취하여 EISC(Extended Instruction Set Computer) 프로세서도 등장하였다. EISC는 명령어가 OP코드와 오퍼랜드 부분을 각각 독립적으로 구성되어 있다. 그래서 OP code는 필요한 영역의 길이만큼 확장 레지스터(ER ; Extension Register)와 확장 플래그(EF ; Extension Flag)를 이용하여 오퍼랜드를 증감할 수 있도록 명령어 체계를 구축되어 있다. 즉 EISC의 명령어는 16비트 명령어를 사용하여 32비트 처리가 가능하고 코드 밀도가 높아 임베디드 시스템에 유리하고 프로그램 측면에서는 RISC보다 더 많은 파이프라인 스테이지가 필요하다.

〈표 1-3〉 CPU 구조 비교

아키텍처 분류	CISC	RISC
명령어 세트	다양, 복잡 길이 다양	길이 동일, 명령어 종류 적음
어드레싱 모드	다양, 메모리 변수 사용	메모리 변수는 Load 및 Store로 국한
프로그램 바이너리 크기	고급 명령어 세트로 프로그램 크기 축소	파이프라인은 활성화되나 크기 증가 16비트 명령어 옵션으로 크기 축소 가능
파이프라이닝	다양한 명령어 실행으로 효율 낮음	파이프라이닝 극대화 Delayed branch 등
CPU 제어 유닛	복잡, (Micro programmed) Control Unit	간단, Hard-wired Control Unit
레지스터 수	적음	많은 것이 보통
전력 소모	많음	저전력 구조
대표적 제품	인텔의 X86, 펜티엄 계열 인텔 마이크로컨트롤러 8051	ARM7/9/11 계열 Strong_ARM(SA1110/1111) Xscale, Bulverde MIPS 계열 프리스케일의 Power-PC 계열

③ 시스템-온-칩(SoC)

SoC(System-on-Chip)는 타깃 임베디드 시스템을 구성하는 많은 하드웨어 및 소프트웨어 구성요소들을 하나의 칩으로 경박 단소하게 구성하여 가격 경쟁력을 갖도록 하는 것을 말한다. SoC는 마이크로프로세서 코어 이외에 메모리, 코 프로세서(co-processor)나 필요한 각종 주변장치들을 칩 내에 포함하게 된다.

이러한 칩 내부에 들어가는 각각의 기능적 컴포넌트들을 IP(Intellectual Property)라 부르는데, IP에는 PCI, VoIP, USB, IEEE1394, Bluetooth, MP3, MPEG 등 다양한 종류가 있다.

대표적인 SoC칩은 ARM7, ARM9, StongARM, Xscale 등이다.

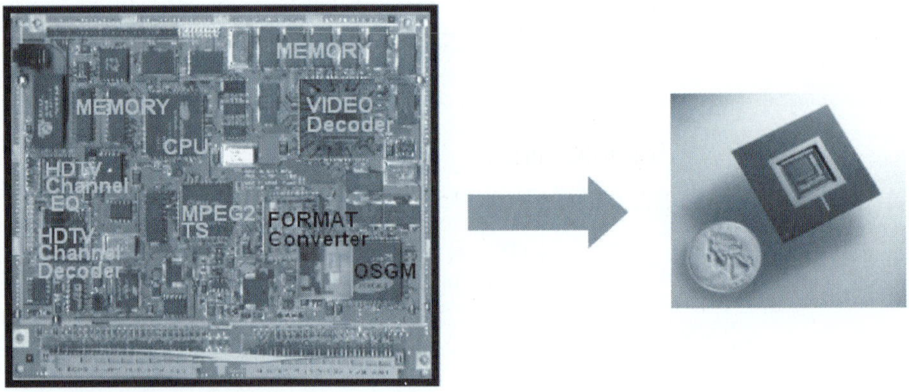

[그림 1-4] ▶ SoC 칩의 구성

(2) 메모리

임베디드 시스템의 메모리는 실행 프로그램과 커널을 적재하기 위한 휘발성의 RAM(Random Access Memory), 부트로더 및 운영체제와 응용 프로그램을 반영구적으로 저장하기 위한 ROM(Read Only Memory) 또는 플래시(flash) 메모리들로 구성되는 것이 보통이다. 대용량 자료 저장을 위해 임베디드 시스템용 고신뢰성 마이크로 하드디스크를 사용하는 경우도 있지만, 대부분의 경우는 ROM과 플래시 메모리를 사용한다.

ROM의 종류로는 개발단계의 사용에 따라 영구 저장용 Mask ROM과 PROM (Programmable ROM), EPROM(Erasable PROM), EEPROM(Electrically Erasable PROM) 등이 사용된다.

EPROM은 메모리의 내부를 자외선으로 저장된 내용을 삭제를 위하여 별도의 창을 부착하여 제작된다. EEPROM은 저장내용을 EPROM처럼 자외선으로 삭제하지 않고 간단히 전기적으로 삭제하고 프로그래밍을 한다.

최근에 개발된 플래시 메모리는 EPROM 혹은 EEPROM에 비해 저가이고 고속으로 쉽게 저장 및 삭제가 가능하다. 특히 핸드폰에 수신 및 발신 전화번호나 문자 메시지가 저장되어 있는 경우 쉽게 삭제할 수 있는 것도 이 플래시 메모리에 저장되어 있기 때문이다.

그리고 PC의 ROM 바이오스(BIOS ; Basic Input Output System)나 초기 커널 적재를 위한 부트로더들은 EPROM 또는 플래시 메모리에 저장된다.

반면 임베디드 시스템의 운영체제 및 응용 프로그램 등은 용량이 비교적 크고, 잦은 업그레이드가 필요하므로 플래시 메모리에 압축형태로 저장되고, 부팅시에 RAM으로 로딩된다.

플래시 메모리는 한 비트를 저장하기 위한 셀이 직렬로 연결된 NAND 플래시와 한 비트를 저장하기 위한 셀이 병렬로 연결된 NOR 플래시로 구분된다. 반면 NOR 플래시는 셀이 병렬로 되어 있어 데이터를 읽는 속도가 빠르고 신뢰성이 우수한 반면 NAND 플래시에 비해 제조단가가 비싸고 대용량이 불가능하다는 단점이 있다.

RAM은 휘발성(volatile)으로 전원공급이 없으면 자료가 손실되므로, 커널과 실행중인 응용 프로그램을 적재한다.

RAM은 크게 DRAM(Dynamic RAM)과 SRAM(Static RAM)의 두 종류로 분류되며 DRAM은 용량의 크기에 장점이 있고, SRAM은 속도 면에서 강점이 있다.

전원이 포함된 SRAM인 NVRAM (Nonvolatile RAM)은 일반적으로 임베디드 시스템이나 PC에서 전원이 없는 상태에서도 시스템 셋업이나 타이머를 상태를 저장하는 용도로 사용되고 있다. 전원이 들어온 상태에서는 SRAM과 같은 기능을 수행한다.

특히 SRAM은 캐시(Cache) 메모리로 사용되는데 캐시 메모리는 프로세서에 연결되어 프로세서가 고속 명령어나 데이터를 요청할 때 고속 메모리이다. 프로세서가 직접 메인 메모리(DRAM)를 관장하지 않고 캐시 메모리를 통하여 관장함으로써 시스템 성능을 높일 수 있다. 캐시의 목적은 프로세서가 자주 사용하는 명령어나 데이터를 고속으로 재사용하기 위한 목적으로 사용된다. 만약 프로세서가 사용된 명령어나 데이터가 캐시 메모리에 저장되어 경우에는 히트(Hit)라고 하고 캐시 메모리에 없으면 메인 메모리에서 가져오면 미스(miss)되었다고 한다. 미스되었을 경우

MMU(Memory Management Unit)와 메모리 컨트롤러에 의하여 메인 메모리(DRAM)에서 데이터나 명령어를 찾을 때 캐시 메모리의 크기 단위, 즉 페이지(Page)나 블록(Block) 단위로 메인 메모리를 검색한다. 물론, 캐시 메모리(SRAM)의 크기를 높이면 시스템 성능에는 도움이 되나 가격대 성능비를 고려하여 선택하여야 한다. 최근 캐시 메모리도 데이터 캐시와 명령어 캐시로 구분되어 사용된다. 또한 미스일 경우에 캐시 메모리에 명령어나 데이터를 업데이트를 할 경우에 메일 메모리도 함께 업데이트를 하거나 캐시 메모리를 업데이트하고 나중에 메인 메모리를 업데이트하는 경우도 있다.

그리고 MMU는 프로세서에서 사용하는 가상 어드레스(Virtual Address)를 물리적인 어드레스(Physical Address)로 변환하는 기능을 수행한다.

〈표 1-4〉 **메모리의 분류**

<table>
<tr><th>대분류</th><th>중분류</th><th>상세분류</th><th>특 징</th></tr>
<tr><td rowspan="5">비휘발성
(non-volatile)</td><td rowspan="4">ROM</td><td>Mask ROM</td><td>칩 제조사에서 영구적으로 자료를 저장한 ROM</td></tr>
<tr><td>PROM</td><td>1회에 한해서 개발자가 자료를 쓸 수 있는 ROM</td></tr>
<tr><td>EPROM</td><td>자외선으로 여러 번 지우고 쓸 수 있는 개발 단계에서 사용하는 ROM</td></tr>
<tr><td>EEPROM</td><td>전기적으로 반복 삭제 가능한 ROM, 바이트 단위로만 쓰기 가능</td></tr>
<tr><td>FLASH</td><td colspan="2">• 블록 단위로 읽기 및 쓰기 가능
• 읽기는 빠른(수 ms) 반면 쓰기는 느림(70-100ns)
• NAND 및 NOR 형태가 있음
• 임베디드 시스템의 S/W나 자료 저장매체로 사용되고 있음(업그레이드 가능)</td></tr>
<tr><td rowspan="2">휘발성
(volatile)</td><td>SRAM</td><td colspan="2">• 하나의 셀이 6개의 트랜지스터로 구성된 플립플롭(flip-flop)을 사용, 용량의 약점과 빠른 접근 시간의 장점
• 비동기적 SRAM(ASRAM)과 동기적 SRAM(SSRAM)이 있음
• 캐시 메모리로 사용</td></tr>
<tr><td>DRAM</td><td colspan="2">• 하나의 셀이 하나의 트랜지스터와 1개의 커패시터로 구성 용량의 장점과 리프레시(refresh)의 필요성으로 인한 SDRAM에 비해 상대적 느린 접근 속도의 단점
• 동작 및 구성 방식에 따라 FRM DRAM, EDO DRAM, SDRAM, DDR SDRAM, RDRAM 등의 종류가 있음</td></tr>
</table>

(3) 입출력 제어장치

입출력 제어장치는 입출력 장치(시리얼, 네트워크 등)의 인터페이스 신호들에 의하여 입출력 장치의 외부 인터페이스와 임베디드 시스템의 외부 단자들과 2진 코드 등으로 코드화된 정보를 송수신하는 장치를 말한다.

입출력 제어장치에서 사용되는 어드레스는 2가지 방법이 있다.

첫 번째 방식은 전체 시스템 메모리 맵에서 입출력 제어 장치의 어드레스를 일부 설정하여 사용되는 경우로 메모리 맵 I/O(Memory-mapped I/O)방식이라고 한다. 이 방법은 시스템 메모리와 I/O장치 모두 메모리 동작 명령어로 제어되고 영역의 구분은 어드레스만으로 구분되고 전체 어드레스의 디코더 회로에 의해서 구분되는 경우와 프로세서에 내장된 칩 셀렉터 신호에 의해 메모리와 I/O장치를 선택하여 사용할 수 있는 경우로 구분된다. 특히 I/O영역 변수는 휘발성(volatile)으로 선언되고 I/O영역은 비휘발성으로 설정되어야 하므로 캐시 메모리를 사용하지 말아야 한다. 주로 사용되는 프로세서는 ARM, MIPS, PowerPC, M68k, PXA255, PXA272 등이고 최근 임베디드 시스템에서는 이 방식을 채택하여 사용하고 있다.

두 번째 방식은 입출력 전용 어드레스 공간을 설정하여 사용되는 경우를 I/O 맵 I/O(I/O-mapped I/O)방식이라고 한다.

이 방법은 기존 PC CPU계열(x86계열)에서 사용하는 방식으로 명령어도 메모리 액세스 명령과 I/O명령이 구분되고 해당 신호들도 메모리 번지와 I/O번지를 구분하는 신호가 존재한다.

입출력 제어장치는 입출력 명령어 및 데이터를 통하여 프로세서와 메모리 사이를 송수신한다. 임베디드 시스템은 프로세서, 메모리, I/O장치로 구성되어 있다. 프로세서는 명령어를 통하여 메모리에 데이터를 저장하고 삭제하고 입력장치는 입력된 명령어나 데이터를 처리하고 메모리에 저장한다. 이때 처리된 데이터 혹은 명령어나 메모리에 저장된 명령어 혹은 데이터를 출력 장치를 통해 외부 주변기기를 구동한다.

또한 입출력 장치(UART, Key, 이더넷 등)가 프로세서에게 입출력 동작을 요구하여 처리하는 방식을 인터럽트(Interrupt)라고 한다.

입출력 장치에서 인터럽트가 발생하면 프로세서가 하드웨어적으로 처리하는 경우와 ISR(Interrupt Service Routine) 소프트웨어로 처리하는 경우로 구분된다.

프로세서가 하드웨어적으로 처리하는 경우는 입출력 장치의 요구에 의하여 프로세서 인터럽트를 인식하고 프로세서의 현재 상태를 저장하고 인터럽트 처리를 위한 프로세서의 상태를 변경하고 인터럽트를 처리한 후 되돌아갈 주소를 PC에 저장한 후 인터럽트 벡터로 PC의 위치를 변경하는 과정을 말한다.

인터럽트 서비스 루틴(ISR) 소프트웨어 처리의 경우는 스택(SP ; Stack pointer)에 프로세서의 레지스터 정보를 저장하고 입출력 요청을 처리하고 스택에 저장된 프로세서의 레지스터 정보를 복원하고 프로세서의 상태 및 되돌아갈 어드레스를 복원하는 경우를 수행하면 프로세서는 인터럽트 전에 처리하던 프로그램을 수행한다.

그리고 프로세서가 입출력 제어장치의 접속여부 및 데이터의 전송 요청 및 종료를 연속적으로 검사하는 방식을 폴링(Polling)방식이라 한다.

프로세서의 개입 없이 메모리와 입출력 장치간의 데이터를 전송하는 방식은 DMA(Direct Memory Access)방식이다.

DMA제어기는 메모리 어드레스, I/O 장치 어드레스, 제어정보로 구성되어 있는데 프로세서나 다른 버스 마스터가 메인 메모리를 액세스하지 않는 동안 시스템 버스를 사용하여 데이터를 전송하는 제어기이다. DMA는 주로 HDD의 데이터를 UART나 이더넷을 통하여 전송할 때 주로 사용한다.

① 직렬 포트

임베디드 시스템의 개발 단계에서의 원격(remote) 부팅 및 디버깅, 타장치와의 간단한 통신 등에 많이 사용되는 입출력 장치로 9핀(pin) 커넥터(connector)를 주로 사용하여 RxD, TxD 핀을 이용하여 수신과 송신을 전이중(full duplex) 모드로 할 수 있다.

직렬 포트(serial port)는 UART(Universal Asynchronous Receiver Transmitter) 칩으로 구동되며, 송수신에서 RS-232 또는 EIA-232 규격을 준수한다. 직렬 포트는 기본적으로 하나의 회선을 통하여 바이트 단위를 한 비트씩 차례로 신호화하여 전송하는 방식으로, 수신측에서는 이를 일정 주기로 샘플링하여 바이트를 재조립한다. 이때 샘플링 주기는 전송속도를 결정하며, 이를 bps로 표시한다. 전송 바이트의 수신 동기화를 송신 자료의 앞, 뒤에는 start/stop, parity bit 등이 추가된다.

② USB

USB(Universal Synchronous Bus)는 직렬 포트 방식의 송수신을 사용하지만 그 처리속도가 빠르고, 스트리밍 데이터 등의 대단위 자료도 등시성(isochronous) 모드로 송수신할 수 있으며, 물리적 인터페이스가 간소하여 오늘날 많은 주변기기의 접속에 사용되고 있는 통신 방식이다. 저장장치, 마우스, 디지털 카메라, MP3 플레이어 등 많은 주변장치들이 USB 방식을 채택하고 있는 추세이다.

③ 병렬 포트

직렬 포트가 바이트(byte) 단위의 자료를 비트 단위로 송신하는 것과는 달리, 병렬 포트(Parallel Port)는 바이트를 구성하는 모든 비트들을 여러 회선을 통해 동시에 전송한다. 프린터 인터페이스나 LED 등에 주로 사용되며, 직렬 포트보다는 전송량이 많아 빠르지만 핀의 개수가 많아 부피가 커지는 단점이 있다.

④ 이더넷

LAN의 구성에서 보편적으로 가장 많이 사용되는 네트워크 장치로 물리적 계층에서 IEEE 802.3 CSMA/CD, 데이터 링크(data link) 계층에서 MAC(Medium Access Control)과 IEEE802.2 LLC(Logical Link Layer), IEEE 802.1의 네트워크 계층(network Layer)으로 구성되는 프로토콜 스택(stack)을 가진다.

전송속도의 발전에 따라 10BaseT(10Mbps)에서 100Base-T4, 100Base-X(100 Mbps)로 보편화되었으며, 고속통신 장치에서는 기가비트(Gigabit : 1000Mbps) 이더넷(ethernet)의 활용도 증가하고 있다. 빨라진 이더넷의 원만한 처리를 위하여 프로토콜 스택을 하드웨어에 내장한 칩들이 개발되었는데 인텔 82544 기가비트 이더넷 컨트롤러, 3COM 3XP 등이 그 예이다.

⑤ IEEE1394

애플 컴퓨터에서 처음 개발된 직렬 버스를 이용한 멀티미디어 고속전송을 위한 통신기술로 파이어와이어(firewire)로도 불린다. IEEE-1394a 및 1394b의 새로운 규격에서 각각 최대 400Mbps, 800Mbps의 전송속도와 hot plug plug- and-play를 지원하며, 통신 클라이언트간의 제어 데이터 전송을 위해 비동기식(asynchronous) 전송과 멀티미디어와 같은 대용량 자료의 멀티캐스팅(multicasting)이나 브로드캐스팅

(broadcasting)을 위한 등시성(isochronous) 전송모드를 제공한다.

IEEE1394는 홈네트워크의 구성에서 오디오 · 비디오 자료의 송수신에 많이 활용되고 있다. 응용 프로그램은 IEEE1394의 API 계층을 직접 사용하거나, 기존 API를 활용하기 위해 TCP/UDP over IEEE1394를 사용할 수도 있다.

⑥ 적외선 통신장치

적외선 통신장치(IrDA)는 적외선을 이용한 무선 점대점(point-to-point) 통신장치로 여러 기업의 공동 표준이다. 무선 KB 등 이동기기나 소형 노트북에서 많이 사용되고 있다.

⑦ 블루투스

블루투스(bluetooth)는 2.4GHz 대역에서의 무선통신 기술을 이용하여 10m 내에서의 1Mbs의 자료 전송을 지원하는 통신규격으로 에릭슨, 노키아 등 여러 기업에 의해 시작되었다.

블루투스에 의해 연결되는 1개의 마스터(master)와 7 개의 슬레이브(slave)들로 구성되는 네트워크를 피코넷(Piconet)이라 부른다. 블루투스는 실내에서의 무선통신을 그 대상으로 하므로 무선 마이크 등의 음성 전송, Web Pad 등의 홈 게이트웨이를 통한 무선 인터넷 접근, PC의 무선 주변장치 접속 등에 많이 사용되고 있다.

⑧ 기타 입출력장치

앞에서 열거한 입출력장치 이외에도 노트북이나 PDA에서 사용되는 LCD(Liquid Crystal Display, TFT-LCD : 박막트랜지스터 LCD), 간단한 문자 디스플레이에 사용되는 LED(Light Emitting Diode), 터치스크린(touch-screen), ADC(Analog Digital Converter), GPS(위성 수신기), 디지털 카메라 입력장치, RFID 태그 인식을 위한 입출력기기 등 많은 종류가 사용되고 있다.

(4) 시스템 버스

임베디드 시스템의 구성 요소인 프로세서, 메모리, 입출력 장치가 유기적으로 잘 구동하려면 각 구성 요소들 간의 하드와이어의 집합체인 시스템 버스(System Bus)를 사용하여야만 한다. 이들 시스템 버스는 데이터 버스(data bus), 어드레스 버스

(address bus), 제어 버스(control bus)로 구분된다.

데이터를 요구하는 프로세서나 DMA제어기는 마스터(master)이고 마스터에 응답하는 메모리나 입출력 장치를 슬레이브(slave)라고 한다.

버스 구조는 PC나 ARM7에 주로 사용하는 버스구조로 명령어와 데이터를 위한 메모리 인터페이스가 하나만 존재하는 폰노이만(Von-neumann) 버스 구조와 ARM9, 10, 11, PXA255, PXA272 등에서 사용하는 버스구조로 명령어와 데이터를 위한 메모리 인터페이스가 분리되어 2개로 구성된 하버드 버스 구조로 구분된다.

폰 노이만 구조보다 명령어와 데이터를 동신에 읽고 쓸 수 있어 성능이 우수하지만 버스 구조가 복잡하여 프로세서 설계가 어렵다.

2) 임베디드 시스템 소프트웨어 구성

임베디드 시스템은 각 제품 또는 응용의 종류에 따라 어떠한 소프트웨어들을 사용하고 지원해야 하는가? 초기의 간단한 임베디드 시스템들은 일반적으로 범용 운영체제의 수준에 못 미치는 간단한 기능을 제공하는 모니터(monitor) 수준의 제어 프로그램을 사용하였고, 지금도 백색가전(일반가전 기기)의 경우는 이런 경우가 대부분이다.

그러나 휴대폰의 예에서 알 수 있듯이, 차츰 사용자의 요구사항이 복잡해짐에 따라(다양한 하드웨어의 제공, 유무선통신 및 인터넷 접속, 멀티미디어 서비스 등) 간단한 모니터 프로그램보다는 많은 기능과 디바이스 드라이버(device drivers)들을 체계적으로 제공하는 임베디드 운영체제(embedded operating systems)를 사용하게 되었고, 더 나아가서는 각종 통신용 프로토콜들과 기기간의 상호작용을 편리하게 하는 각종 미들웨어들도 많이 사용되는 추세로 발전하였다.

이러한 임베디드 운영체제와 미들웨어 상위 계층에는 여러 응용을 위한 응용(application) 소프트웨어들이 동작하게 된다. 또한 이러한 응용을 호스트 컴퓨터와 타깃(target) 보드를 함께 활용하여 컴파일하고 디버깅할 수 있는 임베디드 시스템 개발 환경용 소프트웨어들도 반드시 제공되어야 하는 부분이다. 최근 6년간 임베디드 시스템에 내장되는 소프트웨어의 평균 크기가 10배 이상 증가하였다. 이는 정보가전 기기의 서비스의 고기능화 및 하드웨어의 발전에 따라 호스트 시스템을 무색하게 할 정도의 소프트웨어들이 내장되었음을 의미하고, 앞으로는 임베디드 소프트웨어가 임베디드 시스템의 제품 경쟁력을 높이는 큰 요소가 됨을 의미한다.

〈표 1-5〉 임베디드 S/W의 주요 기술분야

기술구분	활용 예
임베디드 기본 응용	멀티미디어 재생기, MAP Viewer, 브라우저, PIMS, 게임, 보바일샵, CNS(GPS, GIS)
임베디드 미들웨어	CORBA, COM XML, TMO 등의 분산 미들웨어, JVM, J2ME 등 자바 미들웨어, Jiri, LPnP, Havi 등 제어 미들웨어, 스트리밍 및 Codec 등 멀티미디어 미드웨어, WLAN, WPAN 관련 통신 미들웨어
임베디드 시스템 S/W	임베디드 OS, 디바이스 드라이버, 유무선 통신 프로토콜 및 멀티미디어 프로토콜 지원 라이브러리, 임베디드 DBMS
임베디드 시스템 개발도구	설계도구, 시험검증도구, IDE, 타깃시스템 재설정 도구, 각종 시뮬레이터, 크로스 컴파일러, 실시간 원격모니터, 원격모니터, 디바이스 드라이버, 툴킷
임베디드 S/W 플랫폼	MS 닷넷 컴팩트 프레임워크, Sun ONE, Brew, WIPI

서비스의 다양화 및 소프트웨어의 크기 증가에 따라 임베디드 시스템 소프트웨어들은 응용이나 용도에 따른 하드웨어, 운영체제 및 미들웨어들을 바탕으로 한 계층 구조를 가지게 되었다. 임베디드 S/W의 주요 기술분야는 임베디드 기본 응용, 임베디드 미들웨어, 임베디드 시스템 S/W, 임베디드 시스템 개발 도구, 임베디드 S/W 플랫폼 등으로 구분할 수 있으며, 그 각각의 활용 예는 〈표 1-5〉와 같다.

(1) 임베디드 운영체제

임베디드 시스템에서의 운영체제에서 기존의 임베디드 시스템의 운영체제는 간단하고 단순한 순차적인 작업에 관련되어 있고 순차적인 프로그램으로 충분하였다.

그러나 최근의 임베디드 시스템의 운영체제는 시스템 자체가 다소 대형화하고 네트워크나 멀티미디어 시스템에 기본적으로 장착하고 기능이 많아지고 복잡해지고 순차적인 프로그램 작성이 불가능하므로 운영체제가 도입되었다.

임베디드 운영체제에는 USN(Ubiquitous Sensor Network)의 센서 노드에서 사용되는 초소형 운영체제(TinyOS, Qplus 등)에서부터 범용 시스템의 운영체제 기능을 대부분 제공하는 비교적 큰 크기의 운영체제까지 다양한 종류가 있다. 이 중 대표적으로 상용화되어 활용중인 임베디드 운영체제로는 산업용 제어에 많이 사용되는 운영체제로 VxWorks(Windriver), VRTX(Mento Graphics), OS-9(Microware System), QNX(QSSL), Nucleus(Accelerated Technology), uCOS II, Lynx 등이 있고, 정보가전 기기나 모바일 기기용으로 마이크로소프트(Microsoft)의 WinCE.NET, XP Embedded, Window vista Symbian, Palm OS 등이 있다.

또한 임베디드 시스템에 범용으로 사용될 수 있는 것들로 공개 소스(open source software) 개념의 T-Engine(일본의 Tron 표준 기반), eCos(CLinux 등과, Linux 커널을 기반으로 하는 임베디드 리눅스(embedded linux) 계열이 있다.

현재까지는 제어분야에서는 VxWorks를 선호하고 있고, Post-PC나 정보가전 기기 분야에서는 깔끔한 GUI와 인터넷 기능을 내장한 마이크로소프트사의 WinCE.NET이 급부상하고 있다. 또한 휴대폰, PDA 등의 모바일 단말기 등에서는 PalmOS, Symbian 등이 널리 사용되고 있다. 반면 임베디드 응용의 여러 분야에서 소프트웨어의 종속성 탈피 및 프리웨어를 표방한 임베디드 리눅스 계열 운영체제의 약진도 두드러지고 있다.

(2) 임베디드 미들웨어

미들웨어(middleware)는 OS와 응용계층 사이에서 협동 컴퓨팅, 네트워크 기반 분산 컴퓨팅, 멀티미디어 송수신을 위한 이기종간의 인터페이스 제공 등의 기능을 하는 소프트웨어 계층을 통칭한다. 특히 다른 유형의 장치 · 컴퓨터 · 가전기기를 통합하여 서비스를 제공하는 홈네트워크나, 모바일 단말기(휴대폰)에 제공되는 게임 프로그램 등의 CPU 및 OS 종속성을 극복하기 위한 미들웨어가 많이 사용되고 있다.

① J2ME, KVM

전세계 무선시장에서 무선 자바 기술인 J2ME(Java 2 Platform, Micro Edition)가 활용되고 있다. 소형 Java Virtual Machine인 JVM을 탑재하여 다운로드되는 Java 바이트 코드 프로그램을 실행한다.

② BREW, WIPI, GVM 등

J2ME와는 달리 단말기에는 CPU별로 컴파일된 바이너리(binary)가 다운되며, 개발자에게는 운영체제에 종속되지 않는 통합된 인터페이스를 제공하고, 이를 단말기에서 실행하기 위해 Portable Run-Time 계층을 미들웨어를 둔다. 퀄컴사의 BREW, 한국 표준으로 제정된 WIPI, 한국신지소프트의 GVM 등이 있다.

③ HAVi, UPnP, Jini, OSGi

디지털 정보가전 기기의 멀티미디어 통신 등 상호운용성을 위한 각각의 표준에 의한 미들웨어들로 홈네트워크, 즉 가전 기기의 네트워킹에 의한 서비스를 구축하는데 많이 사용되는 미들웨어들이다.

④ 기 타

그 외의 임베디드 미들웨어로, 주기억장치만을 기반으로 하는 MMDB(Main Memory Database), 멀티미디어 인코딩 · 디코딩, 멀티미디어 방송용 미들웨어, 디지털 저작권 관리/보호를 위한 DRM(Digital Right Management) 등이 있다.

(3) 임베디드 시스템 기본 응용

① 임베디드 시스템 GUI

임베디드 시스템의 GUI(Graphic User Interface) 도구는 윈도우 관리와 그래픽, 팝업(pop-up) 메뉴 관리 등을 제공하는 기반 시스템 소프트웨어이다. 일반적으로 각 임베디드 운영체제는 독자적인 GUI 환경을 제공한다. 특히 WinCE, PalmOS 등의 정보기기용 운영체제는 작고 편리한 GUI 도구를 내장하고 있다.

단 리눅스의 경우 서버나 데스크 탑 응용에서 X 윈도우 환경을 사용하고 있지만, 네트워크를 통한 윈도우 기능까지 포함하는 대형 시스템이므로 임베디드 리눅스에 장착하기에는 크기가 너무 방대한 문제가 있다.

따라서 임베디드 리눅스는 작고, 빠르고, 깨끗한 윈도우 및 GUI 환경을 필요로 하게 되어, 임베디드 리눅스사에서 동작하는 윈도우 GUI 도구도 여러 가지가 개발되었다.

- Qt/Embedded : GTK+와 함께 가장 많이 사용되는 GUI 도구로 사용하기 쉬운 장점이 있다. 소스는 공개되나 개발 후 상용화 시에는 기술료를 지불해야 한다.
- GTK+ : Qt/Embedded와 함께 가장 많이 사용되는 GUI로 오픈 소스 소프트웨어로 GPL을 따른다.
- Tiny : X Window 시스템에서 불필요한 부분을 제거한 소형 X 버전이다.
- 그 외에도 Micro Window, PicoGUI 등의 도구들이 있다.

② 웹 브라우저

웹 브라우저(web browser)는 웹 접근(html, JavaScript)을 위해 필수적인 시스템 차원의 응용이지만, 임베디드 시스템에서는 기존 PC의 웹 브라우저를 사용하기 힘든데, 그 이유로는 방대한 크기, 불필요한 기능, 느린 속도 등을 들 수 있다. 특히 크기의 문제는 심각한 것으로 Java Virtual Machine와 같은 크기가 큰 여러 구성 요소를 갖추어야 하기 때문이다.

WinCE에는 소형 전용 웹 브라우저가 내장되며, 임베디드 리눅스에서는 일반적으로 소스가 공개된 Mozilla 브라우저를 축소 개발하여 사용하거나, Java로 작성된 브라우저 등을 사용하여 왔고, 현재는 많은 산업체에서 소형 브라우저를 개발 출시하고 있다.

한편 휴대폰과 같은 소형 이동기기에서의 인터넷 접속을 위해서는 소형의 WAP(Wireless Application Protocol)과 그 브라우저가 사용되며, 현재는 WAP2.0 표준으로 html의 많은 부분을 수용하는 추세로 가고 있다.

③ 기 타

그 외 기본적 임베디드 응용으로 개인정보 일정관리를 위한 PIMS(Personal Information Management System), 소형기기에서의 동영상 재생을 위한 미디어 플레이어(media player), 채팅이나 파일 전송 등을 위한 메신저(messenger) 등이 있다.

(4) 임베디드 시스템 개발환경

임베디드 시스템의 개발환경은 다음과 같이 개발과정에 필수적인 도구의 모임들을 말한다.

- 호스트에서의 빌드를 위한 크로스 컴파일(cross compile) 및 원격 디버깅(remote debugging) 환경
- 프로그램 다운로드(download) 및 부팅(booting)을 위한 타깃 보드의 부트로더, 호스트의 다운로드 도구, 타깃 보드 부트로더와의 대화를 위한 도구 등

호스트 개발환경은 타깃으로 다운로드될 임베디드 커널과 응용 프로그램을 프로젝트 파일로 관리하고, 타깃 CPU의 코드로의 크로스 컴파일 및 다운로드 후의 원격 디버깅을 제공하는 호스트 환경에서의 도구를 말한다.

명령어 입력방식과 메이크(make), 기존 디버거 등을 통해 이를 실행할 수도 있으나 편리한 빌드 도구는 위의 모든 기능을 GUI 윈도우를 통해 메뉴 방식으로 제공한다. 경우에 따라서 이러한 환경은 타깃으로 다운 이전에 호스트에서 타깃 코드를 실행해볼 수 있도록 시뮬레이터를 제공하는 경우도 있다.

임베디드 시스템 S/W 개발은 커널과 밀접한 응용, 커널의 수정 또는 H/W를 다루는 코드들을 포함하므로, 이러한 개발환경이 잘 갖추어지지 않으면 개발기간의 연장은 물론 유지보수에 어려움을 갖게 된다. 이러한 개발환경에는 대표적으로

- 마이크로소프트사의 Microsoft Embedded Visual Tools 3.0
- VxWorks를 위한 Tornado
- 아이지 시스템의 OPENice/Spider
- ETRI의 임베디드 리눅스를 위한 Esto
- 통합 Java 개발환경 Eclipse

등이 있다.

이러한 개발환경 도구 외에 타깃의 부트 로더나 응용 프로그램 수행시의 디버깅, 다운로딩 등의 여러 목적으로 호스트는 타깃과의 대화를 필요로 하는데 이 때 사용되는 도구들은 다음과 같다.

- minicom, gtkcomm : 직렬 포트로 호스트와 타깃 보드를 연결하여 부트로더 등과 대화하거나 타깃으로 출력을 볼 수 있는 도구이다.
- JTAG : 타깃의 플래시 메모리에 부트로더를 적재하거나 디버깅에 사용된다.
- Bootp, tftp : 네트워크를 통해 커널과 루트 파일 시스템 다운로드하거나 원격 디버깅을 하는 데 사용된다.

1.4 임베디드 시스템의 응용

임베디드 시스템은 특정 하드웨어 장치에 내장(embedded)되어 그 장치가 제공하는 한정된 기능의 실행을 돕는 장치 특화된 시스템이라고 할 수 있다. 임베디드 시스템의 적용 분야는 다음과 같다.

1) 정보 가전제품

최근 출시되는 전자제품 중에는 마이크로프로세서를 넣지 않았거나 프로그램을 심지 않은 제품이 거의 없는데 물론 간단한 장치들은 그런 것이 없이도 집적회로 설계로서 해결할 수도 있지만 좀 덩치가 큰 장비들은 거의 모두 임베디드 시스템을 도입하고 있는 추세이다. 텔레비전의 경우 주변의 밝기에 따라 자동으로 화질이 변하는 기능을 탑재하거나 적당한 시간에 텔레비전이 자동으로 켜지고 커지는 기능 등이 있다.

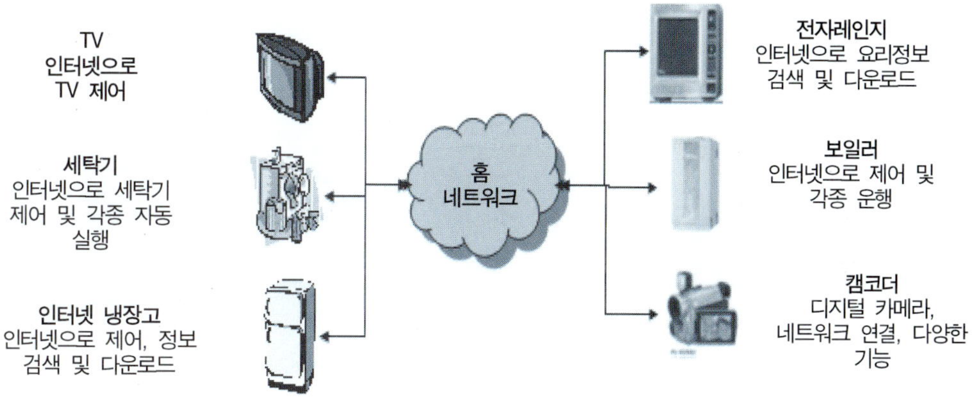

[그림 1-5] ▶ 정보가전 사례

[그림 1-6] ▶ 사무기기 사용사례

2) 사무기기

고속전송과 다양한 통신서비스의 사용으로 사무 정보기기의 대량보급에 의한 다양하고 복합적 기능을 가진 사무 정보기기발전을 가져왔다. 즉 사무자동화 기기는 사무 자동화를 위한 컴퓨터, 통신장비, 워드프로세서, 팩시밀리, 전화, 복사기 등의 각종 기기들로 이들 기기 중 임베디드 시스템이 포함되어 있는 대표적인 것으로 다기능 레이저 프린터와 디지털복사기를 들 수 있다.

3) 핸드폰 및 PDA 단말기

PDA 단말기는 개인정보관리기능을 중심으로 각종 응용프로그램을 탑재함으로써 개인 또는 단체가 정보를 이용할 수 있는 장치를 말한다. 이러한 PDA 단말기에 대한 요구는 앞으로 계속 증가하고 있고 이에 맞는 기술들이 등장하고 있는 실정이다. 이러한 PDA가 나오기 전에 이미 핸드폰에 임베디드 시스템이 도입되어 있다. 기본적으로 각종 전파를 분류하고 음성을 최대한 잘 들리게 하고 잡음을 줄이는 등의 기능을 제공하고 있을 뿐만 아니라 전화번호 메모기능이나 각종 벨소리 기능 등을 제공하고 간단한 디스플레이 기능을 가진 임베디드 시스템이 가장 잘 활용된 사례라고 할 수 있다.

[그림 1-7] ▶ **핸드폰 및 단말기 사용사례**

4) 공장자동화 및 자동 제어

공장자동화(FA)는 일반적이면서도 가장 쉽게 생각해 볼 수 있는 분야이다. 이미 제품을 생산해내는 공장에는 최신 설비를 이용하여 생산 효율을 증대시키고 있다. 여기에 적용되는 시스템이 바로 자동제어이다. 자동제어를 하드웨어만으로 구성할 수도 있겠지만 실제로 하드웨어만으로 구성하는 것은 확장성, 유연성, 안정성 등의 면에서 어려움이 있을 수 있다. 이러한 자동화 장비를 위해서도 임베디드 시스템이 요구된다. 물론 제어를 위해 필요에 따라서는 도스, 유닉스, 윈도우 장비들이 그래도 사용되는 경우도 있으나 RTOS를 적당한 하드웨어에 탑재함으로써 OS의 특징이 적용된 시스템을 구현할 수 있다.

[그림 1-8] ▶ 공장자동화 사용사례

5) 자동차 및 첨단 특수 분야

임베디드 시스템의 기능에 실시간 처리능력이 포함된 시스템이라면 적용되는 분야는 넓어질 것이다. 최근에 자동차 산업에서의 임베디드 시스템 적용 기술은 그 응용 분야가 갈수록 늘어나고 있는 추세이다.

중앙 자가 진단모듈과 자동차 변속 ABS 브레이크, 카 네비게이터 카-TV와 오디오 등을 종합한 엔터테인먼트 분야 등이다. 항공, 우주, 국방, 의료, 멀티미디어 통신, 에너지 개발 등 첨단 분야에는 예전부터 임베디드 시스템이 도입 추진되고 있다. 이러한 첨단 분야의 장비들은 아주 정확한 반응 및 처리 능력이 요구되는 시스템이 대부분이기 때문에 자체운영 능력을 가진 RTOS(Real Time Operating Systems)를 탑재하여 활용되고 있다.

실시간 통신 네트워크의 성능 향상을 위한 인터넷 프로토콜이 적용된 멀티미디어

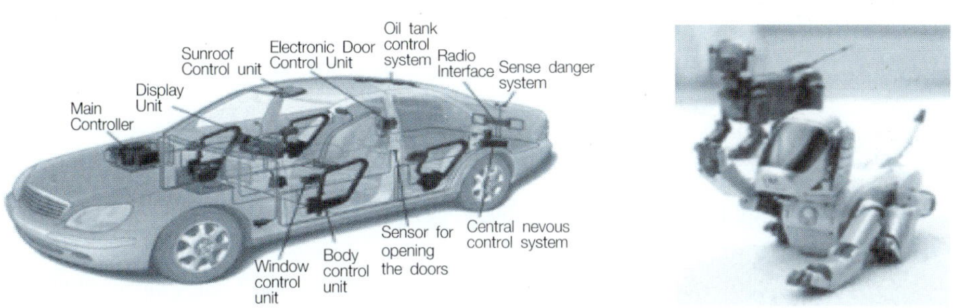

[그림 1-9] ▶ 자동차 및 로봇 사용사례

통신 서버 항공사의 가상 항공비행 시뮬레이터 장비 시스템의 지속적이고 안정적 기능을 포함한 Hot-Swap의 능력을 수행하는 서버 또는 개발 장비 등에 적용된다.

1.5 임베디드 시스템의 개발

임베디드 시스템을 설계하기 위해 임베디드 시스템의 용도를 분석하여 하드웨어 사양을 결정하고 소프트웨어 사양을 결정하여야 한다. 이 두 사양에 따라 개발이 완료된 후 시스템 통합을 통하여 임베디드 시스템의 개발이 완료된다. 그러면 하드웨어 사양을 결정하기 위하여 프로세서, 메모리 및 주변 I/O장치를 설정하고 난 뒤 회로도를 설계하고 그 설계에 따라 CAD인 Artwork 설계를 한 후 그 자료에 의해 PCB 제작을 한 후 하드웨어 조립 및 시험을 통하여 하드웨어 설계가 완성된다. 그리고 소프트웨어 사양 결정을 위해 OS의 사용 여부 및 OS선정을 한 후 개발환경을 설정한 후 시스템 소프트웨어, 디바이스 드라이버 및 응용 설계가 완성되면 소프트웨어 설계가 완성된다. 이 완성에 따라 하드웨어 시스템과 소프트웨어 시스템과 통합하여 수정 및 시험을 통하여 최적의 임베디드 시스템을 구현한다.

1) 임베디드 시스템 개발시 고려점

범용 컴퓨터에서 사용되는 S/W와는 달리 임베디드 소프트웨어는 크게 변경하지 않고서는 다른 임베디드 시스템에서 사용할 수 없다. 이는 소프트웨어가 동작하는 하드웨어가 상상할 수 없을 정도로 다양하기 때문이다.

모든 임베디드 시스템에서 사용되는 하드웨어는 시스템 비용을 줄이기 위해 용도에 따라 변경된다. 따라서 불필요한 회로들은 모두 제거되며, 가능한 한 모든 하드웨어 자원들을 공유하도록 설계한다.

다음에서는 임베디드 시스템의 하드웨어 및 소프트웨어 설계에 고려할 점에 대하여 알아본다.

(1) 임베디드 시스템 하드웨어 설계

하드웨어 설계자는 결정된 하드웨어 사양에 따라 하드웨어 설계를 진행한다.

① 프로세서, 메모리 및 주변 I/O장치 설정

- 프로세서 선정시 임베디드 시스템의 특성에 맞고 개발의 용이성, 가격, 안정성과 협력업체의 지원 등을 고려하여 적합한 프로세서의 종류를 설정한다.
- 메모리의 선정은 소프트웨어를 포함하려면 실행코드를 저장할 장소와 실시간 데이터를 처리할 임시 저장소의 필요성을 고려하여 선정한다. 코드와 데이터 저장용 메모리는 각각 ROM 혹은 플래시 메모리(flash memory)와 RAM의 형태를 갖는데, 저장할 코드 및 데이터의 크기, 속도 등에 따라 메모리 소자를 선정한다.

  만약 적은 양의 메모리만을 사용한다면 프로세서에 내장된 부분을 사용할 수 있다. 그렇지 않으면 하나 또는 두 종류의 메모리가 프로세서의 외부에 별도의 메모리 칩이 존재한다. 그리고 임베디드 시스템의 기능에 따라 가격 대비 성능을 고려하여 최적의 메모리를 선정한다.
- 임베디드 시스템은 몇 가지 형태의 입출력을 가지고 있다. 시스템 입력은 키보드, 터치 패널, 센서와 프로브, 통신신호 등으로 이루어져 있고, 출력은 화면 디스플레이, 통신신호나 물리적인 변화 등으로 이루어져 있다. 몇 가지 공통적인 특징을 제외하면 임베디드 하드웨어의 나머지 부분은 모두 다르다. 이와 같은 차이는 다양한 설계 요구사항 때문에 발생한다. 그러므로 임베디드 시스템의 용도와 특성에 맞게 입출력 장치를 선정한다. 최근에는 SoC(System on a Chip)가 발달하여 용도에 맞는 SoC를 선정하면 개발하려는 필요한 모든 주변장치를 가지고 있으므로 잘 검토하여 진행해야 한다.

② 회로도, 아트워크, PCB설계, 하드웨어 조립 및 시험

하드웨어 개발자는 선정된 프로세서, 메모리 및 주변 I/O장치를 이용하여 회로도를 설계한다. 회로도 설계시에 프로세서, 메모리 및 주변장치에 대한 회로와 전원공급장치, 시스템 리셋 등을 충분히 이해한 후 오류가 발생하지 않도록 설계해야 한다. 회로도, 아트워크 및 PCB를 설계하기 위한 툴은 OrCAD, Power logic, Mentor, PCAD, CADSTAR, CSiEDA5, PowerPCB 등을 설계자의 기호에 맞는 툴을 사용하면 된다.

특히 아트워크나 PCB 설계시 부품배치를 잘 하여 각 신호간의 간섭이나 노이즈 및 EMI, EMC 등 문제가 없도록 고려해서 설계해야만 한다.

PCB제작이 완료되면 부품을 조립하고 테스트 프로그램을 이용하여 하드웨어가 정상적으로 동작하는지 검사한다.

(2) 임베디드 시스템 소프트웨어 설계

소프트웨어 설계자는 결정된 소프트웨어 사양에 따라 소프트웨어 설계를 진행한다.

① OS의 선정

OS의 선정은 OS의 필요성, 리얼타임 기능, 시스템 메모리의 크기 등에 따라 결정한다. 임베디드 시스템의 운영체제는 제품의 리얼타임 기능 필요여부에 따라 결정한다. 임베디드 시스템에서 많이 사용하는 운영체제는 상용 RTOS(VxWorks, pSOS, VRTX, uCOS 등), WinCE, 임베디드 리눅스, 임베디드 JAVA 등이 있다.

② 운영체제와 커널, 디바이스 드라이버의 포팅 및 응용 개발

- 임베디드 시스템의 운영체제의 커널을 시스템에서 실행할 수 있도록 프로세서 관련 처리, 메모리 관리, 트랩 및 인터럽트 처리, 타이머 등을 설정 및 수정을 통하여 운영체제의 스케줄러가 정상적으로 실행하도록 커널을 포팅한다.
- LCD, 네트워크 어댑터, 오디오, 키보드, HDD, USB, UART 등의 디바이스를 구동하는 데 필요한 프로그램인 디바이스 드라이버를 대상 하드웨어에서 구현되도록 포팅한다.
- 임베디드 시스템에서 응용은 그 제품의 사용용도와 특성에 따라서 특정 목적의 처리를 구현하는 작업을 실행한다.

③ 임베디드 소프트웨어 개발환경 설정

임베디드 시스템을 개발하기 위해서는 PC에서 동작하는 호스트 환경 설정과 개발 타깃 시스템의 환경 설정이 중요한다. 특히 호스트 환경인 PC에서 프로그램을 작성하고 컴파일하여도 개발하려는 임베디드 시스템인 타깃 시스템에서 사용되는 프로세서에 맞도록 컴파일되도록 패치하는 개발환경을 교차개발 환경이라 한다. 교차개발 환경은 개발자 프로그램 작성, 디버거, 에디터, 크로스 컴파일 등을 다양한 툴이 통합된 개발환경인 IDE(Integraded Development Environment)를 제공한다.

ARM사에서 제공하는 ADS(ARM Developer Suit), RVDS(RealView Developer

Suit) 등은 ARM 프로세서 기반의 교차개발 환경이다.

그리고 GNU(Gnu is Not Unix)는 임베디드 리눅스 개발시에 무료로 제공하는 교차개발 환경 툴이다.

2) 임베디드 시스템 설계 요구사항

모든 시스템은 전혀 다른 요구사항들을 만족시키기 위해 제품의 일부 또는 전체를 개발과정 중에 변경해야 한다. 예를 들면, 제품 가격을 만원 이하로 하려면 연산능력이나, 시스템 안전성 등이 희생되어야 한다. 물론 제품 가격은 임베디드 하드웨어 설계자가 염두에 두어야 할 여러 제한사항 중 하나일 뿐이다. 또다른 일반적인 설계 요구사항은 다음과 같다.

(1) 처리능력

업무를 수행하기 위한 처리능력의 크기. 일반적으로 처리능력을 비교하기 위해서는 MIPS(Millions of Instruction Per Second : 1초 동안 처리하는 연산 횟수)가 이용되며, 프로세서의 선정기준이 된다.

(2) 메모리

실행 소프트웨어와 이 소프트웨어가 처리할 데이터를 저장할 메모리(ROM/Flash Memory/RAM)의 크기는 일반적으로 하드웨어 설계자가 먼저 적절한 크기를 결정하고 소프트웨어가 개발되는 과정에서 실제 크기를 늘리거나 줄일 수 있어야 한다. 필요한 메모리 양에 따라 프로세서의 선택이 바뀔 수 있다. 일반적으로 프로세서의 레지스터 크기에 따라 액세스 가능한 메모리의 최대 값을 결정한다.

(3) 개발비용

하드웨어 및 소프트웨어 설계비용은 일정하며 한 번만 필요하기 때문에 대량생산의 경우 이 비용이 크게 문제가 되지는 않지만, 소량생산의 경우에는 시스템의 비용을 정확하게 추정하여야 한다.

(4) 생산되는 제품의 수

생산해서 판매할 제품의 수에 따라 생산비용과 개발비용의 조절이 필요하다. 예를 들면, 소량 생산하는 제품에 독자적인 하드웨어 부품을 개발하는 것은 일반적으로 바람직하지 못하다.

(5) 예상 수명

평균적으로 얼마나 오랫동안 시스템이 계속 동작해야 하는가에 대한 것이다. 예상 수명이 한 달, 일 년 또는 십 년 등의 기간에 따라 하드웨어 부품의 선정에서 시스템의 개발 및 생산에 얼마나 많은 비용이 필요한지까지 모든 종류의 설계사항에 영향을 준다.

(6) 신뢰성

최종 제품이 얼마의 신뢰성을 가져야 하는가에 대한 것이다. 아이들의 장난감이라면 항상 정확하게 동작할 필요가 없지만, 우주왕복선이나 자동차의 부품들은 항상 정확하게 예정된 작동을 해야 한다.

제2장
임베디드 리눅스 운영체계

2.1 실시간 운영체제 개요

1) 운영체제의 정의

운영체제는 컴퓨터 하드웨어와 컴퓨터 사용자 사이에 놓인 중간자 구실을 하는 프로그램의 집합으로 정의한다.

2) 운영체제의 목표

운영체제는 컴퓨터 시스템을 쉽게 사용할 수 있도록 지원하고 컴퓨터 하드웨어를 효율적으로 사용하는 방법을 지원하는 시스템 프로그램이다.

전통적인 의미의 운영체제는 자원경영, 서비스, 및 제체관리이고 광범위의 운영체제는 추가로 명령어 해석기 부분이 포함된다.

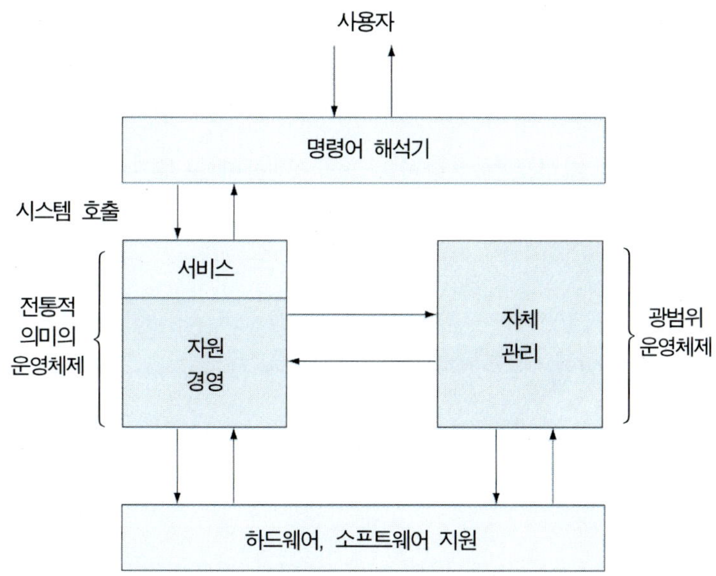

[그림 2-1] ▶ **운영체제의 범위**

3) 운영체제의 필요성

첫째로 하드웨어를 손쉽고 효율적으로 운영할 수 있도록 추상개념(abstraction)을 제공한다.

OS만의 추상적인(우리 눈에는 결코 보이지 않으므로) 개념들이 이미 정리되어 시스템 사용자들이 보다 쉽게 하드웨어를 사용할 수 있도록 조치를 취해 놓았다는 의미이다.

두 번째로 OS의 필요성은 OS는 자원의 공유 및 분배를 위한 메커니즘(mechanism)과 정책(policy)을 결정한다.

하나의 시스템이 가지고 있는 자원이란 무한하지가 않다. CPU 내부의 메모리도 일정한 한계가 있고 컴퓨터 주변장치 역시 일정한 개수로 한정되어 있으므로 시스템을 보다 효율적으로 사용하기 위해선 한정된 자원들의 공유와 분배가 제대로 이뤄져야 하는 것이다. 하나의 시스템이 한 명의 사용자와 한 개의 프로그램만을 수행한다면 자원의 효과적인 분배나 공유 등이 별 필요 없겠지만 이미 우리는 너무도 복잡한 시스템의 사용자가 되어 있는 것이다.

정책이란 말의 의미는 좋은 정부가 국민들이 불만을 갖지 않을 공평한 세율을 과세하듯 좋은 OS는 시스템 사용자가 시스템 사용에 있어 항상 만족감을 갖게 할 것이다.

OS가 정교해질수록 컴퓨터 시스템을 더 잘 관리할 수 있게 되고 사람의 간섭은 더욱 적게 필요하고 더 많은 자료를 처리할 수 있게 된다. 바로 이러한 이유 때문에 오늘날 OS는 수많은 지시문을 포함하는 크고 복잡한 프로그램이 된 것이다. 이렇듯 OS는 컴퓨터 시스템과 사용자, 컴퓨터 장치들 사이의 효율적인 운영을 가능하게 해주는 프로그램이다.

4) 운영체제의 역할

OS가 수행하는 일은 프로세스 관리(Process management), 메모리 관리(Memory management), 파일 관리(File management)로 나누어 설명할 수 있다.

첫째, 프로세스 관리란 요즘 거의 모든 개인용 컴퓨터들은 윈도우 환경에서 사용된다. 윈도우 환경에는 다양한 장점이 있겠지만 그중 여러 창을 동시에 열어 여러 프로그램에 자유롭게 접근하여 사용할 수 있다는 것이 사용자 입장에서는 대단히 편리할 것이다. 그러나 정작 컴퓨터 내부를 살펴보면 몇 개의 창이 동시에 열렸다 하더라도 모든 작업들이 동시에 이뤄지는 건 아니다. 바로 OS가 각각의 창마다 작업 시간을 할당해주고 그 작업에 우선순위를 매기는 것이다. 또한 대량의 처리능력을 가진 컴퓨터에 많은 사람이 접근할 수 있을 경우 OS는 제한된 CPU 시간을 사용자에게 할당하고 혼선을 피하게 하는 기능을 수행한다.

둘째, 메모리 관리란 동시에 여러 개의 프로그램이 실행되는 멀티 프로그래밍 환경에서 주어진 시스템의 메모리 용량을 가장 효율적으로 사용하면서 각각의 프로세스들이 이들 메모리를 사용할 수 있도록 하는 OS의 기능을 메모리 관리라고 한다. 즉, 메모리에 저장되어 있는 프로그램을 보호하고 메모리 용량보다 큰 양을 차지하는 프로그램을 수행할 수 있도록 돕고 또한 사용자의 영역을 보호하는 역할도 한다.

셋째, 파일 관리란 응용 프로그램이 실행되는 것을 감시하고 입·출력 활동을 통제하는 경영을 말한다.

OS의 통제 프로그램은 응용 프로그램이 수행되는 동안 컴퓨터의 메모리 안에 머무른다. OS는 응용프로그램을 메모리 안으로 읽어 들이고 필요한 주변장치들을 준비시키고 응용 프로그램 수행 중 OS의 손길이 필요한 때마다(자료처리결과 저장 등) 적절한 통제를 하게 된다.

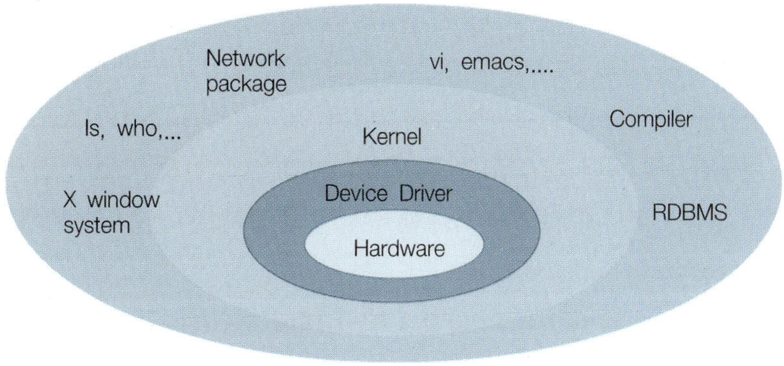

[그림 2-2] ▶ **운영체제의 자원**

5) 실시간 운영체제의 정의

실시간 운영체제는 주어진 특정 시간 내에 인터럽트를 처리하도록 보장하는 운영체제로서 임베디드 시스템과 같이 제한시간에 영향을 받는 응용 프로그램이나 하드웨어를 제어하기에 적합한 운영체제이다.

실시간 운영체제를 RTOS(Real-Time Operating System)으로 줄여서 표현한다. 즉 RTOS는 일반 운영체제에 하드웨어와 관련한 시간적 제약조건이 첨가된 운영체제로 볼 수 있다.

6) 임베디드 시스템의 운영체제

임베디드 운영체제(embedded operation software)는 크게 다음과 같이 RTOS (Real Time OS)와 GPOS(General Purpose OS)로 분류할 수 있다.

RTOS는 정해진 시간 내에 타깃 시스템이 결과를 출력하는 실시간 시스템을 말한다. 이는 주어진 작업을 빨리 처리하는 개념이 아니라 정해진 시간을 넘겨서는 안된다는 개념이다. 그러므로 시간에 대한 중요한 키워드가 존재한다.

또한, 실시간 임베디드 시스템 응용에 적합할 수 있도록 시스템 응답속도(responsespeed), 인터럽트(interrupt), 효율성(efficiency), 확장성(scalability), 휴대성(portability) 등에서 우수한 성능을 가지도록 설계된 운영체제를 말한다.

RTOS는 실시간적 요소를 충족시키기 위해서 모듈화, 선점형 멀티 태스킹, 스케줄링, 통합 개발 환경 지원 등을 고려해야 한다.

그리고 실시간 시스템도 Hard Real-Time System과 Soft Real-Time System으로 나눌 수 있다.

Hard Real-Time System은 정해진 시간 내에 작업한 결과가 절대적으로 출력 되어야 하는 시스템을 말하며, 이런 시스템의 예로는 전투기의 비행 제어 시스템이라든지 핵발전소의 제어 시스템, 인공위성의 제어 시스템 등 작업의 결과가 미리 정해진 시간 내에 도출되지 않으면 막대한 손실을 발생할 수 있는 치명적인 결과가 나오게 되는 경우이다.

Soft Real-Time System은 정해진 시간 내에 작업의 결과가 나오지 않더라도 Hard Real-Time System처럼 치명적인 결과를 양산하는 그런 시스템이 아닌 경우이다. Soft Real-Time System은 정해진 범위를 넘는 시간 지연이 발생하더라도 그것이 시스템 에러(system error)가 되지는 않는다.

GPOS는 현재 흔히 사용하고 있는 Window NT, Window 95/98/2000, DOS, UNIX, Macintosh OS, OS/2 등으로 일반적인 응용 소프트웨어를 운영하기 위하여 설계된 운영체제를 말한다. 따라서 대용량의 메모리와 ROM영역을 필요로 하며, Local File System, Paged Virtual Memory를 관리할 수 있는 MMU(Memory Management Unit) 등이 필요하다. 실시간을 구현하는 데 있어서 Response Speed, Interrupt Handling 등에서 RTOS보다 우수하지 못하다.

대부분의 임베디드 시스템들은 그 자체에 맞게끔 포팅(porting)된 운영체제를 가지고 있으며 이런 운영체제로서는 하나의 운영체제가 거의 독점하고 있다시피 한 PC용 운영체제 시장과는 달리 여러 종류의 독특한 특성을 가진 운영체제가 공존하고 있는 상황이다.

Xinu, uC/OS와 같이 개인이나 학계 등에서 공개한 교육용 또는 평가용 운영체제를 채용하고 있는 몇몇 디바이스를 제외하곤 대부분 pSOS, VxWORKs와 같은 상용 운영체제를 구입해 내장하고 있으며 Cisco와 같은 일부 대형 통신장비업체에서는 IOS와 같이 자신들이 직접 개발한 운영체제를 사용하고 있다.

따라서 제품화되고 있는 대부분의 임베디드 시스템에는 상용 운영체제를 사용하고 있는데 이런 운영체제들은 구입과 동시에 개발하는 해당 구조에 대한 초기화 코드, 운영체제의 소스 코드와 개발 툴들이 함께 제공되므로 쉽게 어플리케이션 개발에 착수할 수 있다는 장점이 있다. 그리고 운영체제에 대한 지원체계가 확실하므로 문제가 발생할 경우 체계적인 지원을 신속하게 받을 수 있으며 또한 운영체제 자체의 성능이 보장되어 있어서 안심하고 사용할 수 있다는 장점이 있다.

하지만 이런 많은 장점에도 불구하고 사용 운영체제는 가격적인 면과 확장성 면에서 상당한 제약을 가진다. 대부분의 상용 운영체제는 운영체제 자체만으로도 수 천 달러 혹은 수 만달러에 달하는 가격을 가지며 게다가 개발 툴을 합치면 개인이나 학계, 중소업체에서 감당하기 힘든 금액이 소요된다. 뿐만 아니라 네트워크 기능을 위해 TCP/IP 스택, 특정 디바이스 드라이버, 특정 어플리케이션 등이 구입 옵션으로 제공되기 때문에 어떤 어플리케이션을 위한 네트워킹 디바이스를 만들기 위해서는 수만달러 이상의 엄청난 자금이 필요하다.

그 운영체제를 사용한 응용제품이 시장에 출시되어 이윤이 발생할 경우 일반적으로 제품 한 대당 일정한 규모 정도의 운영체제에 대한 라이센스(license)비가 책정되어 개발자의 부담은 가중된다. 또한, 상용 운영체제의 개발 툴 자체는 그 가격만큼이나 잘 정비되어 있고 개발자에게 뛰어난 기능들을 제공하지만 그 자체를 돌릴 수 있는 곳, 즉 개발을 위한 머신(machine)이 제한적이다.

대부분 특정 유닉스나 윈도우 기반의 운영체제 개발 툴을 위한 필요조건으로 요구하고 있으며 이는 개발자에게 또 다른 하나의 장벽이 될 수 있다. 그리고 이런 상용 운영체제 위에서 돌아가는 어플리케이션 코드를 만드는 경우 한 운영체제를 위해 개발된 코드는 쉽게 다른 운영체제를 위해 포팅될 수 없다. 결국 상용 운영체제는 상용 인만큼 성능과 개발을 위한 환경이 보장되지만 상당한 규모의 대가를 요구하고 그 확장성, 호환성에 있어서 미약한 면을 보이고 있으며 또한 개발에 익숙하기 위해서는 많은 노력이 필요하다.

이러한 환경에서 임베디드 리눅스(embedded linux)의 등장은 수 많은 문제점의 해결과 더불어 많은 이익을 개발자에게 가져다 주었다.

여기서 사용되는 임베디드 리눅스란 일반적으로 PC의 운영체제로서 사용되는 GNU/Linux 시스템의 일반적인 명칭인 리눅스와는 차이가 있다. PC에서의 리눅스는 운영체제의 기본 하부구조로서 리눅스 커널과 더불어 그 상위에서 유닉스 운영체제와 유사한 구조를 이루는 Glibc C 라이브러리 시스템과 이를 기반으로 한 수많은 조그만 유틸리티(utility)로 이루어져 있으며 이를 총괄적으로 통합해 리눅스 운영체제라 부른다.

하지만 임베디드 리눅스는 기본적으로 특정 임베디드 어플리케이션에 맞도록 리눅스 커널의 크기와 성능을 최소, 최적화시켜 만들어낸 커널을 의미하며 여기에 C 라이브러리나 유틸리티 등은 필요에 따라 추가되거나 교체되어 하나의 시스템을 만드는 형태가 된다. 이런 커널의 최소, 최적화에는 커널의 내부구조 변화도 가능하며 이를 극단화시키면 일반적인 사용 운영체제의 성능을 뛰어넘는 것도 가능하다.

결국 임베디드 리눅스는 개발자에게 시스템 개발에 있어서 금전적인 제약과 개발환경에 적응 시간, 그리고 제품의 신뢰성에 대한 장벽을 넘을 수 있게 해주는 운영체제라 할 수 있다.

7) 상용 실시간 운영체제

상용 실시간 운영체제는 〈표 2-1〉처럼 구조적인 측면에서 두 가지로 분류된다.

하나는 멀티 스레드(Multi-thread)형이고 다른 하나는 멀티 프로세스(Multi-process)형이다.

멀티 스레드 형은 운영체제의 커널과 응용 프로그램이 합쳐져서 서로의 구분이 없는 하나의 큰 프로그램이 되어 작동하는 구조로서 커널과 응용 프로그램이 공통의 작업 영역인 메모리를 자유롭게 접근할 수 있다.

운영체제의 크기가 작고 비교적 작은 크기의 시스템에서 구현이 쉽고 빠르다는 장점이 있지만 커널과 응용 프로그램이 하나의 프로그램 모듈로 동작하기 때문에 사소한 버그가 시스템 전체를 파괴할 수 있는 단점이 있다.

〈표 2-1〉 상용 실시간 운영체제들의 특징

운영체제	제조회사	로열티 정책	구조
VxWorks	WindRiver	○	멀티 스레드
OSE	Enea OSE Systems	△	멀티 스레드
VRTX	Mentor Graphic	○	멀티 스레드
PSoS	WindRiver	○	멀티 스레드
Nucleus Plus	Accelerated Technology	×	멀티 스레드
Super Task	US Software	×	멀티 스레드
uC/OS II	Micrium	×	멀티 스레드
QNX	QNX Software System	○	멀티 프로세스
OS-9	Microware	○	멀티 프로세스
LyroxOS	LinuxWorks	△	멀티 프로세스
RTLinux	Finite State Machine Labs	△	멀티 프로세스
Windows CE	MicroSoft	○	멀티 프로세스

※ ○는 로열티를 받는다. △ 명확하지 않다. ×는 로열티를 받지 않는다.

(1) 임베디드 리눅스

상용 운영체제에 비해 실시간적인 요소의 제약과 개발환경 지원이 부족하다. 본래 PC 기반으로 만들어졌기 때문에 적은 메모리를 사용하는 임베디드 시스템에서 사용하기에는 용량이 크다는 단점이 있다. 하지만 오픈 소스를 지원한다는 장점을 가지고 있다. 현재도 수많은 개발자가 개발중이고, 최근에 출시된 커널 2.6에서는 실시간적인 요소를 추가하는 등 상용 운영체제를 능가하는 임베디드용 운영체제로 변모하고 있다.

(2) 윈도우 CE

win32 API를 이용하여 PC 응용 프로그램을 쉽게 포팅할 수 있다. 멀티미디어, 통신용 소프트웨어가 기본으로 탑재되어 있다.

(3) VRTX

마이크로텍에서 개발한 상용 운영체계로서 몇 년 전까지 국내에서 시장 점유율이 가장 높았다. 시스템 중간쯤에 인터럽트가 발생하여 생기는 시간적 지연을 막기 위해 선점 가능한 시스템 콜을 가지고 있다. 따라서 태스크가 수행할 준비가 되자마자

스케줄링이 가능하다.

(4) Vxworks

태스크간의 통신을 위해 세마포어와 메시지 큐, 공유 메모리, 소켓, 시그널 등을 공유하고, 표준 TCP/IP 네트워킹과 롬이나 로컬 디스크, 네트워킹으로 부팅이 가능하다. 세계 임베디드 운영체제에서 점유율이 가장 높으며, 많은 장치 및 디바이스를 지원한다.

(5) Nucleus

다른 상용 RTOS들과는 다르게 소스를 제공하며, 라이센스만 구입하여도 사용 가능하다. 로열티가 없는 정책으로 최근 사용이 급증하고 있다. 국내에서는 이동통신 기기에서 많이 사용되고 있다.

2.2 임베디드 운영체제 기술 동향

임베디드 시스템에서 정보가전기기의 비중이 커짐에 따라서 임베디드 운영체제는 인터넷 솔루션과 GUI 기능, 그리고 모바일 디바이스 지원 기능이 점차 중요해지고 있다. 이에 따라 유·무선 통신 기능, 경량 TCP/IP 스택 지원, 경량 그래픽 윈도 시스템 지원, 객체지향 언어 지원, 멀티미디어 스트림의 효율적인 처리, 웹 서비스 지원 기술 등이 대두되고 있다. 특히 모바일 디바이스를 위해서는 저전력 지원과 소형 LCD에 적합한 그래픽 윈도 시스템에 대한 기술도 중요하다. 또한 빠르게 변하는 시장에 대응하기 위하여 임베디드 운영체제는 이식성과 조립성이 좋아야 한다.

임베디드 운영체제는 스레드 기반 운영체제와 프로세스 기반 운영체제로 나눌 수 있다. 스레드 기반 운영체제란 시스템(커널) 프로세스와 응용(사용자) 프로세스가 구분되지 않고 동일한 기준으로 수행되는 것으로서 응용 프로그램의 오류가 시스템 전체를 멈추게 할 수 있다.

프로세스 기반 운영체제란 시스템 프로세스와 응용 프로세스가 별도의 기준으로 수행되는 것으로서 응용 프로그램의 오류가 시스템 프로세스의 동작에 영향을 미치지 않는다. 대표적인 스레드 기반 운영체제로는 윈드리버의 VxWorks가 있고 프로세스 기반 운영체제로는 임베디드 리눅스가 있다.

임베디드 운영체제 커널은 응용 분야에 따라 내장형 및 소형이라는 특성에서 필요로 하는 요구사항과 실시간적 조건이 주어지는 응용에서 필요로 하는 요구사항을 제공하는 커널 기술들로 분류할 수 있다.

1) 임베디드 운영체제 커널의 특징

- 범용 운영체제에 비해 비교적 작은 크기
- 컴포넌트 방식의 구성으로 타깃 시스템에 따라 손쉽게 구성을 달리 할 수 있는 컴포넌트 기반 운영체제
- 빠른 부팅, 저전력 지원, 비디스크 방식의 운용
- 다양한 또는 저가의 프로세서에 대한 지원
- 간결한 구조에 의한 빠른 응답
- 메모리 기반의 파일 또는 데이터베이스 시스템
- 임베디드 운영체제가 무기 분야나 각종 제어 분야처럼 실시간성이 강하게 요구되는 응용 분야에 사용될 때에는 빠른 인터럽트 서비스, 멀티태스크(태스크/프로세스 또는 스레드) 환경에서의 연성 및 경성 실시간 스케줄링, 실시간 자원 관리, QoS 기능이 필요하다.

주요 기술 요소는 다음과 같다.

(1) 실시간 멀티태스킹 지원 기술

실시간 스케줄링과 함께 실시간 서비스의 보장성과 예측성을 높이려면 실시간 동기화 메커니즘, 실시간 자원 관리 등의 기술이 필요하다. 이러한 멀티태스킹 조건에서 실시간 스케줄링 기술, 실시간 동기화 기술, 실시간 자원관리 기술 등을 실시간 멀티태스킹 지원 기술이라 한다.

(2) 메모리 관리 기술

메모리는 임베디드 시스템에서 가장 효율적으로 관리되어야 할 중요한 자원 중의 하나이다. 마이크로컨트롤러 수준의 작은 응용에서는 MMU(Memory Management Unit)가 없는 경우가 많으므로 가상 메모리(Virtual Memory: VM) 지원이 없고 대신

메모리의 조각(fragmentation)으로 인한 사용성의 저하를 최소화하는 관리 알고리즘이 필요하다.

보다 복잡한 응용에서 태스크들간 혹은 커널과 사용자간의 메모리 영역 보호 기능은 시스템의 안정성과 프로그램 개발 및 디버깅에 중요한 역할을 수행한다.

임베디드 메모리 관리 기술은 이러한 다양한 메모리 관련 요구에 대해 최적의 관리 환경을 지원하는 기술이다.

요소 기술로는 컴포넌트 기반의 경량 가상 메모리 관리(Virtual Memory Management : VMM) 기술과 실시간 보장을 위한 메모리 잠금 기술이 있다.

임베디드 시스템은 응용에 따라 효율적인 경량의 VM 시스템이 기본적으로 요구되는 경우가 많으며 경량 VM 시스템은 모듈 혹은 컴포넌트의 형태로 탈착이 가능한 구조여야 한다.

이 VMM 기술에는 기본적으로 MMU를 이용한 페이지 관리 기술이 제공되며 디스크 혹은 플래시메모리와 같은 보조기억장치를 스왑(swap) 디바이스로 관리하는 기술을 포함한다.

가상 메모리 환경에서 실시간 태스크의 메모리 영역이 보조기억장치로 스왑 아웃되는 경우 실시간성을 만족하기 어려워지기 때문에 특정 영역의 스왑을 방지하는 메모리 잠금 기술이 필요하다.

(3) 임베디드 시스템용 파일 시스템

정보가전, 휴대통신기기, 셋탑박스 등의 임베디드 시스템에서 파일 형태의 데이터를 저장하고 관리하기 위해 필요한 고정 또는 동적 착탈 가능의 플래시 메모리를 이용한 파일 시스템 기술로 데이터 크기의 급속한 증가와 함께 매우 중요한 기술로 부각되고 있다.

주요 기술은 다음과 같다.

- 콤팩트 플래시, 스마트 미디어, SDMMC, 메모리스틱, SD(Secure Digital) 카드 등 모든 규격의 메모리 카드를 지원
- 멀티미디어용 플래시 파일 시스템
- 지우기 회수가 제한되어 있는 플래시 메모리의 효과적인 지움 기술
- 예상치 못한 전원 단절시 발생하는 오류 복구 기술
- USB에 연결되는 플래시 메모리 드라이브 기술

(4) 부팅 지원 기술

부팅이란 전원이 들어왔을 때부터 원래 기기의 목적에 맞는 응용 프로그램이 동작하기까지 일어나는 일련의 과정으로서 펌웨어(firmware), 운영체제 커널, 기본 시스템 소프트웨어 로딩으로 나누어 볼 수 있다.

임베디드 시스템에 사용되는 하드웨어 및 운영체제가 복잡해짐에 따라 이 과정에서 소요되는 시간은 무시할 수 없게 되었으며 이러한 긴 부팅 시간은 임베디드 시스템, 특히 정보가전기기가 일반 사용자들에게 받아들여지는 것을 어렵게 만드는 큰 장애 요인 중 하나가 되고 있다. 가전기기의 스위치를 켬과 동시에 서비스가 동작하는 것처럼 부팅에 걸리는 시간을 빠르게 하는 기술이 패스트 부트(Fast boot) 기술이다.

이를 위해서

① 커널을 적재하기 위한 최소한의 작업만을 수행하도록 펌웨어를 하드웨어에 최적화시키는 펌웨어 최적화 기술
② 커널 구조를 모듈화하여 기능상 필요한 모듈만을 커널 구성에 포함시키고 나아가서는 다른 기능 모듈들은 요구에 따라 필요시 로딩(on-demand loading)시킴으로써 커널 크기를 최소화하고 파일 시스템 초기화 시간 및 복구 시간의 최적화 등을 수행하는 커널 최적화 기술
③ Busy Box, TinyLogin 등과 같이 데스크탑에서 사용하던 기본 명령어들을 공통 라이브러리로 단일화시켜서 크기를 줄이는 등의 기본 시스템 소프트웨어 최적화 기술 등이 필요하다.

(5) XIP 기술

커널을 메모리에 로드하여 실행하는 대신 플래시에서 직접 수행하는 기술을 XIP(eXecution-In-Place) 기술이라 한다. 일반 시스템에 비해 제한된 리소스를 가지는 임베디드 시스템의 특징으로 인해 보조기억장치인 하드디스크를 임베디드 시스템에서는 대부분 플래시 메모리로 대체하고 있다. 플래시 메모리는 하드디스크에 비해 저장공간 대비 가격이 월등히 높기 때문에 적은 용량을 탑재한다. 1차 저장장치인 주 메모리 역시 제한을 가지는 것이 일반적이다.

이러한 임베디드 시스템의 제한된 메모리 자원을 극복하기 위해 XIP 기술이 등장하였다. CPU가 저장매체의 명령을 수행하기 위해서는 워드 단위의 명령어를 디스패

치해야 하므로 워드 단위의 액세스가 가능한 플래시 디바이스 상에서만 XIP 적용이 가능하다. XIP 적용시 프로세스 이미지에 할당될 메모리를 가용 메모리로 활용하므로 큰 절감 효과를 얻을 수 있다.

(6) 저전력 지원 기술

저전력 지원 기술은 임베디드 시스템, 특히 모바일에서 시스템의 설계나 운영시 전력소모를 최소화하기 위한 기술이다. 모바일은 전원을 배터리에 의존하는데 이 배터리는 용량이 제한적이고 따라서 사용시간도 제한적이다. 전력소모의 최소화는 시스템의 사용시간을 최대화하는 것 외에도 시스템의 발열을 줄임으로써 시스템을 안정화할 수 있고, 별도의 팬(fan) 사용을 필요로 하지 않으므로 시스템의 소음을 줄이는 효과도 볼 수 있다.

시스템의 운영에 있어서 전력소모를 줄이기 위해서는 기기의 전력 단계 및 성능을 시스템 및 응용 프로그램의 요구에 맞추어 동적으로 변환시킴으로써 효율적인 전력관리를 수행해야 한다. 임베디드 운영체제상의 저전력 기술은 크게 전력관리 기술 및 동적 전압 변동 기술로 분류할 수 있다.

전력관리는 기본적으로 시스템에서 사용되지 않는 기기를 저전력 상태로 천이시킴으로써 에너지 소모를 줄이는 기술이다. 저전력 상태는 시스템에 따라 여러 단계일 수 있으며 각 단계는 에너지 소모와 성능에 의해 나뉘는데 일반적으로 에너지 소모가 적을수록 성능은 저하된다. 여기서의 성능은 기기에 따라서 작업을 하는 속도일 수도 있고, 정상 동작 상태로 회복하는 데 필요한 지연시간(latency)일 수도 있다. 이 기술의 핵심은 전력 상태의 천이를 얼마나 효율적으로 하는가에 있다. 기기의 사용이 어떤 식으로 이루어지는지, 응용 프로그램 또는 사용자가 어떤 성능을 원하는지에 대한 예측과 성능, 그리고 지연시간 등에 대한 종합적인 고려를 통하여 시스템 상태의 천이를 결정해야 한다.

동적 전압 변동 기술은 시스템 컴포넌트 중 가장 전력소모가 큰 기기 중 하나인 프로세서에 적용되는 기술로서 프로세서의 전력소모는 동작 주파수에 비례한다는 특징을 이용한 것이다. 동작 주파수를 낮추면 단위 시간당 전력소모를 줄일 수 있으나 프로그램 수행시간이 그에 반비례하여 늘어나므로 하나의 작업을 수행하는 데 요구되는 전력소모는 일정하게 된다. 그러나 프로세서의 동작 주파수를 줄이면 그에 비례하여 프로세서의 구동 전압도 줄일 수 있으며 전력소모는 이 구동전압의 제곱에 비례하므로 많은 에너지를 절약할 수 있다.

응용 프로그램의 요구에 따라 프로그램 수행 중에 동적으로 프로세서의 전압 및 주파수를 조절해 줌으로써 전체적인 성능의 감소는 최소화하면서 전력소모를 최소화 하는 기술이다. 효율적인 동적 전압 변동을 위해서 요구되는 시스템 성능을 정확히 예측하는 것이 필수적이며 특히 요구하는 성능의 변화가 큰 멀티미디어 응용 프로그램에서는 성능의 예측을 위하여 효율적인 전압 변동 알고리즘이 필요하다.

(7) 자원 관리 기술

임베디드 운영체제에서 자원 관리는 주로 디바이스 관리를 의미하며 PnP(Plug-and-Play)에 의한 디바이스 관리 기술이 주로 논의되고 있다. PnP는 디바이스 드라이버들에게 어디에서 모뎀, 네트워크 카드, 사운드 카드 등의 각종 디바이스를 찾아야 하는지를 자동으로 알려주는 기술로서 디바이스와 그를 조작하는 디바이스 드라이버를 서로 일치시키고, 각 디바이스와 그 드라이버 사이에 통신 채널들을 만들기 위해 버스 리소스(bus-resources)를 드라이버와 하드웨어 양쪽에 할당한다. I/O주소, IRQ, DMA 채널(ISA 버스의 경우에만 해당됨), 메모리 영역 등이 버스 리소스에 포함되며 일차적 리소스라고도 한다.

임베디드 시스템 설계 구조상 IRQ, DMA 채널, I/O주소, 메모리 영역의 수에는 제한이 있으나 오늘날 사용되는 디바이스들은 종류도 많고 같은 종류의 디바이스를 여러 개 장착하는 경우도 발생한다. 따라서 디바이스는 어떤 주소나 IRQ로 지정이 가능해서 충돌을 피할 수 있는 유연성을 갖추어야 하며 동시에 클럭이나 키보드에 대한 IRQ 및 주소 할당과 같이 이미 사실상 표준이 된 몇몇 IRQ와 주소도 지원해야 한다.

(8) 임베디드용 그래픽/윈도우 시스템 기술

임베디드 시스템에서 활용될 GUI는 크기가 작아야 하고 프레임버퍼 사용으로 실행시간이 빨라야 하며 GDK나 윈도 API 등의 표준환경을 지원해야 한다.

(9) 네트워크 및 통신 기술

인터넷의 대중화와 더불어 각종 임베디드 시스템들은 초고속 인터넷 서비스를 이용하여 인터넷망에 접속할 수 있어야 하며, 기기간에도 IEEE1394, 블루투스, USB와 같은 다양한 유무선 인터페이스를 지원해야 한다.

(10) 멀티미디어 지원

정보가전기기나 카서버 등은 오디오 · 비디오를 포함하는 동영상 응용 및 게임 등과 같은 멀티미디어 서비스 지원을 요구한다. 따라서 운영체제에서 이러한 서비스 지원을 위한 처리 모듈과 응용 프로그램에서 요구하는 최소한의 성능을 보장하여야 한다.

2.3 임베디드 리눅스의 개요

1) 임베디드 리눅스의 탄생

초기의 리눅스는 핀란드 헬싱키 대학의 교수에 의해 개발된 유닉스 기반의 마이크로 커널 구조를 가지는 인텔 프로세스에서 동작하는 운영체제인 미닉스(Minix)를 이 대학 학생인 리누스 토발즈(Linus Torvalds)가 수정하여 인터넷에 공개한데서부터 출발한다. 그 이후 리눅스는 전 세계의 해커들에 의해서 지속적으로 수정 보완되면서 급속히 발전하여 왔다. 또한 리처드 스톨만(Richard Stallman)에 의해 창시된 자유 소프트웨어 재단(FSF: Free Software Foundation)과 노선을 함께 하여 GNU GPL(General Public License)하에 커널 소스를 공개하여 오늘에 이르고 있다. 이러한 소스 코드 공개에 기초한 자유 소프트웨어 정신에 입각하여 리눅스는 해커들에 의해 급속한 진전을 이루었으며, 비로소 1994년 5월에 커널 버전 1.0.0이 발표되었고 1996년 6월에는 커널 버전 2.0.0이 발표되었다. 그리고 2001년 1월에는 커널 버전 2.4.0, 2005년에는 커널 버전 2.6이 발표되었다. 리눅스 커널 버전이 홀수(odd)이면 개발 버전, 짝수(even)이면 안정 버전임을 의미한다. 이제 리눅스는 저렴한 중소형 컴퓨터뿐만 아니라 서버급 컴퓨터에 널리 사용되고 있는 실정이다. 또한, 최근에는 크기를 현격히 줄여 임베디드 시스템에 리눅스가 포팅되어 임베디드 운영체제로 각광받고 있다.

임베디드 리눅스 운영체제는 특정 어플리케이션에 맞도록 리눅스 커널을 최적화한 것이다. 이는 라이센스비가 무료이며, 커널 소스 또한 공개되며 현재 전 세계의 수 많은 개발자들에 의해 지속적으로 업데이트되고 있다.

2) 리눅스의 특징

(1) 오픈 소스 운영체제

리눅스는 돈을 주고 구입하지 않더라도 누구나 제약 없이 자유롭게 사용할 수 있는 운영체제이며, 소스는 항상 공개되어 있기 때문에 누구나 소스를 변형 · 개발 · 재배포할 수 있는 특징을 가지고 있다. 이러한 특징으로 리눅스는 전세계의 많은 프로그래머들과 해커들에 의해서 보다 안정적으로 진화되고 있는 강력한 운영체제이다.

[그림 2-3] ▶ **리눅스의 특징**

(2) 다중 사용자 환경

리눅스가 마이크로소프트의 운영체제와 커다란 차이가 있다면 한 대의 컴퓨터 시스템에서 여러 사용자들이 사용할 수 있는 다중 사용자(multi user) 환경 시스템이라는 것이다. 도스나 윈도우 환경에서는 개인 혼자서 하나의 시스템을 사용하기 때문에 여러 사람들이 같이 사용한다는 것은 어렵다. 리눅스는 사용자마다 계정을 부여해서 자신에게 부여된 영역에서 시스템을 여러 사용자들이 동시에 사용할 수 있다.

(3) X-Window

리눅스는 콘솔(console)과 X-Window 환경을 제공한다.

콘솔은 도스와 같은 텍스트 사용자 인터페이스(Text User Interface : TUI)로 작동하며, X-Window에서는 윈도우와 같은 그래픽 사용자 인터페이스(Graphic User

Interface : GUI)를 사용한다.

GUI 방식의 X-Window 환경은 윈도우 환경과 유사한 인터페이스를 제공하기 때문에 리눅스를 처음 접하는 경우에도 쉽게 접할 수 있도록 편의성을 제공한다. 또한, X-Window는 오픈 데스크 탑 환경으로 KDE와 GNOME을 모두 지원하고 있어 사용자의 기호에 따라 데스크탑을 선택하여 사용할 수 있다.

(4) 다중 작업 및 가상 터미널 환경

리눅스는 여러 가상 작업공간을 사용자에게 제공함으로써 한 대의 컴퓨터에서 여러 개의 화면을 통하여 여러 작업을 동시에 할 수 있다는 장점이 있다. 윈도우에서는 여러 창을 띄워 여러 작업을 할 수 있지만 리눅스도 윈도우와 같이 하나의 화면에 여러 창을 띄워 작업을 할 수 있도록 지원해주며, 단일 화면이 여러 개의 화면, 즉 가상 터미널(virtual terminal) 화면을 제공해 줌으로써 고정된 화면이 아닌 여러 화면에서 다중 작업(multi tasking)을 할 수 있다는 것이 특징이다.

(5) CPU의 구애가 없는 운영체제

리눅스는 x86 기반의 모든 CPU를 지원하고 있기 때문에 인텔을 비롯한 AMD, 사이릭스 등의 인텔 호환 CPU에서 동작을 할 수 있으며, MIPS, ARM, PPC, ALPHA, SPARC 등의 CPU들도 무리 없이 작동하기 때문에 다른 운영체제에 비해 적은 시스템 사양에서도 작동할 수 있다는 장점을 지니고 있다.

(6) 우수하고 강력한 네트워크 운영체제

리눅스는 다른 운영체제에 비해 적은 비용으로 네트워크 서버를 쉽게 구축할 수 있다. 리눅스 운영체제는 펜티엄급 이상의 시스템만 구비된다면 다른 비용 없이 리눅스가 지원되는 모든 서버를 쉽게 구축할 수 있다.

(7) 드라이버 특성을 타지 않는 하드웨어 지원

윈도우에서 하드웨어를 설정할 때 반드시 하드웨어를 제조한 업체에서 제공한 드라이버를 사용해야 하지만, 리눅스에서는 업체에서 제공한 드라이버가 아니더라도 하드웨어에서 사용한 칩만 동일하다면 하나의 드라이버로 모든 제조업체의 하드웨어를 사용할 수 있다. 리눅스에서의 하드웨어 지원은 제조업체가 리눅스 드라이버를 제공하지 않게 되면 윈도우에 비해 지원은 느리다는 것이 흠이라 할 수 있으나 전세계의 리눅스 프로그래머들에 의해 개발되고 있다는 것이 또다른 큰 장점이자 특징이라 할 수 있을 것이다.

(8) POSIX 표준과 유닉스 IPX 지원

리눅스는 유닉스의 표준 인터페이스를 정의한 POSIX 표준과 호환되며, 세마포어, 메시지 큐, 공유 메모리와 같은 IPC(Inter Process Communication)를 지원한다.

(9) 모듈화된 디바이스 드라이버

기존의 유닉스는 새로운 하드웨어를 지원하거나 기능을 추가하려면 커널 전체를 교체하거나 새롭게 컴파일하는 방식으로 하드웨어를 지원해야 했다. 그러나 리눅스는 새롭게 추가된 하드웨어를 위한 디바이스 드라이버를 모듈 프로그래밍에 의해 리눅스 커널과 분리된 외부 모듈 형태로 제작하고 필요시 커널에 적재하거나 삭제할 수 있다.

따라서 새로운 하드웨어 추가에 따른 드라이버 코드는 기존의 리눅스 커널을 변경하지 않고, 단지 외부 모듈을 리눅스 커널에 삽입 또는 제거함으로써 해당 기능을 추가 · 제거할 수 있다.

(10) 다양한 파일 시스템 지원

리눅스의 기본 파일 시스템인 ext2/3 파일 시스템을 비롯하여 마이크로소프트 윈도우에서 사용되는 FAT, NTFS 및 CDROM 파일 시스템인 ISO 9660, Joilet과 같이 다양한 파일 시스템을 제공한다.

(11) 페이징에 의한 메모리 관리

리눅스는 메모리를 페이징 단위로 관리한다. 페이지 단위로 메모리를 할당하고 해제하며, 가상주소 방식을 사용함으로써 한정된 메모리를 효율적으로 관리한다.

(12) 공유 라이브러리 지원

리눅스는 여러 프로그램이 공통적으로 사용하는 라이브러리를 프로그램마다 따로 가지지 않고, 이를 한곳에서 공유하여 사용이 가능하도록 공유 라이브러리를 제공한다.

3) 임베디드 리눅스의 장단점

(1) 임베디드 리눅스의 장점

임베디드 리눅스의 장점은 다음과 같다.

- 산·학계에 걸친 수많은 사용자들로부터 지난 수년간 직접 사용되면서 검증된 것으로 효율적이고 안정적이며 성숙된 내용을 가진다.
- 오픈 소스이기 때문에 소스 코드 자체가 공개되어 있고 이의 적용에 따른 로열티 자체가 없기 때문에 부담 없이 쉽게 자체 개발 아키텍처에 적용할 수 있다.
- 리눅스 커널 자체가 태생적으로 모듈 형식의 코드로 이루어져 있어 쉽게 최소, 최적화가 가능하다.
- 네트워킹 어플리케이션에 필수적인 TCP/IP, PPP, X.25, HDLC, FDDI 등의 네트워크 코드를 가지며 그 종류에 있어서도 다양하고 무료로 사용할 수 있어 개발에 용이하다.
- 네트워킹 디바이스에서 현존하는 거의 대부분의 프로세스에 포팅되어 있고 대부분의 컨트롤러를 위한 디바이스 드라이버가 제공되기 때문에 그 적용 영역 또한 방대하다.
- 사용자뿐만 아니라 개발자 그룹의 크기도 오픈 소스이면서도 개발을 위한 자체 툴과 라이브러리를 가지고 있는 현대적인 운영체제라는 특성에 맞물려 전 세계적으로 거대한 수의 개발자들이 존재한다. 따라서 어플리케이션은 물론 자체 문서도 거의 모든 영역에 대해 상용 운영체제 못지않게 잘 이루어져 있다.
- 이미 PC상에 리눅스 어플리케이션과 커널의 개발에 익숙한 사람들에게 있어 임베디드 리눅스는 자신에게 익숙한 환경을 제공하기 때문에 쉽게 임베디드 어플리케이션을 개발할 수 있게 해준다. 또한, 개발 툴은 어떤 운영체제나 아키텍처 상에도 포팅이 되어 있으므로 한번 개발 툴에 익숙해지면 개발 환경에 제약이 없어진다는 장점이 있다.
- 실시간(real time)을 지원하여 지금까지 상용 OS에 열세였던 실시간성을 크게 확보하고 보다 다양한 분야에 적용을 할 수 있다.

(2) 임베디드 리눅스의 단점

임베디드 리눅스의 단점은 다음과 같다.

- 임베디드 리눅스(embedded linux) 위에서 실행될 수 있는 어플리케이션이 상당히 부족한 실정이다. 따라서 임베디드 리눅스를 OS로 채택하고 이를 확산시키는 데 걸림돌이 되고 있는 실정이다.
- 임베디드 리눅스(embedded linux)를 이용하여 장비개발시 개발환경에 접근하는 데 상당히 어렵다. 커널을 비롯하여 마이크로 프로세스(micro process), 네트워크, 각종 툴(tool) 등을 다루어야 하는 내용이 방대하므로 단시일 내에 전문적인 개발자 양성에 문제가 있다.

4) 국내외 임베디드 리눅스 개발현황

리눅스 개발 붐은 전 세계적이며, 리눅스 진영의 움직임은 더욱 생동적이고 도전적이다. 오픈 소스 프로젝트 중에서는 1.4MB 디스크 한 장에 들어가는 리눅스인 miniRTL을 개발하는 프로젝트가 있다. miniRTL은 Thinking Nerd Project(http://www.thinknerds.com/projects/ minirtl/minirtl.html)의 결과물이며, 미국의 FSMLab이 개발한 RTLinux(http://www. fsmlabs.com)를 기반으로 하고 있어 실시간 처리 기능까지 포함하고 있다. miniRTL의 특징은 HDD가 필요 없고, FDD나 플래시 메모리에서 부팅이 가능하고, 쉘(shell)로는 'ash'을 채용하였으며, glibc2.0.7을 채용하고, CGI를 지원하므로 크기가 작은 웹 서버(httpd)를 탑재하여 웹을 경유하여 시스템 모니터링이 가능하다.

(1) 리니오

국외에서 임베디드 리눅스 개발 붐의 신호탄을 쏘아 올린 기업은 임베디드 리눅스의 선두주자인 리니오(Lineo)이다. 리니오(http://www.lineo.com/)가 칼데라 오픈 리눅스 기반의 임베디드 리눅스인 Embedix를 개발하여 발표함으로써 임베디드 리눅스 개발 붐은 열기를 더하기 시작했다. 리니오사의 Embedix는 임베디드 Linux, OEM 소프트웨어 개발 키트인 SDK, GUI 기반의 마이크로 웹 브라우저, 윈도 CE 호환의 API 등으로 구성되어 있다. 리니오는 관련회사들과의 전략적 제휴를 추진하거나 솔루션을 가진 회사를 인수하는 등 임베디드 리눅스 선두기업으로서 발 빠른 행보를 보이고 있다.

(2) 몬타비스타 소프트웨어사

임베디드 시스템 지원의 경력과 우수한 리눅스 기술력을 바탕으로 시스템 산업에 임베디드 리눅스를 위한 오픈 소스 시스템 솔루션(open source systems solution)을 제공하는 기업이다. 실시간 운영체제(Real Time Operating System)의 개척자인 James Ready에 의해 1999년 설립된 몬타비스타는 임베디드 소프트웨어 개발자들의 요구에 맞게 최적화된 리눅스 운영체제인 Hard Hat Linux를 제공하고 있다.

(3) 레드햇

세계적인 리눅스 전문 업체인 레드햇(RedHat, http://www.redhat.com/)사도 임베디드 리눅스에 대단한 관심을 가지고 있으며, 오픈 소스의 파워를 임베디드 시장에 가져오기 위하여 신속하게 움직이고 있다. 레드햇은 임베디드 시스템용 통신 소프트웨어 포트리스 개발사인 와이어스피드(WireSpeed)사를 인수 합병하는 등 임베디드 리눅스에 상당한 무게를 두고 있다. 그리고 레드햇사는 임베디드 리눅스 시스템용의 다양한 어플리케이션 개발을 위해 오픈 소스 툴과 서비스를 제공함으로써 포스트 PC에 대한 레드햇의 지원을 공식화한 것으로 받아들여진다.

레드햇사는 임베디드 응용개발자들을 위하여 통합개발환경(Integrated Development Environment)을 제공해서 소프트웨어 개발자들이 리눅스 기반의 다양한 임베디드 응용들을 오픈 소스로 만들 수 있도록 할 계획이다. 이 툴로 인하여 차세대 인터넷과 임베디드 장치를 위한 임베디드 운영체제와 개발 플랫폼으로 리눅스와 오픈 소스 기술이 더욱 빨리 채택되고 생산성이 높아질 것으로 기대된다.

(4) 터보리눅스

터보리눅스사(http://www.turbolinux.com/)도 모토롤러사의 마이크로프로세서인 Power PC8240에서 실행되는 중국어판 임베디드 리눅스를 세계 최초로 개발하는 등 임베디드 리눅스 개발에 많은 노력을 하고 있다.

(5) LynuxWorks

한편, 실시간 운영체제인 Lnyx OS 개발사인 LynuxWorks(전 Lynx사)는 레드햇을 기반으로 하는 블루캣(BlueCat) 리눅스를 개발했다. 저명한 프랑스 IT 잡지인 EIH는 블루캣 리눅스가 유닉스의 안정성과 오픈 소스의 저렴한 가격을 조화시킨 임베디드 시스템에서 실행되도록 특별히 제작된 리눅스이며, '임베디드 툴과 소프트웨어에서 가장 뛰어난 개발'이라는 좋은 평가를 했다.

(6) EMERALDS

대학에서도 임베디드 리눅스 개발이 활발하다. 미국 미시간 대학교의 신강근 교수가 주도하는 EMERALDS가 대표적인 예이다. EMERALDS는 아주 적은 메모리의 실시간 마이크로 커널이며, 코드 크기는 10KB 정도이지만 기본적인 운영체제 기능인 IPC, 태스크, 동기화, 스케줄링, 입출력, 네트워킹, 멀티스레드까지 가능할 정도로 강력하여 상당히 주목을 받고 있다. EMERALDS는 커널의 실행 오버헤드를 줄이고 성능을 높이기 위하여 기본 서비스들을 임베디드 시스템에 맞게 재설계한 것이다.

다른 분야에서도 마찬가지지만, 임베디드 리눅스 개발 분야에 있어서도 CJK(China, Japan, Korea)가 개발 붐을 주도하고 있다.

제3장
ARM 프로세서의 이해

3.1 ARM 프로세서의 구성

1) ARM 소개

ARM(Advanced RISC Machine)은 영국의 ARM사에서 개발한 32비트 RISC 프로세서로써 핸드폰, PDA 등 다양한 임베디드 시스템에 적용할 수 있도록 개발환경이 간단하고 막강한 성능 및 전력 소모가 적어 임베디드 시스템에 다양하게 적용되고 있다. ARM은 프로세서의 코어를 설계만 하고 인텔, 삼성 같은 반도체 회사에서는 프로세서 코어에 주변장치를 추가하여 SoC칩을 만들어 제조 및 판매를 하고 있다.

대표적인 SoC칩은 XScale(PXA255), Bulverde(PXA27x)와 삼성의 S3C2440, 2443, 2460 등이 있다.

2) ARM 아키텍처와 ARM 프로세서

ARM 아키텍처는 32비트 단위로 데이터를 처리하는 32비트 아키텍처로써 RISC를 기반으로 하고 있다. 이 ARM의 아키텍처는 명령어, 레지스터, 데이터 등으로 구성되어 있다.

RISC란 매우 빠른 속도로 한 클럭 안에 실행될 수 있는 간결하면서도 막강한 명령어들을 가지고 있는 아키텍처를 말한다. RISC는 하드웨어에 의해 수행되는 명령어들의 복잡도를 줄이는 것을 목표로 하고 있는데, 그 이유는 하드웨어보다는 소프트웨어에 유연성과 기능성을 제공하는 것이 보다 유리하기 때문이다. 결과적으로 RISC는 컴파일러에 더욱 의존하게 되었다. 반면, 전통적인 CISC(Complex Instruction Set Computer)는 명령어에 대해 하드웨어에 더 많이 의존하기 때문에, 결과적으로 CSIC 명령어들은 훨씬 더 복잡해졌다.

ARM코어는 RISC 아키텍처를 사용하고 있다. ARM 아키텍처에는 [그림 3-1]처럼 v4T, v5TE, v5TEJ, v6 등이 있다. ARM코어는 ARM 아키텍처의 기본 원리를 이용하여 구현된 프로세서의 핵심이고 ARM 프로세서는 ARM 코어와 MMU, TCM, BIU, 캐시 등과 같은 주변회로를 포함한 형태로서 대표적인 종류는 〈표 3-1〉에 나열하였다.

ARM 코어는 ARM7TDMI코어, ARM9TDMI코어, ARM9E코어, ARM11코어 등이 있고 ARM 프로세서는 ARM940T, ARM920T, ARM926E-S, ARM1136JF-S 등이 있다.

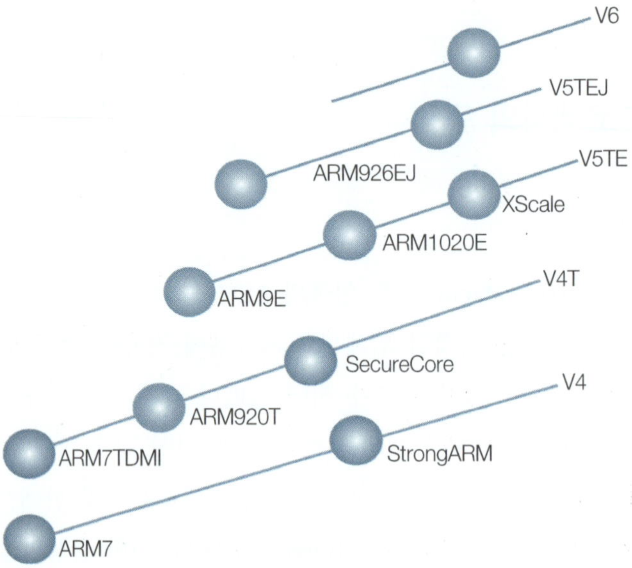

[그림 3-1] ▶ ARM 아키텍처 종류

〈표 3-1〉 ARM 코어와 프로세서의 종류

Product Type	Product	Cache Size (Inst/Data)	Memory Mgnt.	AHB bus I/F	Thumb	DSP	Jazzlle	Clock (MHz)
ARM 코어	ARM7TDMI	No	No	Yes	Yes	No	No	133
	ARM7TDMI-S	No	No	Yes	Yes	No	No	100-133
	ARM7EJ-S	No	No	Yes	Yes	Yes	Yes	100-133
	ARM966E-S	No	No	Yes	Yes	Yes	No	230-250
	ARM940T	4K/4K	MPU	Yes	Yes	No	No	180
	ARM946E-S	Variable	MPU	Yes	Yes	Yes	No	180-210
	ARM1026EJ-S	Variable	MMU+MPU	Dual AHB	Yes	Yes	Yes	266-325
ARM 프로세서	ARM720T	8K Unified	MMU	Yes	Yes	No	No	100
	ARM920T	16K/16K	MMU	Yes	Yes	No	No	250
	ARM922T	8K/8K	MMU	Yes	Yes	No	No	250
	ARM926EJ-S	Variable	MMU	Dual AHB	Yes	Yes	Yes	220-250
	ARM1020E	32K/32K	MMU	Dual AHB	Yes	Yes	No	325
	ARM1022E	16K/16K	MMU	Dual AHB	Yes	Yes	No	325
	ARM1026EJ-S	Variable	MMU+MPU	Dual AHB	Yes	Yes	Yes	266-325
	ARM1136J(F)-S	Variable	MMU	Quad AHB	Yes	Yes	Yes	333-400

3) ARM의 명명법

ARM의 명명법에서 ARM이라는 글자 뒤에 나오는 문자와 숫자는 그 프로세서가 갖는 특징을 나타낸다. 앞으로 더욱 많은 특징이 추가되면 이들 숫자와 문자의 조합은 변경될 수 있다.

ARM {x}{y}{z}{T}{D}{M}{I}{E}{J}{F}{-S}

- **x** : 제품군
- **y** : MMU/MPU
- **z** : 캐시
- **Z** : TrustZone
- **T** : Thumb 16비트 디코더
- **T2** : Thumb 아키텍처의 확장버전
- **D** : JTAG 디버거
- **M** : 고급 곱셈기
- **I** : Embedded ICE macrocell
- **E** : DSP 확장 명령어
- **J** : Jazelle
- **F** : VFP 장치
- **S** : synthesizible 버전

- ARM7TDMI 이후에 나온 모든 ARM 코어는 비록 ARM 뒤에 TDMI라는 문자가 포함되어 있지 않더라도 이것의 특징을 포함하고 있다.

- **D : JTAG 디버거**

  JTAG는 IEEE 1149에서 정의하고 있는 것으로 프로세서 코어와 테스트 장비간에 디버깅 정보를 전송하기 위해 ARM에서 적용한 시리얼 프로토콜이다.

- **I : Embedded ICE macrocell**

  Embedded ICE macrocell은 프로세서에 내장되어 있는 디버그 하드웨어 장치로 브레이크 포인트(Break Point)와 워치 포인트(watch point)를 설정할 수 있게 해준다.

- **S : synthesizible 버전**

synthesizible이란 프로세서 코어가 EDA 툴에 의해 쉽게 사용가능한 형식으로 컴파일될 수 있는 소스 코드로 공급된다는 것을 의미한다.

- **T2 : Thumb 아키텍처의 확장버전**

T2(Thumb-2)는 코드의 밀집도를 높여주면서 성능을 향상시킬 수 있도록 설계된 확장 아키텍처이다. 이로부터 32비트 ARM 명령어에 16비트 Thumb 명령어들을 혼용해서 사용하는 것이 가능해졌다. 이러한 조합은 32비트 명령어를 액세스할 때 추가적인 성능 향상을 꾀하면서 Thumb의 코드 집적도라는 이점이 있다.

- **Z : TrustZone**

TrustZone은 휴대폰과 같은 소비재를 사용하여 행할 수 있는 상거래의 보안과 가까운 미래에 일어날 수 있는 예로, 음악이나 비디오를 다운로드받는 온라인 상거래의 보안을 목적으로 개발된 기술이다. 이 기술은 ARM이 ARM1176JZ-S를 발표했던 2003년 10월에 처음으로 소개되었다.

이 기술의 기본 아이디어는 현재 운영체제가 너무 복잡하여 소프트웨어 상의 보안성과 정확성을 보장하기가 어려워졌다는 데에서 출발한다. 이를 해결하기 위한 솔루션으로 ARM에서는 간단한 검증 소프트웨어 커널만이 동작할 수 있는 새로운 동작 '상태'를 아키텍처에 추가하였다. 이것은 보다 큰 운영체제에도 서비스를 제공할 수 있다. 그러면 마이크로프로세서 코어는 버스 인터페이스 상에 몇몇 새로운 신호들을 내보내어 보안 '상태'에 접근할 수 있는 시스템 주변장치들을 제어하는 역할을 수행한다. 그러므로 이 기술은 휴대폰 또는 네트워크 연결 기능이 있는 다른 휴대형 장치와 같이 콘텐츠 다운로드를 수행할 수 있는 장치들에 유용하다.

- **F : VFP 장치**

VFP는 Vector Floating Point로서 부동 소수점 성능을 대폭 향상시켜 주며 IEEE 754.1985 부동소수점 표준과 호환된다.

4) ARM 프로세서의 프로그램 모델

ARM 프로세서에서 프로그래밍(C언어, 어셈블러, H/W제어 등)을 작성하는 데 필요한 정보인 명령어, 메모리 구조, 동작모드, 레지스터 구조 및 사용법, 예외처리, 인터럽트 등 프로세서의 내부구조와 동작에 대한 이해가 필요하다.

프로그램의 모델은 ARM아키텍처에 따라서 사용하는 명령어나 처리방법이 달라진다.

(1) 명령어

ARM명령어는 〈표 3-2〉처럼 32비트 ARM 명령과 16비트 Thumb 명령어의 형태를 갖는다. 최근 ARM 프로세서 중에 Thumb 명령을 개선한 Thumb-2 명령어는 ARM 아키텍처 v6 이상에서 지원되는 명령어로써 코드크기와 성능을 개선하였다. Thumb 명령은 32비트 ARM 명령의 일부를 16비트로 재구성한 명령어이다. 또한 근래에 ARM 프로세서 중 Jazelle코어를 확장한 프로세서의 경우에 명령어 크기가 8비트이고 JAVA코드의 60% 이상은 하드웨어적으로 구현되었고 나머지는 소프트웨어적으로 구현되어 명령어를 실행할 수 있는 기능을 제공한다.

〈표 3-2〉 ARM과 Thumb 명령어의 특징비교

비교항목	ARM 명령어	Thumb 명령어
명령어 길이	32비트	16비트
명령어 갯수	11형태(58개)	6형태(37개)
조건분기 명령 여부	대부분 가능	분기명령어만 가능
레지스터 사용	15개 범용 레지스터, PC	8개 범용 레지스터, 7개 상위 레지스터, PC
프로그램 상태 레지스터	특권모드에서만 R/W 가능	직접 R/W불가
데이터 처리 명령	배럴 시프트와 ALU 가능	배럴 시프트와 ALU 명령어 분리

① 32비트 ARM 명령어

32비트 ARM 명령어는 모든 명령이 조건부로 실행 가능하도록 설계되어 있고 크게 11개의 기본 형태로 〈표 3-3〉처럼 구분할 수 있다.

〈표 3-3〉 32비트 ARM 명령어

	구분	명령어
1	분기명령	B, BL
2	데이터 처리 명령	ADD, ADC, SUB, SBC, RSB, RSC, AND, ORR, BIC, MOV, MVN, CMP, CMN, TST, TEQ
3	Multiply 명령	MUL, MLA, SMULL, SMLAL, UMULL, UMLAL
4	Load/Store 명령	LDR, LDRB, LDRBT, LDRH, LDRSB, LDRSH, LDRT, STR, STRB, STRBT, STRH, STRT
5	Load/Store Multiply 명령	LDM, STM
6	스왑 명령	SWP, SWPB
7	소프트웨어 인터럽트 명령	SWI
8	PSR전송 명령	MRS, MSR
9	코프로세서 명령	MRC, MCR, LDC, STC
10	프로세서 상태변경 명령	BX
11	Undefined 명령	정의되지 않은 명령으로 예외처리발생

② 16비트 Thumb 명령어

Thumb 명령은 〈표 3-4〉처럼 16비트 축약 명령어로써 32비트 ARM instructions 중 일부 포함되어 있지 않고 프로세서 내에서 32비트 명령어로 복귀할 수 있다.

장점은 ARM의 70% 프로그램 크기이고 16비트 메모리 시스템에서 130% 빠르고 ARM 시스템보다 적은 전력을 소비한다. 단점은 동일한 작업에 ARM보다 많은 명령어를 사용하고 고속 처리를 요하는 작업은 ARM 명령어 사용이 필요하다. 즉 Exception Handling에 필요한 몇 개의 명령어가 없고 Exception Mode 진입시 자동으로 ARM 모드로 변경되고 유연성이 떨어지는 것이 단점이다. ARM-Thumb인터워킹은 [그림 3-2]처럼 ARM코드와 Thumb코드를 함께 링크하는 방법을 말하고 해당 명령어는 BX(ARM/Thumb 상태 변환 분기 명령어), BLX(ARM/Thumb 상태 변환 및 서부루틴 호출 분기 명령어)이다.

16비트 Thumb 명령어는 대부분 어셈블러로 작성되지 않고 C언어로 작성 후 Thumb으로 컴파일해서 사용한다.

보다 자세한 내용을 ARM홈페이지(www.arm.com)를 참조하기 바란다.

〈표 3-4〉 16비트 Thumb 명령어

	구분	명령어
1	분기 명령	B, BL, BX, BLX
2	데이터 처리 명령	ADC, ADD, AND, ASR, BIC, BKPT, CMN, CMP, EOR, LSL, LSR, MOV, MUL, MVN, NEG, ORR, ROR, SBC, SUB, TST
3	단일 레지스터 전송 명령	LDR, STR, LDRB, STRB, LDRH, STRH, LDRSB, LDRSH
4	다중 레지스터 전송 명령	LDMIA, STMIA
5	스택 명령어	POP, PUSH
6	소프트웨어 인터럽트	SWI

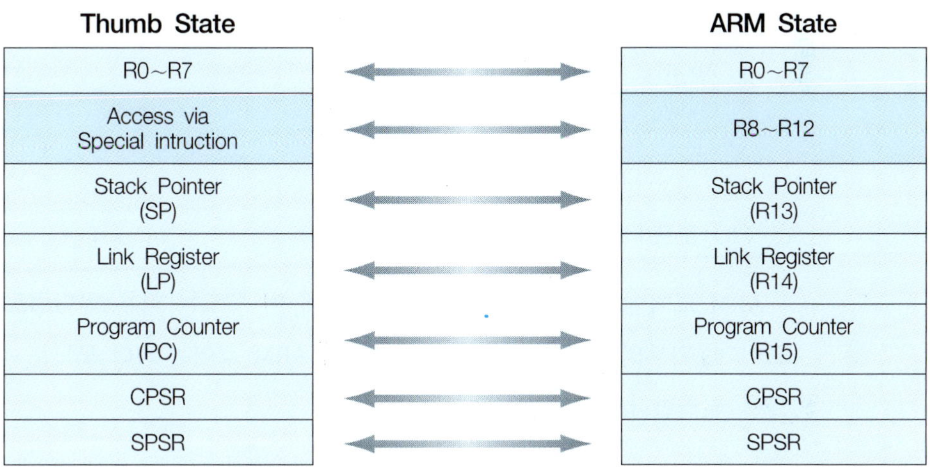

[그림 3-2] ▶ ARM과 Thumb 사이의 매핑

(2) 동작모드

ARM 프로세서의 동작모드는 〈표 3-5〉처럼 프로세서가 어떤 권한을 가지고 무슨 일을 처리하는지를 나타내는 프로세서의 동작 상태를 표시하는 것이다.

① 유저 모드(User Mode)

ARM 프로세서는 유저 태스크나 응용을 수행할 때의 동작모드이다. 유저 모드는 7가지 모드 중 유일하게 비특권(Un-privileged) 모드이다. 유저 모드는 메모리나 I/O 장치를 사용하는 데 제한을 두는 모드이다.

② 시스템 모드(System Mode)

시스템 모드는 유저 모드와 동일한 용도로 사용되지만 특권(Privileged) 모드라는 점이 다르다. 유저 모드와 시스템 모드는 프로그래머의 필요에 따라 소프트웨어적으로만 변경이 가능한 동작모드이다.

〈표 3-5〉 **7가지 동작모드**

Mode	Description	ID	Comments
User	Normal program execution mode	usr	restriction
System	Privileged mode for operating system	sys	OS task
FIQ	When a fast interrupt	fig	High-speed ch.
IRQ	When a normal interrupt	irg	
Supervisor	Exception mode for operating system	svc	SWI
Abort	When data or instruction prefetch abort	abt	Vir. Mem. MPro
Undef	When an undefined instruction	und	HW Emulation

③ FIQ 모드(Fast Interrupt Request Mode)

ARM 코어에는 2개의 인터럽트가 있는데 이 모드는 빠른 인터럽트를 처리하는 모드이다. 외부의 하드웨어적인 FIQ에 의해 ARM 코어는 FIQ 모드로 전환되고 인터럽트를 처리한다.

④ IRQ 모드(Interrupt Request Mode)

이 모드는 일반적으로 사용하는 인터럽트를 처리하는 모드이다. 외부장치에서 요청되는 하드웨어적인 IRQ 발생에 의해 ARM 코어는 IRQ 모드로 전환하고 인터럽트를 처리한다.

⑤ 슈퍼바이저 모드(SVC; Supervisor Mode)

이 모드는 리셋신호가 입력하거나 소프트웨어 인터럽트(SWI)를 사용하면 슈퍼바이저 모드로 전환되고 주로 운영체제의 커널이나 디바이스 드라이버를 처리할 때 사용한다.

⑥ Abort 모드

이 모드는 메모리에서 명령어를 쓰거나 읽을 때 메모리 오류가 발생할 때 처리하는 모드로써 MMU, MPU 혹은 외부의 메모리 제어기에서 구동되는 Abort신호에 의해 발생한다.

⑦ Undefine 모드

이 모드는 명령어를 실행할 때 명령어 디코더에서 정의되지 않은 명령인 경우에 발생되는 오류를 처리하는 모드이다.

(3) 레지스터

ARM 코어는 32비트의 레지스터를 총 37개를 가지고 있다. 30개의 데이터의 연산 등에 사용되는 범용 레지스터와 프로그램을 제어하는 1개의 프로그램 카운터(PC), 프로세서의 동작 상태를 나타내는 6개의 상태 레지스터(1개의 CPSR, 5개의 SPSR)를 가지고 있다. 프로그램 실행과정을 저장하는 스택 포인터(R13, SP)와 서브루틴과 예외처리 후 복귀 주소정보를 갖는 링크 레지스터(R14, LR)가 있다.

User & System	FIQ	IRQ	Supervisor	Abort	Undef
R0	R0	R0	R0	R0	R0
R1	R1	R1	R1	R1	R1
R2	R2	R2	R2	R2	R2
R3	R3	R3	R3	R3	R3
R4	R4	R4	R4	R4	R4
R5	R5	R5	R5	R5	R5
R6	R6	R6	R6	R6	R6
R7	R7	R7	R7	R7	R7
R8	R8_fiq	R8	R8	R8	R8
R9	R9_fiq	R9	R9	R9	R9
R10	R10_fiq	R10	R10	R10	R10
R11	R11_fiq	R11	R11	R11	R11
R12	R12_fiq	R12	R12	R12	R12
R13	R13_fiq	R13_irq	R13_svc	R13_abt	R13_und
R14	R14_fiq	R14_irq	R14_svc	R14_abt	R14_und
Program Counter					
PC(R15)	PC(R15)	PC(R15)	PC(R15)	PC(R15)	PC(R15)
Program Status Register					
CPSR	CPSR	CPSR	CPSR	CPSR	CPSR
	SPSR_fiq	SPSR_irq	SPSR_svc	SPSR_abt	SPSR_fiq

[그림 3-3] ▶ ARM의 동작상태별 레지스터

ARM 명령어에서 1개의 PC를 포함하여 총 16개의 레지스터를 이용하여 사용자 프로그램을 작성할 때는 [그림 3-3]처럼 단지 15개의 범용 32비트 레지스터(R0-R14)와 프로그램 카운터(R15), 그리고 current program status register(CPSR)들만 고려하면 된다. 나머지 레지스터는 인터럽트와 같은 예외처리를 처리하는 시스템 레벨 프로그래밍(system-level programming)과 예외처리에서 사용된다.

Thumb 동작상태별 레지스터는 [그림 3-5]처럼 사용한다.

① 현재 프로그램 상태 레지스터(CPSR)

CPSR은 상태 코드 비트를 저장하는 사용자 레벨의 프로그램에 사용된다. 예를 들면 이런 비트들은 비교 작업 결과를 기록하고 조건 분기가 생기는지 아닌지 제어하는 데 사용된다.

[그림 3-4]처럼 조건코드(Condition code)의 하위부분은 CPU의 동작모드(0비트에서 4비트), 비트5는 명령어 세트의 종류(I : 32-bit 명령, T : 16-bit 명령), 비트 6-7는 interrupt enable(I: interrupt Request, F: Fast interrupt request)를 나타내고, 이 비트들은 유저 레벨(user level)프로그램에 의해 변화하지 않는다.

CPSR의 상위 4비트(비트 31-28)는 다음과 같다

- N(Negative) : ALU operation의 결과가 음수인 경우이다.
- Z(Zero) : ALU operation의 결과가 '0'인 경우이다.
- C(Carry) : ALU operation의 결과 또는 shift operation의 결과 carry 출력이 발생한 경우이다.
- V(oVerflow) : 산술연산의 결과로서 결과 값이 너무 커서 sign bit를 연산결과가 침범하는 경우이다.

C와 V 플래그가 복잡해 보여도 사용하는 것은 매우 간단하다. 거의 모든 경우에 프로그래머는 이 플래그들을 계산해서 정확한 값을 구하지 않고, 간단하게 한 두 개의 조건을 체크해서 계산하게 되어 있다.

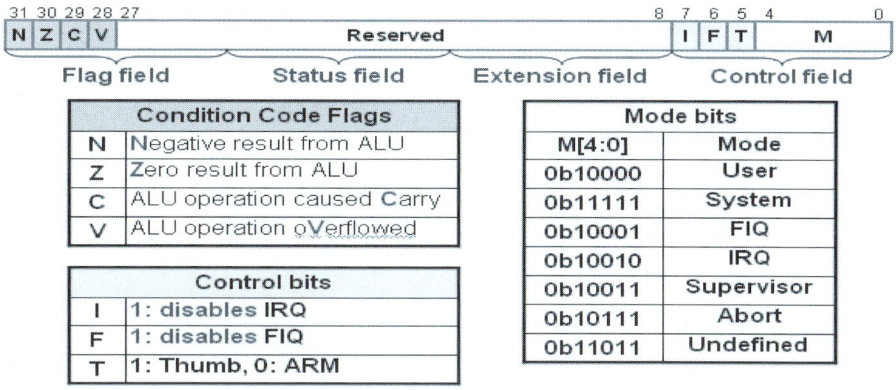

[그림 3-4] ▶ 현재 프로그램 상태 레지스터(CPSR)

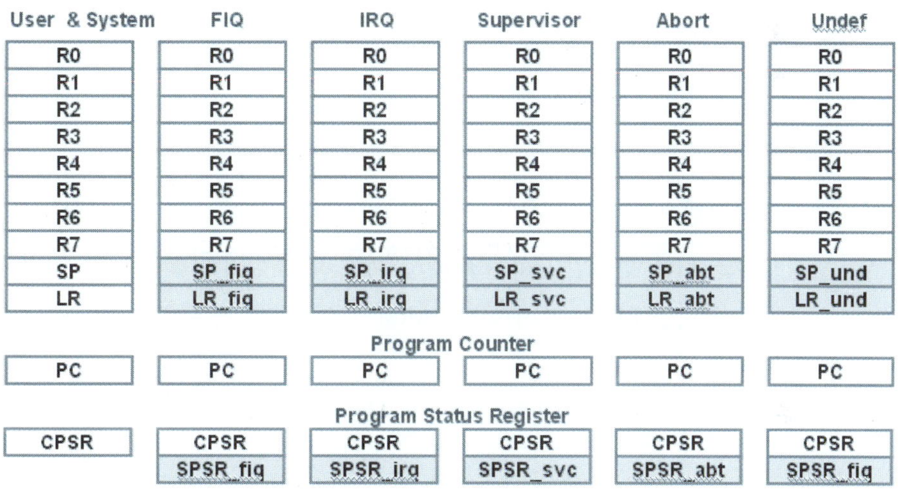

[그림 3-5] ▶ Thumb 동작상태별의 레지스터

(4) 메모리 구조

일반적으로 메모리는 [그림 3-6]처럼 가장 액세스 시간이 빠른 레지스터, 캐시, 메인 메모리, 디스크, Tape 순으로 메모리 계층이 구성되어 있다.

메모리는 프로그램과 데이터를 저장하는 데 사용되는데 ARM 코어는 메모리에서 데이터를 읽고 쓸 때 8bit(byte), 16bit(half-word), 32bit(word)의 형태를 갖는다.

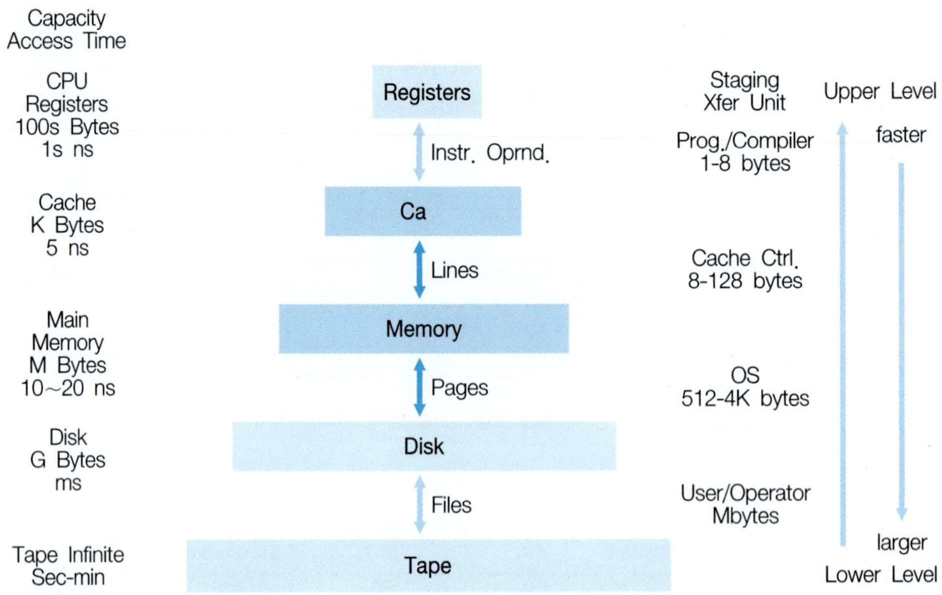

[그림 3-6] ▶ **메모리 계층도**

[그림 3-7]에서와 같은 순서로 4바이트를 묶어서 한 word의 주소로 사용하는 메모리를 리틀 엔디안(Little-endian) 메모리 구성이라고 부르며 이와 반대인 경우는 인빅 엔디안(Big-endian)이다. ARM 코어는 두 경우 모두를 제어한다.

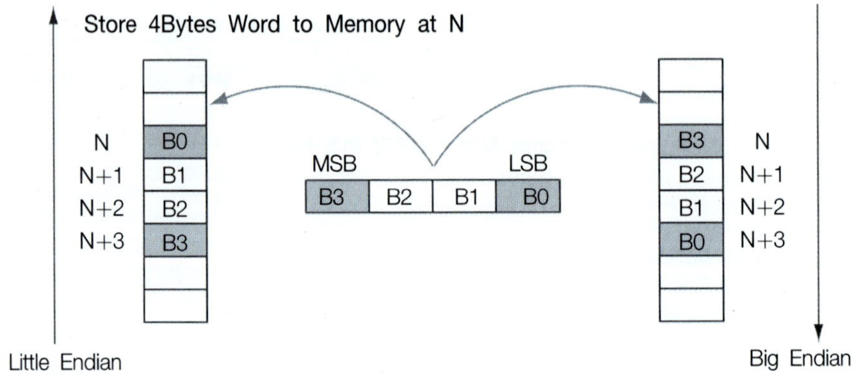

[그림 3-7] ▶ **Little Endian과 Big Endian과의 비교**

(5) 예외처리(Exceptions)

예외처리는 외부의 긴급한 요청이나 오류가 발생했을 때 발생한다.

〈표 3-6〉은 ARM의 예외처리형태 및 우선순위를 나타낸다.

ARM은 다양한 interrupt, trap, 그리고 supervisor call등을 지원하며 이들을 묶어서 예외처리라고 한다. 이들의 처리는 아래의 순서를 따른다.

① 현재의 상태가 저장된다([PC] → r14_exc, CPSR → SPSR_exc, 여기서 exc는 exception 종류를 의미한다).

② Processor는 동작모드를 exception모드로 바꾼다.

③ PC는 0x00에서 0x1C값 중에서 exception의 종류에 따라 한 가지 값이 선택된다.

PC의 새로운 주소(vector address)의 명령어는 대개 예외처리(exception) 프로그램으로 분기(branch)하는 명령어이다. 예외처리 프로그램에서는 메모리에 지정된 스택을 가리키는 r13_exc를 사용해서 사용자 레지스터들의 값을 저장한다. 예외 처리가 다 끝난 뒤에 다시 사용자 프로그램으로 되돌아오려면, 스택에 저장되었던 사용자 레지스터들과 PC와 CPSR을 복구시키면 된다. 이 때 이전 상황을 예외처리가 일어났을 때의 상황을 반영하기 위해 PC값과 r14_exc이 값의 조정이 필요할 수도 있다.

〈표 3-6〉 ARM의 예외처리 형태 및 우선순위

Exception Type	Priority	Mode	Vector	High Vector
Reset	1	Supervisor	0x00000000	0xFFFF0000
Undefined Instruction	6	Undefined	0x00000004	0xFFFF0004
SWI	6	Supervisor	0x00000008	0xFFFF0008
Prefetch Abort	5	Abort	0x0000000C	0xFFFF000C
Data Abort	2	Abort	0x00000010	0xFFFF0010
Reserved			0x00000014	0xFFFF0014
IRQ	4	IRQ	0x00000018	0xFFFF0018
FIQ	3	IRQ	0x0000001C	0xFFFF001C

(6) 인터럽트

ARM의 입출력장치(disk controller, network interface 등)들은 메모리 맵 I/O 방식이고 인터럽트를 이용할 수 있다. 이 장치들의 내부의 레지스터들에는 메모리 주소가 할당되어 ARM의 로드/스토어(load/store)명령을 이용하여 그 내용을 읽거나 쓸 수 있다.

주변장치는 인터럽트를 사용하여 프로세서를 이용하며 인터럽트에는 범용 인터럽트(IRQ)와 고속 인터럽트(FIQ)의 두 가지가 있다. 각 인터럽트는 레벨 감지(level-sensitive)하고 마스크(mask)할 수 있다. 일반적으로 모든 인터럽트를 발생할 수 있는 장치들은 IRQ를 공유하고, 한 개 혹은 두 개의 시간에 민감한 장치들만 높은 우선 순위의 FIQ를 사용한다.

(7) 시스템 리셋

전원이 인가되거나 리셋 스위치를 누르면 리셋 예외처리가 발생된다.

리셋 신호가 입력되면 ARM 프로세서는 CPSR의 값을 변경하고 PC값을 리셋 벡터 주소인 0x00000000으로 변경하고 리셋 핸들러로 분기한다. 시스템이 처음 시작되는 리셋 핸들러는 클럭, 메모리 제어기 등을 초기화되지 않은 상태이고 C프로그램을 수행하기 위한 스택영역이나 변수가 초기화되기 전이므로 어셈블러 코드만 사용할 수 있다. 리셋 핸들러의 주요 기능은 하드웨어의 초기화와 소프트웨어가 정상적으로 동작할 수 있도록 초기화하는 것이다. 리셋 핸들러는 인터럽트와 각종 예외처리를 위한 환경 설정을 하고 스택 영역을 초기화하며, 필요에 따라 힙(heap)영역을 초기화하고 C에서 사용되는 각종 변수를 초기화하고 난 뒤 C로 구성된 함수를 호출한다. 이와 같은 초기화 과정을 가지는 있는 코드를 부트 코드라 한다. 특히 부트 코드는 어셈블러로 작성된다.

3.2 ARM 프로세서의 구조 및 특징

ARM은 사용 코어에 따라 ARM7, ARM9,ARM10, ARM11코어의 제품계열로 분류된다. ARM8은 개발되었으나 바로 출시된 ARM9에 의해 대체되었다.

ARM 프로세서는 [그림 3-8]처럼 ARM 코어에 캐시(Cache), MPU(Memory

Protection Unit), MMU(Memory Management Unit), 쓰기버퍼, TCM(Tight Coupled Memory), 버스 인터페이스 유닛을 주변회로로 하여 구성되어 있다.

캐시는 ARM 코어에서 최대한 빨리 명령이나 데이터를 전달하기 위한 고속 메모리 장치이다. 캐시를 가지고 있는 ARM 프로세서는 메모리를 관리하기 위해 MMU와 MPU와 같은 제어장치를 갖고 있고 고속으로 동작하는 ARM 코어와 저속으로 동작하는 시스템 버스 사이의 속도 차이를 극복하기 위해 쓰기버퍼를 지원하고 있다.

MMU는 가상주소를 물리주소로 변환하는 어드레스 변환 기능이 있어 다양한 응용을 지원할 수 있다. MPU는 작은 SoC를 설계 시 원가를 줄이기 위해 MMU의 주소변환기능이 없고 단지 메모리 보호 기능만 가지고 있다.

ARM 프로세서는 버스 인터페이스 유닛과 시스템 버스를 연결한다. ARM 코어를 사용하는 SoC 제품은 AMBA(Advanced Microcontroller Bus Architecture) 버스를 많이 사용한다.

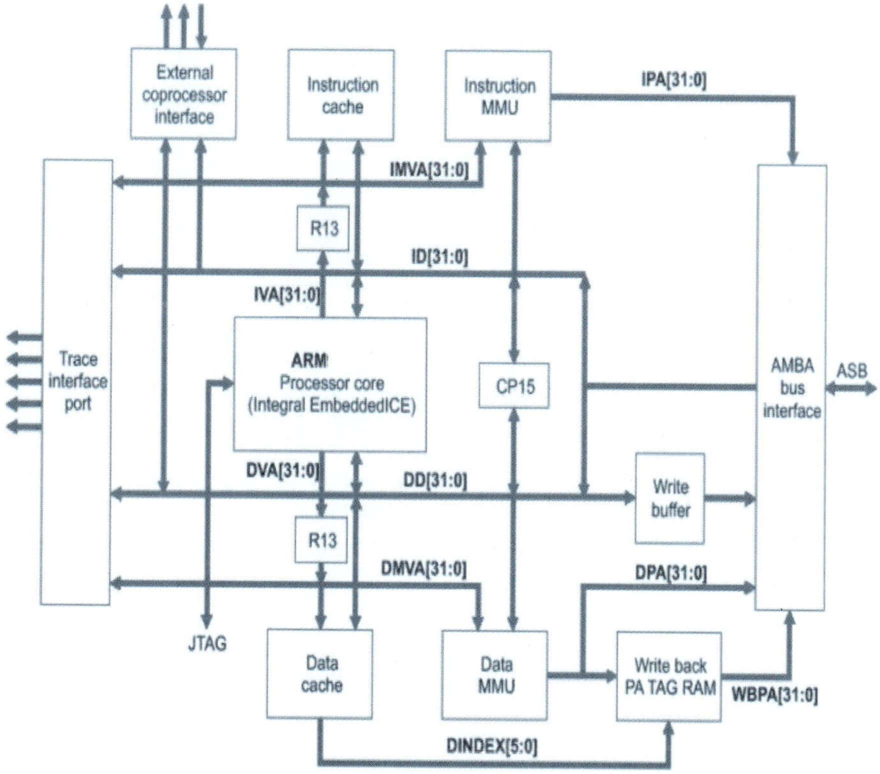

[그림 3-8] ▶ ARM 프로세서의 구조

ARM 프로세서의 캐시, MMU, MPU, TCM, 쓰기버퍼는 코프로세서 15번 인터페이스(CP15)를 이용하여 제어한다.

ARM 프로세서에서 CP15 레지스터를 액세스할 때에 코프로세서 전송 명령어인 MCR과 MRC를 사용한다.

CP15의 레지스터인 CRn, CRm의 종류와 사용법은 프로세서의 종류별(ARM920T, ARM926E-S, ARM946E-S, Xscale 등)로 조금씩 다르다.

〈표 3-7〉은 ARM 코어의 제품군별 특징을 파이프라인, 클럭속도, 전력소모, 성능, 버스 구조, DSP기능별로 특징을 비교하였다.

〈표 3-7〉 ARM 제품군별 특징

	ARM7	ARM9	ARM10	ARM11
파이프라인	3단계	5단계	6단계	8단계
클럭속도	80	150	260	335
전력소모 (mW/MHz)	0.06mW/MHz	0.19mW/MHz (+캐시)	0.5mW/MHz (+캐시)	0.4mW/MHz (+캐시)
성능 (MIPS/MHz)	0.97	1.1	1.3	1.2
버스 구조	폰노이만	하버드	하버드	하버드
DSP 성능	8*32	8*32	16*32	16*32

1) ARM의 파이프라인

ARM 프로세서가 프로그램을 수행할 때 각 명령어를 메모리에서 읽어 해석한 후 처리하는 과정으로 구성되어 있다. 각 LDR 명령과 SUB명령을 처리하는 과정을 5단계로 나누어 실행하면 다음과 같다.

① 인출(Fetch)단계

메모리에서 명령어를 인출하여 프로세서 내의 명령어 해석기에 전달한다.

② 해석(Decode)단계

인출한 명령어를 해석하고 레지스터 오퍼랜드를 레지스터로부터 읽어 프로그램을 실행할 준비를 한다. 레지스터에는 3개의 오퍼랜드 입력 포트가 있으므로 ARM 명령어는 한 사이클에 모든 오퍼랜드를 읽을 수 있다.

LDR의 명령인 경우에는 레지스터 뱅크에서 베이스 레지스터 값과 옵션을 읽어오고 SUB의 명령인 경우에는 레지스터 뱅크에서 2개의 오퍼랜드를 읽는다.

③ 실행(Execute)단계

오퍼랜드가 시프트되고 ALU연산이 생성되고 명령어가 로드에 저장되면 ALU에서 메모리 어드레스를 계산하고 그 외의 명령어인 경우에는 오퍼랜드가 ALU로 보내져서 연산 결과를 생성한다.

LDR명령은 ALU를 이용하여 읽을 메모리의 유효 어드레스를 계산하고 SUB명령에서는 ALU로 보내서 최종 연산 결과 값을 생성한다.

④ 메모리(Memory)단계

데이터 메모리에 접근하여 ALU 결과를 단순히 모든 명령어를 위해 동일한 흐름을 주기 위해 1클럭 사이클 동안 임시로 버퍼 메모리에 저장한다. LDR명령은 메모리에서 실제 데이터 값을 읽어 오고 SUB명령은 별다른 동작을 하지 않는다.

⑤ 쓰기(Write)단계

읽어 온 데이터를 레지스터에 저장하고 그 외에 명령어는 명령어에 의해 생성된 ALU결과를 메모리 데이터를 레지스터에 저장한다.

LDR명령은 읽어 온 데이터를 레지스터에 기록하는 동작을 하고 SUB명령은 결과값을 레지스터에 저장한다.

ARM 프로세서는 클럭에 동기되어 동작되므로 5단계인 인출, 해석, 실행, 메모리, 쓰기 단계는 각각 한 클럭 동안에 실행된다. 그러면 LDR명령이 수행될 때 5사이클이 소요된다. 만약 LDR 명령과 SUB명령이 동시에 2개 명령이 실행되면 총 10사이클이 소요된다. 하지만 실제 동작은 그렇지 않다.

ARM은 2개의 명령어 처리동작을 연속적으로 이루어지는데 이를 명령어 파이프라인(Pipeline)이라 한다.

[그림 3-9]는 사이클1에서 ARM 코어는 메모리에서 ADD명령이 인출하고 사이클2

에서 ARM 코어는 ADD명령을 해석하고 메모리에서 SUB명령이 인출되고 사이클3에서 ADD 명령은 실행되고 SUB명령은 해석하고 MOV명령이 인출된다. 계속하여 6사이클의 파이프라인을 수행한다.

이러한 파이프라인 수행과정은 파이프라인이 길어지면 각 단계에서 처리의 양은 감소하고, 프로세서의 높은 동작 주파수가 필요하지만 성능은 향상된다.

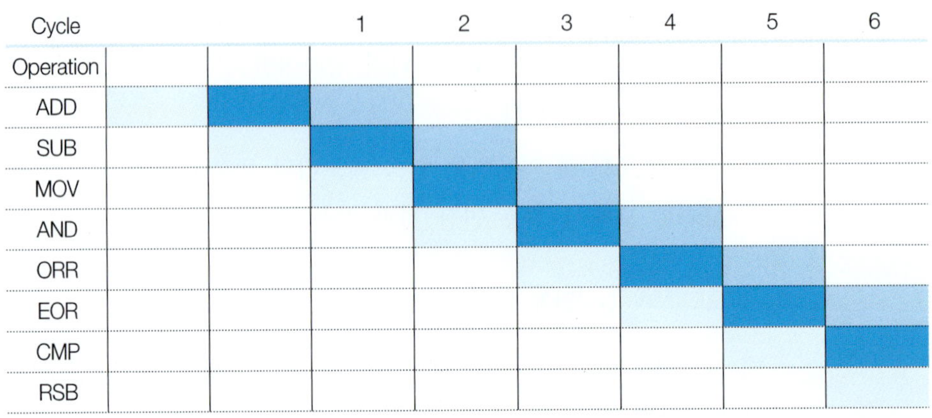

[그림 3-9] ▶ 파이프라인

파이프라인은 ARM 제품군에 따라 [그림 3-10]에 ARM7군은 3단계, ARM9군은 5단계, ARM10군은 6단계, [그림 3-11]에 ARM11군은 8단계인 2개의 인출단계, 1개의 해석단계, 1개의 이슈(Issue)단계와 4개의 실행단계로 구성되어 있다. 특히 ARM11의 파이프라인은 일반적인 명령의 해석(decode)단계가 끝나면 해석단계에 따라 산술, 논리 연산을 하는 ALU파이프라인, 곱셈 연산을 하는 MAC파이프라인, 로드/스토어를 실행하는 LS파이프라인이 동시에 병렬로 처리된다.

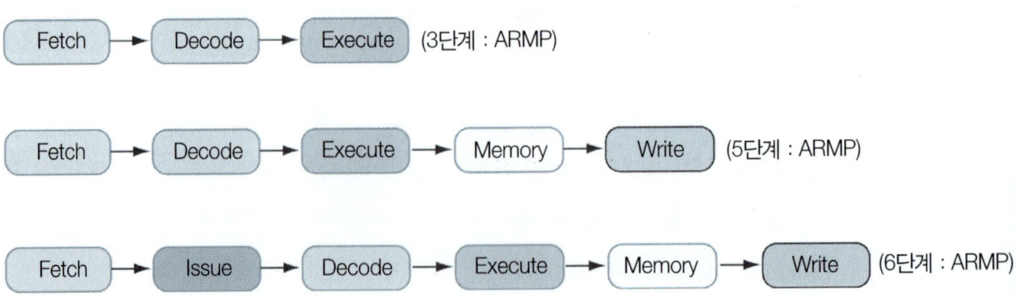

[그림 3-10] ▶ ARM7, 9, 10 파이프라인

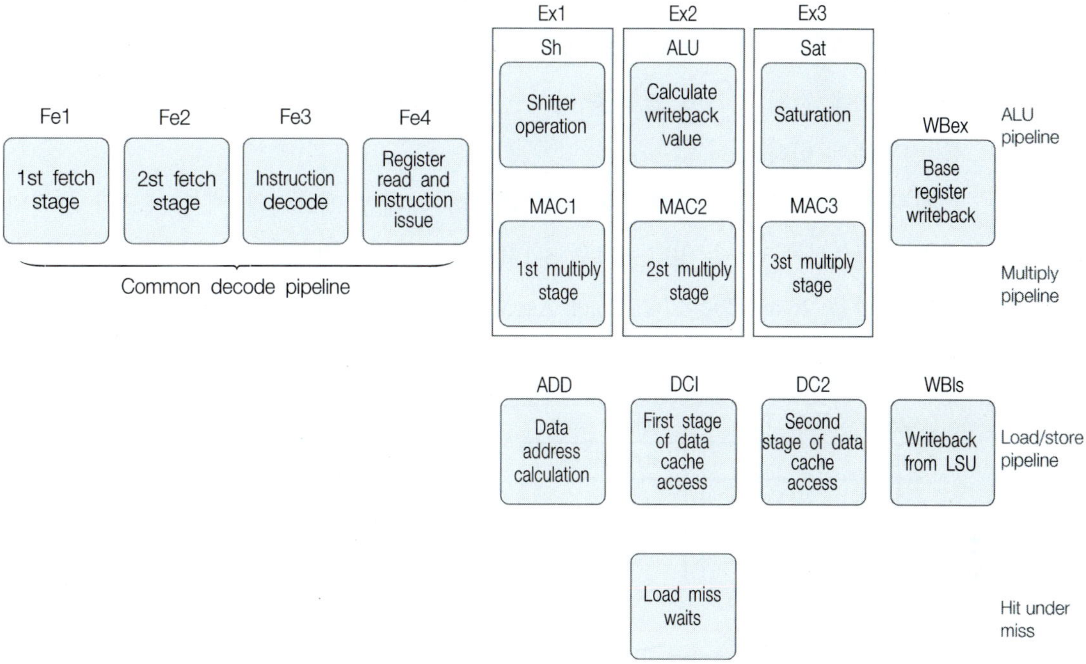

[그림 3-11] ▸ ARM11 8단계 파이프라인

2) ARM의 캐시

[그림 3-12]처럼 캐시는 모든 프로세서의 성능을 향상시키기 위해 사용되고 프로세서의 요청이 있을 때 최대 빨리 명령이나 데이터를 전달하는 고속 메모리 장치이다.

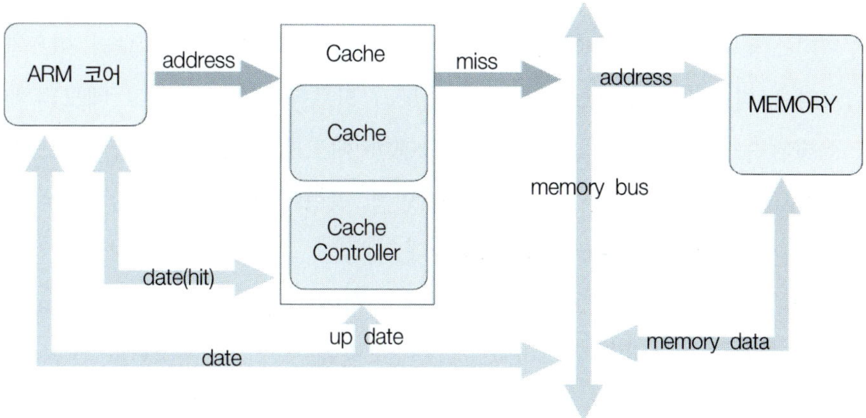

[그림 3-12] ▸ ARM의 캐시 구조

캐시 메모리(SRAM)에 많은 명령과 데이터를 저장하기 위해 캐시 메모리가 커지면 커질수록 메인 메모리(DRAM)에 대한 액세스가 줄어들어 시스템의 성능이 증가되는 반면 시스템 전체 원가에 영향을 미치므로 성능 대 가격비율을 판단하여 캐시 크기를 결정해야 한다.

캐시를 여러 조각(way)으로 나누어 배치하여 메인 메모리와 캐시 메모리 사이의 매핑을 자유롭게 할 수 있다. [그림 3-13]처럼 보통 2조각 또는 4조각이고 동일한 라인의 집합을 2way 혹은 4way set Associative 방식이라 한다.

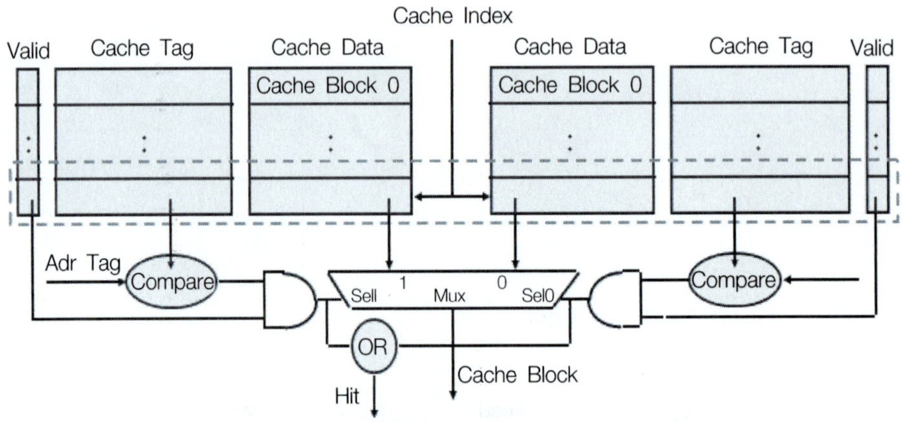

[그림 3-13] ▶ 2-Way Set Associative 캐시방식

ARM 프로세서에서 명령이나 데이터를 요청하면 캐시 컨트롤러는 실행된 어드레스가 캐시 안에 요청한 어드레스에 저장되어 있는지 확인하여 명령이나 데이터가 있으면 히트(Hit)가 되어 프로세서에 전달하고 만약 요청한 명령이나 데이터가 없으면 미스(miss)가 발생하여 캐시 컨트롤러는 가상 어드레스를 물리 어드레스로 변경한 다음 버스 인터페이스를 통하여 메모리 컨트롤러에 전달되고 메모리 컨트롤러는 실행된 물리 어드레스를 해석하여 요청한 어드레스 영역의 메인 메모리에 대한 읽기 신호를 실행하여 캐시의 라인 크기만큼 명령이나 데이터를 읽어 온 후 프로세서에 전달하고 캐시 메모리에도 저장한다.

이때 캐시 메모리와 메인 메모리에 동시에 저장하면 Write Through 캐시방식이라 하고 캐시 메모리만 저장하고 메인 메모리에는 쓰기 버퍼(write buffer)를 통하여 나중에 저장하면 Write Back 캐시방식이라고 한다. 성능면에서는 Write Back 캐시방식이 더 효율적이다. 이러한 캐시의 쓰기정책은 [그림 3-14]와 같다.

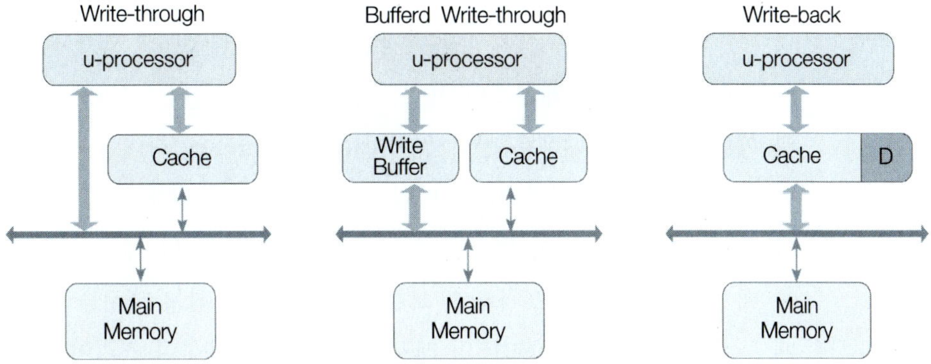

[그림 3-14] ▶ **캐시의 저장방식**

여기서 어떤 Way에 내용을 변경할 것인지를 관리하는 카운터가 빅팀 카운터인데 ARM에서 빅팀 카운터를 제어하기 위해 순차적(Round Robin)방식과 임의(Random) 방식을 제공하고 [그림 3-8]처럼 코프로세서 레지스터(CP15)의 기본 레지스터에 의해

〈표 3-8〉 **ARM 프로세서의 CP15 레지스터**

Reg	Read	Write	Action
0	ID Code	Unpredictable	Op_2=0
0	Cache type	Unpredictable	Op-2=1
1	Control	Control	
2	Translation table base	Translation table base	
3	Domain access control	Domain access control	
4	Unpredictable	Unpredictable	
5	Fault status	Fault status	2 registers for instr./Data
6	Fault address	Fault address	
7	Unpredictable	Cache operations	
8	Unpredictable	TLB operations	
9	Cache lockdown	Cache lockdown	2 registers for instr./Data
10	TLB lockdown	TLB lockdown	2 registers for instr./Data
11	Unpredictable	Unpredictable	
12	Unpredictable	Unpredictable	
13	FCSE PID	FCSE PID	
14	Unpredictable	Unpredictable	
15	Test configuration	Test configuration	

서 결정한다. 또한 빅팀 카운터를 제어하여 Way의 내용의 일부를 교체하지 않고 명령이나 데이터의 성능을 보장받는 방법은 캐시 락다운이고 이를 제어하는 것은 ARM 프로세서의 CP15의 레지스터 9번을 이용하여 제어한다. 그리고 캐시 메모리의 내용과 메인 메모리의 내용은 항상 일치(cache-coherency)하여야 하는데 일치하지 않으면 새로 업데이트되어야 한다. 이런 경우는 DMA에 의해 메인 메모리가 변경되거나 MMU와 MPU의 설정이 변경될 경우에 캐시의 명령이나 데이터의 정보를 가지고 있는 태그(TAG) 메모리를 포함한 모든 메모리를 삭제하는 캐시플러시를 해야 한다. 이때도 ARM 프로세서의 CP15의 레지스터 7번을 사용하여 명령어와 데이터 캐시를 무효화한다.

3) ARM의 MMU

ARM의 MMU(Memory Management Unit)는 [그림 3-15]처럼 가상 어드레스를 물리 어드레스로 변환하는 어드레스 변환 기능과 메모리를 액세스할 때 권한을 제어하여 사용자 임의로 시스템 메모리를 변경하는 것을 방지하여 시스템의 안정성을 확보하는 메모리 보호 기능을 제공하여 시스템의 메모리를 유연하게 사용할 수 있도록 도와준다.

페이지의 구성은 [그림 3-16]처럼 가상/물리 어드레스 공간의 예제에서 가상 어드레스 32비트는 4G바이트의 가상공간 어드레스를 만들고 물리 어드레스 24비트는 6M바이트의 물리공간을 만들게 됨으로써 페이지의 크기가 12비트이면 4K바이트가 되므로 페이지가 4K바이트이면 가상 어드레스를 물리 어드레스로 변환하는 것이 가능하다.

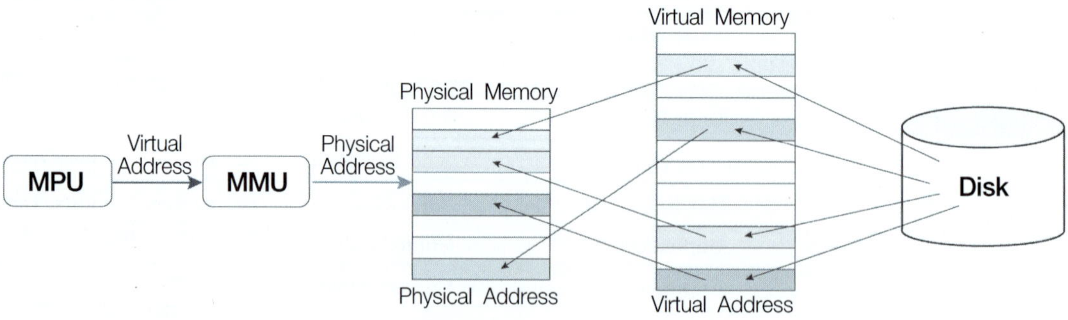

[그림 3-15] ▶ 가상 어드레스와 물리 어드레스의 구성

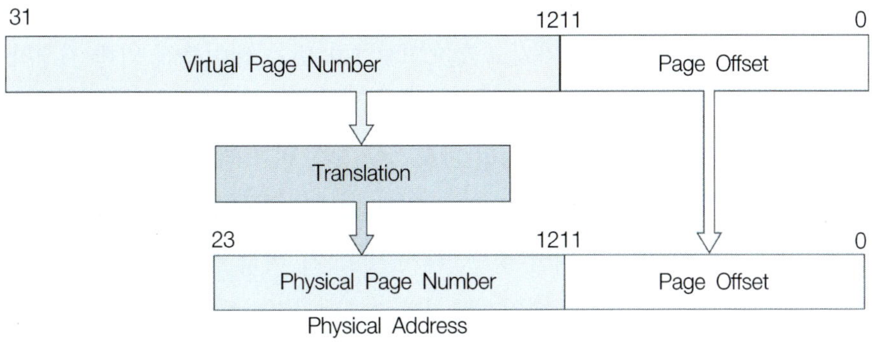

[그림 3-16] ▶ 가상 어드레스를 물리 어드레스로 변환한 예

MU는 가상 어드레스를 물리 어드레스로 변환하는 정보와 접근권한의 제어 정보를 가지고 있는 메인 메모리의 변환 테이블의 내용을 저장하는 버퍼인 TLB(Translation Lookaside Buffer), 32비트인 ARM 프로세서가 사용하는 4GB의 가상 어드레스를 1MB 섹션(section)단위로 관리하는 4066개의 변환정보를 가지고 있는 1차 변환 테

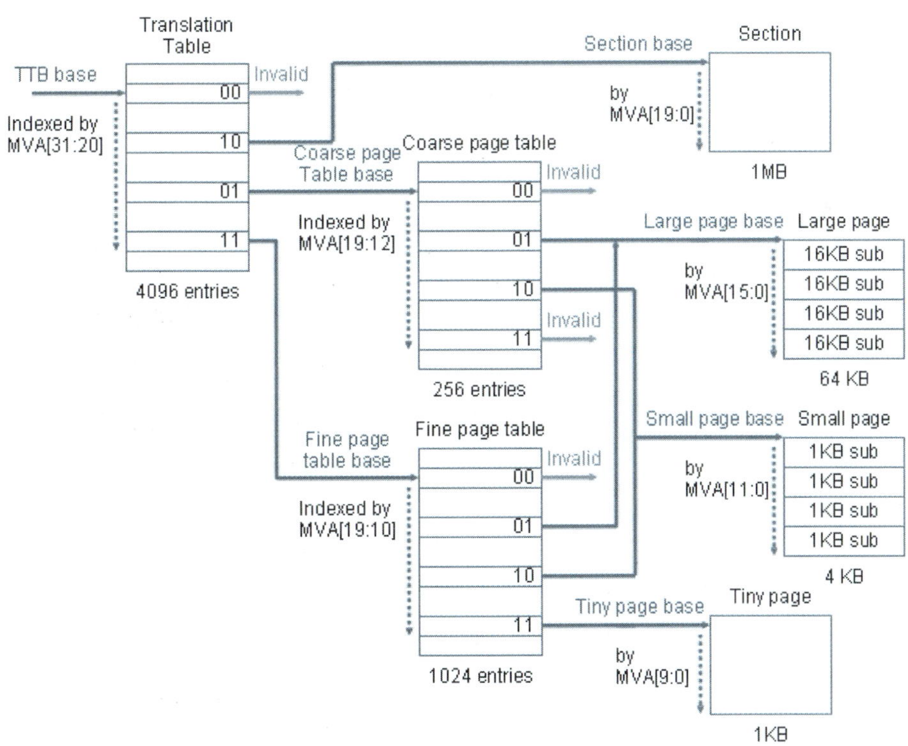

[그림 3-17] ▶ 변환 테이블 구조

이블과 64KB(Large page), 4KB(small page), 또는 1KB(Tiny page) 단위의 변환정보, 접근제어 정보를 가지고 있으면서 1차 변환 테이블에 의해 지정하는 2차 변환 테이블로 구성되어 있는 변환 테이블은 [그림 3-17]처럼 구성되어 있다.

MMU의 설정은 우선 메인 메모리에 1차 변환 테이블 설정인 가상 어드레스 공간 4GB에 대해 1MB 섹션단위로 4096개 32비트 길이로 1차 변환 디스크립터를 물리 어드레스로 변환하기 위한 정보, 캐시 및 쓰기 버퍼 사용 여부, 접근 권한 등의 특성을 만들어 주고 CP15의 레지스터 2번 TTL레지스터에 설정한 1차 변환 테이블의 물리 어드레스를 지정하고 CP15의 레지스터 1번 제어용 레지스터를 이용하여 MMU를 활성화하고 캐시, 쓰기버퍼 등을 차례로 활성화하면 MMU설정이 완료된다.

4) ARM의 MPU

MPU(Memory Protection Unit)는 SoC를 보다 적게 설계하여 단가를 줄이기 위해 MMU의 주소변환 기능을 삭제하고 메모리 보호 기능만 갖고 있는 제어장치이다. ARM 프로세서 중 ARM740T, ARM940T, ARM946E-S와 같이 ARM의 숫자 x4x 형태로 되어 있는 프로세서들이다.

MPU는 메모리를 4KB에서 4GB 크기로 프로그래머가 프로그램 전에 메인 메모리 맵을 설정하고 사용 방법을 결정한 다음에 사용자가 시스템 특성에 맞게 보호 영역을 설정하고 영역별로 접근권한과 캐시 사용여부, 쓰기버퍼 사용여부를 결정하는 기능을 한다.

MPU의 설정은 프로세서의 CP15의 레지스터 6번을 이용하여 보호영역을 설정하고 영역별 캐시의 사용여부는 CP15의 레지스터 2번을 이용하고 쓰기버퍼의 사용여부는 CP15의 레지스터 3번을 이용하고 접근권한은 CP15의 레지스터 5번을 이용하여 설정을 영역별 특성에 맞게 지정한 후에 CP15의 레지스터 1번을 이용하여 MPU를 활성화하고 캐시와 쓰기버퍼를 활성화하면 영역별 메모리 접근을 제어하고 캐시나 쓰기버퍼가 사용된다.

5) ARM의 TCM

일반적으로 시스템 성능 향상을 위해 캐시를 사용하는데 캐시는 크기가 메인 메모리보다 작아서 계속적인 내용변경에 따른 성능의 저하를 해결하기 위해 [그림 3-18]

처럼 ARM 코어에 TCM(Tightly Coupled Memory)방식의 고속 메모리를 사용한다.

TCM은 고속으로 처리되어 시간이 보장되는 명령이나 데이터를 저장하고 ARM 코어가 어드레스의 액세스 요청이 있으면 캐시나 메인 메모리를 액세스하지 않고 바로 TCM의 고속 메모리를 액세스하는 메모리 시스템이다.

TCM의 설정은 프로세서의 CP15의 레지스터 1번의 비트 16과 18을 이용하여 TCM명령과 데이터를 활성화하고 로드 모드로 전환하고 메인 메모리에서 ARM레지스터로 데이터를 읽어 온 다음에 ARM레지스터 내용을 명령어 TCM에 저장하고 포인터를 증가하여 모두 복사가 되었는지의 검사를 복사가 끝날 때까지 진행한다.

사용자는 TCM을 사용하고자 하는 프로그램이나 데이터 영역을 사용하기 전에 메인 메모리에서 TCM메모리에 복사해 놓아야 한다.

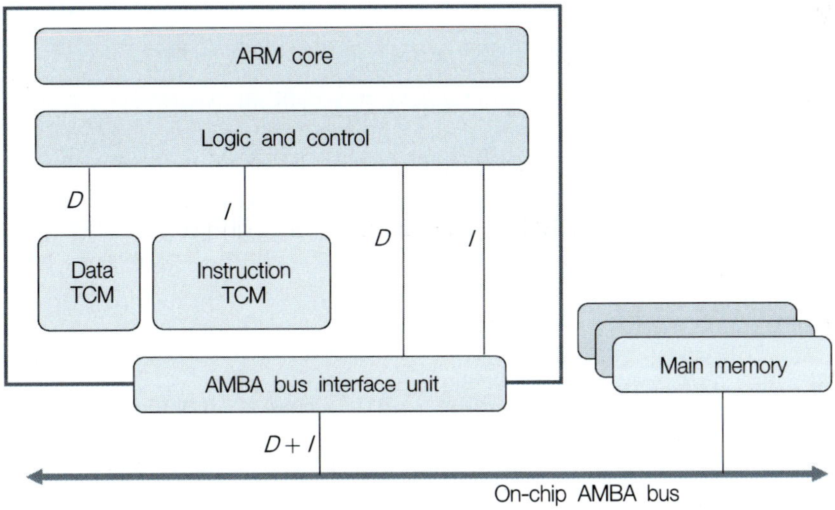

[그림 3-18] ▶ ARM의 TCM 구조

6) ARM의 DSP

최근에 많은 디지털 기기들이 MP3, 디지털 카메라, 디지털 핸드폰 등의 다양한 기능이 복합화됨에 따라서 디지털 신호를 처리하려면 큰 메모리 대역과 고속의 MAC(Multiply Accumulate)연산이 필요하게 되므로 디지털 신호 처리(DSP; Digital signal Processing) 응용에서 ARM 프로세서의 성능을 극대화시킬 수 있는 방법으로

DSP 기능을 채택하게 되었다.

ARM은 속도에 민감한 응용에서는 부동소수점 기능을 하드웨어적으로 지원하지 않고 8, 16, 32비트 고정 소수점 DSP기능을 지원하고 있다. 단지 속도와 높은 동적 범위를 요구하는 응용을 위해서 블록 부동소수점이나 로그 표현 방법을 사용하고 있다.

ARM 코어는 MAC과 데이터 페치를 병렬로 수행하는 명령어는 없고 전용 DSP가 아니다. 단지 로드된 데이터를 재사용하고 몇 가지 연산을 한꺼번에 계산해내는 블록 알고리즘을 사용하고 있다.

ARM7 계열은 사이클당 8비트 x 32비트 곱셈 배열을 갖고 있고 이것은 16비트 x 16비트의 32비트 MAC에 대하여 4사이클을 소요하고 로드 명령어는 3사이클이 소요되고 스토어 명령어는 제로-대기-상태(Zero-Wait-State) 메모리 또는 캐시에 대해 2사이클이 소요된다.

ARM9 계열의 ARM9TDMI 코어는 사이클당 8비트 x 32비트 곱셈 배열을 갖고 있지만 로드-스토어 곱셈 연산은 ARM7 계열보다 훨씬 빠르고 로드 명령어 다음에 2사이클 동안에 로드된 값을 사용하지 않는다면 한 사이클이 소요된다.

StrongARM 코어 SA-1은 초기 값을 갖는 사이클 당 12비트 x 32비트 부호화된 곱셈 배열을 갖는다. 만약 다음 명령어에서 곱셈을 사용하려고 시도하거나 새로운 곱셈을 시작하려고 시도한다면 코어는 한 사이클 동안 정지 상태에 놓이게 될 것이다. 로드명령어는 부호된 바이트와 하프워드 로드에서 2사이클이 소요되는 것을 제외하면 한 사이클만 소요된다.

ARM10 계열은 한 사이클 안에 16비트 x 32비트 곱셈을 수행하는 매우 빠른 파이프라인 곱셈기 배열을 가지고 있다. ARM9E 코어도 ARMv5TE로 구현되어 같은 성능을 갖고 있다. 단지 16비트 MAC명령어가 한 사이클이 아니라 2사이클이 소모되는 것을 제외하고 ARM9E와 같다.

ARM10E 코어는 로드와 스토어 곱셈을 가속화하는 로딩 메커니즘을 구현하였다. 다중 로드-스토어 명령어는 한 사이클 안에 실행될 수 있다. 이 연산은 백그라운드에서 동작하는데 백그라운드 로드가 종료되기 전에 사용하면 코어가 정지된다. 그리고 ARM10E는 백그라운드 사이클당 2개의 레지스터들을 전송할 수 있는 64비트 폭의 데이터를 사용한다. 만약 64비트로 어드레스가 정렬되어 있지 않으면 32비트만이 첫 번째 사이클에서 전송된다.

XScale은 ARM9E와 ARM10E와 같은 ARM 아키텍처인 ARMv5TE로 구현되어 있어

서 로드와 곱셈 명령어의 수행시간은 ARM9E와 유사하며 ARM9E를 위해 최적화된 코드는 XScale에서도 효과적으로 동작한다.

7) ARM 버스

임베디드 프로세서인 ARM 코어는 x86 계열 PC의 PCI(Peripheral Component Interface) 버스와 다른 버스 구조를 사용하고 있다.

PCI 버스는 x86 프로세서 칩 외부의 디바이스에 물리적 전자적으로 연결되도록 설계되어 비디오 카드나 하드 디스크 컨트롤로 버스에 연결시켜 주고 PC의 메인보드상에 위치한다.

일반적으로 신호의 집합체인 버스는 데이터 버스(data bus), 어드레스 버스(address bus), 제어 버스(control bus)의 3종류로 구성되어 있다.

ARM코어의 버스는 칩 내부에 위치하여 다른 주변장치가 ARM 코어와 내부에서 연결될 수 있도록 해 준다.

ARM 버스는 버스 마스터로써 다른 디바이스로 데이터를 전송하는 ARM 프로세서 코어가 있고 버스 슬레이브로써 버스 마스터가 전송 요청이 있을 때 동작하는 주변장치가 있다.

버스 구조는 전기적인 특성과 버스 폭(16, 32, 64비트)을 담당하는 물리적인 단계이며 프로세서와 주변 장치간의 통신을 담당하는 논리적인 버스 프로토콜 단계로 구분된다. ARM사는 버스의 전기적인 특성은 거의 규정하지 않고 버스 프로토콜만을 규정하고 제조사가 각 제품의 특성에 맞게 규정지에 제조한다.

(1) AMBA 버스 프로토콜

1996년에 AMBA(Advanced Microcontroller Bus Architecture)는 ARM 프로세서의 온칩(on-chip) 버스 구조로 채택하였고 ARMA 3.0까지 소개되고 있다.

AMBA 버스의 전체 구성도는 [그림 3-19]와 같다.

AMBA 버스는 ASB(ARM System Bus)와 APB(ARM Peripheral BUS)를 소개하고 그 후에 AHB(ARM High Peripheral Bus)버스 또는 AMBA 버스 사양 3.0에는 낮은 전력소모와 고속동작을 지원하는 AXI(Advanced eXtensible Bus)버스를 소개하였다.

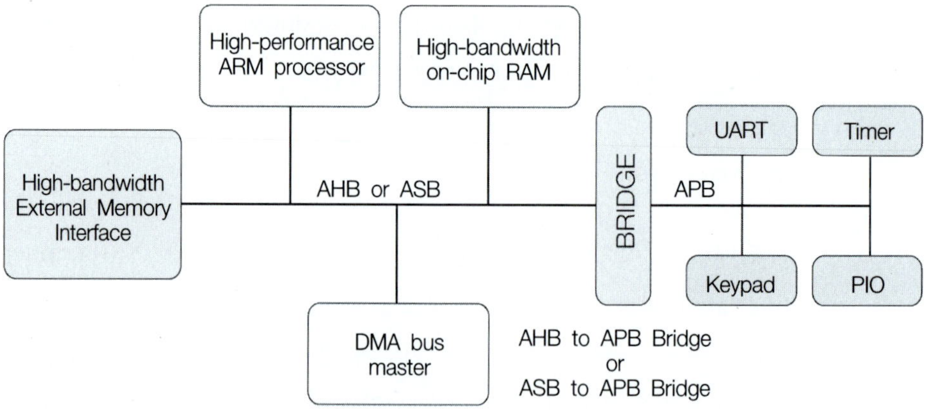

[그림 3-19] ▶ **AMBA 버스의 구조**

AMBA 인터페이스와 함께 개발된 많은 주변장치가 있기 때문에, 충분히 테스트 되고 검증된 다양한 주변장치를 선택적으로 사용할 수 있다. 주변 장치는 각기 다른 프로세서 아키텍처를 위한 인터페이스를 다시 변경하지 않고 온칩 버스에 부착하여 사용할 수 있다.

AHB는 ASB보다 많은 데이터량을 처리하는 것은 ASB 양방향 버스보다 하나에 집중된 멀티플렉스 버스를 기반으로 하고 있기 때문이다. 이것은 AHB버스가 매우 빠른 속도로 동작할 수 있게 해주었고 64비트와 128비트 폭을 지원할 수 있게 되었다. ARM은 멀티 레이어(Multi-layer) AHB이고 AHB-lite을 갖고 있다. 한 번에 하나의 버스 마스터만 활성화시킬 수 있는 AHB와는 달리 멀티 레이어 AHB는 동시에 여러 개의 버스 마스터를 활성화 상태로 만들어 준다.

AXI는 어드레스 실행단계, 데이터 실행단계, 제어 실행단계로 버스 사이클이 분리되어 있고 정렬되지 않은(Unaligned data)전송과 버스트(burst)전송을 지원하고 있고 데이터를 읽고 쓰는 채널이 분리되어 있고 저전력, 고속 동작에 적합하도록 설계되어 있다.

〈표 3-9〉는 ARM 코어별 AHBA 버스형태를 나타낸다.

〈표 3-9〉 ARM 코어별 AMBA 버스형태

CPU	Bus Type	Addr Bus Width	Data Bus Width
ARM7TDMI	Native	32bits	32bits
ARM7TDMI-S	Native	32bits	32bits
ARM720T	AHB	32bits	32bits
ARM7EJ-S	Native	32bits	32bits
ARM920T	ASB	32bits	32bits
ARM922T	ASB	32bits	32bits
ARM926EJ-8	AHB	32bits	32bits
ARM946E-S	AHB	32bits	32bits
ARM966E-S	AHB	32bits	32bits
ARM968E-S	AHB	32bits	32bits
ARM966H-S	AHB-Life	32bits	32bits
ARM1020E	AHB	32bits	64bits
ARM1022E	AHB	32bits	64bits
ARM1026EJ-S	AHB-Life	32bits	32 or 64bits
ARM1136EJ(F)-S	AHB-Life(v6)	32bits	64bits
ARM1156T2(F-)S	AXI	32bits	64bits
ARM1176JZ(F)-S	AXI	32bits	64bits
ARM11MPCore	AXI	32bits	64bits

3.3 ARM 계열별 구조 및 특징

1) ARM7 계열의 특징

ARM7은 데이터 버스와 명령어 버스가 동일한 폰노이만형의 구조를 채택하고 있다. 코어는 3단계 파이프라인을 가지고 ARMv4T 명령어 세트를 사용하고 있다.

ARM7은 1995년에 소개된 제품으로 현재 가장 인기 있는 코어로써 많은 32비트 임베디드 프로세서에서 사용하고 있다.

ARM7은 매우 훌륭한 성능 대 전력 소모의 비를 제공하기 때문에 전 세계 반도체 회사에서 사용하고 있다.

ARM7은 Thumb 명령어 세트, 빠른 곱셈 명령어, 임베디드 ICE디버그 기술을 포함하는 첫 번째 코어이다.

[그림 3-20]은 ARM7 계열의 구성을 나타낸다.

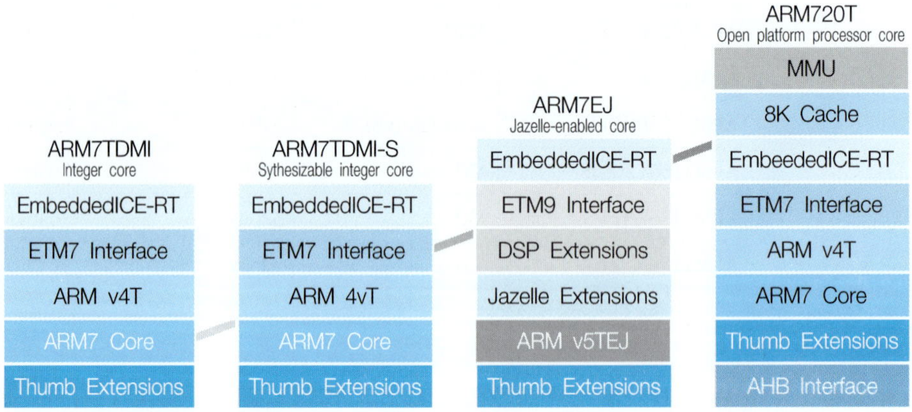

[그림 3-20] ▶ ARM7의 구성

■ ARM7 계열의 특징

- 32/16-bit RISC 아키텍처(ARMv4T)
- 3단계 파이프라이닝(stage pipelining)
- 하드 마이크로 셀(Hard macro cell)
- 32-bit ARM/16-bit Thumb 명령어(Instructions)
- Unified 버스 구조
- 32-bit ALU & High-performance multiplier

- 저전력, small die size
- 코프로세서 인터페이스(coprocessor interface)
- Embedded ICE-RT support, JTAG interface unit
- Embedded Trace Macro Cell

2) ARM9 계열의 특징

1997년도에 발표된 ARM9 제품군은 5단계 파이프라인 때문에 ARM7보다 빠른 클럭 속도로 동작할 수 있다. 추가된 파이프 단계는 프로세서의 전반적인 성능을 향상시켰다. 메모리 시스템 또는 데이터 D버스와 명령어 I버스를 분리한 하버드 아키텍처로 다시 설계되었다. ARM7과 같은 V4 아키텍처를 채용하였고 같은 명령어 세트를 사용하고 있다.

ARM9군의 첫 번째 프로세서는 ARM920T으로 프로세서 코어와 플랫폼 OD를 위한 MMU, 16KB코드 캐시 & 16KB데이터 캐시, 각 캐시별 TLB를 사용하였다.

ARM940T는 보다 작은 캐시인 4KB코드 캐시와 4KB 데이터 캐시, 프로세서 코어 + RTOS를 위한 MPU로 구성되어 있다.

ARM9E-S는 ETM(Embedded Trace Macrocell)을 지원하고 개발자들이 실시간으로 데이터와 명령어를 검사할 수 있다. 이것은 시간이 민감한 응용제품을 디버깅할 때에 매우 중요하다. ARM926EJ는 2000년도에 발표된 것으로 3G폰과 PDA와 같은 작고 휴대 가능한 Java를 지원하는 장치를 위해 설계되었다. [그림 3-21]처럼 ARM9 계열의 구성을 나타낸다.

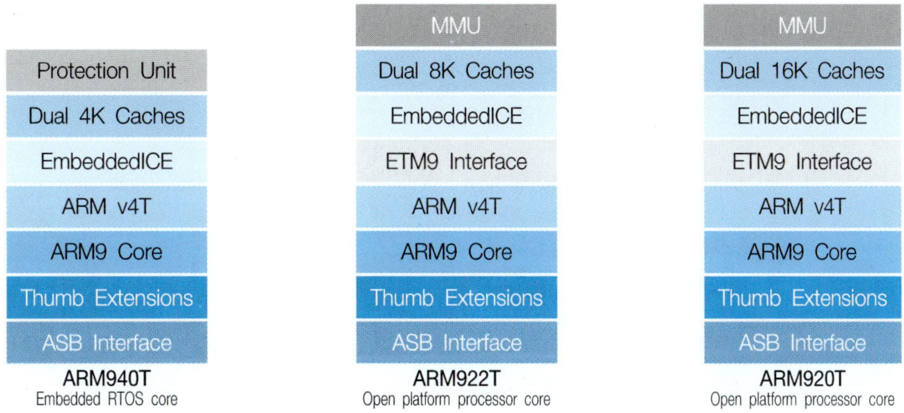

[그림 3-21] ▶ ARM9 계열의 구성

3) ARM10 계열의 특징

1999년에 발표된 ARM10은 성능향상을 목적으로 설계된 것으로 ARM9 파이프라인을 6단계로 확장시켰다. 또한 추가적으로 VFP(Vector Floating Point)장치를 지원하는데 이것은 ARM10 파이프라인의 7번째로 추가될 수 있다. VFP는 부동소수점 성능을 대폭 향상시켜 주며 IEEE754.1985 부동소수점 표준과 호환된다.

ARM1020E는 ARM10E 코어를 이용하여 구현된 첫 번째 프로세서로 ARM9E처럼 향상된 E명령어들을 포함하고 있고 32K로 분리된 캐시와 선택으로 추가 가능한 VFP 및 MMU를 포함하고 있고 64비트 버스 인터페이스를 지원한다.

ARM1026EJ-S는 MPU와 MMU를 모두 가지고 있고 ARM926EJ-S의 유동성과 ARM10의 성능을 모두 갖추었다.

4) ARM11 계열의 특징

2003년에 발표한 ARM1136J-S는 고성능 저전력의 응용을 위해 설계되고 ARM11 마이크로 아키텍처는 ARMv6 명령어 세트 아키텍처를 최초로 구현한 것이고 로드 스토어 파이프라인과 산술 파이프라인이 분리되어 있는 8단계 파이프라인을 적용하고 있고 미디어 처리, 특히 비디오 처리 능력을 향상시킬 수 있는 SIMD(Single Instruction Multiple Data)확장 명령어가 포함되어 있다.

특히 ARM1176JZ-S은 칩 내 보안(on-chip security)기능을 제공하는 TrustZone 기술과 ARM1156T2-S은 향상된 성능과 프로그램의 집적도를 제공하는 Thumb-2명령 및 소비전력을 줄이기 위한 IEM(intelligent Energy Manager)기술 등을 포함하고 있다. 〈표 3-10〉처럼 ARM11 계열의 특징을 나타낸다.

〈표 3-10〉 ARM11 계열의 특징

	Cache Size (Inst/Data)	Tightly Coupled Memory	Memory Mgt	Bus Interface	Thumb	DSP	Jaszalle
ARM11MPCore	Variable	–	MMU+Cache coherency	1xor 2xAMBA AXI	Yes	Yes	Yes
ARM1136J(F)-S	Variable	Yes	MMU	5xAHB	Yes	Yes	Yes
ARM1156T2(F)-S	Variable	Yes	MPU	3xAXI	Yes	Yes	NO
ARM1176JZ(F)-S	Variable	Yes	MMU+ TrustZone	4xAXI	Yes	Yes	Yes

(1) ARMv6 아키텍처

ARM 아키텍처인 ARMv6은 2001년 10월에 발표되었다. ARMv6은 지난 10년 동안 ARM이 개발해온 다수의 성공적인 아키텍처 사양을 기초로 만들어졌다. 이러한 ARM 아키텍처들을 기초로, ARM은 16/32비트 마이크로프로세서 코어 부문에서 시장의 리더가 되었다. 〈표 3-11〉은 ARM 아키텍처의 비교표이다.

〈표 3-11〉 ARM 아키텍처의 비교

Architecture	Feature Set			
	Thumb®	DSP	Jazelle™	Media
v4T	v			
v5TE	v	v		
v5TEJ	v	v	v	
v6	v	v	v	v

(2) 응 용

〈표 3-12〉는 ARM 11계열의 프로세스별 응용분야를 나타낸 것이다.

〈표 3-12〉 ARM 11 프로세서별 응용 분야

	ARM1136J(F)-S	ARM1156T2(F)-S	ARM1176JZ(F)-S	ARM11MPCore
Automotive	Infotainment, DVD, navigation	Power train, body	*	Infotainment, DVD, navigation, image and speech recognition
Computer	PDA	Printer, data storage	PDA	PDA, Printer, Industrial, Kiosks, server blade
Consumer	Digital TV, DVD, PVR, Set-top box, games	Digital camera	Set-top Box*	DTV, IPSTB, DSC, Camcorder, Games box
Industrial	–	Embedded control	EPOS Terminal	–
Networking	Infrastructure, switch/router	Modern	*	CPE Terminals, SWitch/Router, NAS
Wireless	Smartphone, applications processor	Base station	Combined applications and base-band processor for Smartphone	Mobile gaming, PDA, Media Player

(3) ARM11 파이프라인 구조

ARM11은 효율적으로 고성능을 제공하도록 설계되었다. 이는 파이프라인 설계가 중요한 역할을 한다.

ARM11의 파이프라인은 [그림 3-22]처럼 8단계 구성으로, 종래의 ARM 코어에 비해 40%의 스루풋 향상을 실현한다. 8단계 파이프라인에서는 8개의 처리 스테이지가 동시에 실행된다.

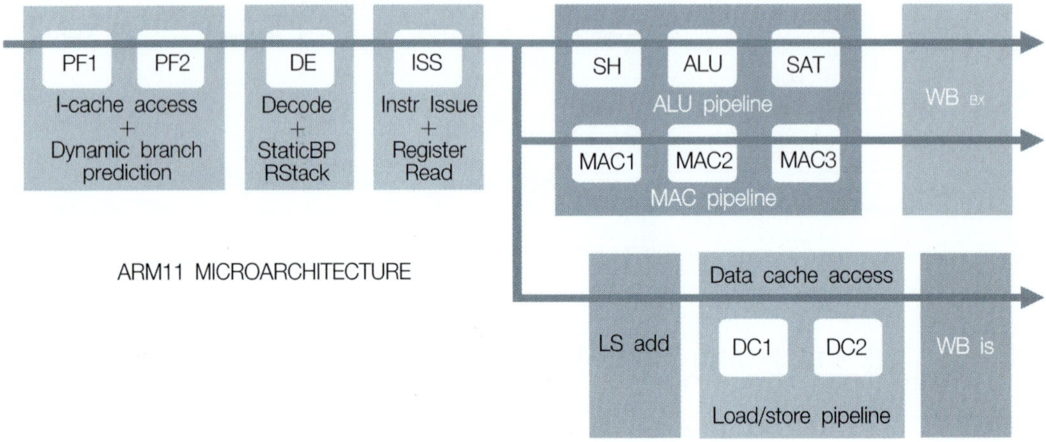

[그림 3-22] ▶ ARM11 파이프라인 구조

단계수가 많은 파이프라인 구조는 시스템에 지나친 지연 혹은 대기시간을 초래하기 때문에 효율성이 떨어질 수 있다. 단계수가 많은 파이프라인에서는 일부의 명령이 앞의 명령의 결과에 의존하기 때문에 지연될 수 있다. ARM11의 파이프라인은 '포워딩(forwarding)'을 활용함으로써 이런 지연을 막을 수 있다. 또한, 단계수가 많은 파이프라인을 가진 프로세서에서는 파이프라인에서 처리되는 명령의 원활한 흐름에 인터럽트가 일어날 경우 예를 들면 분기 명령이 발생했을 때에도 성능이 떨어질 수 있다.

ARM11의 파이프라인은 명령의 흐름을 예상하는 분기예측을 사용하여 이 지연을 막는다. 포워딩과 분기예측은 파이프라인의 '스톨(stall)'을 줄여 효율성을 유지한다. 스톨이란 다음 명령어가 아직 파이프라인을 통과 중이기 때문에 프로세서가 기다리지 않으면 안 되는 상황을 가리킨다.

파이프라인의 최적화에 의해 유효 대기시간은 ARM9TM의 5단계 파이프라인과 같으면서 훨씬 높은 스루풋을 실현한다.

(4) 단일 명령의 문제

ARM11의 파이프라인은 'scalar'라고 불린다. 즉, 1회에 1개의 명령어(single issue)를 실행한다. ALU 파이프라인과 MAC 파이프라인 등 일부의 파이프라인 아키텍처에 의해 1회에 복수의 명령어를 실행할 수 있다.

이론적으로는 '복수 발행(multiple issue)' 마이크로 아키텍처 쪽이 효율성 면에서 유리하다. 그러나 실제 복수 발행 머신의 경우, 명령어 처리의 의존성이 큰 문제가 되고 파이프라인의 프론트 엔드(front end)에 있어서 명령어 디코딩 스테이지가 상당히 복잡하게 된다. 그리고 복잡성의 증가가 소비전력과 프로세서 영역에 상당한 영향을 미친다. ARM11의 개발에 있어서 분석한 결과 복수의 명령어 발행에 의해 실현할 수 있는 성능향상이 소비전력과 프로세서 영역의 증가로 적당하지 않다고 판단되었다.

(5) 메모리 액세스의 개선

ARMv6의 개선에 의해, 기존보다 많은 태스크에 관해서 명령과 데이터가 더 오래 캐시에 상주할 수 있게 되었다. 따라서 캐시 미스가 상당히 적어지고 프로세서의 성능이 향상되었다.

ARM11 코어에 마이크로 아키텍처상의 개선점으로서 '논블로킹(non- blocking)'과 메모리 시스템의 'hit-under-miss' 처리가 있다. 단순한 프로세서 설계에서는 명령이 데이터를 요구했을 때 이 데이터가 캐시에 없을 경우 캐시 '미스(miss)'가 되고 파이프라인 처리가 멈추어 버린다.

ARM11은 이것을 논블로킹 처리한다.

캐시는 미스가 된 데이터를 취득하도록 명령을 내려 다음 명령이 미스가 된 데이터에 의존하지 않는 한 파이프라인이 실행을 계속할 수 있다. 다음 명령이 또 다른 데이터 로드일지라도 이 데이터가 캐시에 있으면 ARM11은 처리를 허용한다.

데이터 미스가 3회 계속된 경우에만 파이프라인이 정지한다.

(6) 파이프라인의 병렬성

파이프라인은 한 번에 하나의 명령만을 실행하지만 파이프라인의 병렬성을 이용하고 ALU, MAC, LS(Load-Store) 명령어의 처리 유닛이 독립되어 있다.

LS 파이프라인은 로드 명령과 저장(store) 명령의 처리 전용이다. 산술연산의 실행과 메모리 명령(LS)을 달리함으로써 효율적인 처리가 가능하다. 왜냐하면, LS 명령은 외부 메모리의 가용성에 의해 자주 제약을 받을 수 있기 때문이다.

LS 유닛이 메인 파이프라인에 포함되는 마이크로 아키텍처에서는 메모리 동작이 완료되는 것을 기다리기 위해 파이프라인이 쉽게 스톨되어질 수 있다. ARM11에서는 독립된 LS 파이프라인이 설치되어 있기 때문에 ALU나 MAC 명령의 실행이 LS 명령을 기다림에 의해 지연되는 일은 없다.

또한 소프트웨어 컴파일러가 코드의 스케줄링에 있어서 자유도가 늘어나고, 이 역시 성능을 향상시킨다.

LS 명령에서는 데이터 캐시 액세스를 2사이클에 나누어서 처리한다. 이렇게 LS 유닛을 파이프라인 처리하고 있는 ARM11 코어는 상용 RAM 컴파일러로 설계되는 ASIC 설계에 적합하다. 즉, 고속의 커스텀 메모리를 사용하지 않아도 프로세서 성능을 최대로 발휘할 수 있다.

(7) 64비트 데이터 경로

ARM11은 완전한 64비트 솔루션을 사용하지 않고, 필요한 64비트 구조를 프로세서에 이용한다. 그 결과 32비트의 가격으로 사실상 64비트의 성능을 제공한다.

ARM11은 프로세서의 정수 유닛과 명령/데이터 캐시 사이, 그리고 코프로세서와 정수 유닛 사이에 64비트 데이터 버스를 지정하고 있다. 이 64비트 경로에 의해 1사이클에 2개의 명령을 캐시로부터 가져올 수 있으며, 로드 멀티플/저장 멀티플 명령으로 64비트(ARM 레지스터 2개)를 매사이클 전송할 수 있다. 이것 때문에 ARM11 프로세서는 많은 코드 시퀀스, 특히 데이터 전송과 데이터 처리를 동시에 실행할 필요가 있을 경우에 대단히 높은 성능을 발휘한다.

(8) ARM11의 비교

〈표 3-13〉은 ARM11과 다른 ARM 코어 간의 주요 특징을 비교한 것이다.

〈표 3-13〉 ARM 아키텍처의 특징 비교

Feature	ARM9E™	ARM10E™	Intel® XScale™	ARM11™
Architecture Pipeline Length	ARMv5TE(J) 5	ARMv5TE(J) 6	ARMv5TE 7	ARMv6 8
Java Decode	(ARM926EJ)	(ARM1026EJ)	No	Yes
v6 SIMD Instructions	No	No	No	Yes
MIA Instructions	No	No	Yes	Available as coprocessor
Branch Prediction	No	Static	Dynamic	Dynamic
Independent Load-Store Unit	No	Yes	Yes	Yes
Instruction Issue	Scalar, in-order	Scalar, in-order	Scalar, in-order	Scalar, in-order
Concurrency	None	ALU/MAC LSU	ALU/MAC LSU	ALU/MAC LSU
Out-of-order completion	No	Yes	Yes	Yes
Target Implementation	Synthesizable	Synthesizable	Synthesizable	Synthesizable
Performance Range	Up to 250MHz	Up to 325MHz	200MHz→1GHz	350MHz→1GHz

5) XScale 계열의 특징

[그림 3-23]처럼 XScale은 ARM5TE ISA 호환되며, 저전력 & 고성능(최대 400MHz), 수정된 하버드 구조로서 명령어와 데이터 캐시로 분리되어 있고 크기는 32KB이다.

XScale는 미디어 처리 기술로서 2개의 MMU, 브랜치 타깃 버퍼를 갖고 있고 JTAG 포트를 이용한 디버깅을 할 수 있고 분기예측을 지원되고 실행 명령에 따라 7-8단계의 파이프라인을 사용하고 있다. 즉 ARM11과 유사한 3개의 처리 유닛으로 분리되어 있다.

① 메인 파이프라인

ALU 연산 실행 파이프라인으로 7단계로 구성되어 있다.

② MAC 파이프라인

MAC(Multiply Accumulate 파이프라인으로 7단계로 구성되어 있다.

③ 메모리 파이프라인

로드/스토어 같은 메모리 참조 파이프라인으로 8단계로 구성되어 있다.

그리고 32KB의 명령어 캐시와 데이터 캐시를 가지고 있고 2KB의 미니 캐시를 가지고 있다. 또 반도체 집적기술은 0.35μm 3층 메탈 CMOS, 2.6 million 트랜지스터를 갖고 있고 패키지는 256PBGA (17x17mm)이다.

특히 XScale은 AMBA버스를 사용하지 않고 인텔 자체의 버스를 사용하고 있다.

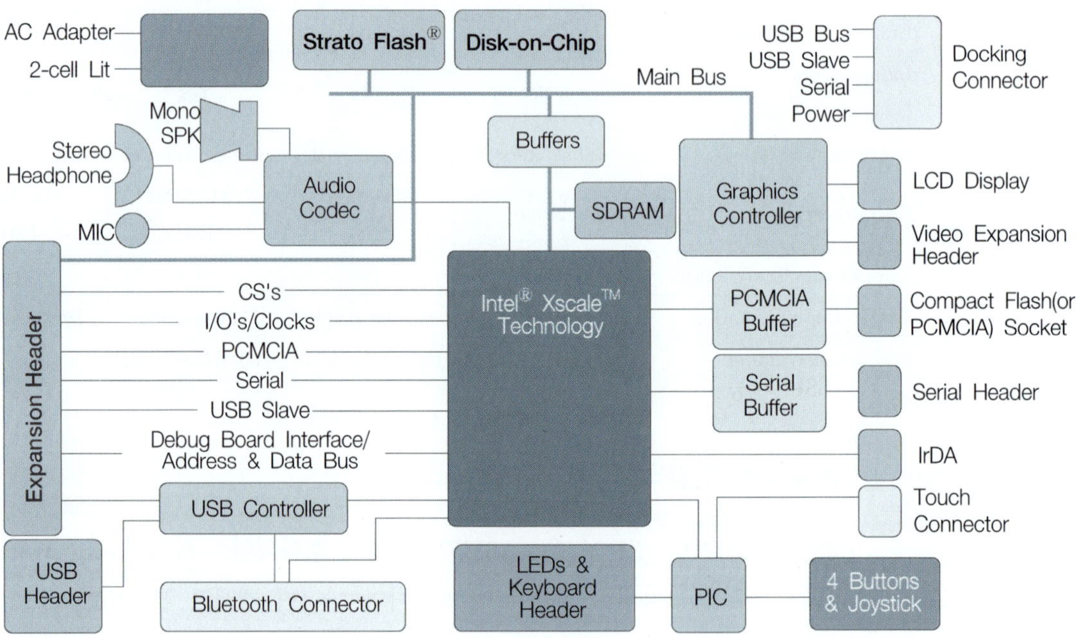

[그림 3-23] ▶ Xscale의 구조

6) Bulverde(PXA27x)계열의 특징

[그림 3-24]처럼 PXA27x는 차세대 XScale에, 3가지 핵심 기능을 추가한 프로세서로써 무선 MMX, 무선 Speed Step을 지원하며, 카메라 접속을 용이하게 하는 퀵 capther 인터페이스를 갖춘 기술을 기반으로 고급 지향 휴대폰, PDA전용 CPU로 차후 휴대폰/ PDA 트렌드를 결정할 프로세서이다.

(1) PXA 27x 프로세서 주요 하드웨어 구성

- 최대 코어 주파수 : 624MHz
- 코어 전압 범위 : 0.85V to 1.55V
- 시스템 메모리 인터페이스
  —Up to 100-MHz SDRAM @ 1.8 V, 2.5 V, 3.0 V or 3.3 V
  —16, 64, 128, 256, 512-Mbit SDRAM 제공
  —온칩 SRAM의 4개 뱅크(각각 독립적으로 구성하고 메모리의 64Kbyte를 제공)
  —클럭 인에이블(자체 리프레시를 위해 SDRAM에 1 CKE 핀 제공)
  —6개 스태틱 메모리 디바이스 제공(SRAM, flash, 혹은 VLIO)
- PCMCIA/Compact Flash card 제어 기능
- LCD 제어기
- Full function 및 Bluetooth* UART 기능
- MMC 제어기
- SSP 기능
- USB 호스트/클라이언트 기능
- AC97 제어기 기능
- 표준 UART 기능
- I2C 제어기 기능
- PWM 기능
- Memory stick host 제어기
- Baseband 인터페이스
- Keypad 인터페이스
- Universal subscriber identity 모듈 인터페이스 기능
- Integrated JTAG 제공
- General-purpose I/O 기능 제공

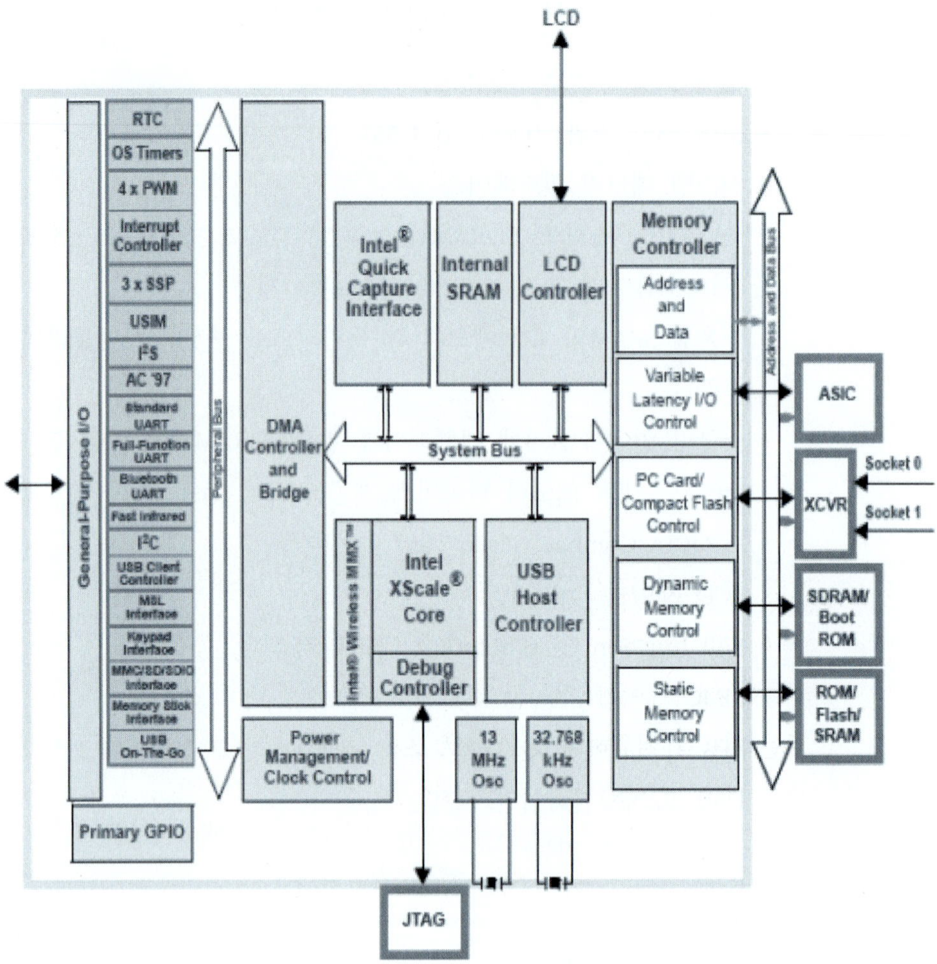

[그림 3-24] ▶ PXA27x 구성도

(1) 무선 MMX 인터페이스

멀티미디어 처리를 고속화하는 SIMD 연산을 실시하는 명령 세트로 IA-32 프로세서에 내장되고 있는 'MMX'와 호환성으로 'PC로부터 무선 단말의 접속을 간단히 한다'는 장점을 가진다. 또한 동영상의 디코더에서 최대 50%의 성능이 업그레이드됐으며, 엔코더에서는 XScale만 비교해 2~3배 성능이 높아졌다. 또한 저전력화로 QCIF 사이즈 화상 전화 동영상, 음성을 처리하는 데 필요한 CPU 코어의 소비 전력이 초간 15fps에 78MW, 30fps에 120MW이다(208MHz 동작시).

(2) 무선 Speed Step 인터페이스

주파수와 전압 양쪽 모두를 동적으로 변화시키는 것으로 소비 전력을 줄이는 구조이고 종래 XScale 프로세서에서는 주파수만을 바꿀 수 있었지만, 전압도 동적으로 변화시키는 것으로 한층 더 소비 전력을 줄일 수 있다. 총 5가지 모드가 있어 소비 전력을 중시하는 경우와 응답 시간을 중시하는 경우로 유연하게 구분하여 사용할 수 있다.

(3) 퀵 캡처-인터페이스

전 세계적으로 급격한 성장세를 지속하고 있는 디지털 카메라에 대응하여 카메라와의 접속을 용이하게 하기 위한 구조로 통상 카메라 모듈은 영상 처리용 DSP를 갖추고 있지만, Bulverde는 이 카메라용의 DSP를 내장하는 것으로 카메라의 비용 삭감을 가능하게 한다. 4M픽셀(2048×2048픽셀)까지의 CMOS/CCD 센서를 접속할 수 있어 무선 MMX와 내장 DSP를 사용해 color-balance나 노이즈 제거, 화이트 밸런스, 감마 수정 등을 행할 수 있다. 또 CPU를 배제한 촬영된 이미지를 고속으로 프리뷰해 주는 기능을 지원하며, QVGA로 초간 30프레임, VGA로 초간 15프레임의 동영상 촬영도 지원 가능하다. 이는 CPU를 사용하지 않기 때문에 전력 소비를 현저히 줄일 수 있다.

(4) 플래시 메모리 인터페이스

임베디드 타깃 시스템을 PXA272와 플래시 메모리와의 인터페이스를 구성 가능한 플래시 메모리 회로 구성도이다. [그림 3-25]처럼 8MBytes(4M*16비트) x4를 사용하여 최대 32Mbyte 플래시 메모리를 구성하였다.

(5) SDRAM 인터페이스

[그림 3-26]은 PXA27x와 SDRAM 메모리간의 인터페이스이다.

이 SDRAM 인터페이스는 뱅크당 최대 256MB까지 가능하고 최대 4개 뱅크를 구성할 수 있다.

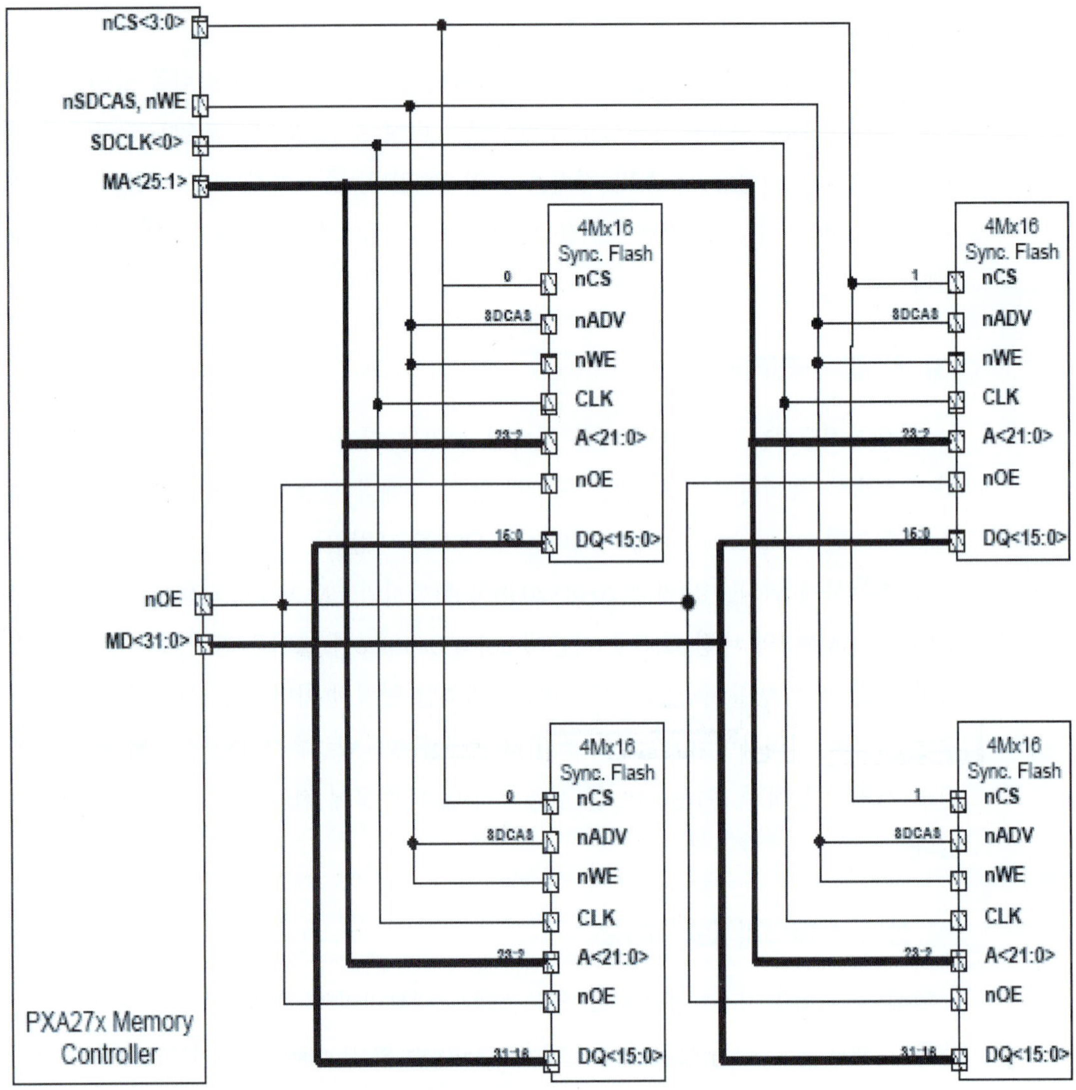

[그림 3-25] ▶ PXA272와 플래시 메모리 인터페이스

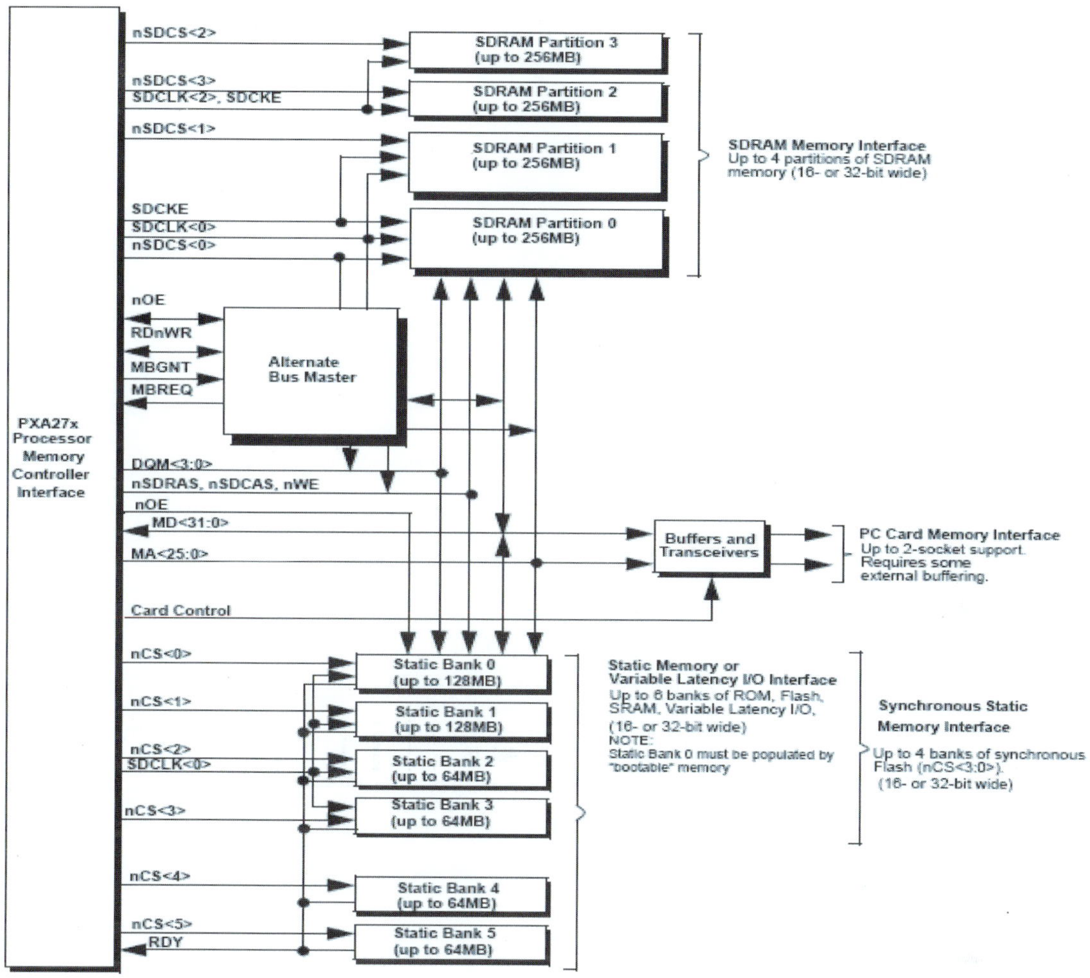

[그림 3-26] ▶ PXA272 SDRAM 메모리 인터페이스

제4장

임베디드 타깃 시스템 구성 및 특징

4.1 임베디드 타깃 시스템의 개요
4.2 임베디드 타깃 시스템의 특징
4.3 임베디드 타깃 시스템(SYS-Lab 5000)의 구성

4.1 임베디드 타깃 시스템의 개요

본 교재에서 사용할 임베디드 시스템인 SYS-Lab 5000은 최근 PDA 및 PMP 등의 고성능 휴대 기기에 많이 적용되고 있는 ARM 계열의 최신 RISC 프로세서인 PXA272가 장착된 임베디드 프로세서부와 현장에서 FPGA를 설계하기 위해 가장 많이 사용하고 있는 자일링스(Xilinx)의 FPGA를 장착한 FPGA 사용자 설계부로 구성되어 있다. 또한 3차원 그래픽 가속기를 적용할 수 있는 커넥터와 사용자의 응용회로 설계를 위한 각종 확장 커넥터를 제공한다.

임베디드 프로세서부에는 저전력, 고성능 그리고 멀티미디어 기능을 보유한 Intel® 의 최신 CPU인 Bulverde PXA272(520MHz)가 장착되어 있으며, 지원 가능한 주변장치(Ethernet, IrDA, UART, MMC/SD, RTC, USB OTG, USB Host, USB Client, LCD, AC97, Touch Screen, CMOS CAM Interface 등)를 장착하여 다양한 실습 및 개발이 가능하다. 그리고 SYS-Lab 5000은 임베디드 시스템 운영체제로 가장 많이 사용하고 있는 리눅스 운영체제와 Windows CE 운영체제를 탑재하여 뛰어난 안정성과 유연한 확장성을 갖출 수 있도록 하였다.

FPGA 설계부에는 중용량의 고속 설계가 가능한 자일링스의 Spartan-3 시리즈(XC3S1000)와 대용량의 고속 설계가 가능한 Virtex-4 시리즈(XC4VLX60)의 모듈 형

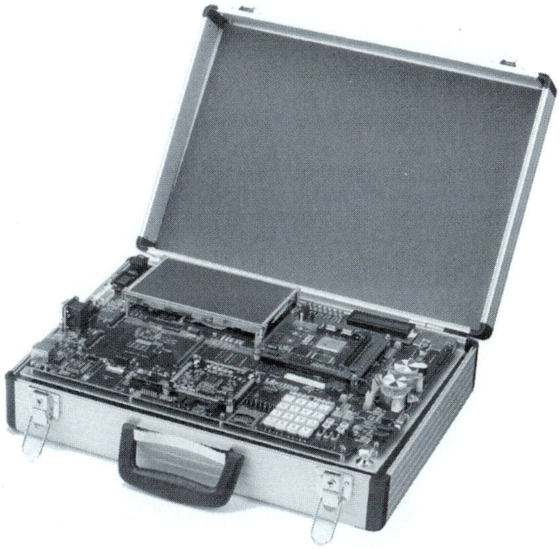

[그림 4-1] ▶ 임베디드 타깃 시스템 SYS-Lab 5000

태의 보드가 선택 장착되어 기본적인 설계 실습에서부터 전문적인 설계 실습까지 가능하도록 되어 있다. Virtex-4 모듈의 경우, 96핀의 사용자용 확장 핀을 설계자가 임의대로 사용할 수 있도록 커넥터를 모듈 상단에 배치하여 다양한 응용회로 설계에 적용시킬 수 있다. 또한 임베디드 CPU와 연동하여 설계 가능한 각종 응용 회로 (LED, TEXT-LCD, Dot Matrix, Video I/O, DVI, Camera, DC Motor, Audio, 4x4 Matrix Keypad, Dip S/W, Rotary S/W, Push S/W, Slide S/W)를 제공하고 있다.

다음은 SYS-Lab 5000의 전체적인 블록 다이어그램이다.

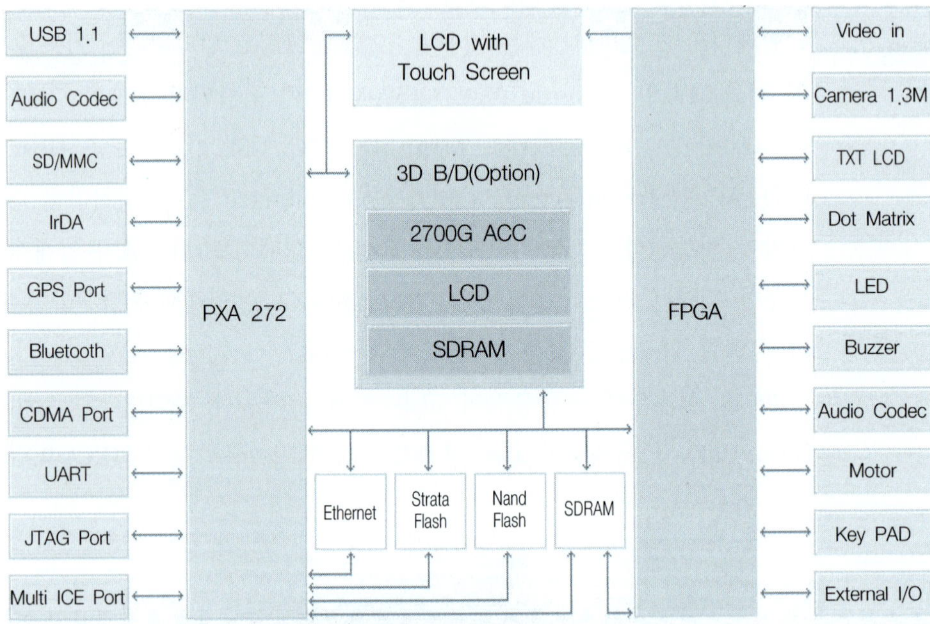

[그림 4-2] ▶ **임베디드 타깃 시스템 SYS-Lab 5000 블록 다이어그램**

4.2 임베디드 타깃 시스템의 특징

임베디드 시스템 SYS-Lab 5000의 하드웨어 및 소프트웨어의 사양은 〈표 4-1〉이고 그 주요 특징은 다음과 같다.

- 저전력, 고성능의 프로세서인 Bulverde PXA272(클럭 520MHz, 32bit)를 사용하고 NOR 플래시 메모리 64Mbytes를 장착하여 대량의 데이터 처리가 가능하다.

- 128MByte의 SDRAM을 기본 장착하여 충분한 메모리 공간을 제공한다.
- 512MByte의 NAND Flash 및 4MByte의 SRAM 메모리를 기본 장착하였다.
- 7인치 WVGA급 TFT-LCD를 장착하여 고화질의 영상 출력이 가능하다.
- AC97 오디오 코덱을 장착하여 고품질의 음성 입·출력이 가능하다.
- 10/100Mbps 이더넷(Ethernet)을 장착하여 다량의 데이터를 고속으로 전송 가능하다.
- USB 1.1 호스트(Host)를 지원하며 저속(Low Speed)과 고속(Full Speed) 모드 지원이 가능하고 OHCI 1.0과 호환된다.
- USB 1.1 클라이언트(Client)를 지원하며 고속 데이터 전송이 가능하다.
- 3개의 UART를 제공한다.
- RTC 및 RTC 백업 배터리를 장착하여 시스템 시간 구현이 가능하다.
- IrDA 기능을 제공한다.

제 4 장

〈표 4-1〉 SYS-Lab 5000 하드웨어 및 소프트웨어 사양

구 분	항 목	사 양
H/W	CPU	Intel PXA272-Bulverde
	FPGA	SC3S1000-4FG456C, XC3S1500-4FG456C, XC3S2000-4FG456C XC4VLX25-10FF668C, XC4VLX40-10FF668C, XC4VLX60-10FF668C
	Memory	SDRAM 256MB(32Bit, 100MHZ), 64MB Nor/64MB Nand Flash
	Display	7" TFT LCD(Touch Screen), Dot Matrix, 7-Segment, LED 등
	Camera	130만화소
	Audio	AC97 Codec Chip, Codec CS 4202
	KeyPad	Direct/Matrix
	RTC	Battery Back UP RTC
	Interface	UART 3Port, USB Host 2Port, USB Client 1EA, JTAG, Multi-ICE, VGA, IrDA, Ethernet 10/100Mbps
	Socket	SD/MMC, PCMCIA
	Motor	Stepping Motor, DC Motor
	3D B/D	Intel Graphic ACC 2700G B/D(Option 사항)
S/W	Operating System	Linux 2.6.x(WinCE 지원)
	Compiler	GCC 4.0x
	Device Driver	Ethernet 10/100M, USB 2.0/1.1 Host, USB 1.1 Client, USB HDD, TFT LCD, VGA, Camera, SD/MMC, IrDA, RTC, AC 97, Stepping Motor, DC Motor, Dot Matrix LED

- SD/MMC 인터페이스 기능을 제공한다.
- GPS 모듈(GRM/Kit korea)의 장착이 가능한 포트를 제공한다.
- 블루투스 모듈(Promi-ESD/Initum)의 장착이 가능한 포트를 제공한다.
- CDMA 모듈(BCM1855/Bellwave)의 장착이 가능한 포트를 제공한다.
- 3차원 그래픽 가속기 모듈의 장착이 가능하다.
- FPGA를 별도 혹은 프로세서와 연동하여 구동이 가능하다.

4.3 임베디드 타깃 시스템(SYS-Lab 5000)의 구성

임베디드 시스템은 [그림 4-3]처럼 메인 보드와 메인 보드에 장착되는 CPU 모듈, FPGA(Spartan-3) 모듈 및 FPGA(Virtex-4) 모듈로 구성이 되어 있다. SYS-Lab 5000의 포함되는 부속품은 각종 케이블, CD 및 매뉴얼이 포함되어 있다.

1) 메인 보드(Main Board)

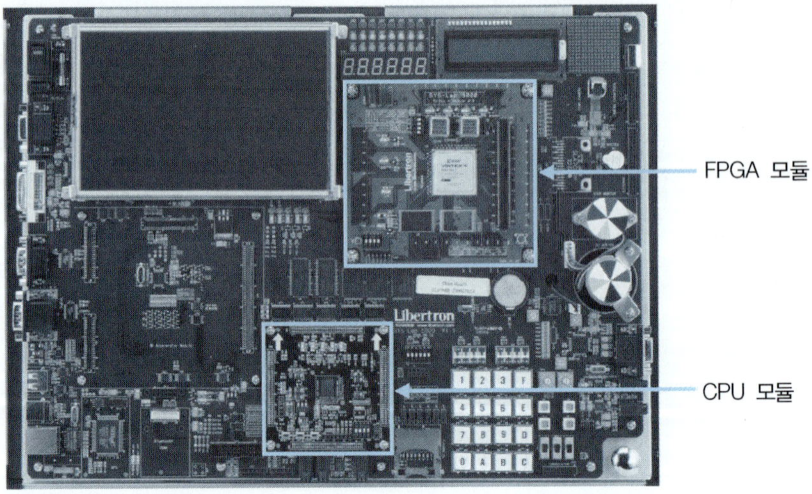

[그림 4-3] ▶ 메인 보드 전체 구성도

[그림 4-4] ▶ 메인 보드(1)

① 전원 스위치(시스템 주전원)

② 휴즈(250V/5A)

③ 전원 잭(12V/5A)

④ 비디오 출력(아날로그 RGB 비디오)

⑤ 비디오 DAC

⑥ DVI 송신기

⑦ DVI 출력(디지털 비디오)

⑧ 터치패드 커넥터(40핀 FFC LCD)

⑨ LCD & 비디오 출력 버퍼(28개)

⑩ LCD 40핀 FFC커넥터

⑪ LCD 백라이트 커넥터

⑫ 7인치 TFT LCD

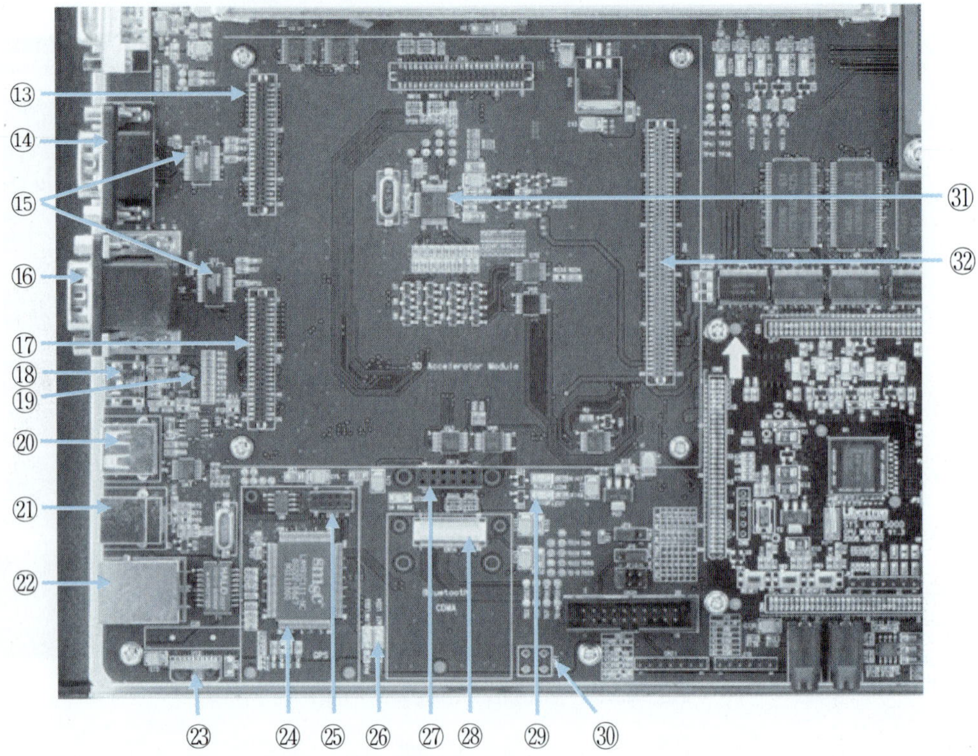

[그림 4-5] ▶ 메인 보드(2)

⑬ 3차원 가속기 모듈 커넥터(LCD1 인터페이스)

⑭ 시리얼 커넥터 : PC(DTE) 연결시 널-모뎀 케이블, 모뎀(DCE) 연결시 케이블 사용함

⑮ RS232 드라이버

⑯ 시리얼 커넥터 : PC(DTE) 연결시 널-모뎀 케이블, 모뎀(DCE) 연결시 1 : 1 케이블 사용함(IrDA/ GPS 모듈 사용시 사용불가)

⑰ 3차원 가속기 모듈 커넥터(LCD2 인터페이스)

⑱ USB OTG(미니 USB 케이블 사용)

⑲ USB OTG 송수신기

⑳ USB 호스트

㉑ USB 클라이언트

㉒ LAN 커넥터 : HUB 연결시 1:1 케이블, PC 연결시 크로스 케이블 사용함

㉓ IrDA 송수신기

㉔ LAN 컨트롤러

㉕ GPS 모듈 커넥터(COM1 포트 사용)

㉖ LAN 상태 표시 LED : GREEN(Link), YELLOW(ACT)

㉗ 블루투스 모듈 커넥터(COM0 포트 사용)

㉘ CDMA 모듈 커넥터(COM0 포트 사용)

㉙ CDMA 상태 표시 LED

㉚ CDMA 안테나 커넥터

㉛ AC97 오디오 코덱

㉜ 3차원 가속기 모듈 커넥터(CPU 인터페이스)

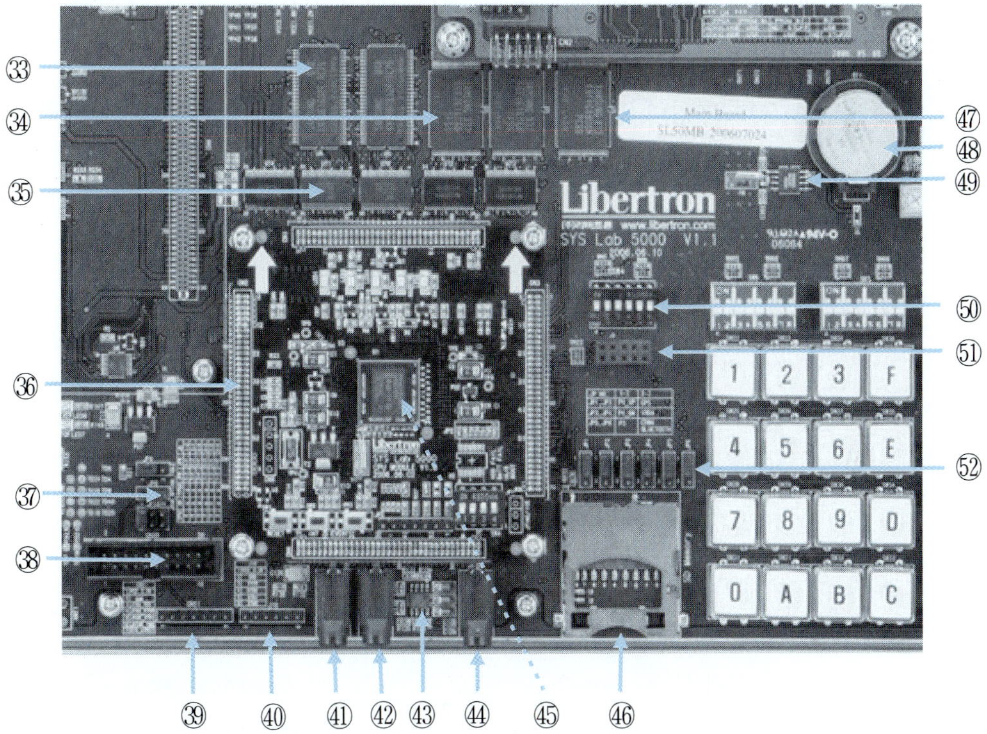

[그림 4-6] ▶ **메인 보드(3)**

㉝ SDRAM(64MByte)

㉞ SRAM(4MByte)

㉟ 버퍼 74AVC164245(3개) 74ALVC16245(2개)

㊱ CPU 모듈 커넥터

㊲ JTAG 직렬 연결 선택

〈표 4-2〉 **보드선택 점퍼(JP8, JP9, JP10)**

CPU B/D	3D B/D	FPGA B/D	JP8	JP9	JP10
○	×	×	2-3	1-2	1-2
○	○	×	2-3	1-2	3-4
○	○	○	2-3	2-3	5-6
×	○	×	1-2	2-3	3-4
×	○	○	1-2	2-3	5-6
×	×	○	1-2	1-2	5-6

㊳ 멀티 ICE 커넥터(CPU 디버거용)

㊴ JTAG 커넥터(CPU 및 FPGA, 3차원 그래픽 가속기에 사용)

㊵ CPLD JTAG 커넥터(CPLD 프로그래밍 사용 SD/MMC 슬롯)

㊶ 마이크 잭

㊷ 오디오 입력 잭

㊸ 오디오 출력 앰프

㊹ 오디오 출력 잭

㊺ CPLD(CPU 모듈 하단에 장착)

㊻ SD/MMC 슬롯

㊼ NAND 플래시(512Mbyte)

㊽ 배터리

㊾ RTC

㊿ BUS 모드 선택 스위치

〈표 4-3〉 **시스템 버스 모드 선택(SW4-1, SW4-2)**

SW4–1	SW4–2	System Bus Mode
Off	Off	CPU Only Mode (Allways CPU Master)
Off	On	Normal Mode (CPU or FPGA Master Transferable)
On	Off	FPGA Only Mode (Allways FPGA Master)
On	On	Normal Mode (LCD, VGA Source Select SW Usable)

〈표 4-4〉 TFT LCD 소스 선택(SW4-3, SW4-4)

SW4-3	SW4-4	TFT LCD Source Select
Off	Off	CPU
Off	On	3D LCD1
On	Off	3D LCD2
On	On	FPGA

〈표 4-5〉 VGA/DVI 소스 선택(SW4-5, SW4-6)

SW4-5	SW4-6	VGA/DVI Output Source Select
Off	Off	CPU
Off	On	3D LCD1
On	Off	3D LCD2
On	On	FPGA

(51) CPU GPIO 확장 커넥터

(52) UART 포트 선택 점퍼

〈표 4-6〉 COM1 포트 선택(JP1, JP2)

JP1, JP2	COM1 Port Select
1-2	P4_Up
2-3	GPS

〈표 4-7〉 COM2 포트 선택(JP3, JP4)

JP3, JP4	COM2 Port Select
1-2	P4_Down
2-3	IrDA

〈표 4-8〉 COM0 포트 선택(JP5, JP6)

JP5, JP6	COM0 Port Select
1-2	P3
2-3	CDMA, Bluetooth

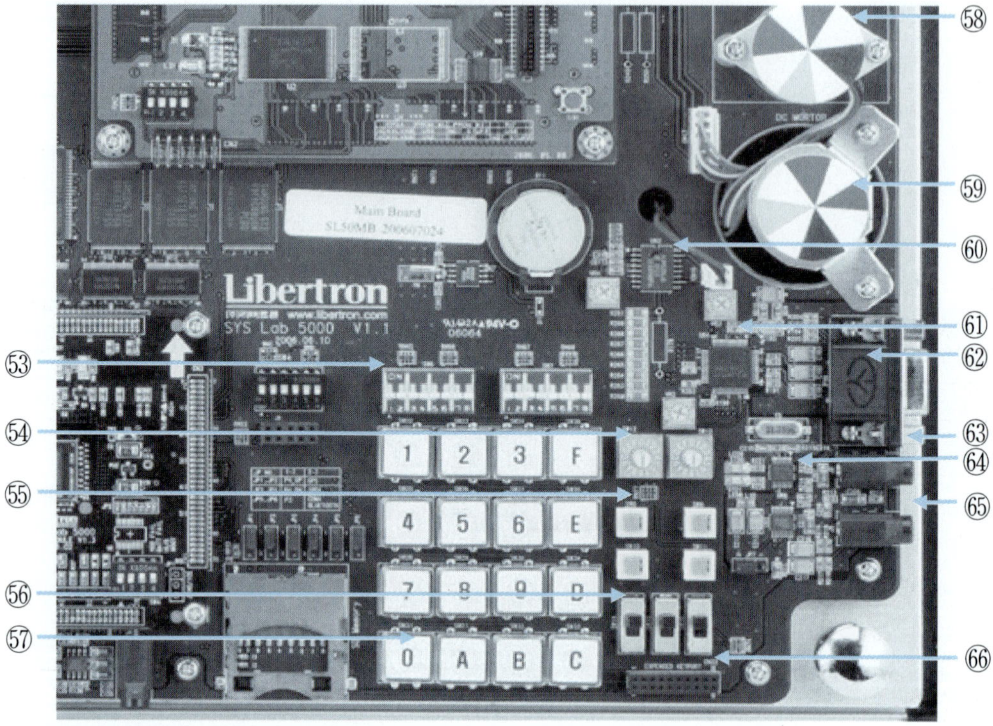

[그림 4-7] ▶ 메인 보드(4)

⑤③ 딥 스위치 8P(2개)

⑤④ 로터리 스위치(2개)

⑤⑤ 푸시 스위치(4개)

⑤⑥ 슬라이드 스위치(3개)

⑤⑦ 키매트릭스(4x4)스위치

⑤⑧ 스텝 모터

⑤⑨ 직렬 모터

⑥⓪ 직렬 모터 구동기

⑥① 비디오 ADC
⑥② 비디오 입력 커넥터
⑥③ 오디오 입력 잭
⑥④ 오디오 코덱
⑥⑤ 오디오 출력 잭
⑥⑥ 확장 키패드 커넥터

[그림 4-8] ▶ **메인 보드(5)**

⑥⑦ LED(RED(8), Yekllow(8), Green(8))
⑥⑧ 7세그먼트 LED(6Digit)
⑥⑨ FPGA 모듈 100pin커넥터(4개)
⑦⓪ 전원 표시 LED
⑦① 텍스트 LCD
⑦② 도트 매트릭스 LED
⑦③ PS2 커넥터
⑦④ 카메라 모듈
⑦⑤ 카메라 커넥터

⑯ 유저 확장 I/O 포트
⑰ 부저
⑱ 스텝 모터 구동기

2) CPU 모듈

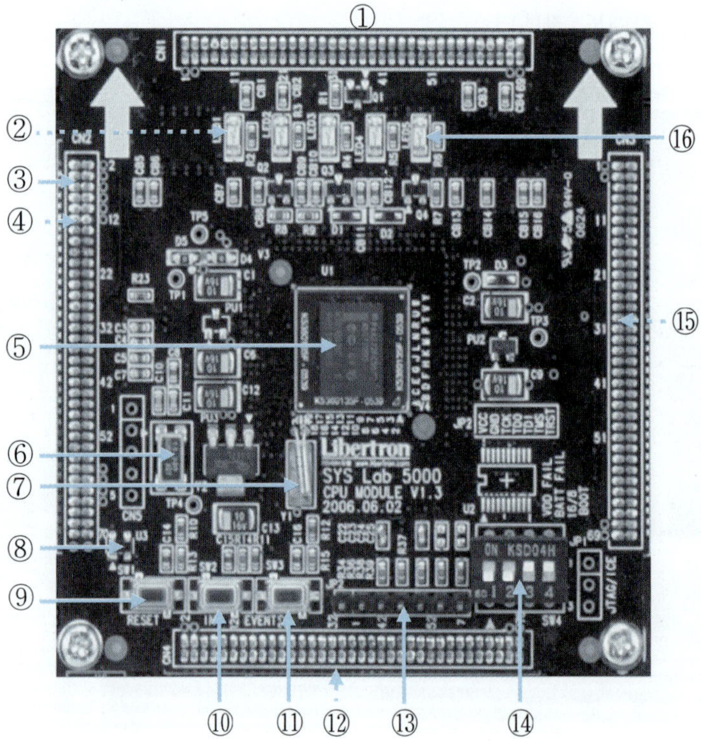

[그림 4-9] ▶ CPU 모듈(1)

①, ④, ⑫, ⑮ : BASE B/D 커넥터 (뒷면)
② 전원 표시 LED
③ SDRAM(뒷면) (64MByte)
⑤ CPU : RVPXA272FC0
⑥ 13MHz 크리스탈(메인 클럭)
⑦ 32.768KHz 크리스탈(RTC 클럭)
⑧ 리셋 IC
⑨ 리셋 스위치(시스템 리셋)
⑩ 인터럽트 스위치

⑪ 이벤트 스위치

⑬ JTAG 커넥터 (CPU 디버거용)

SW NO.	SW 이름	Off	On
1	VDD Fail	Normal Operation	VDD Input Fail
2	BATT Fail	Normal Operation	Battery Input Fail
3	nIOIS16	8Bit Operation	16Bit Operation
4	Boot Sel	16Bit ROM/Flash	32Bit ROM/Flash

⑭ CPU 환경 설정 스위치

⑮ CPU 보드 커넥터

⑯ CPU 모듈 상태 LED

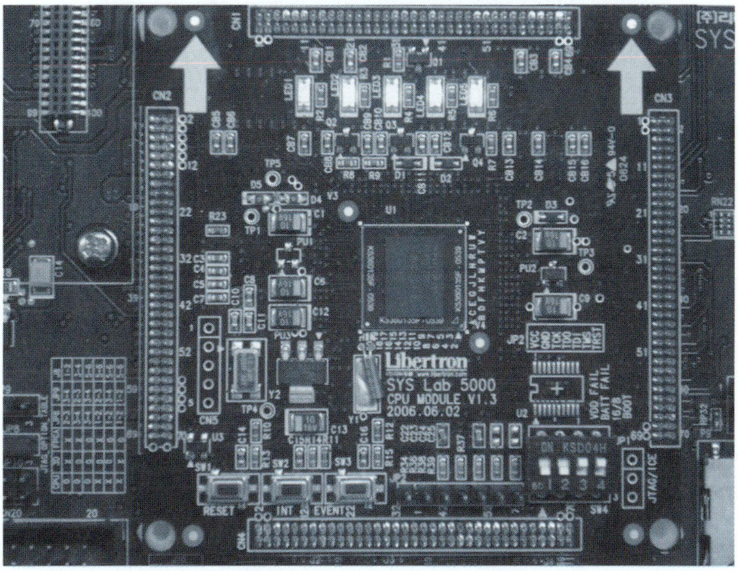

[그림 4-10] ▶ CPU 모듈(2)

※ CPU 모듈 LED 기능

LED 번호	기 능
1	보드 전원 표시
2	부트로더 부트 코드 수행
3	부트로더 메인 코드 수행
4	부트로더에서 리눅스 커널 부팅 표시
5	리눅스 커널 부팅

3) FPGA(Spartan-3) 모듈

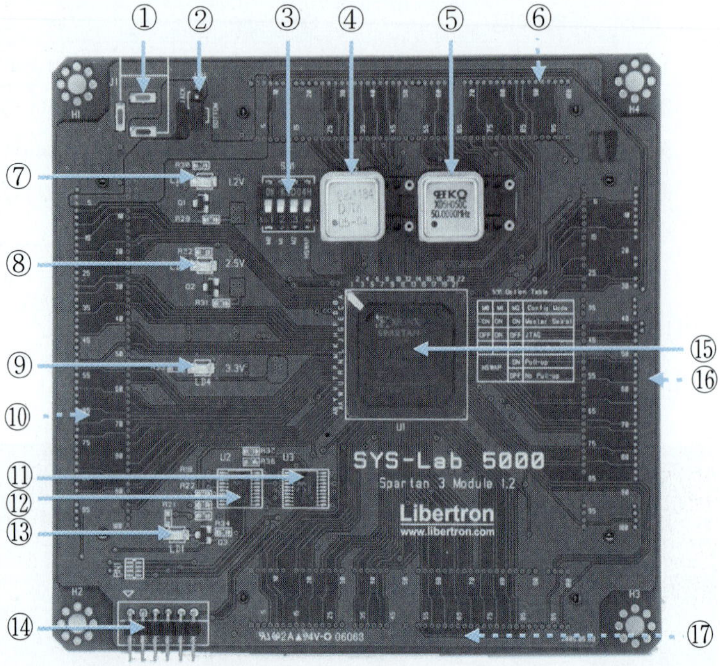

[그림 4-11] ▶ FPGA 모듈(Spartan-3)

① DC JACK : 5V/3A(Optional)

② Power Source Select(1-2 : DC JACK, 2-3 : Base B/D)

〈표 4-9〉 전원 소스 선택(SW1-1, SW1-2, SW1-3)

SW1-1(M0)	SW1-2(M0)	SW1-3(M1)	Configuration Mode
ON	ON	ON	Master Serial
OFF	ON	OFF	JTAG
OFF	OFF	OFF	MASTER
SW1-4	OFF	I/O Pull up Disable	
	ON	I/O Pull up Enable	

③ Configuration SW

④ OSC(22.1184MHz)

⑤ OSC(50MHz)

⑥, ⑩, ⑯, ⑰ Base B/D Connector (Rear)

⑦ 전원표시 LED(1.2V)

⑧ 전원표시 LED(2.5V)

⑨ 전원 LED (3.3V)

⑪~⑫ PROM(4Mbit)

⑬ Configuration LED(Done Output)

⑭ JTAG Connector

⑮ FPGA(XC3S1000-FG456)

4) FPGA(Virtex-4) 모듈

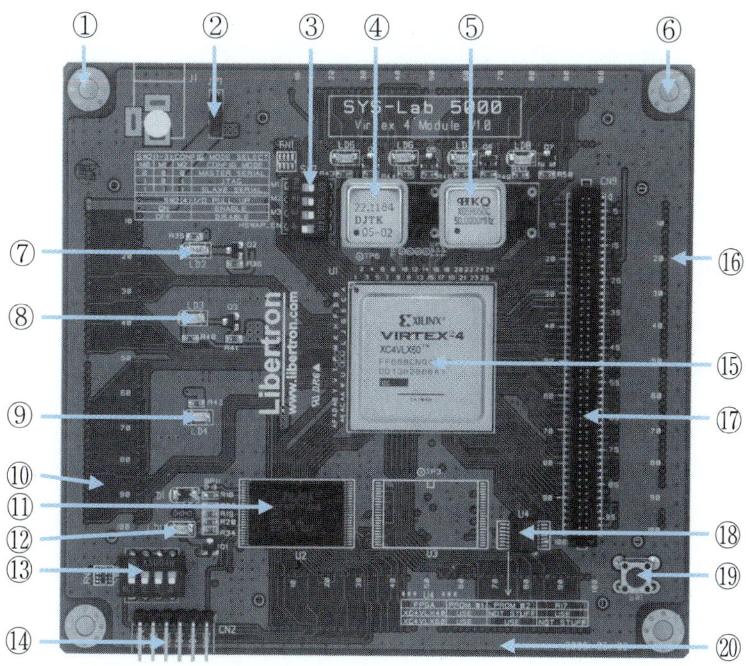

[그림 4-12] ▶ FPGA 모듈(Virtex-4)

① DC JACK : 5V/3A(Optional) FPGA : XC4VLX60-FF668

② Power Source(1-2 : DC JACK, 2-3 : Base B/D)

〈표 4-10〉 **전원 소스 선택(SW1-1, SW1-2, SW1-3)**

SW1-1(M0)	SW1-2(M0)	SW1-3(M1)	Configuration Mode
ON	ON	ON	Master Serial
OFF	ON	OFF	JTAG
OFF	OFF	OFF	MASTER
SW1-4	OFF	I/O Pull up Disable	
	ON	I/O Pull up Enable	

③ SW1 : Configuration SWPROM : XCF32(32Mbit) or XCF16(16Mbit x 2EA)

④ OSC : 22.768MHz

⑤ OSC : 50MHz

⑥, ⑩, ⑯, ⑳ : Base B/D Connector (Rear)

⑦ 전원표시 LED(1.2V USER SW)

⑧ 전원표시 LED(2.5V B/D RESET SW)

⑨ 전원표시 LED(3.3V)

⑪ PROM : XCF32(32Mbit) or XCF16(16Mbit × 2EA)

⑫ Configuration LED : Done

⑬ USER SW

⑭ JTAG Connector

⑮ FPGA(XC4VLX60-FF668)

⑰ 유저 확장 커넥터(User I/O : 96Pin)

⑱ 리셋 신호버퍼

⑲ B/D Reset Switch

제5장
호스트 환경 구축

이 장에서는 SYS-Lab 5000을 사용하기 위한 호스트 PC의 환경 구축에 대해 알아보도록 한다. 임베디드 타깃 시스템을 개발할 경우에 개발되는 환경과 수행되는 환경이 서로 다르다.

펜티엄 PC의 리눅스 운영체제에서 응용 프로그램을 개발하는 호스트 PC 환경과 XScale(PXA255) 혹은 Bulverde(PXA27x) 기반의 임베디드 리눅스 운영체제에서 응용 프로그램이 수행되는 타깃 환경으로 이루어진다. 즉, 임베디드 시스템의 개발은 호스트 PC에서 실제 SW개발한 후 타깃보드에서 실제 수행되는 방식을 교차개발 환경이라 한다.

임베디드 타깃 시스템을 개발하는데 타깃 시스템에서 프로그램 컴파일은 그 특성상 큰 용량의 저장장치(HDD)를 가지지 못한다.

그러므로 타깃 시스템에서 동작하는 프로그램을 호스트 PC 교차개발 환경으로 소스코드 작성 및 수정을 통하여 컴파일하고 빌드하여 바이너리 실행 파일을 생성하는데 필요한 각종 유틸리티 및 라이브러리 인 어셈블러, 링커, C 컴파일러, C라이브러리 등의 모음인 툴 체인(tool chain)을 호스트 PC에 구축한다.

리눅스 환경의 호스트 컴퓨터는 펜티엄(x86계열)CPU를 사용하므로 x86에서 동작하는 컴파일러를 가지고 작업을 하면 x86환경에서 동작하는 실행코드이므로 타깃 시스템에서 동작할 수 있는 실행 파일을 생성하기 위해 Bulverde(PXA272)을 위한 컴파일러를 설치해야 한다. 이를 이용하여 커널 및 기타 프로그램을 컴파일해야만 한다. 이러한 컴파일러를 크로스 컴파일러(Cross-compiler)라 한다.

호스트 PC에서 타깃 시스템(SYS-Lab 5000)에 접속하거나 데이터를 전송할 경우에 처리해 줄 프로그램이 없을 경우에는 타깃 시스템의 프로세서인 Bulverde(PXA272)에서 제공하는 JTAG를 사용하여 타깃 시스템에 접속하여 데이터를 플래시 메모리에 적재한다. 이 부분에 대해서는 6장에서 자세히 언급하겠다.

본 장에서는 타깃 시스템(SYS-Lab 5000)이 이미 개발이 완료된 상태에서 환경설정을 실습하므로 이미 부트로더가 실행되는 경우이므로 시리얼 통신을 통하여 미니컴(Minicom) 프로그램을 이용하여 타깃 시스템에 데이터를 전송할 수 있는 환경을 설정하는 과정을 구축할 수 있다. 부트로더에 대해서 7장에서 자세히 설명하겠다.

또한 타깃 시스템(SYS-Lab 5000)에 임베디드 리눅스가 실행되고 있으므로 이더넷

제 5 장

케이블을 통하여 Bootp, TFTP 및 NFS를 설정하는 과정을 통하여 데이터를 전송하는 과정을 구축해 볼 수 있다.

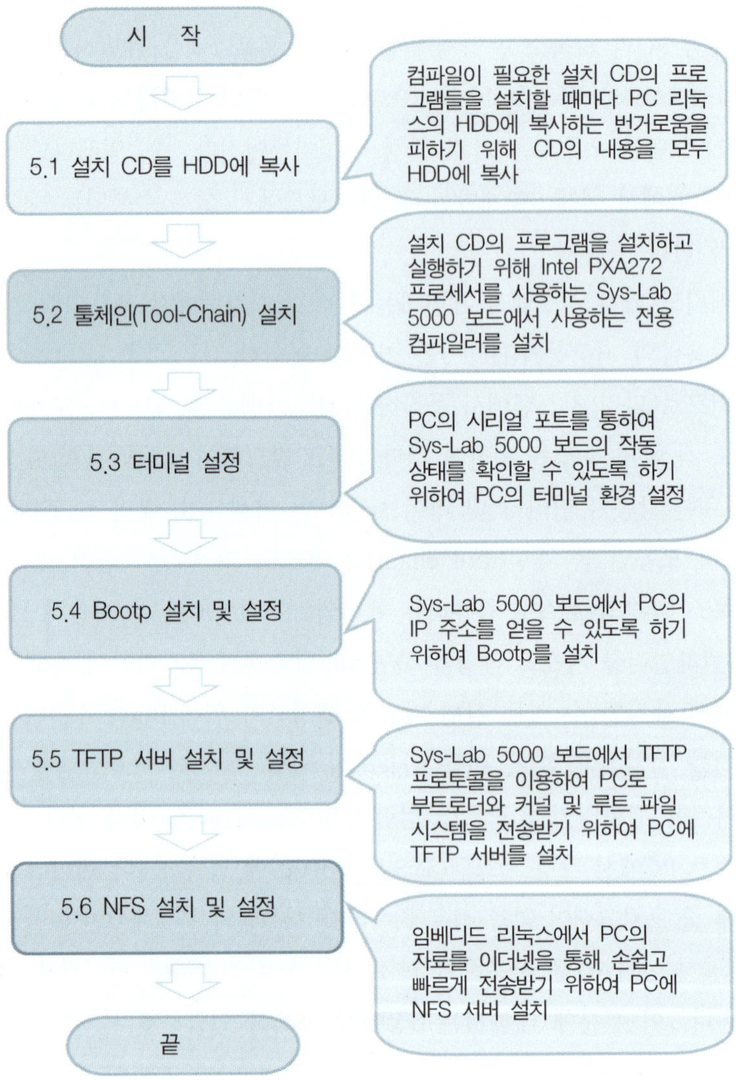

[그림 5-1] ▶ 호스트 환경 구축 순서도

교체 개발환경의 구성요소는 타깃 보드(SYS-Lab 5000), 호스트 PC, 시리얼 케이블, 이더넷 케이블, JTAG 케이블, 터미널이다.

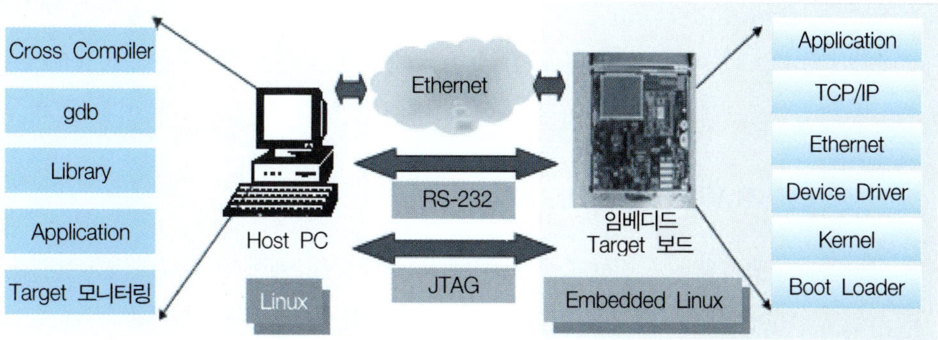

[그림 5-2] ▶ **교차개발 환경**

① 타깃 보드

개발 대상인 보드나 H/W로 독립된 동작이 되지 않는 머신으로 독립된 동작을 위해서는 커널, 디바이스 드라이버, 응용 프로그램 등이 호스트 PC를 통해서 개발된 뒤에 다운로드나 이식이 되어야 한다.

② 호스트 PC

H/W 시스템을 제작한 후 해당 시스템에서 동작할 S/W를 개발하는 시스템으로 개발된 H/W시스템에 맞는 최적화된 시스템을 설치해야 한다.

- 교차 컴파일러(Cross Compiler)는 호스트 PC에서 동작하나 타깃 보드에서 툴 체인(Tool Chain)을 통하여 PXA272 CPU 의존적인 코드를 생성한다.
- 교차 디버거 (Cross Debugger)는 타깃 보드에서 수행 중인 프로그램을 호스트 PC에서 관찰, 디버깅이 가능하게 해준다.

③ 시리얼 케이블(Serial Cable)

호스트 PC와 타깃 보드의 정보 교환 및 상태 파악을 위한 연결에 이용하고 타깃 보드에 없는 콘솔을 호스트 PC를 통해 사용할 수 있게 하였고 호스트 PC를 이용하여 타깃 보드에 명령을 내려 보낼 수 있고 타깃 보드의 상태와 명령 수행 결과를 호스트 PC를 통해 볼 수 있게 한다.

④ 이더넷 케이블(Ethernet Cable)

호스트 PC와 타깃 보드의 정보 교환 및 상태 파악을 위한 연결에 이용되고 TFTP

제 5 장

등과 같은 프로토콜을 이용하여 고속의 데이터 통신이 가능하게 하고 커널이나 파일 시스템 이미지 등 대량의 데이터를 내려 보내는 데 사용하고 telnet 등과 같은 응용 프로그램을 이용하여 원격에서 타깃 보드를 부팅하거나 이용할 때 사용한다.

⑤ JTAG 케이블(JTAG Cable)

패러럴 포트(Parallel port)에 Jtag을 통해 플래시(Flash) 메모리에 JFlash를 이용하여 퓨징(fusing)할 수 있는 통신 채널을 제공한다.

⑥ 터미널(Terminal)

타깃 보드에 부트로더의 출력을 표시하고 쉘이나 동작 상태를 보여 주고 호스트 PC를 통해 사용자가 입력한 사항을 보여 준다. 리눅스 부팅시에서는 타깃의 콘솔로 미니컴(Minicom), Windows에서는 하이퍼 터미널(Hyper Terminal)을 사용한다.

5.1 SDK CD 복사

제공된 SYS-Lab 5000 CD의 데이터를 리눅스로 복사하는 과정이다. 이 과정은 나중에 사용해야 할 데이터들을 호스트 PC로 복사하여 데이터의 사용을 용이하기 위함이다. 필요할 때마다 데이터를 CD에서 복사해서 사용하고자 한다면 이 과정은 생략해도 상관없다. 이 장에서 필요로 하는 절차에 대한 순서는 [그림 5-3]과 같다.

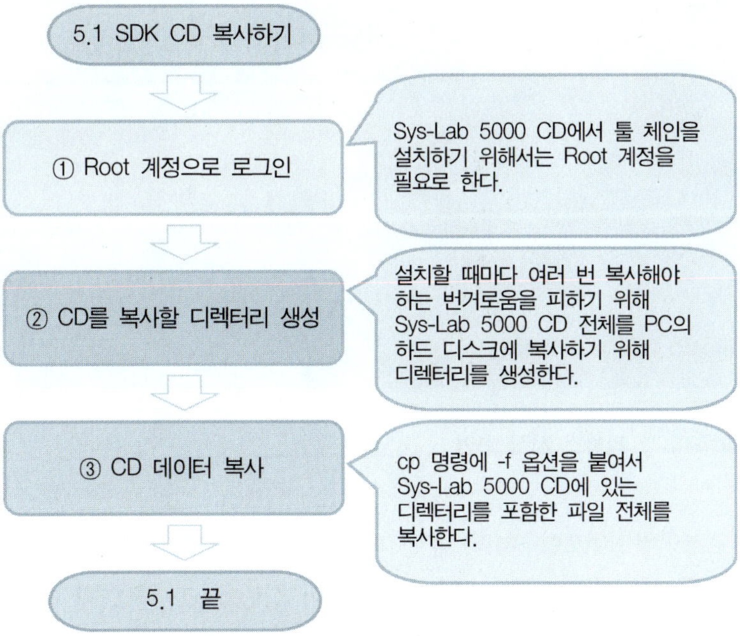

[그림 5-3] ▶ SDK CD 복사하기 순서도

① root 계정으로 로그인한다.

[그림 5-4] ▶ 리눅스 시작 화면

② 로그인하면 [그림 5-4]와 같은 화면이 나온다. CD를 삽입하면 리눅스에서 자동 마운트를 실행하기 때문에 위와 같이 화면에 CD 모양의 아이콘을 확인할 수 있다. [그림 5-4]처럼 이제 CD의 데이터를 복사하기 위해 'sl5k'디렉터리를 생성한다. 리눅스 터미널 창은 마우스 오른쪽 버튼을 누르고 'Open Terminal(터미널 열기)'를 클릭하면 된다.

```
☞ mkdir sl5k                                  // 복사될 디렉터리 생성
        ↑[sl5k는 SYS-Lab 5000의 의미이다.]
☞ ls                                          // 파일 리스트
```

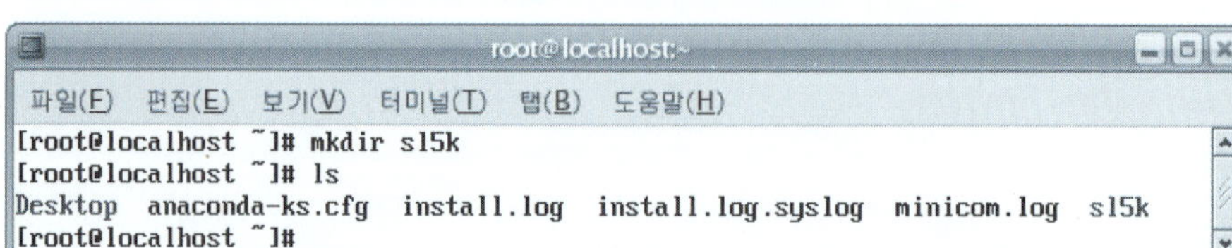

[그림 5-5] ▶ 복사 디렉터리 생성

③ 디렉터리를 생성했으면 CD의 데이터를 생성한 sl5k디렉터리로 복사한다. 마운트된 CD의 데이터들은 /media디렉터리 안의 cdrecorder 디렉터리에 존재한다. 'cp'명령어를 사용하여 CD의 syslab5000/software디렉터리를 모두 복사한다. 사용된 -a 옵션은 software디렉터리 모두를 sl5k디렉터리로 복사하라는 뜻이다. 그런 다음 'ls' 명령으로 복사된 디렉터리를 확인한다. 이때, 호스트 PC의 CD-ROM이 RW 또는 DVD라면 /media/cdrecorder 디렉터리에 마운트되고, 일반 Read-Only CD-ROM이라면 /media/cdrom에 마운트된다.

```
☞ cd /media                                                  // 디렉터리 이동
☞ ls                                                         // 파일 리스트
☞ cd cdrecorder                                              // 디렉터리 이동
☞ ls                                                         // 파일 리스트
☞ cd syslab5000                                              // 디렉터리 이동
☞ ls                                                         // 파일 리스트
-----------------------------------------------------------------------------------
☞ cd ~                                                       // home 폴더로 이동
☞ cp /media/cdrecorder/syslab5000/software/ -a ./sl5k        // CD 데이터 복사된
☞ cd cd_data/                                                   된 디렉터리로 이동
☞ ls                                                         // 파일 리스트
```

```
root@localhost:/media/cdrecorder/syslab5000
파일(F) 편집(E) 보기(V) 터미널(T) 탭(B) 도움말(H)
[root@localhost ~]# cd /media/
[root@localhost media]# ls
cdrecorder
[root@localhost media]# cd cdrecorder/
[root@localhost cdrecorder]# ls
syslab5000
[root@localhost cdrecorder]# cd syslab5000/
[root@localhost syslab5000]# ls
document  hardware  software
[root@localhost syslab5000]#
```

[그림 5-6] ▶ CD 데이터 목록 확인

```
root@localhost:~/sl5k
파일(F) 편집(E) 보기(V) 터미널(T) 탭(B) 도움말(H)
[root@localhost syslab5000]# cd ~
[root@localhost ~]# cp /media/cdrecorder/syslab5000/software/ -a ./sl5k
[root@localhost ~]# cd sl5k
[root@localhost sl5k]# ls
software
[root@localhost sl5k]#
```

[그림 5-7] ▶ CD 데이터 복사

※ 만약 위에서 CD가 자동 마운트가 되지 않았다면 CD 삽입 후 'mount' 명령으로 CD를 마운트시킬 수 있다.

```
☞ mount /dev/hdc /media/cdrecorder/          // CD 마운트
☞ ls /media/cdrecorder/                      // 파일 리스트 확인
```

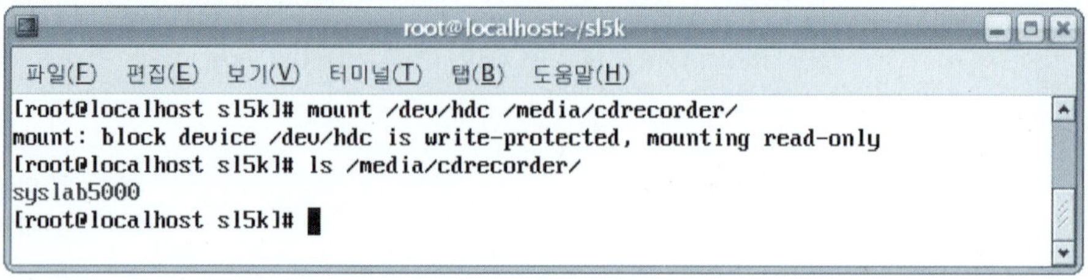

[그림 5-8] ▶ **마운트 명령으로 CD-ROM 마운트하기**

※ 복사가 올바르게 되었다면 다음으로 툴 체인을 설치해보도록 한다.

5.2 툴 체인(Tool chain) 환경 구축

1) 툴 체인 환경 구축

임베디드 시스템을 개발하는 데는 그 특성상 큰 용량의 저장장치인 하드디스크를 가지고 있지 못하므로 타깃 보드(SYS-Lab 5000)에서 프로그램의 컴파일이 불가능하다. 따라서 타깃 보드 상에서 동작하는 프로그램을 호스트 PC에서 작성하여 타깃 보드에서 구동 가능한 형태로 컴파일하기 위하여 툴 체인을 호스트 PC에 구축한다. 툴 체인은 타깃 보드의 소프트웨어 개발을 진행하기 위해 필요한 호스트 시스템의 교차 개발 환경을 의미한다. 이것은 소스코드를 컴파일하고 빌드하여 바이너리 파일을 생성하는데 필요한 각종 유틸리티 및 라이브러리의 모음이다.

일반적으로 툴 체인은 다음과 같이 구성되어 있다.

- GNU gcc compilers for C, C++
- GNU binutils
- GNU C Library

위 GNU 툴은 일반 GNU 툴과는(x86계열) 다른 컴파일러 (ARM cross compiler)를 사용하기 때문에 컴파일을 하게 되면 ARM에서 실행 가능한 바이너리 파일이 생성된다.

SYS-Lab 5000에 사용되는 툴 체인은 아래의 소스를 컴파일하여 생성되었다.

- gcc-3.4.3.tar.gz
- binutils-2.15.tar.gz
- glibc-2.3.2.tar.gz
- glibc-linuxthreads-2.3.2.tar.gz
- gdb-6.3.tar.gz

2) 교차개발(Cross-compiler) 환경 구축

리눅스 시스템에서 사용하는 기본 컴파일러는 gcc로서 배포판 리눅스는 x86계열의 gcc 컴파일러가 설치되어 있다. 그런데 실습에 사용되는 타깃 보드(SYS-Lab 5000)는 CPU가 인텔 PXA272로서 ARM9 코어를 사용함으로써 호스트 PC의 x86계열과 다른 컴파일러를 사용함으로써 ARM용 gcc 컴파일러를 호스트 PC에 설치하여 서로 다른 프로세서 환경에 맞도록 컴파일을 할 수 있는 교차개발환경을 구축한다.

일반적으로 호스트 PC에서 작성한 프로그램을 컴파일하고, 수행 또한 호스트 PC에서 수행시킨다. 이 때의 컴파일러를 Native Compiler라고 한다. 그러나 컴파일러가 동작하는 시스템과 컴파일된 파일이 수행되는 환경이 다를 때 그러한 컴파일러를 크로스 컴파일러(Cross Compiler)라고 한다.

SYS-Lab 5000에는 ARM계열의 Intel PXA272가 장착되어 있고 호스트 PC에는 일반적으로 Intel x86계열의 CPU가 장착되어 있기 때문에 서로 환경이 다르다. 그러므로 타깃 보드에서 수행되는 파일을 생성하기 위해서는 호스트 PC에서 ARM 크로스 컴파일러를 이용해야 한다.

SYS-Lab 5000 보드를 위한 툴 체인 설치 순서는 [그림 5-9]와 같다.

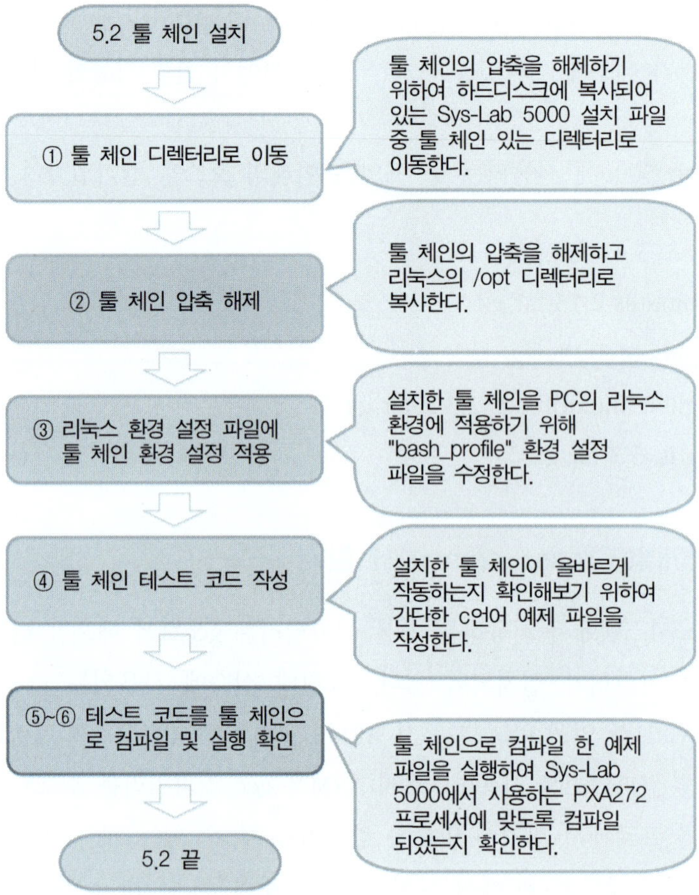

[그림 5-9] ▶ **툴 체인 설치**

① 현재 디렉터리 위치를 확인하고 위에서 복사한 sl5k 디렉터리 중 [그림 5-10]과 같이 sl5k-software-toolchain 디렉터리 안에 툴 체인 압축파일이 존재하는지 확인한다.

```
☞ pwd                              // 현재 디렉터리 확인
☞ ls software/toolchain/           // 툴 체인 파일 존재 확인
```

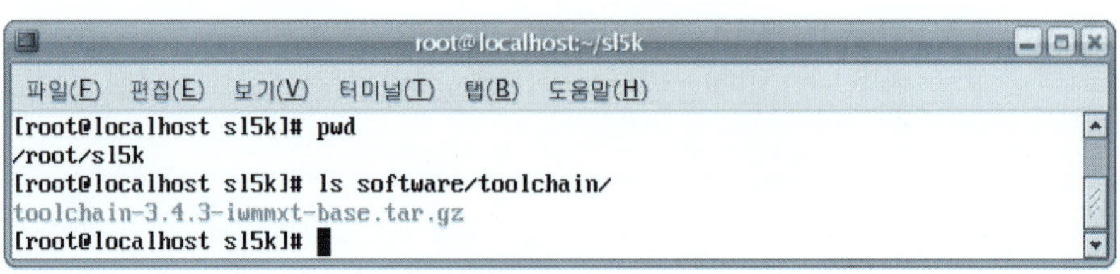

[그림 5-10] ▶ **툴체인 압축파일 존재 확인**

② 위 파일은 '/opt' 디렉터리로 복사한다. 복사가 완료되면 'tar' 명령으로 파일의 압축을 해제한다. 사용된 옵션은 아래와 같다.

−zxfv : z(gzip 파일형식), x(extract, 압축해제), f(file, 파일명지정),
　　　　v(verbose 진행과정 화면출력)

```
☞ cp software/toolchain/toolchain-3.4.3-iwmmxt-base.tar.gz /opt  // opt 디렉터리로 복사
☞ cd /opt                                                         // opt 디렉터리로 이동
☞ tar zxfv toolchain-3.4.3-iwmmxt-base.tar.gz                      // 압축 풀기
-----------------------------------압축 해제 진행 과정 출력-----------------------------------------
☞ ls                                                              // 파일 리스트
```

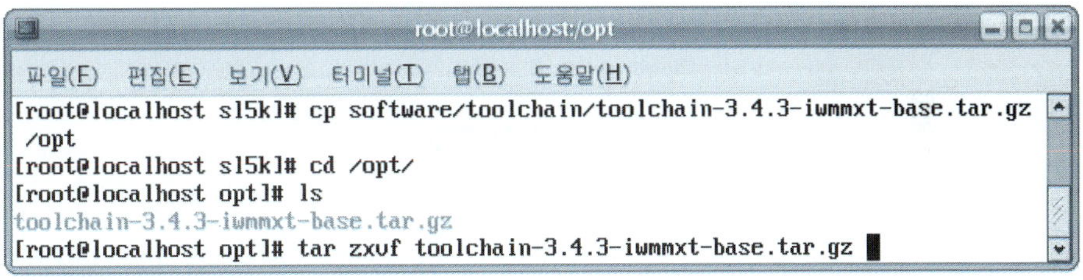

[그림 5-11] ▶ 툴 체인의 압축해제

>>> iwmmxt

위의 툴체인 설치하기에서 툴체인의 이름에 iwmmxt 라는 문구가 들어가 있는 것을 확인할 수 있다. 또한 다음 장에 나오는 부트로더 컴파일에서 컴파일 옵션에 역시 iwmmxt가 사용되는 것을 확인할 수 있다.

iwmmxt는 프로세서 이름, 즉 사용되는 프로세서의 명칭을 나타낸다. PXA255 제품군에서는 xscale 또는 strongarm110이라는 옵션을 사용한다. PXA27X 제품군은 Intel Wireless MMX Technology 기술을 사용한 co-processor를 내장하고 있다. 따라서, iwmmxt는 위 기술의 약자를 사용하여 iwmmxt라는 명칭을 사용한다. PXA27x 제품군에 iwmmxt라는 옵션을 사용함에 따라 iwmmxt와 관련된 코드를 컴파일할 수가 있다. 이를 사용하지 않는다면 PXA27x 제품군에서도 역시 PXA255와 마찬가지로 xscale 옵션을 사용할 수 있다. 이 옵션은 GNU GCC의 ARM option에서 찾아볼 수 있다.

http://gcc.gnu.org/onlinedocs/gcc/ARM-Options.html

-mcpu 옵션을 보면 사용할 수 있는 ARM계열의 CPU를 찾아볼 수 있다. gcc 버전 3.x 이하에서는 xscale 이상의 CPU 옵션은 제공되지 않기 때문에 사용할 수가 없다.

```
root@localhost:/opt
파일(F) 편집(E) 보기(V) 터미널(T) 탭(B) 도움말(H)
iwmmxt/arm-iwmmxt-linux/share/locale/zh_CN/LC_MESSAGES/
iwmmxt/arm-iwmmxt-linux/share/locale/zh_CN/LC_MESSAGES/bfd.mo
iwmmxt/arm-iwmmxt-linux/share/locale/ro/
iwmmxt/arm-iwmmxt-linux/share/locale/ro/LC_MESSAGES/
iwmmxt/arm-iwmmxt-linux/share/locale/ro/LC_MESSAGES/bfd.mo
iwmmxt/arm-iwmmxt-linux/share/locale/ro/LC_MESSAGES/opcodes.mo
iwmmxt/arm-iwmmxt-linux/share/locale/de/
iwmmxt/arm-iwmmxt-linux/share/locale/de/LC_MESSAGES/
iwmmxt/arm-iwmmxt-linux/share/locale/de/LC_MESSAGES/opcodes.mo
iwmmxt/arm-iwmmxt-linux/share/locale/id/
iwmmxt/arm-iwmmxt-linux/share/locale/id/LC_MESSAGES/
iwmmxt/arm-iwmmxt-linux/share/locale/id/LC_MESSAGES/opcodes.mo
iwmmxt/arm-iwmmxt-linux/share/locale/pt_BR/
iwmmxt/arm-iwmmxt-linux/share/locale/pt_BR/LC_MESSAGES/
iwmmxt/arm-iwmmxt-linux/share/locale/pt_BR/LC_MESSAGES/opcodes.mo
iwmmxt/arm-iwmmxt-linux/share/locale/nl/
iwmmxt/arm-iwmmxt-linux/share/locale/nl/LC_MESSAGES/
iwmmxt/arm-iwmmxt-linux/share/locale/nl/LC_MESSAGES/opcodes.mo
[root@localhost opt]# ls
iwmmxt  toolchain-3.4.3-iwmmxt-base.tar.gz
[root@localhost opt]#
```

[그림 5-12] ▶ **툴 체인 설치 화면**

③ 'cd' 명령을 입력하여 홈 디렉터리로 이동한 후 'vi' 에디터로 .bash_profile 을 그림과 같이 수정한다. vi 에디터에서 파일의 내용을 수정하는 방법은 'i' 키를 누르고 방향키를 이용하여 수정할 곳의 위치로 이동하여 내용을 입력하면 된다. vi 에디터에서 저장 후 종료 명령은 [Shift]+[Z]+[Z]키를 입력하거나 ESC키를 누르면 나오는 명령어 모드에서 ':wq'를 입력하면 된다. vi 에디터의 자세한 사용법은 인터넷을 참고하거나 3장에서 간단하게 서술된 vi 에디터 사용법을 참고하도록 한다.

```
☞ cd                    // 홈 디렉터리의 최상위로 이동
☞ vi .bash_profile      // 환경 설정 파일 수정
```

```
root@localhost:~
파일(F) 편집(E) 보기(V) 터미널(T) 탭(B) 도움말(H)
[root@localhost opt]# cd ~
[root@localhost ~]# vi .bash_profile
```

[그림 5-13] ▶ .bash_profile **수정**

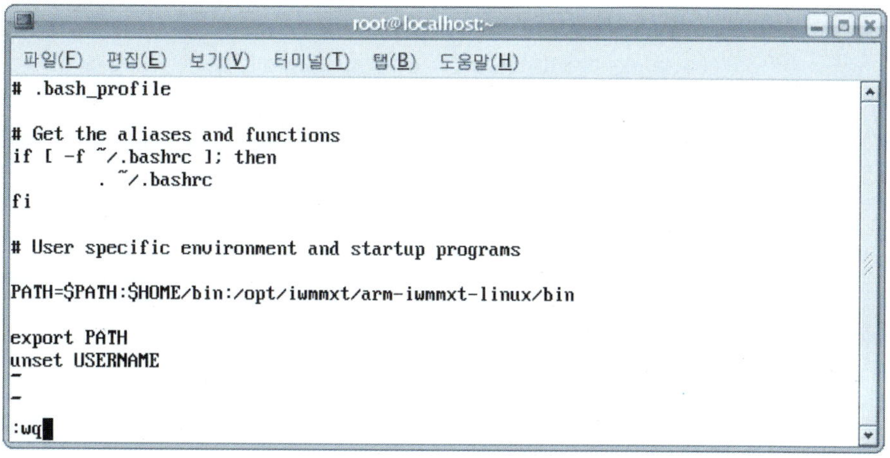

[그림 5-14] ▶ PATH 추가

> **Tip**
>
> **bash_profile과 .bashrc**
>
> **.bash_profile : 로그인한 사용자에 적용되는 시스템 환경 변수를 기록**
>
> .bashrc : 시스템 구동시 필요한 환경 설정을 기록
>
> (alias 설정, 사용자 정의 쉘 함수 등)

④ 수정이 끝났으면 변경된 PATH를 적용시키기 위해 'source' 명령을 사용한다. 그리고 현재 위치에서 [그림 5-15]와 같이 PATH가 올바르게 적용되었는지 확인한다. 만약 두 번째 그림처럼 출력된다면 PATH 설정이 잘못된 것이니 다시 확인하도록 한다(PATH가 올바르지 않으면 'arm-iw + [tap key]'를 눌렀을 때 자동이름 맞춤이 되지 않고, 후에 파일의 컴파일도 되지 않으므로 확실히 설정한다).

```
☞ source .bash_profile                       // 현재 PATH 적용
☞ arm-iwmmxt-linux-gcc -v                    // PATH 적용 확인
----------------- 잘못된 패스 적용--------------
☞ arm-iwmmxt-linux-gcc -v                    // PATH 적용 확인 불가
☞ arm-iwmmxt-linux-gcc cross_test.c          // 컴파일 불가
☞ arm- [+tap]                                // 자동이름 설정 불가
```

```
[root@localhost ~]# source .bash_profile
[root@localhost ~]# arm-iwmmxt-linux-gcc -v
Reading specs from /opt/iwmmxt/arm-iwmmxt-linux/lib/gcc/arm-iwmmxt-linux/3.4.3/s
pecs
Configured with: /opt/crosstool/build/gcc-3.4.3/configure --target=arm-iwmmxt-li
nux --host=i686-host_pc-linux-gnu --prefix=/opt/iwmmxt/arm-iwmmxt-linux --with-c
pu=iwmmxt --enable-cxx-flags=-mcpu=iwmmxt --without-fp --with-float=soft --enabl
e-long-long --enable-threads=posix --with-headers=/opt/iwmmxt/arm-iwmmxt-linux/a
rm-iwmmxt-linux/include --with-local-prefix=/opt/iwmmxt/arm-iwmmxt-linux/arm-iwm
mxt-linux --disable-nls --enable-threads=posix --enable-symvers=gnu --enable-__c
xa_atexit --enable-languages=c,c++ --enable-shared --enable-c99 --enable-long-lo
ng
Thread model: posix
gcc version 3.4.3
[root@localhost ~]#
```

[그림 5-15] ▶ 툴 체인 설치 확인

```
[root@localhost ~]# arm-iwmmxt-linux-gcc -v
bash: arm-iwmmxt-linux-gcc: command not found
[root@localhost ~]#
```

[그림 5-16] ▶ 툴 체인에 PATH 적용이 되지 않았을 때

⑤ 마지막으로 툴 체인이 올바르게 동작하는지 확인하기 위해 아래 [그림 5-17]과 같이 간단한 테스트 코드를 작성하여 컴파일한 후 'file' 명령으로 컴파일된 파일의 실행환경을 확인해보도록 한다.

```
☞ vi cross_test.c                    // 테스트 코드 작성
```

```
#include <stdio.h>

int main()
{
        printf("Toolchain Test\n");
        return 0;
}
~
~
~
~
"cross_test.c" 7L, 75C
```

[그림 5-17] ▶ Test 코드 작성

⑥ 앞에서 작성한 cross_test.c 소스 파일을 가지고 SYS-Lab 5000에 탑재된 PXA272 Processor에서 실행 가능한 파일과 일반 PC에서 실행 가능한 파일 두 가지를 만들어 본다.

'arm-iwmmxt-linux-gcc' 컴파일러는 C언어로 작성된 소스 코드를 SYS-Lab 5000 보드에 탑재된 PXA272 프로세서에서 실행 가능한 실행 파일을 만들어 내기 때문에 x86 CPU가 탑재된 호스트 PC에서는 실행이 되지 않는다. 만약 C언어로 작성된 소스코드를 호스트 PC에서 실행 가능한 파일로 만들고 싶다면 C언어로 작성된 소스코드를 호스트 PC에 탑재된 x86 CPU에서 실행 가능한 실행 파일로 만들어 주는 'gcc' 컴파일러를 사용하면 된다.

[그림 5-18]의 예제를 수행해 보면서 하나의 소스 파일을 가지고 타깃 보드용과 호스트 PC용의 실행 파일을 둘 다 만들어보고, 호스트 PC에서는 타깃 보드용으로 컴파일된 실행 파일은 CPU의 형식이 틀려 실행되지 않는다는 것을 볼 수 있을 것이다.


```
☞ arm-iwmmxt-linux-gcc cross_test.c -o cross_test_arm     // 타깃용으로 크로스 컴파일
☞ gcc test.c -o cross_test_host                           // 호스트용으로 컴파일
☞ ls                                                      // 파일 리스트
☞ file cross_test_host                                    // 호스트용 파일 형식 확인
☞ file cross_test_arm                                     // 타깃용 파일 형식 확인
--------------------------------------------------------------------------------
☞ ./cross_test_host                                       // 호스트용 파일 실행
☞ ./cross_test_arm                                        // 타깃용 파일 실행
```

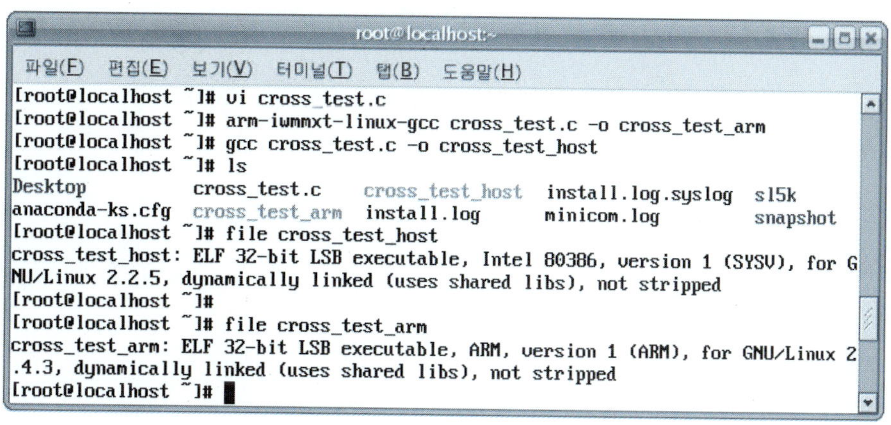

[그림 5-18] ▶ 실행파일 형식의 확인

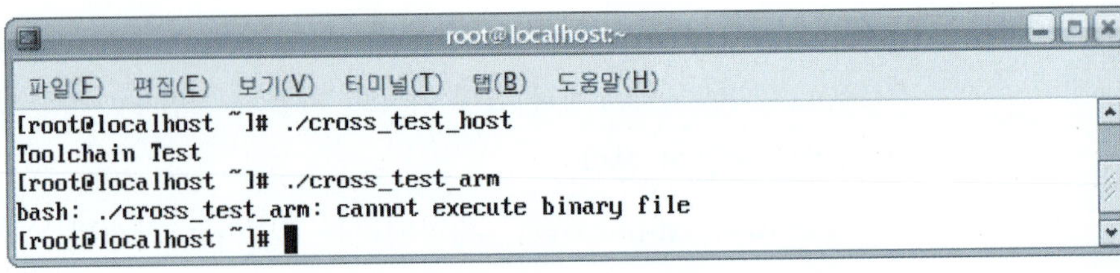

[그림 5-19] ▶ **실행 파일 형식이 틀린 파일을 실행했을 때의 화면**

Tip

■ **크로스 컴파일러**

'arm-iwmmxt-linux-gcc'는 PC에서 C언어로 작성된 소스 파일을 SYS-Lab 5000 보드에 탑재된 Intel PXA272 프로세서에서 수행 가능한 실행 파일을 만들어주는 프로그램이다. x86 프로세서를 주로 사용하는 PC에서 x86이 아닌 프로세서의 실행 파일을 만들어주는 것이 크로스 컴파일러의 핵심적인 기능이다. 속도와 용량의 제약이 큰 임베디드 시스템 환경에서 개발을 하기에는 애로 사항이 많기 때문에, 속도와 용량이 풍부한 PC에서 개발을 끝마친 후 실행 파일을 생성하여 임베디드 시스템(타깃 시스템)에 탑재하는 방법으로 개발을 주로 한다.

다양한 CPU에서 동작하는 리눅스의 경우 C언어로 작성된 소스파일을 실행 파일로 만들기 위하여 다양한 CPU를 지원하는 gcc 컴파일러를 제공한다. 따라서 리눅스 표준 C문법으로 작성된 소스 코드를 다른 종류의 CPU에서 실행하기 원한다면 사용하는 CPU에 맞는 gcc 컴파일러를 이용하여 컴파일을 하면 되기 때문에 다양한 CPU에 이식이 가능하다는 장점이 있다.

5.3 터미널 설정 환경 구축

대부분의 임베디드 시스템에서 디버깅용 메시지로 시리얼 통신을 사용한다. SYS-Lab 5000 역시 디버깅 메시지로 시리얼 통신을 사용한다. 이 메시지 출력은 터미널(Terminal) 프로그램을 통해 출력이 되는데 리눅스에서는 [그림 5-20]처럼 미니컴(Minicom)이라는 프로그램을 사용한다. 윈도우에서는 하이퍼터미널(Hyper-Terminal) 또는 Tera Term 프로그램을 사용한다.

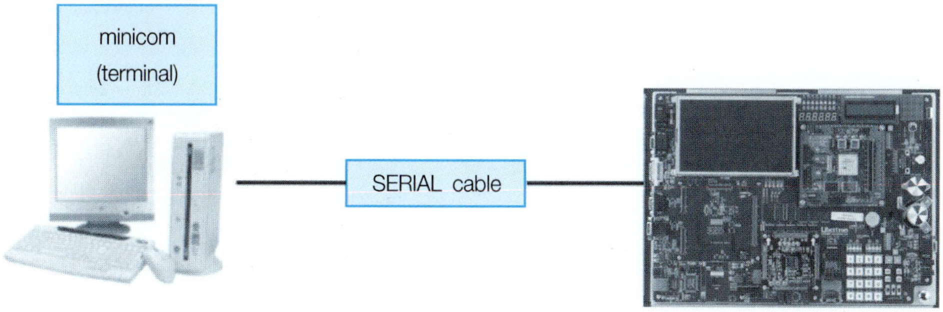

[그림 5-20] ▶ 터미널 환경 구축(미니컴) 구성

다음은 터미널 프로그램 설정을 위한 방법을 알아보도록 한다.

1) 미니컴 환경 설정

리눅스의 미니컴 프로그램은 리눅스 설치시 기본적으로 설치되어 있다. 다음은 미니컴의 설정 및 SYS-Lab 5000과의 접속 테스트를 수행하는 순서도는 [그림 5-21]처럼 한다.

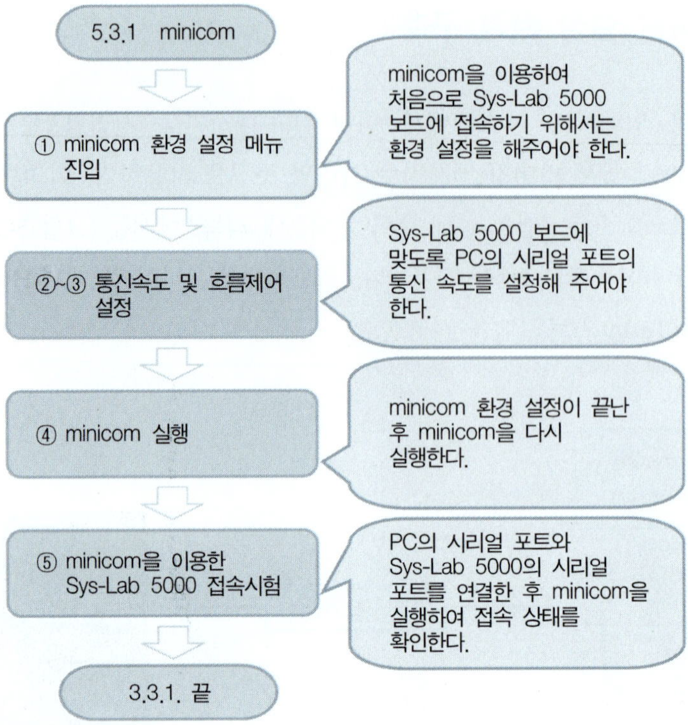

[그림 5-21] ▶ Minicom 환경 설정 순서도

① 미니컴으로 SYS-Lab 5000 보드와 통신을 하기 위해서는 미니컴을 SYS-Lab 5000 보드와 맞게 속도 등을 설정해주어야 한다.

설정을 위해서는 루트 ID로 로그인이 필요하다. 루트 ID는 시스템 관리자 권한을 가지고 시스템의 설정 및 시스템의 모든 부분을 제어할 수 있는 리눅스 운영체제에서 가장 높은 권한을 가진 ID이다. 미니컴에서 환경 설정을 하기 위하여 설정(Set)이라는 뜻을 가진 '-s' 옵션을 미니컴 실행 시 뒤에 붙여주면 [그림 5-22]와 [그림 5-23]처럼 미니컴의 설정 화면으로 들어갈 수 있다.

```
☞ minicom -s                    // minicom 환경 설정
```

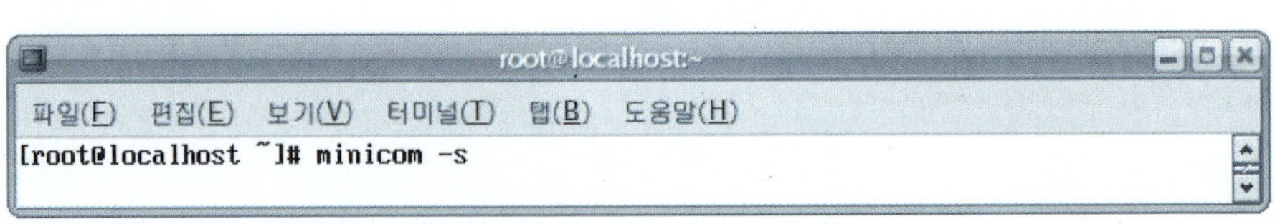

[그림 5-22] ▶ 미니컴 환경 설정

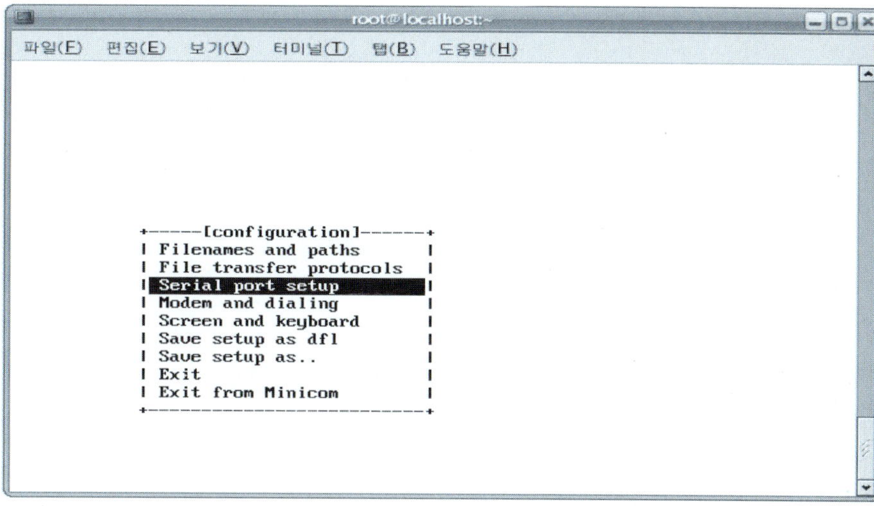

[그림 5-23] ▶ **미니컴 환경 설정 초기 화면**

② 미니컴과 SYS-Lab 5000 보드간의 통신 속도를 설정하기 위해 세번째에 있는 'Serial port setup' 메뉴로 위아래 방향키를 이용하여 이동한다.

엔터를 치면 다음 [그림 5-24]와 같은 화면이 출력된다.

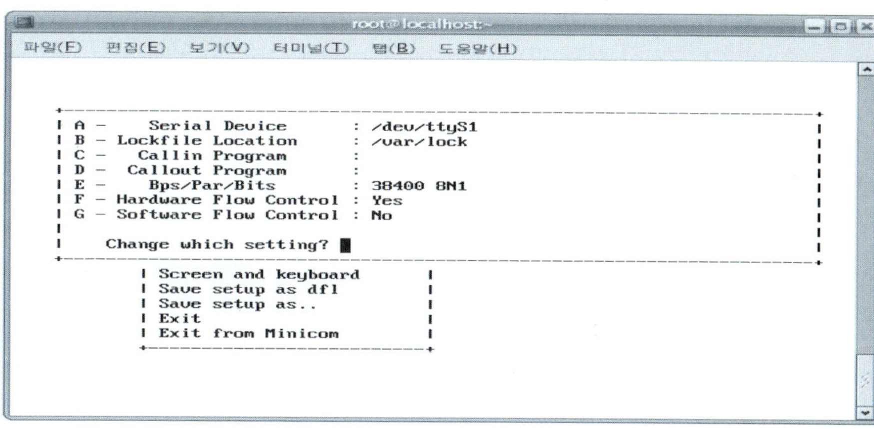

[그림 5-24] ▶ **시리얼 포트 설정 화면**

③ 'A' 키를 눌러 시리얼 장치를 수정한다.

일반적으로 COM1을 사용하는데 리눅스에서 COM1 시리얼 장치는 ttyS0으로 설정된다. 만약 COM 포트가 여러 개 있는데 COM2를 사용하고자 한다면 ttyS1을 사용하면 된다.

다음으로 'E'키를 눌러 시리얼 속도/패리티/데이터 비트를 설정한다. SYS-Lab 5000에서는 115200Bps / 8N1을 사용한다.

마지막으로 'F'키를 눌러 하드웨어 흐름제어를 'No'로 선택한다. 최종 설정 값은 [그림 5-25]와 같다.

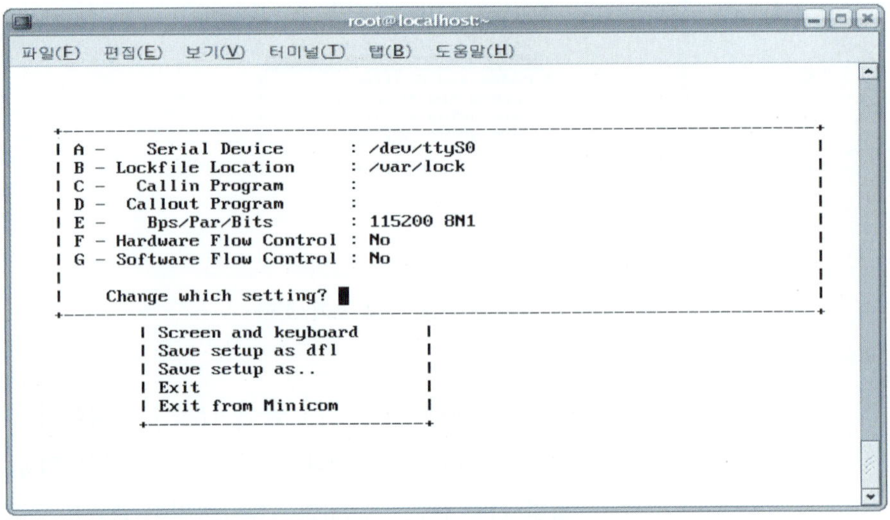

[그림 5-25] ▶ **시리얼 장치 및 속도, 하드웨어 흐름제어 설정**

④ 설정이 완료되었으면 〈엔터〉키를 입력한 후 방향키를 이용하여 현재 설정한 값을 다음 번 실행 시 미니컴의 기본 값으로 사용하도록 저장하는 메뉴인 'Save setup as dfl'을 선택한다. 그런 다음 Exit를 선택하면 [그림 5-26]과 같은 미니컴의 대기화면이 나온다.

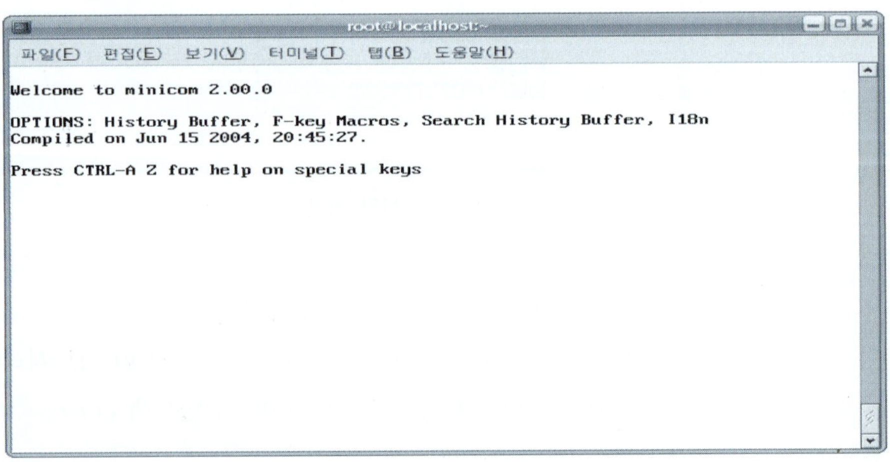

[그림 5-26] ▶ **미니컴 대기 화면**

⑤ SYS-Lab 5000의 전원을 On하면 [그림 5-27]과 같은 메시지가 출력된다. 만약 글씨가 깨져 나온다면 시리얼 설정이 잘못되었거나, 시리얼 연결이 잘못된 것이다. 이 과정은 SYS-Lab 5000과 호스트 PC 사이에 시리얼 연결이 되어 있어야 한다.

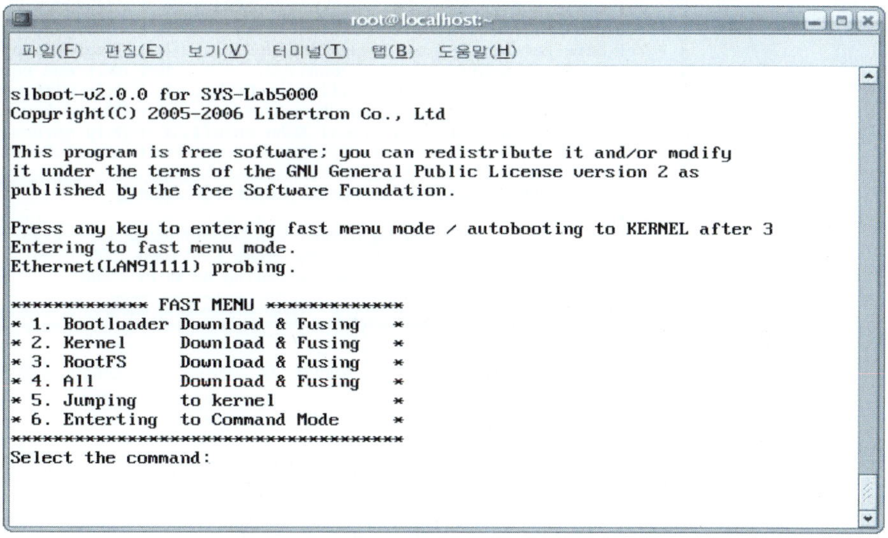

[그림 5-27] ▶ 미니컴에서의 부트로더 메시지

Tip

■ **미니컴의 간단한 사용법**

미니컴 실행 시 미니컴의 모든 특수 기능들은 [그림 5-28]처럼 [CTRL] + [A]키를 먼저 눌러 기능 입력 모드로 들어간 후 사용하고자 하는 특수 기능에 해당하는 키를 입력함으로써 미니컴에서 지원하는 특수 기능들을 사용할 수 있다. 만약, 미니컴을 종료하기 위해서는 [CTRL] + A키를 누르고 Q키를 누르면 종료 여부를 묻는 화면이 나오게 되며 여기서 [yes]를 선택하면 미니컴이 종료되게 된다. 또한 [CTRL] + A키를 누르고 Z키를 누르면 미니컴 사용에 대한 도움말을 볼 수 있다.

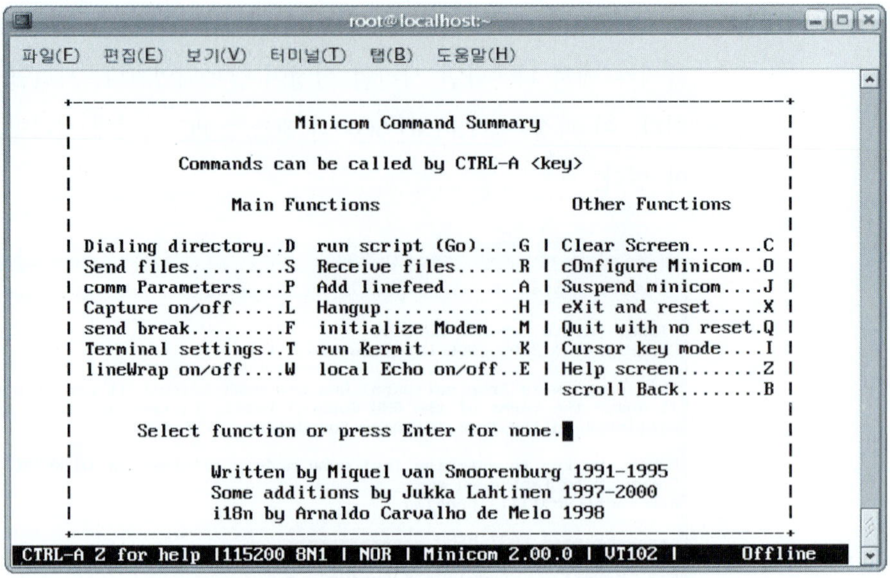

[그림 5-28] ▶ [CTRL]+A, Z키를 눌렀을 때 나오는 minicom의 도움말

※ 미니컴은 시리얼 COM1 포트를 사용하여 SYS-Lab 5000 보드와 통신을 하며 COM1 포트는 리눅스에서 시스템 관리자 권한(루트)으로밖에 접근을 하지 못 한다. 따라서 시스템 관리자 권한(루트)을 가진 ID가 아닌 일반 ID로 로그인하면 미니컴을 실행하면 [그림 5-29]와 같이 리눅스에서 COM1 포트 장치를 나타내는 '/dev/ttyS0'를 현재 권한으로는 사용할 수 없다는 메시지와 함께 실행되지 않는다.

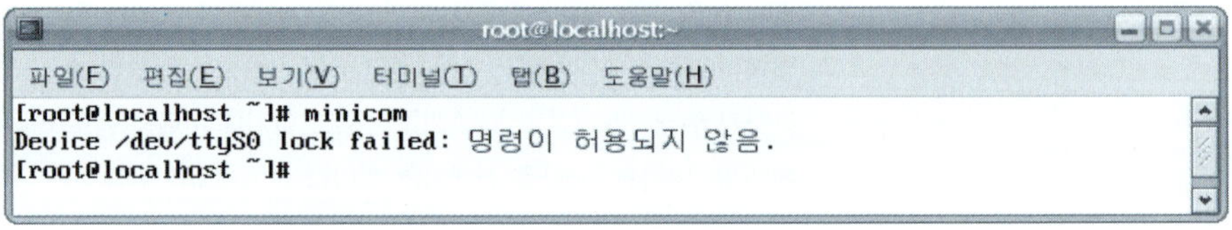

[그림 5-29] ▶ 미니컴 접근 금지

2) 하이퍼 터미널(Hyper Terminal) 환경 설정

윈도우에 포함된 시리얼 통신 프로그램인 하이퍼 터미널을 이용한 SYS-Lab 5000 보드와의 접속 설정 및 실행 순서는 [그림 5-30]과 같다.

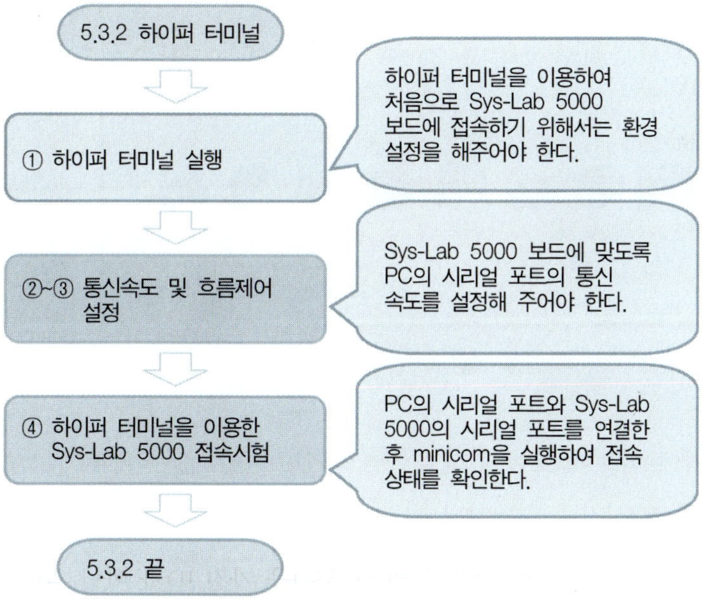

[그림 5-30] ▶ 하이퍼 터미널

① 먼저 윈도우 보조프로그램–통신에 있는 하이퍼 터미널을 [그림 5-31]처럼 실행한다.

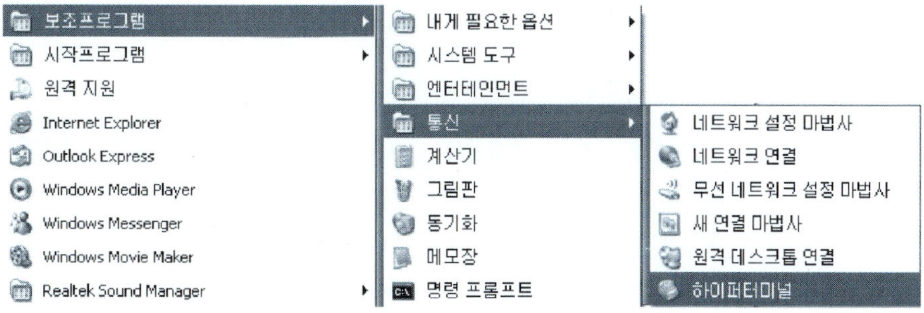

[그림 5-31] ▶ 하이퍼 터미널 선택

② 이름에 SYS-Lab 5000이라고 입력한 후 [그림 5-32]처럼 확인을 누른다. 여기서 이름은 아무 문자든 상관없다.

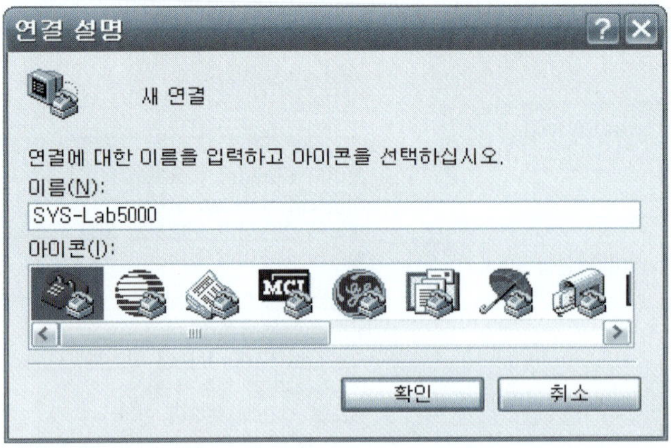

[그림 5-32] ▶ **새 연결 설정**

③ 연결에 사용할 모뎀은 실제 장비와 연결되어 있는 호스트 PC의 COM 포트를 [그림 5-33]처럼 선택하면 된다.

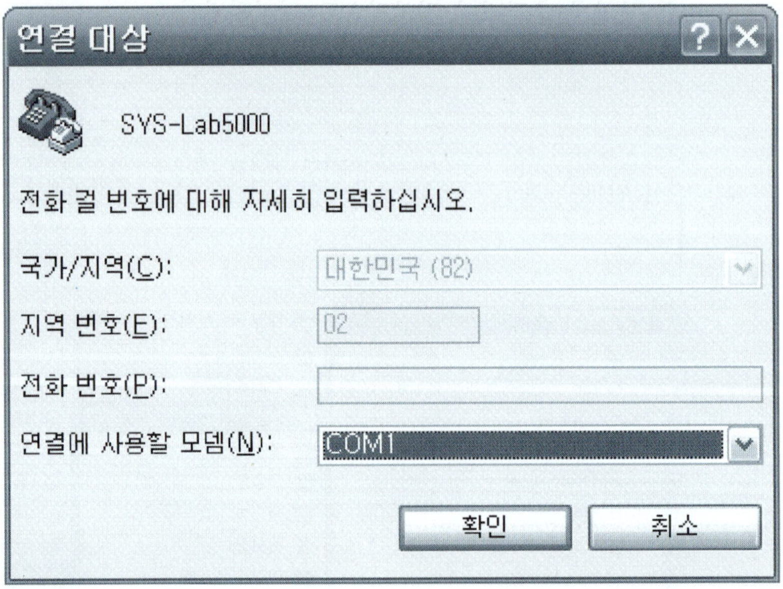

[그림 5-33] ▶ **COM 포트 결정**

④ COM1의 등록정보에서 비트/초를 115200, 흐름제어 없음을 선택한 후 [그림 5-34]처럼 확인을 누른다.

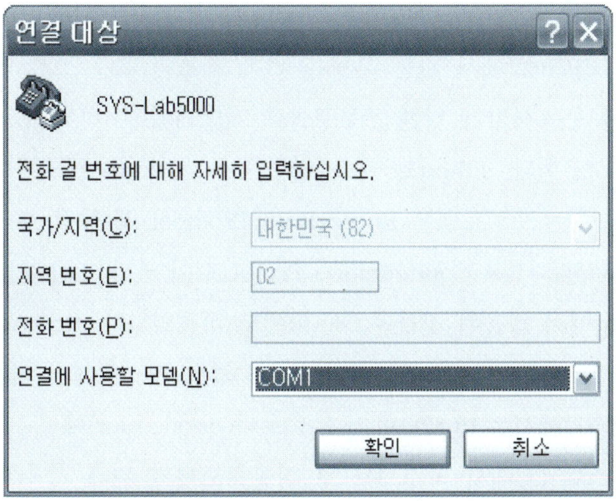

[그림 5-34] ▶ **시리얼 포트 설정**

⑤ 하이퍼 터미널 대기화면에서 SYS-Lab5000의 전원을 On하면 [그림 5-35]와 같은 화면이 출력되면 정상적으로 연결설정이 된 것이다.

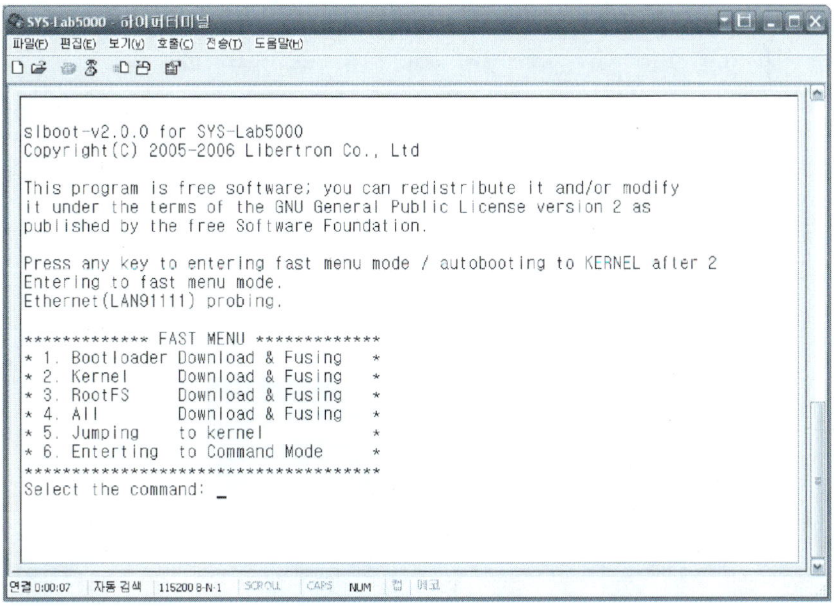

[그림 5-35] ▶ **하이퍼 터미널에서의 부트로더 메시지**

5.4 Bootp 환경 설정

1) Bootp

Bootp는 TCP/IP상에서 자동 부팅을 위한 최초의 표준으로, 디스크 장치가 없는 클라이언트를 구동시키기 위한 프로토콜로 개발되었다. 하위 프로토콜로 UDP와 IP 프로토콜을 사용한다. Ethernet 주소(일명 MAC Address)로부터 주어진 IP 주소를 얻는 데 사용하는 프로토콜은 Bootp(Boot Protocol)와 동적 호스트 설정 프로토콜(DHCP, Dynamic Host Configuration Protocol)이 있다. DHCP는 Bootp 발전의 산물로서 Bootp에서 적용된 것들은 DHCP에도 적용되었다. Bootp는 네트워크상에 네트워크 부트 ROM을 가지고 있는 디스크가 없는 시스템에서 사용된다.

SYS-Lab 5000에서는 tftp와 함께 부트로더(Bootloader)에서 커널(Kernel)과 파일 시스템을 호스트 PC에서 타깃 보드로 다운로드하기 위해 사용한다.

Bootp는 타깃 보드가 tftp를 통한 파일 전송을 위해서 타깃 보드의 IP와 호스트에 대한 정보를 호스트 PC에서 가져오기 위해 사용한다.

2) Bootp protocol

Bootp 요청(Request)은 [그림 5-36]처럼 Target이 호스트에게 IP를 요구하면 IP 요청을 위해 packet을 생성하여 호스트로 전송한다.

Bootp 응답(Reply)은 호스트가 타깃의 IP 주소를 전달한다. IP 요청 패킷을 inetd가 수신한다. inetd는 bootpd에게 IP 요청 패킷을 넘긴다. IP 응답 패킷을 booptd는 bootptab을 참조하여 IP 응답 패킷을 전송한다.

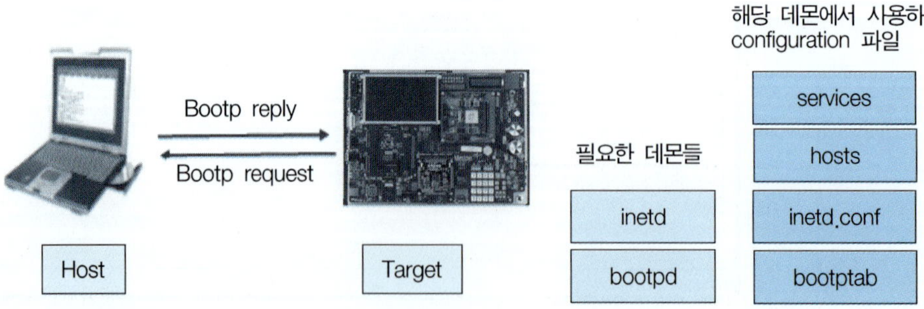

[그림 5-36] ▶ Boot 프로토콜

여기서는 SYS-Lab 5000 타깃 보드와 네트워크 통신을 위해 bootp 서버설치 방법을 알아본다. [그림 5-37]은 Bootp의 설치 및 설정 순서이다.

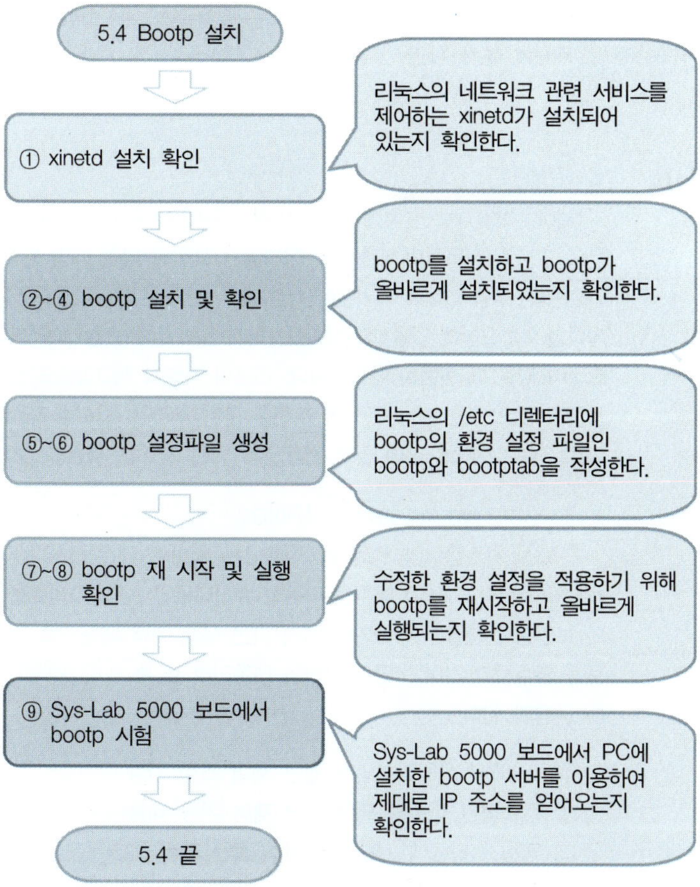

[그림 5-37] ▶ **Bootp 설정하기**

① bootp를 설치하기 전에 먼저 리눅스의 네트워크 관련 서비스를 제어하는 서비스인 'xinetd'가 설치되어야 한다. 이것은 리눅스 설치시 기본적으로 설치되므로 아래 명령으로 설치 여부를 확인해 보도록 한다.

[그림 5-38]과 같이 'xined ......'이라고 메시지가 나오면 xinetd 리눅스에 정상적으로 설치가 되어 있는 것이다.

```
☞ rpm -qa | grep xinetd                    // xinetd 설치 확인
```

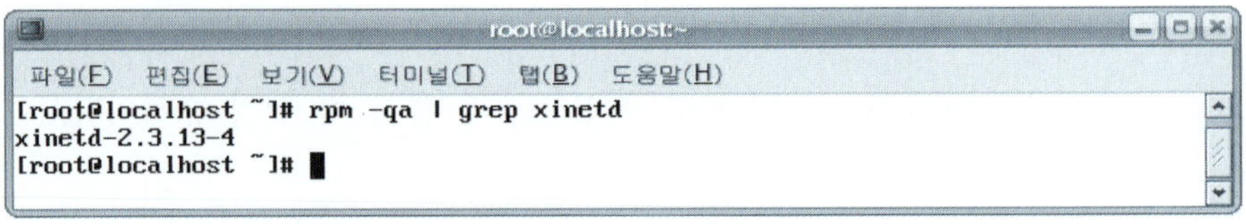

[그림 5-38] ▶ xinetd 설치 확인

Tip

■ **데몬이란?**

bootp, tftp, nfs 설치에서 데몬이라는 말이 나온다. 데몬은 커널 상에서 백그라운드 모드로 작동하여 비활성화 상태에서 요청이 있을 때만 동작하는 프로세스를 일컫는다. 부팅 과정에서 커널에 적재되는 데몬들은 백그라운드 모드로 실행되어 클라이언트의 요청이 없을 때는 활동을 하지 않는 잠자는 상태에 있다가 클라이언트의 요청이 있을 때 반응하여 작동한다. 데몬이 커널의 백그라운드 모드로 실행되어 작동하지 않고 있을 때는 CPU에 부하를 주지 않지만, 시스템 자원(메모리)을 차지하므로, 데몬이 커널 상에 많이 존재하게 되면 시스템 자원을 많이 차지하게 된다.

■ **Xinetd(eXtended inetd) 데몬이란?**

리눅스 시스템이 부팅될 때 적재되는 서비스 데몬들을 관장하는 슈퍼데몬을 xinetd라 한다. xinetd 데몬은 기존의 슈퍼데몬인 inetd의 비효율적인 리소스 관리와 보안성 문제를 극복하기 위해서 나온 대체 슈퍼 데몬으로 TCP wrapper의 기능을 흡수하고 있어 보안이 강화된 데몬이라 할 수 있다. xinetd 데몬의 특징으로는 다음과 같다.

1. TCP, UDP, RPC 서비스 접근 제어 조절 기능
   ① 차별적인 접속을 위한 접근 제어 기능 제공
   ② 액세스 타임에 기반한 서비스 접근 제한
   ③ 접속 회수 제한
2. 서비스 거부 공격 방지
   ① 접속 한계 회수에 도달시 서비스 실행을 중지하여 DoS 공격 방지
   ② 동일한 클라이언트의 동시 접속 제한
   ③ 로그 파일 크기 제한
3. 철저한 로깅 기능
   ① 각각의 서비스에 대해 syslog 로깅 레벨 설정
   ② 클라이언트의 서비스 이용 시간 기록
   ③ 서비스 접속 실패시 자세한 로그 기록

inetd 데몬을 통해 수행되는 서비스들은 /etc/init.d/ 디렉터리에서 확인할 수 있고, xinetd 데몬을 통해 수행되는 서비스들은 /etc/xinetd.d/ 디렉터리에서 확인할 수 있다.

② 설치여부가 확인되었으면 CD-Data의 rpms 디렉터리에 [그림 5-39]와 같은 파일 이 존재하는지 확인한다.

```
☞ ~                              // 홈 디렉터리로 이동
☞ cd sl5k                        // SYS-Lab 5000 디렉터리로 이동
☞ ls                             // 목록 확인
☞ cd software                    // SYS-Lab 5000 software 디렉터리로 이동
☞ ls                             // 목록 확인
☞ cd rpms                        // rpm 디렉터리로 이동
☞ ls                             // 목록 확인
※ 단축 명령어
☞ cd ~                           // /root 디렉터리로 이동
☞ cd /sl5k/software/rpms/        // /root 디렉터리에서 rpms 디렉터리로 이동
```

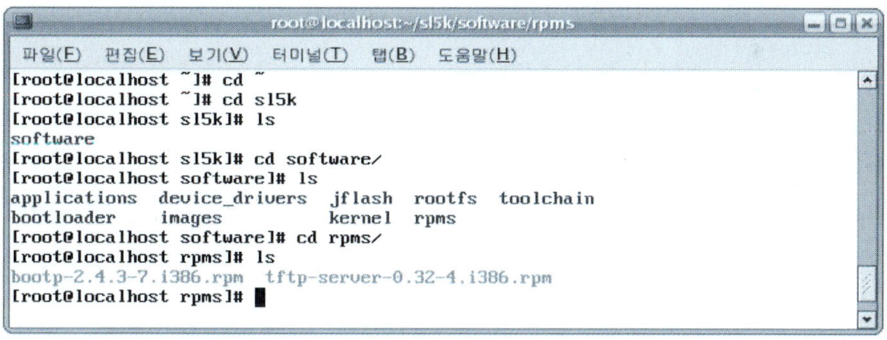

[그림 5-39] ▶ rpm 디렉터리 이동

Tip

▪ RPM(Redhat Package Manager)

RPM은 리눅스 패키지를 만들어 배포하는 회사 중 가장 큰 업체 중의 하나인 RedHat社에서 만든 프로그램으로, 프로그램 설치 시 압축 해제, 컴파일 및 설치와 같은 번거로운 절차를 거쳐야 하는 일반 배포판 리눅스의 단점을 개선하여 RedHat 리눅스에서는 명령어 입력 한번으로 프로그램을 간편하게 설치할 수 있도록 지원하기 위하여 제작되었다. 현재 RedHat社의 최신 리눅스 배포판인 Fedora Core를 포함하여 RedHat社의 모든 리눅스 배포판에 탑재되는 프로그램은 이 RPM으로 제작되어 배포된다.

③ bootp 서버를 설치하기 위해서는 루트 권한을 필요로 하기 때문에 루트로 로그인을 해야 한다. bootp 서버는 RPM(RedHat Package Manager) 프로그램으로 설치해야 하며, bootp 서버를 설치할 때 사용하는 RPM 프로그램의 옵션은 [그

림 5-40]과 같다.

※ RPM으로 프로그램 설치 시 옵션

rpm -ivh [설치 프로그램 이름.rpm]

i (install, 설치), v(verbose, 결과 출력), h(hash, 진행상황표시)

☞ rpm -ivh bootp-2.4.3-7.i386.rpm // bootp 패키지 설치

```
root@localhost:~/sl5k/software/rpms
파일(F) 편집(E) 보기(V) 터미널(T) 탭(B) 도움말(H)
[root@localhost rpms]# rpm -ivh bootp-2.4.3-7.i386.rpm
경고: bootp-2.4.3-7.i386.rpm: V3 RSA/MD5 signature: NOKEY, key ID cba29bf9
준비 중...               ########################################### [100%]
   1:bootp               ########################################### [100%]
[root@localhost rpms]#
```

[그림 5-40] ▶ bootp 패키지 설치

④ 현재 사용하는 리눅스에 설치된 Redhat Package Program을 확인하는 옵션은 '-qa' 옵션이다. [그림 5-41]과 같이 입력하여 방금 설치한 프로그램이 올바르게 설치되었는지 [그림 5-41]과 같이 확인해보도록 한다.

☞ rpm -qa | grep bootp // bootp 패키지 설치 확인

```
root@localhost:~/sl5k/software/rpms
파일(F) 편집(E) 보기(V) 터미널(T) 탭(B) 도움말(H)
[root@localhost rpms]# rpm -qa | grep bootp
bootparamd-0.17-19.FC3
bootp-2.4.3-7
[root@localhost rpms]#
```

[그림 5-41] ▶ bootp 패키지 설치 확인

⑤ 설치가 완료되면 이제 bootp 서버 실행을 위해 필요한 2개의 설정파일을 생성해야 한다. 먼저, xinetd에서 필요한 설정파일인 bootp 파일을 만든다. 이 파일은 xinetd 데몬이 bootp 서버를 실행시킬 때 참조하는 파일이다. 이 파일은 '/etc/xinetd.d/' 아래에 생성해야 한다. 'vi' 명령을 사용하여 [그림 5-42]와 같이

입력하도록 한다. 만약 이 파일을 잘못 생성하면 bootp 서버가 실행되지 않는다.

☞ vi /etc/xinetd.d/bootps // bootp 데몬 설정 파일 작성

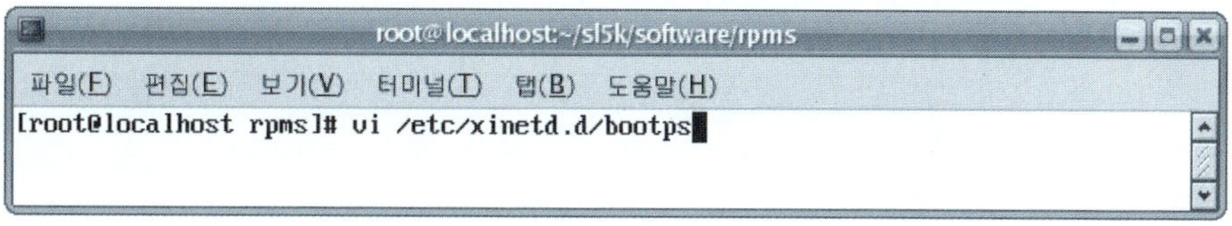

[그림 5-42] ▶ bootp 데몬 설정 파일 작성

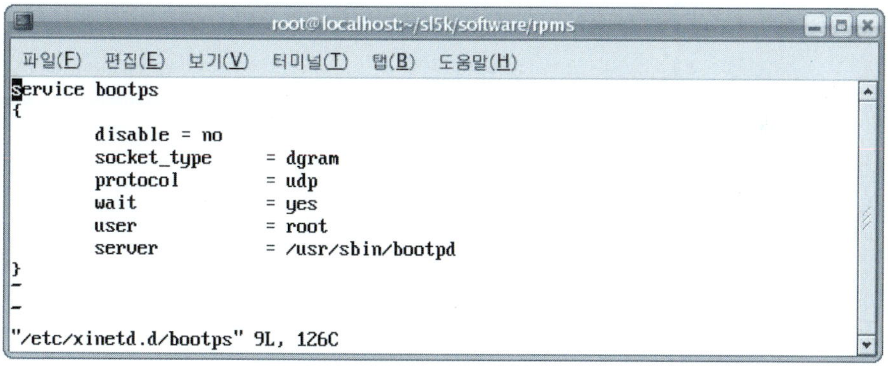

[그림 5-43] ▶ bootp 데몬 설정 파일

⑥ [그림 5-44]는 bootptab 파일을 생성한다. 타깃 보드의 bootp 요청이 있을 때 호스트 PC에 설치된 bootp 서버(bootpd)는 /etc/bootptab에 정의된 client 정보를 기반으로 bootp reply packet을 만들어 응답한다.

그래서 bootp를 사용하기 위해서는 이 /etc/bootptab에 client의 Mac Address와 할당할 IP 등의 정보가 입력되어 있어야 한다. 주의할 점은 Mac Address 부분은 타깃 보드의 Mac Address를 IP에는 타깃 보드로 할당해 줘야 할 IP를 적어야 한다. 만약 이 둘 중 하나라도 오류가 있으면 타깃 보드가 올바른 패킷을 받아올 수 없다.

☞ vi /etc/bootptab // bootptab 파일 작성

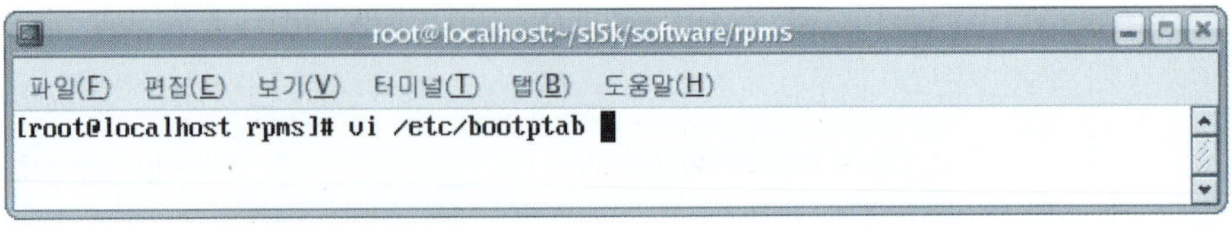

[그림 5-44] ▶ bootptab 설정 파일 작성

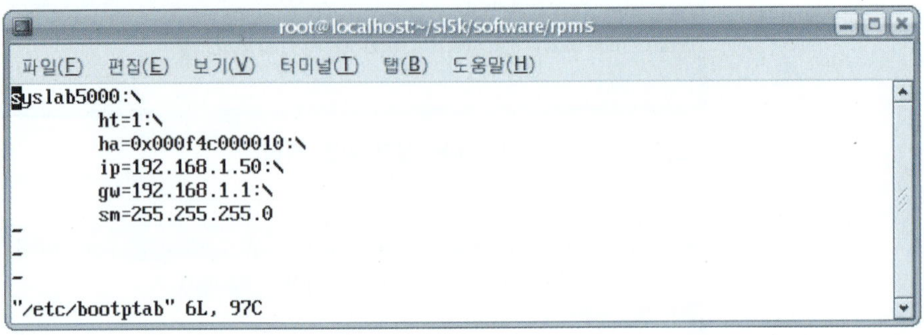

[그림 5-45] ▶ bootptab 설정 파일

⑦ 모든 설정이 끝났으면 이제 bootp 서버를 실행시켜 올바르게 동작하고 있는지 확인한다. Bootp 서버를 실행시키기 위해서는 [그림 5-46]과 같이 xinetd데몬을 재실행시킴으로써 bootp 서버를 실행시킬 수 있다.

```
☞ /etc/init.d/xinetd restart          // xinetd 데몬의 재시작
```

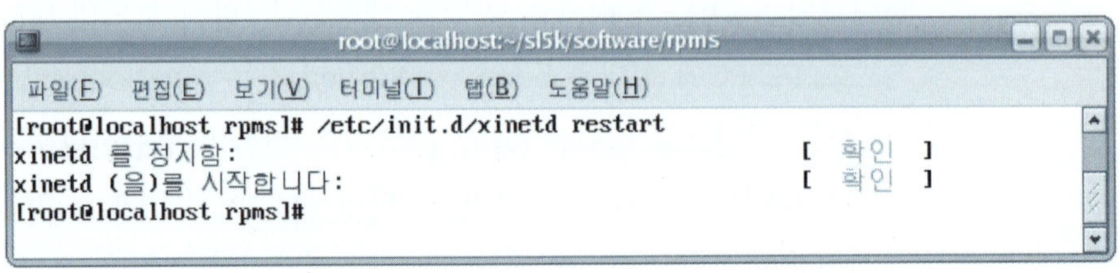

[그림 5-46] ▶ xinetd 데몬 재시작

⑧ bootp 서버를 실행시켰으면, 'netstat' 명령으로 bootp 서버가 실행 중인지 확인할 수 있다. [그림 5-47]과 같이 bootps 목록이 보이면 bootp 서버가 현재 올바르게 실행 중임을 알 수 있다.

```
☞ netstat -au | grep bootp          // 데몬 동작 확인
```

```
root@localhost:~
파일(F) 편집(E) 보기(V) 터미널(T) 탭(B) 도움말(H)
[root@localhost ~]# netstat -au | grep bootp
udp        0      0 *:bootps                    *:*

[root@localhost ~]#
```

[그림 5-47] ▶ bootp 데몬 동작 확인

⑨ 마지막으로 SYS-Lab 5000보드에서 bootp 패킷을 올바르게 받아오는지 확인한다. 미니컴 창을 연 후 전원을 On한다. 아무 키나 눌러 부트로더 메뉴가 나오면 '6'번을 눌러 부트로더 명령모드로 들어간다. 'bootp' 명령을 입력한 후 타깃 보드가 올바르게 IP를 할당받았는지 확인한다. 만약 실패했다면, 타깃 보드를 리셋해 보거나 호스트 PC 사이의 크로스 케이블이 올바르게 연결되어 있는지, 호스트 PC상에서 위의 과정이 올바르게 진행되었는지 [그림 5-48]을 확인해 보도록 한다.


```
☞ bootp                                  // bootp 실행
```

```
root@localhost:~
파일(F) 편집(E) 보기(V) 터미널(T) 탭(B) 도움말(H)

Press any key to entering fast menu mode / autobooting to KERNEL after 3
Entering to fast menu mode.
Ethernet(LAN91111) probing.

************* FAST MENU *************
* 1. Bootloader Download & Fusing   *
* 2. Kernel     Download & Fusing   *
* 3. RootFS     Download & Fusing   *
* 4. All        Download & Fusing   *
* 5. Jumping    to kernel           *
* 6. Enterting  to Command Mode     *
*************************************
Select the command: 6
Entering command mode.
You can "help" command to get a list of commands.
[slboot] bootp
Ethernet(LAN91111) probing.
SYS-Lab5000 mac address is 00:0f:4c:00:00:10
...
Host(localhost.localdomain)         ip address is (192.168.1.5)
Target(SYS-Lab5000) ip address is (192.168.1.50)

[slboot]
```

[그림 5-48] ▶ 타깃 보드에서의 bootp 동작 확인

Tip

■ **부트로더 메뉴 설명**

1. Bootloader Download & Fusing : TFTP 프로토콜을 이용하여 PC의 /tftpboot 디렉터리에 있는 부트로더 이미지인 'slboot'를 SYS-Lab 5000 보드에 다운로드하고 FLASH 메모리에 기록한다.
2. Kernel Download & Fusing : TFTP 프로토콜을 이용하여 PC의 /tftpboot 디렉터리에 있는 리눅스 커널 이미지인 'zImage'를 SYS-Lab 5000 보드에 다운로드 하고 FLASH 메모리에 기록한다.
3. RootFS Download & Fusing : TFTP 프로토콜을 이용하여 PC의 /tftpboot 디렉터리에 있는 리눅스의 파일 시스템 이미지인 'rootfs.img'를 SYS-Lab 5000 보드에 다운로드하고 FLASH 메모리에 기록한다.
4. All Download & Fusing : 위의 1,2,3 번 메뉴의 작업을 모두 수행한다.
5. Jumping to Kernel : 리눅스로 부팅한다.
6. Entering to Command Mode : 부트로더의 명령어 입력 모드로 진입하여 사용자가 직접 명령을 입력하여 작업을 수행한다(부트로더 명령어 입력 모드의 사용 방법은 7장을 참고한다).

5.5 TFTP 환경 설정

1) TFTP

TFTP(Trivial File Transfer Protocol)는 서버(Server)로부터 필요한 파일을 읽어와 자신의 메모리에 로드(Load)시킬 때 필요한 프로토콜이고 Flash Memory에 맞도록 설계된 단순한 프로토콜이고 디스크 없는 시스템의 가동 프로세서에 이용한다.

TFTP는 FTP보다 간단하고 UDP를 사용하여 Client와 Server 사이의 통신을 하는 기능이 단순한 네트워크 어플리케이션이다. 이것은 사용자 인증이 불필요하고, 디렉터리를 보여주지 않아도 되는 곳에 사용된다. 부팅(Booting)에 필요한 간단한 프로그램과 BOOTP, RARP, TFTP만 탑재한 시스템에서 많이 이용되며 펌웨어 자동 업그레이드에 이용 가능하다.

TFTP의 장점은 시스템이 단순하고 간단하고 어떤 형태의 전달 서비스 상에서도 동작이 가능하고 시스템 가격이 저렴하다. 단점은 정보보호 기능이 없고 데이터에 대한 보장성이 없는 것이다.

2) TFTP 부팅과정

SYS-Lab 5000에서는 [그림 5-49]처럼 부트로더(Bootloader)에서 커널(Kernel)과 파일 시스템 Image를 호스트 PC에서 타깃 보드로 네트워크를 통하여 고속으로 다운로드하기 위해 사용한다. 즉, 타깃 보드는 호스트에 TFTP request(WRQ, RRQ) 패킷을 보내면 호스트는 패킷을 수신하고 수신된 패킷을 TFTP에게 전달하고 TFTP는 TFTP reply패킷을 보내면 타깃 보드는 TFTP reply가 자신의 것임을 확인한 후 IP 주소와 호스트 정보를 가져온다.

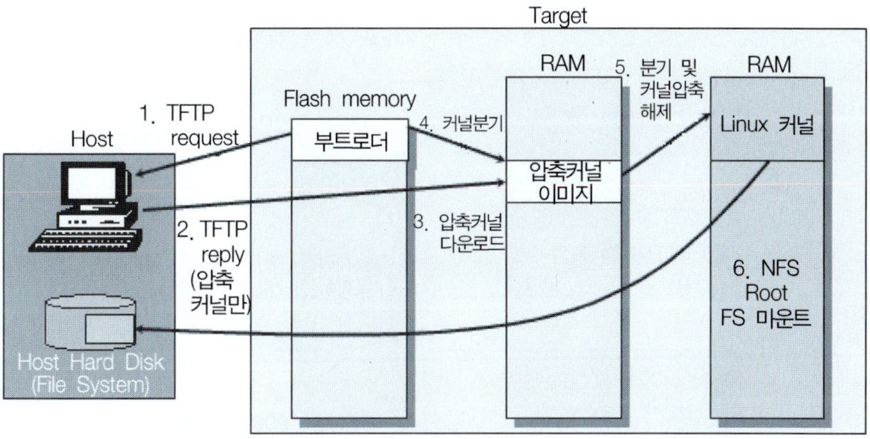

[그림 5-49] ▶ TFTP 부팅과정

[그림 5-50]은 TFTP 서버의 설치 및 설정 과정 순서도이다.

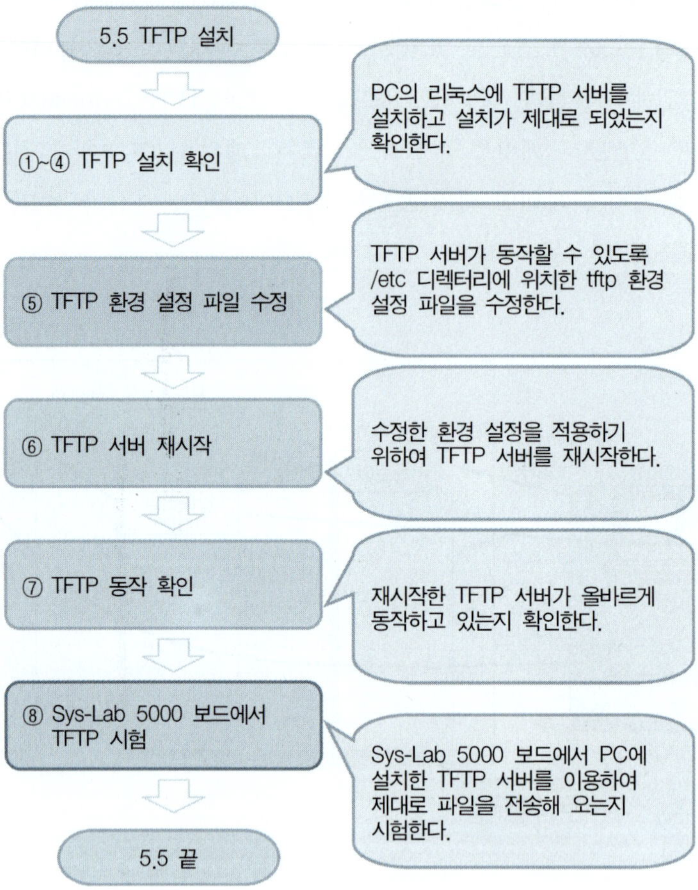

[그림 5-50] ▶ TFTP 설정 순서도

① 레드헷 리눅스에서는 TFTP를 인스톨 패키지에서 선택하여 설치할 수 있다. 먼저, [그림 5-51]의 명령으로 TFTP가 설치되어 있는지 확인한다. 2장의 리눅스 설치를 따라 했다면 이미 호스트 PC에는 TFTP가 설치되어 있다.

```
☞ rpm -qa | grep tftp                    // tftp 설치 확인
```

```
[root@localhost ~]# rpm -qa | grep tftp
tftp-0.39-1
tftp-server-0.39-1
[root@localhost ~]#
```

[그림 5-51] ▶ tftp 설치 확인

② 만약 [그림 5-51]처럼 나오지 않고 아무런 메시지가 나오지 않는다면 tftp가 설치되어 있지 않는 것이다. [그림 5-52] 과정은 tftp가 설치되어 있지 않는 사용자만 따라 하면 된다. 복사한 CD-데이터 rpms 디렉터리에 [그림 5-52]와 같은 파일이 존재하는지 확인한다. 아니면 Gnome메뉴의 응용프로그램 추가/삭제에서 tftp를 별도 설치할 수 있다.

☞ cd ~	// 홈 디렉터리로 이동
☞ cd sl5k	// SYS-Lab 5000 디렉터리로 이동
☞ ls	// 목록 확인
☞ cd software	// software 디렉터리로 이동
☞ ls	// 목록 확인
☞ cd rpms	// rpm 디렉터리로 이동
☞ ls	// 목록 확인
※ 단축 명령어	
☞ cd ~	// /root 디렉터리로 이동
☞ cd /sl5k/software/rpms/	// /root 디렉터리에서 rpms 디렉터리로 이동

```
[root@localhost ~]# cd ~
[root@localhost ~]# cd sl5k
[root@localhost sl5k]# ls
software
[root@localhost sl5k]# cd software/
[root@localhost software]# ls
applications  device_drivers  jflash  rootfs  toolchain
bootloader    images          kernel  rpms
[root@localhost software]# cd rpms/
[root@localhost rpms]# ls
bootp-2.4.3-7.i386.rpm  tftp-server-0.32-4.i386.rpm
[root@localhost rpms]#
```

[그림 5-52] ▶ rpms 디렉터리로 이동

③ tftp 서버를 설치하기 루트로 로그인을 해야 한다. tftp 서버는 RPM(RedHat Package Manager) 프로그램으로 설치해야 하며, tftp 서버를 설치할 때 사용하는 RPM 프로그램의 옵션은 [그림 5-53]과 같다.

※ RPM으로 프로그램 설치 시 옵션

rpm -ivh [설치 프로그램 이름.rpm]

i(install, 설치), v(verbose, 결과 출력), h(hash, 진행상황표시)

> ☞ rpm -ivh tftp-server-0.32-4.i386.rpm // bootp 패키지 설치

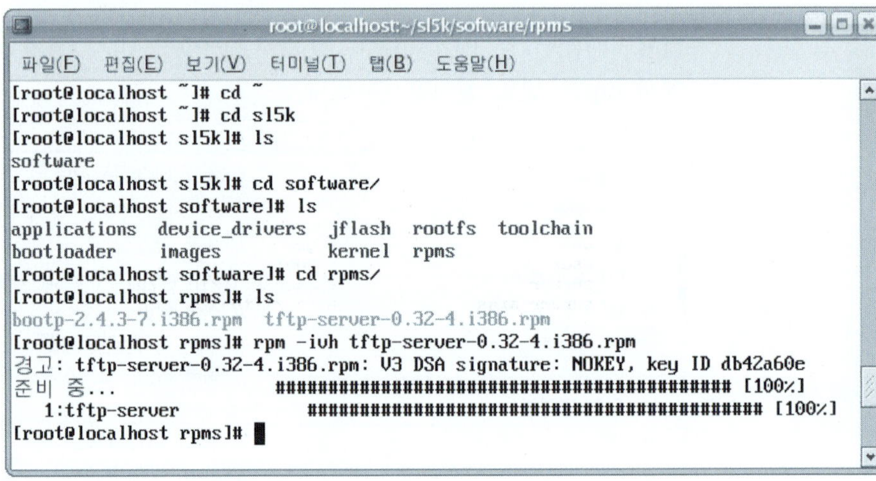

[그림 5-53] ▶ tftp 패키지 설치

④ 설치 확인을 위해 [그림 5-54]와 같은 명령으로 올바르게 설치가 되었는지 확인한다.

> ☞ rpm rpm -qa | grep tftp-server // tftp 패키지 설치 확인

[그림 5-54] ▶ tftp 패키지 설치 확인

⑤ tftp 패키지는 bootp 패키지와는 달리 이미 설정파일이 만들어져 있다. 설정 파일을 'vi' 명령으로 연 후 disable 부분을 'no'로 [그림 5-56]처럼 수정한다.

☞ vi /etc/xinetd.d/tftp	// tftp 설정 파일 수정

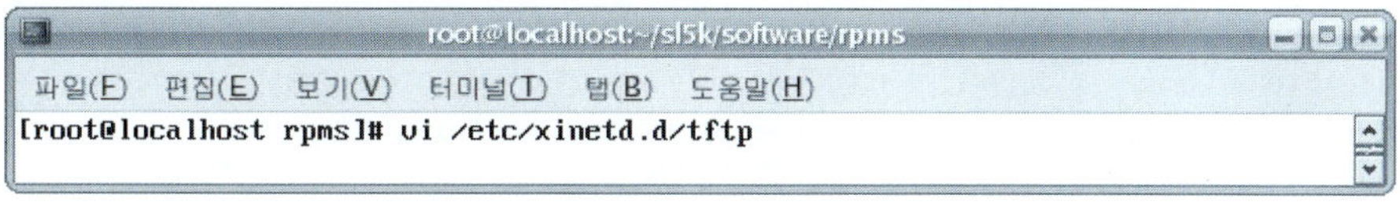

[그림 5-55] ▶ tftp 패키지 설정 파일 수정

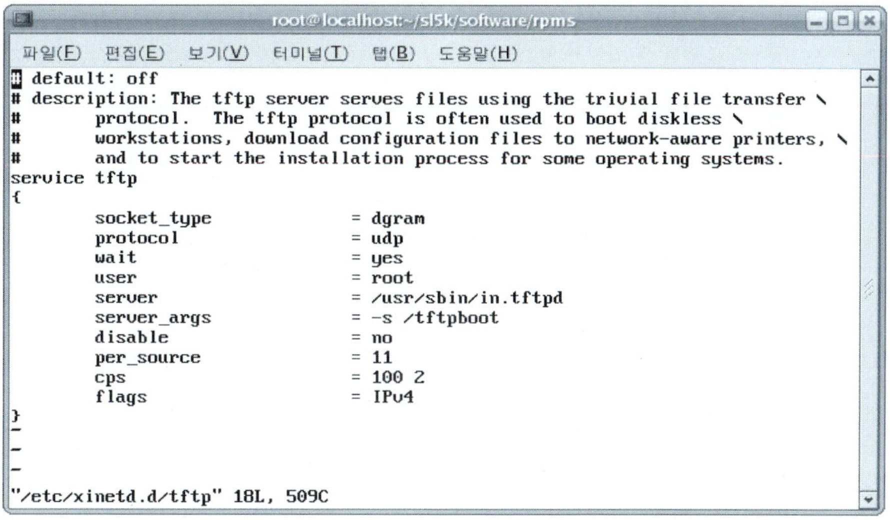

[그림 5-56] ▶ tftp 설정 파일 수정

⑥ 수정이 끝났으면 bootp와 같이 xinetd 데몬을 재실행시켜 tftp 서버를 [그림 5-57]처럼 구동시킨다.

☞ /etc/init.d/xinetd restart	// xinetd 데몬 재시작

[그림 5-57] ▶ xinetd 데몬 재시작

제 5 장

⑦ tftp 서버가 올바르게 동작하고 있는지 확인하기 위해 'netstat' 명령으로 [그림 5-58]처럼 확인한다.

☞ netstat -au I grep tftp	// tftp 데몬 동작 확인

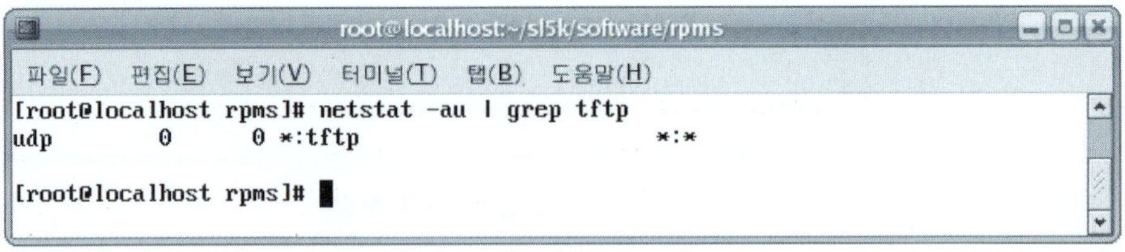

[그림 5-58] ▶ tftp 데몬 동작 확인

⑧ 마지막으로 타깃 보드에서 tftp를 통해 커널 이미지를 제대로 다운로드받는지 확인해보도록 한다. Bootp까지 실행한 후 아래와 같은 명령으로 커널 이미지를 호스트 PC로부터 다운로드받아 올 수 있다. 만약 실패했다면 /tftpboot 디렉터리에 커널이미지가 존재하는지 [그림 5-59]처럼 확인하도록 한다.

☞ tftp zImage kernel	// 리눅스 커널 다운로드

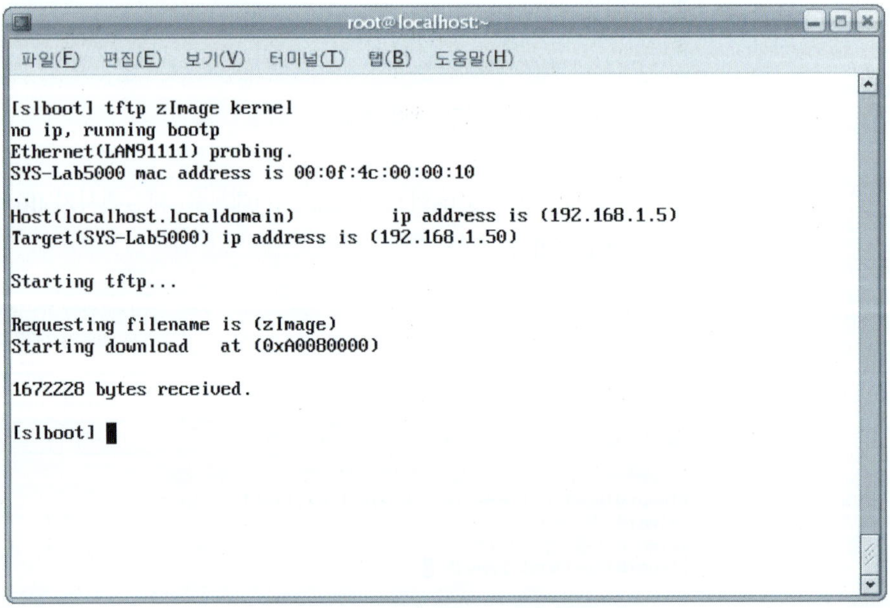

[그림 5-59] ▶ 타깃 보드에서의 tftp 동작 확인

☞ tftp로 전송할 데이터를 /tftpboot 디렉터리에 복사해두어야 한다.

만약 'File not found'라는 메시지가 나온다면 호스트 PC의 /tftpboot 디렉터리에 전송하고자 하는 파일이 존재하지 않는 것이므로 다시 한번 확인한다.

5.6 NFS 환경 설정

1) NFS

NFS(Network File System)는 유닉스 및 리눅스 운영체제에서 파일 시스템 공유와 자원 공유를 위해 SUN에서 개발한 일종의 프로토콜이다. 디스크가 없는 임베디드 시스템에서 네트워크를 통하여 호스트 PC의 데이터를 공유할 수 있기 때문에 디스크 용도로 사용될 수 있다.

SYS-Lab 5000에서 수행시켜야 할 파일들을 지정된 공유 디렉터리에 복사해 놓으면 SYS-Lab 5000에서 자유롭게 사용할 수 있다. NFS 서버는 다른 서버에서 NFS 서버에 있는 특정한 파티션이나 디렉터리의 마운트를 허용하여 클라이언트와 데이터를 공유할 수 있다. 아래 설정과정은 루트 권한을 필요로 한다.

NFS 장점은 개발 호스트 PC에서 작업한 것을 NFS 시스템을 이용하여 타깃 보드의 리눅스 상에서 마운트시켜 사용하면 다운로드할 필요가 없고 개발 호스트 PC상의 파일이 타깃 보드의 리눅스 파일 시스템 위에서 접근이 가능하고 실행이 가능하고 루트 파일 시스템 상에서 올리기 큰 파일도 NFS상에서는 호스트 PC의 기억 용량에 의존하기 때문에 쉽게 처리 가능하다.

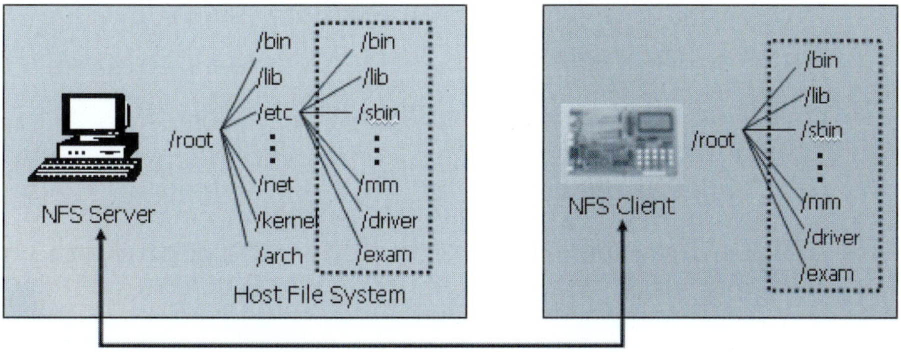

[그림 5-60] ▶ NFS 환경 구성

NFS의 단점은 특수 파일은 NFS에 연결된 디렉터리에는 만들 수 없고(예 장치파일) 읽고 쓰는 속도가 빠른 파일로는 사용이 곤란하다(예 멀티미디어 파일).

[그림 5-61]은 NFS 설정 및 설치 순서도이다.

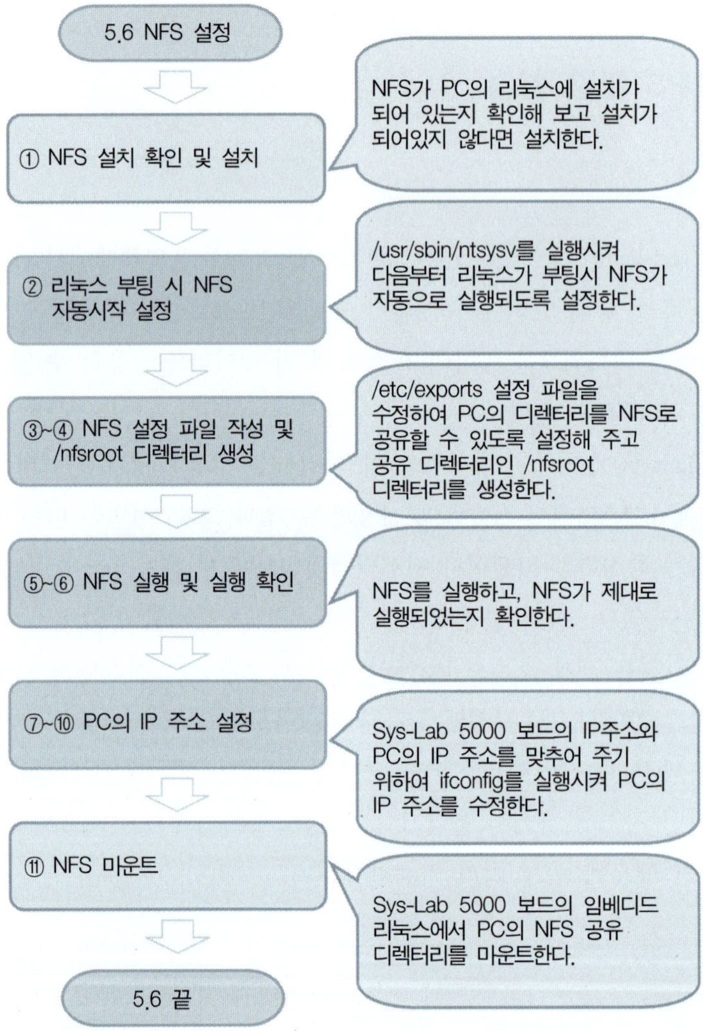

[그림 5-61] ▶ NFS 설정

① 먼저 호스트 PC에 NFS가 설치되어 있는지 확인한다. 이는 리눅스 설치시 기본적으로 설치되어 있다. 만약 설치되어 있지 않다면 Fedora Core의 Gnome 메뉴에서 응용프로그램 추가/삭제에서 설치할 수 있다.

```
☞ rpm -qa | grep nfs                                    // nfs 설치 확인
```

[그림 5-62] ▶ nfs 설치 확인

② 리눅스에서는 부팅시 자동으로 시작할 수 있도록 설정해 주는 툴인 ntsysv를 제공해 주고 있다. ntsysv로 NFS를 자동으로 시작할 수 있도록 설정해 준다면, 나중에 재부팅시 사용자가 일일이 NFS 서비스를 수행해야 하는 불편함을 덜어 줄 수 있다. NFS를 부팅시 자동으로 시작할 수 있도록 하기 위해 /usr/sbin/ntsysv 명령을 이용하여 [그림 5-63]과 같이 nfs 부분을 체크한다.


```
☞ /usr/sbin/ntsysv                    // 부팅시 동작 설정
```

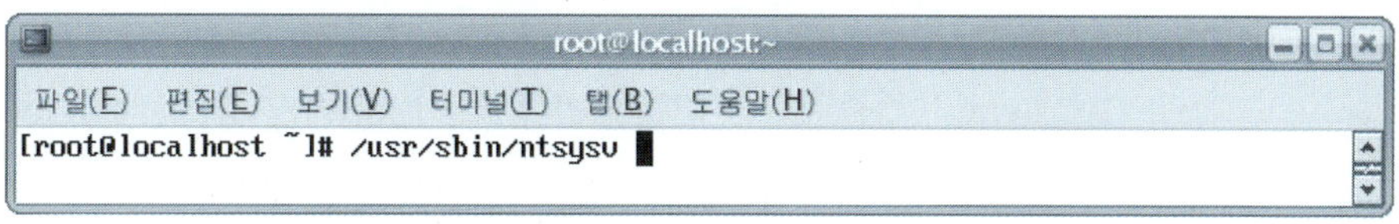

[그림 5-63] ▶ 부팅시 자동 수행 설정

Tip

■ **리눅스에서 'ntsysv'와 같은 텍스트 그래픽 메뉴형 환경 설정 프로그램 사용방법**
- 방향 키 : 선택하고 싶은 항목에 커서를 위치
- [TAB]키 : [확인], [취소], 자동 시작 항목 선택 부분으로 이동
- [SPACE]키 : 항목을 선택, 선택한 항목에 * 표가 표시되었으면 항목이 선택된 것임

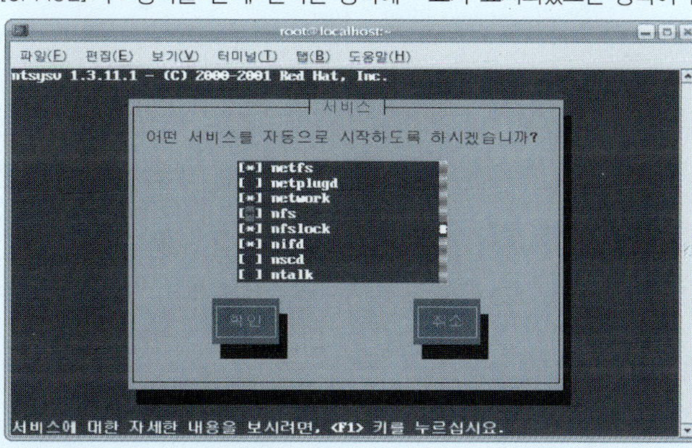

[그림 5-64] ▶ nfs 항목을 체크

③ NFS 설정 파일인 /etc/exports 파일을 [그림 5-65]와 같이 작성한다. 이것은 해당 IP 주소를 가진 클라이언트에게 지정된 디렉터리를 지정된 권한을 가지고 공유할 수 있도록 해준다.

```
☞ vi /etc/exports                 // nfs 설정 파일 작성
```

[그림 5-65] ▶ nfs 설정 파일 작성

※ nfs 설정파일 옵션

```
☞ /nfsroot    192.168.1.50 (rw,sync,no_root_squash)
```

- /nfsroot : 외부에서 NFS 마운트를 통한 접근을 허용할 디렉터리
- rw : 읽고 쓰기가 가능하도록 마운트
- sync : 입출력 캐시(Cache)를 하지 않고 변경 사항을 그대로 적용
- no_root_squash : 해당 폴더를 외부에서 루트의 자격으로 파일 시스템에 접근할 수 있도록 하여 읽기/쓰기/삭제가 모두 가능하도록 한다.

[그림 5-66] ▶ nfs 설정 파일

④ 클라이언트와 공유할 디렉터리 /nfsroot를 생성한다. 공유할 디렉터리는 위의 설정 파일에서 지정한 디렉터리와 같은 이름으로 생성하면 된다. 테스트를 위해 위의 툴체인 테스트를 위해 만든 test_arm 파일을 /nfsroot로 [그림 5-67]처럼 복사한다.

```
☞ mkdir /nfsroot                  // 마운트 디렉터리 생성
☞ cp test_arm /nfsroot            // 타깃 파일 복사
☞ ls /nfsroot                     // 파일 리스트
```

```
[root@localhost ~]# mkdir /nfsroot
[root@localhost ~]# cp cross_test_arm /nfsroot/
[root@localhost ~]# ls /nfsroot/
cross_test_arm
[root@localhost ~]#
```

[그림 5-67] ▶ 마운트 디렉터리 생성 및 파일 복사

⑤ 이제 NFS 데몬을 실행시켜보도록 한다. 위의 'ntsysv' 명령으로 nfs를 체크했다면 다음 재부팅시 NFS 데몬이 실행되겠지만, 처음 설정했다면 NFS 데몬은 실행되고 있지 않다. NFS 데몬은 bootp, tftp와는 달리 inetd 데몬으로 [그림 5-68]처럼 실행된다.

☞ /etc/init.d/nfs start // nfs 데몬 서비스 시작

```
[root@localhost ~]# /etc/init.d/nfs start
NFS 서비스를 시작하고 있습니다:                    [  확인  ]
NFS 쿼터를 시작하고 있습니다:                      [  확인  ]
NFS 데몬을 시작함:                                 [  확인  ]
NFS mountd를 시작하고 있습니다:                    [  확인  ]
[root@localhost ~]#
```

[그림 5-68] ▶ nfs 데몬 서비스 시작

⑥ NFS 데몬이 동작하고 있는지의 확인 여부도 역시 'netstat' 명령으로 [그림 5-69]처럼 확인해 볼 수 있다.

☞ netstat -au | grep nfs // nfs 데몬 동작 확인

```
[root@localhost ~]# netstat -au | grep nfs
udp        0      0 *:nfs                       *:*

[root@localhost ~]#
```

[그림 5-69] ▶ nfs 데몬 동작 확인

제 5 장

⑦ NFS는 ETHERNET를 이용하여 마운트를 한다. 따라서 타깃 보드와 호스트 PC의 IP 주소는 같은 네트워크에 속해 있어야 하기 때문에 IP 주소 앞의 3자리가 같아야 마운트를 할 수 있다. SYS-Lab 5000 보드의 경우 IP 주소는 192.168.1.50으로 고정되어 있기 때문에 호스트 PC의 IP 주소를 192.168.1.2~192.168.1.254까지의 주소 중에 하나를 설정해 주어야 한다.

현재 사용하고 있는 PC의 IP 주소의 확인 및 IP 주소를 다시 설정할 수 있도록 하기 위해 리눅스에서는 'ifconfig'라는 명령을 제공한다.

'ifconfig' 명령을 입력하면 아래와 같은 화면이 출력되며, 화면에 나오는 메시지들 중에 필요한 것은 다음과 같다.

※ ifconfig 출력 메시지

- eth0 : 리눅스의 이더넷 어뎁터 장치(랜카드)의 리눅스 장치 ID
- lo : 로컬-루프백(local-loopback) 장치의 리눅스 장치 ID
- Link encap : 네트워크 장치의 이름
- inet addr : 현재 PC의 IP 주소
- Bcast : 브로드캐스트 IP
- Mask : 서브넷 마스크

⑧ [그림 5-70]의 장치의 IP 주소는 ifconfig의 출력 메시지의 'inet addr' 항목에 있는 값인 192.168.11.253이 된다.

☞ ifconfig // 내 PC의 IP 주소 확인

```
root@localhost:~
파일(F) 편집(E) 보기(V) 터미널(T) 탭(B) 도움말(H)
[root@localhost ~]# ifconfig
eth0      Link encap:Ethernet  HWaddr 00:0C:29:28:70:39
          inet addr:192.168.1.5  Bcast:192.168.1.255  Mask:255.255.255.0
          inet6 addr: fe80::20c:29ff:fe28:7039/64 Scope:Link
          UP BROADCAST RUNNING MULTICAST  MTU:1500  Metric:1
          RX packets:123105 errors:0 dropped:0 overruns:0 frame:0
          TX packets:122506 errors:0 dropped:0 overruns:0 carrier:0
          collisions:0 txqueuelen:1000
          RX bytes:8206822 (7.8 MiB)  TX bytes:68440475 (65.2 MiB)
          Interrupt:10 Base address:0x1400

lo        Link encap:Local Loopback
          inet addr:127.0.0.1  Mask:255.0.0.0
          inet6 addr: ::1/128 Scope:Host
          UP LOOPBACK RUNNING  MTU:16436  Metric:1
          RX packets:2209 errors:0 dropped:0 overruns:0 frame:0
          TX packets:2209 errors:0 dropped:0 overruns:0 carrier:0
          collisions:0 txqueuelen:0
          RX bytes:2820081 (2.6 MiB)  TX bytes:2820081 (2.6 MiB)

[root@localhost ~]#
```

[그림 5-70] ▶ inet addr 항목에서 내 PC의 IP 주소 확인

⑨ SYS-Lab 5000의 기본 IP 주소는 192.168.1.50으로 설정되어 있기 때문에 PC와 SYS-LabFF 5000이 같은 네트워크에 있도록 하게 하기 위하여 호스트 PC의 IP 주소를 다시 설정해 줘야 할 필요성이 있다.

PC의 IP를 다시 설정해 주기 위하여 [그림 5-17]과 같이 입력한다.

☞ ifconfig eth0 192.168.1.10 // PC의 IP 주소 변경
↑[변경할 IP 주소]
IP를 변경할 장치의 이름

```
[root@localhost ~]# ifconfig eth0 192.168.1.10
[root@localhost ~]#
```

[그림 5-71] ▶ PC의 IP 주소 변경

⑩ IP 주소를 변경하였다면 [그림 5-72]와 같이 IP 주소가 제대로 변경되었는지 확인해 본다.

☞ ifconfig // PC의 IP 주소 확인

```
[root@localhost ~]# ifconfig
eth0      Link encap:Ethernet  HWaddr 00:0C:29:28:70:39
          inet addr:192.168.1.10  Bcast:192.168.1.255  Mask:255.255.255.0
          inet6 addr: fe80::20c:29ff:fe28:7039/64 Scope:Link
          UP BROADCAST RUNNING MULTICAST  MTU:1500  Metric:1
          RX packets:123109 errors:0 dropped:0 overruns:0 frame:0
          TX packets:122506 errors:0 dropped:0 overruns:0 carrier:0
          collisions:0 txqueuelen:1000
          RX bytes:8207062 (7.8 MiB)  TX bytes:68440475 (65.2 MiB)
          Interrupt:10 Base address:0x1400

lo        Link encap:Local Loopback
          inet addr:127.0.0.1  Mask:255.0.0.0
          inet6 addr: ::1/128 Scope:Host
          UP LOOPBACK RUNNING  MTU:16436  Metric:1
          RX packets:2209 errors:0 dropped:0 overruns:0 frame:0
          TX packets:2209 errors:0 dropped:0 overruns:0 carrier:0
          collisions:0 txqueuelen:0
          RX bytes:2820081 (2.6 MiB)  TX bytes:2820081 (2.6 MiB)

[root@localhost ~]#
```

[그림 5-72] ▶ PC의 변경된 IP 주소 확인

제 5 장

⑪ 이제 NFS의 올바른 동작 확인을 위해 타깃 보드의 리눅스 커널 부팅 후 'mount' 명령으로, 위의 /nfsroot 디렉터리를 마운트시킨 후 마운트된 디렉터리로 이동한다. 그런 다음 test_arm 파일을 실행시켜 결과가 출력되는지 확인한다. [그림 5-73]은 타깃 보드에서의 실행 상태이다.

※ nfs mount 방법

예) PC의 NFS 형식으로 마운트할 디렉터리 : /nfsroot
PC의 IP 주소 : 192.168.1.3
NFS에 접근할 외부 PC의 IP 주소 : 192.168.1.10
PC의 /nfsroot를 마운트할 외부 PC 디렉터리 : /mnt/nfs

> ※ 이 명령은 외부 PC (혹은 타깃 보드)에서 실행한다.
> ☞ mount -t nfs -o nolock,tcp 192.168.1.5:/nfsroot /mnt/nfs
> ↑ ↑ [PC의 IP 주소][NFS 폴더] [마운트할 폴더]
> 파일 시스템 타입 [잠금 해제, TCP프로토콜 사용]

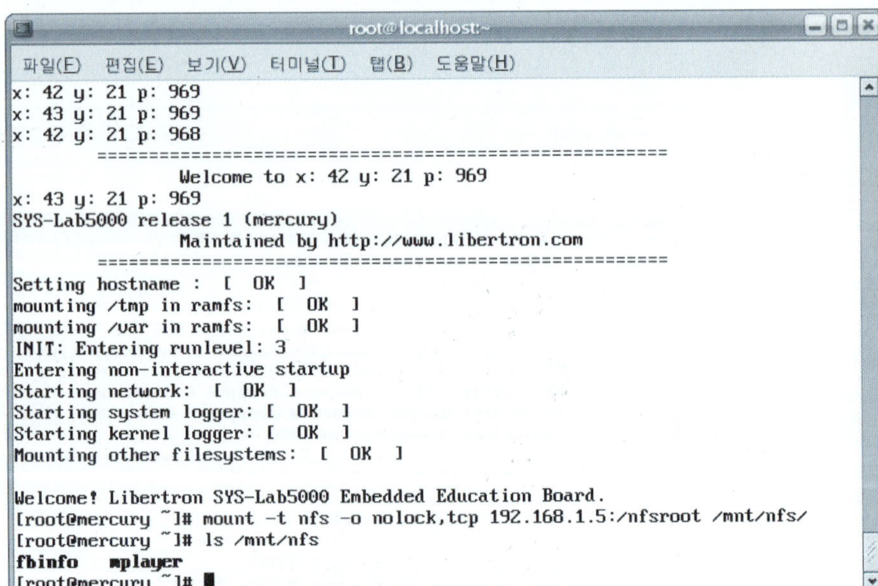

[그림 5-73] ▶ **타깃 보드에서의 nfs 테스트**

[그림 5-73]에서 ./cross_test라는 파일은 PXA272 Processor용 크로스 컴파일러로 호스트 PC에서 컴파일한 것으로 현재 호스트 PC의 /nfsroot 폴더에 복사

가 되어 있다.

타깃 보드에서는 NFS를 이용하여 호스트 PC의 /nfsroot 폴더를 /mnt/nfs 폴더를 통하여 마운트하여 접근하고 있는 그림이다.

⑫ NFS가 마운트되지 않는 경우는 다음과 같은 명령으로 타깃 보드와 호스트 PC 간의 네트워크 연결 상태를 테스트해보고, [그림 5-74]와 같이 아무런 메시지도 나오지 않는다면 타깃 보드와 PC간의 연결 상태에 문제가 있는 것이기 때문에 PC의 IP 설정과 네트워크 케이블 상태를 점검하고 매뉴얼을 따라서 다시 한번 설정해 본다. 아래 [그림 5-74]는 타깃 보드에서의 실행 상태이다.

> ※ 이 명령은 외부 PC (혹은 타깃 보드)에서 실행한다.
> ☞ ping 192.168.1.10 // PC와의 연결 상태 시험
> ↑
> [PC의 IP 주소]


```
root@localhost:~
파일(F) 편집(E) 보기(V) 터미널(T) 탭(B) 도움말(H)
[root@mercury nfs]# ping 192.168.1.10
PING 192.168.1.10 (192.168.1.10): 56 data bytes
█
```

[그림 5-74] ▶ 타깃 보드와 PC간의 연결 상태에 문제가 있을 때

```
root@localhost:~
파일(F) 편집(E) 보기(V) 터미널(T) 탭(B) 도움말(H)
[root@mercury nfs]# ping 192.168.1.10
PING 192.168.1.10 (192.168.1.10): 56 data bytes
64 bytes from 192.168.1.10: icmp_seq=0 ttl=64 time=0.6 ms
64 bytes from 192.168.1.10: icmp_seq=1 ttl=64 time=0.7 ms
64 bytes from 192.168.1.10: icmp_seq=2 ttl=64 time=0.7 ms
64 bytes from 192.168.1.10: icmp_seq=3 ttl=64 time=0.6 ms
64 bytes from 192.168.1.10: icmp_seq=4 ttl=64 time=0.7 ms
64 bytes from 192.168.1.10: icmp_seq=5 ttl=64 time=0.6 ms
64 bytes from 192.168.1.10: icmp_seq=6 ttl=64 time=0.6 ms
64 bytes from 192.168.1.10: icmp_seq=7 ttl=64 time=0.7 ms
64 bytes from 192.168.1.10: icmp_seq=8 ttl=64 time=0.7 ms
64 bytes from 192.168.1.10: icmp_seq=9 ttl=64 time=0.6 ms
64 bytes from 192.168.1.10: icmp_seq=10 ttl=64 time=0.6 ms
64 bytes from 192.168.1.10: icmp_seq=11 ttl=64 time=0.7 ms
64 bytes from 192.168.1.10: icmp_seq=12 ttl=64 time=4.8 ms
64 bytes from 192.168.1.10: icmp_seq=13 ttl=64 time=0.7 ms
64 bytes from 192.168.1.10: icmp_seq=14 ttl=64 time=0.7 ms
64 bytes from 192.168.1.10: icmp_seq=15 ttl=64 time=0.7 ms

--- 192.168.1.10 ping statistics ---
16 packets transmitted, 16 packets received, 0% packet loss
round-trip min/avg/max = 0.6/0.9/4.8 ms

[root@mercury nfs]# █
```

[그림 5-75] ▶ 타깃 보드와 PC간의 연결 상태가 정상일 때

제6장

임베디드 타깃 시스템 구동

모든 시스템은 운영체제를 구동시키기 위해 부트로더라는 펌웨어를 가지고 있다. 시스템의 하드웨어를 초기화하고 운영체제의 커널을 메모리에 올려 실행시키는 시스템 프로그램을 부트로더라고 한다. 루트파일 시스템은 운영체제에 의해 실행되어 사용자의 데이터를 저장하고 여러 가지 응용프로그램을 실행시키기 위해 필요하다. 임베디드 타깃 시스템인 SYS-Lab 5000은 운영체제로 리눅스 커널을 사용하고 그 커널을 부팅시키기 위해 부트로더가 존재하며, 사용자의 데이터를 저장하고 응용 프로그램을 실행시키기 위해 JFFS2 파일 시스템을 사용하고 있다.

그런데 이런 임베디드 타깃 시스템에서 구동하는 프로그램(부트로더, 커널, 파일 시스템 등)은 호스트 PC에서 개발하여 컴파일러를 이용하여 바이너리 이미지 파일을 생성하여 JTAG를 통하여 플래시 메모리에 부트로더 이미지 파일을 탑재한다.

단지 임베디드 타깃 시스템에서 커널 및 파일 시스템의 이미지 파일은 시리얼이나 이더넷 인터페이스를 통하여 다운로드를 한다. 그러나 시리얼 인터페이스는 대용량 이미지 파일을 다운로드하는 데 많은 시간이 필요하므로 부적절하고 대부분 이더넷 인터페이스를 사용한다.

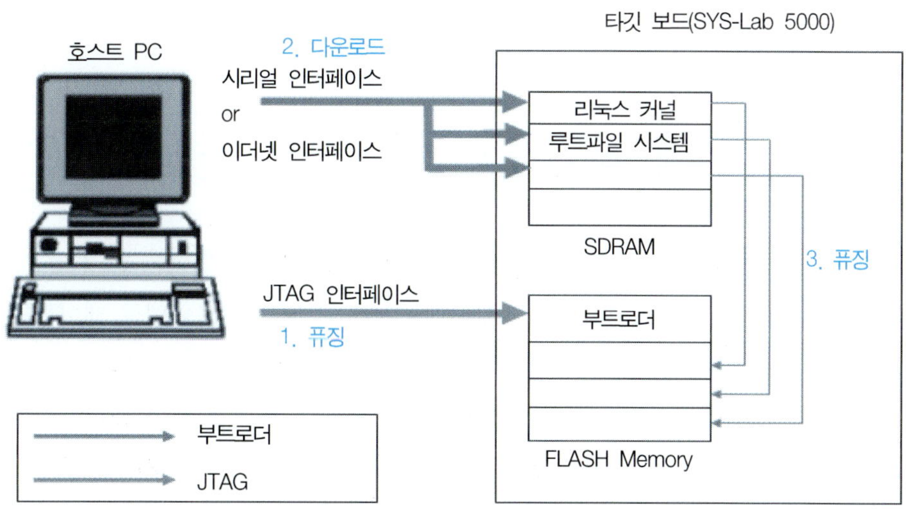

[그림 6-1] ▶ **임베디드 타깃 시스템 구동**

이 장에서는 SYS-Lab 5000을 동작시키기 위해 필요한 부트로더, 커널, 루트파일 시스템의 사용에 대해 알아보도록 하겠다. [그림 6-2]는 6장에서 다루는 작업들에 대한 순서이다.

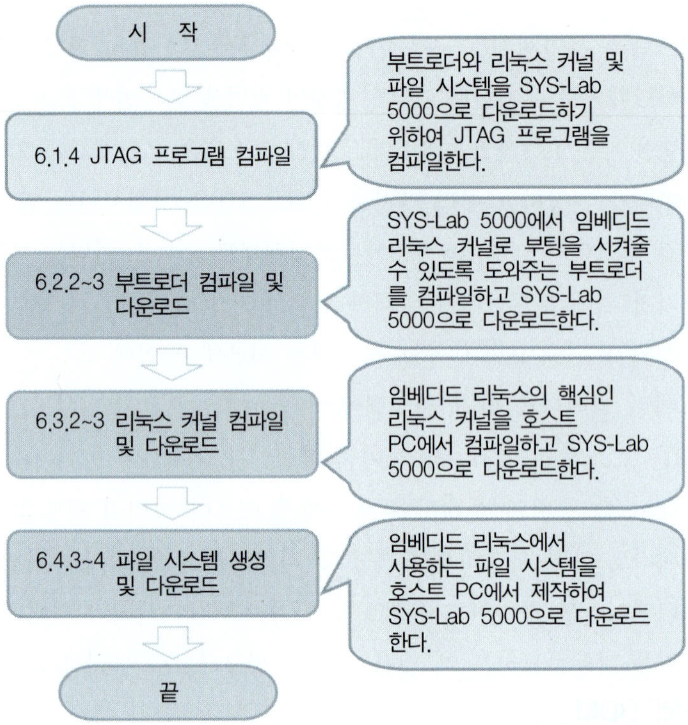

[그림 6-2] ▶ **임베디드 타깃 시스템(SYS-Lab5000) 구동 순서도**

6.1 임베디드 타깃 시스템 접속 및 다운로드

임베디드 시스템 개발시 임베디드 시스템이 개발되는 환경과 수행되는 환경이 서로 다르고 임베디드 시스템들은 OS 없이 직접 하드웨어를 제어하기도 하고 OS을 사용하여도 센서나 통신장치에서 직접 하드웨어를 제어하는 경우도 있다.

이러한 환경 하에서 개발되는 임베디드 시스템은 교체개발 환경을 구축함으로써 개발시 다운로드하거나 다운로드된 응용 프로그램을 실행시키거나 메모리나 레지스터의 내용을 검색 및 수정 또는 디버깅이 가능하다.

교차개발 환경은 펜티엄 기반의 리눅스 운영체제에서 응용 프로그램을 개발하는 호스트PC 환경과 임베디드 리눅스 운영체제에서 응용 프로그램이 수행되는 임베디드 타깃 환경으로 이루어진다.

호스트 PC와 타깃 시스템(SYS-Lab 5000) 사이의 연결은 시리얼 통신케이블

(RS-232C) 혹은 USB 케이블, 이더넷 케이블 및 JTAG 케이블을 활용한다.

호스트 PC에서 개발된 응용 프로그램은 타깃 시스템으로 다운로드를 수행해야 하고 다운로드 방법은 어떤 환경 하에 어떤 통신방법을 사용하느냐에 따라 다르다.

그러므로 임베디드 타깃 시스템의 접속 및 다운로드는 호스트 PC에서 타깃 시스템(SYS-Lab 5000)에 접속하여 타깃 시스템을 모니터하거나 빌드된 실행파일을 타깃 플래시 메모리나 SDRAM에 적재하는 것이다.

호스트 PC에서 타깃 시스템(SYS-Lab 5000)에 접속 하거나 데이터를 전송할 경우에 처리해 줄 프로그램이 없을 경우에는 타깃 보드에서 제공하는 JTAG 포트를 사용하여 타깃 시스템에 접속하여 데이터를 플래시 메모리에 적재하다.

또는 타깃 시스템에서 부트로더가 실행되는 경우에는 시리얼 통신을 통하여 미니컴(Minicom) 프로그램을 이용하여 타깃 임베디드 시스템에 데이터를 전송할 수 있다. 그리고 타깃 임베디드 시스템에 임베디드 리눅스가 실행되는 경우에는 이더넷을 통하여 FTP나 NFS를 이용하여 데이터를 전송한다.

제
6
장

1) JTAG와 BDM

IEEE1149.1의 표준의 결과인 JTAG(Joint Test Access Group)와 모토로라가 개발한 BDM(Background Debug Mode)은 온 칩 디버깅용으로 개발되었다. 따라서 ARM계열의 프로세서는 JTAG를 지원하고 모토로라가 개발한 프로세서는 BDM을 제공한다.

칩 디버깅 기능은 JTAG나 BDM 인터페이스를 통하여 외부에서 마이크로프로세서 내부의 레지스터 내용을 읽고 쓸 수 있고 브레이크 포인트를 이용하여 임베디드 시스템 소프트웨어 디버깅 기능을 지원하고 이 내부 블록 기능 시험을 수행하여 부품의 양부를 판정하는데 사용되지만 ARM계열의 프로세서를 사용하는 임베디드 타깃 시스템에서의 JTAG는 주로 플래시 메모리에 프로그램을 퓨징하는 용도로 사용된다.

2) JTAG의 기능 및 구조

JTAG이 제공하는 기능을 프로세서(CPU)의 상태와 상관없이 디바이스의 모든 외부 핀을 구동시키거나 값을 읽어 들일 수 있는 기능을 제공한다.

외부로 나가는 각각의 핀들과 일 대 일로 연결하여 디바이스 내에서 모든 외부와의 연결점을 가로챈다. 회로의 배선과 소자의 전기적 연결상태를 테스트하고 디바이스간의 연결 상태를 테스트하며 플래시 메모리를 퓨징하는 기능을 수행한다. 각각의 셀은 바운더리 스캔 레지스터(boundary scan register)를 형성하기 위해 서로 연결되어 있고 전체적인 인터페이스는 5개의 핀에 의해서 제어된다. 즉 TDI, TMS, TCK, nTRST, TDO이다. TDI는 2개 레지스터인 바운더리 스캔 레지스터와 명령어 레지스터에 데이터를 공급하는 검사 데이트 입력신호인데 바이패스 레지스터에 의하여 TDI를 TDO에 한 클럭 지연시킨다. TMS는 기계의 동작 상태를 제어하는 검사 모드 선택 신호로써 검사 인터페이스와 데이터 레지스터와 명령어 레지스터의 동작을 제어한다. TCK는 시스템 클럭과 독자적인 검사 클럭을 제공하고, nTRST는 시스템을 초기화할 때 쓰는 리셋 입력 신호이고 TDO는 바운더리 스캔으로부터 읽은 값을 출력하는 검사 데이터 출력신호이다.

JTAG은 기본적으로 셀을 위주로 바운더리 스캔 셀로 직렬로 연결하여 시프트 레지스터 형태로 만들어졌다. 시프트 레지스터를 동작시키기 위해서 클럭이 반드시 필요하게 되며 일반적으로 TCK핀을 통해 공급한다.

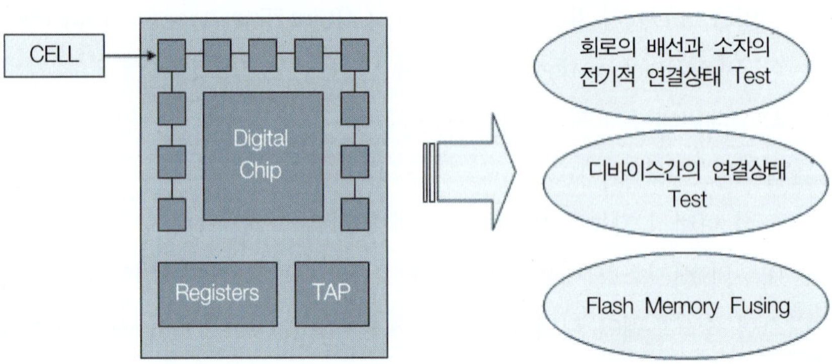

[그림 6-3] ▶ JTAG의 기능

이와 같이 JTAG의 기능을 사용하여 간단한 동글을 구현할 수 있다.

[그림 6-4]처럼 JTAG 동글은 호스트 PC의 병렬 포트(Parallel Port)와 JTAG 인터페이스를 연결하여 프로토콜을 변환하고 타깃 시스템에 맞게 전원을 5V에서 3V로 변환해주어 타깃을 JTAG 프로토콜에 의해 제어를 할 수 있게 만들어 준다.

본 타깃 시스템에서 사용하는 JTAG는 CPU JTAG 와 FPGA / CPLD를 퓨징하도록 제작하였다.

JTAG는 ARM 프로세서 내부 레지스터를 제어하고 읽거나 쓸 수 있고 외부버스를 제어하여 코드를 다운로드할 수 있고 플래시 메모리에 업그레이드할 수 있다.

JTAG는 타깃 시스템의 실행을 제어하고 메모리와 프로세서의 레지스터를 적재 및 삭제 또는 추적 및 검사 기능을 이용하면 최고의 디버깅 환경으로 사용이 가능하다.

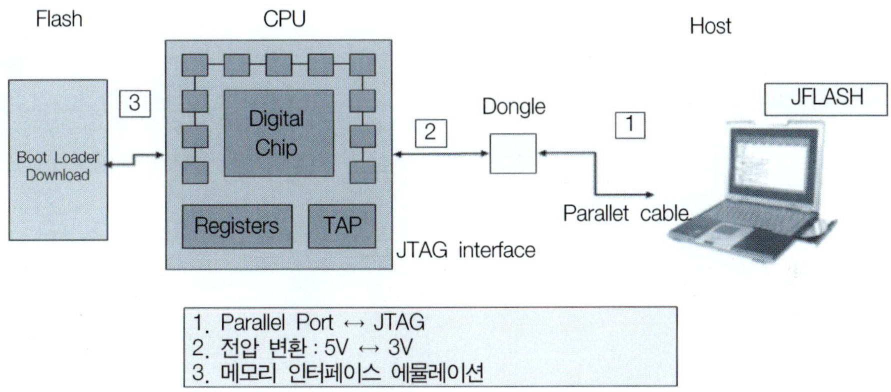

[그림 6-4] ▶ JTAG 동글 인터페이스

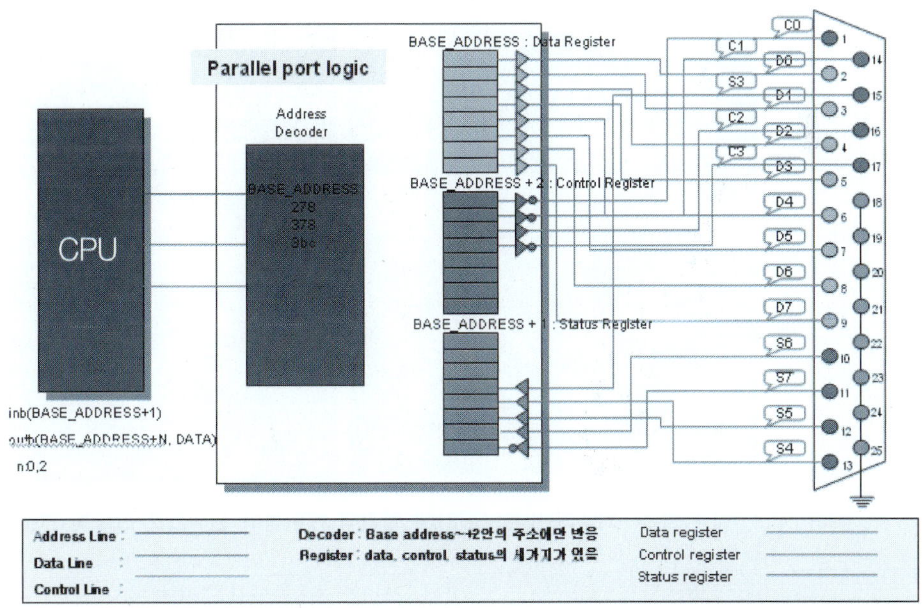

[그림 6-5] ▶ JTAG 상세 구조

3) JTAG의 연결

SYS-Lab 5000은 [그림 6-6]처럼 JTAG 케이블 하나로 CPU JTAG뿐만 아니라 FPGA/CPLD까지 write할 수 있도록 설계되어 있다. CPU JTAG을 위해서는 케이블 스위치를 CPU 쪽으로 옮기고 사용하면 된다. 연결은 반드시 빨간색 케이블이 왼쪽으로 오도록 [그림 6-7]처럼 꽂아야 한다.

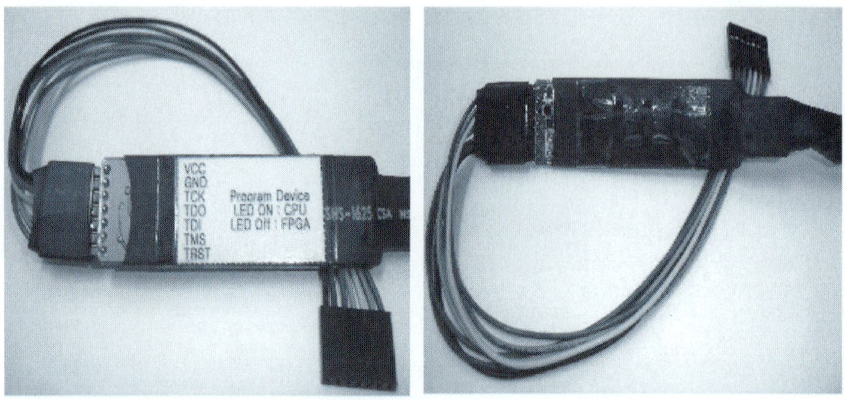

[그림 6-6] ▶ JTAG 케이블 - CPU용

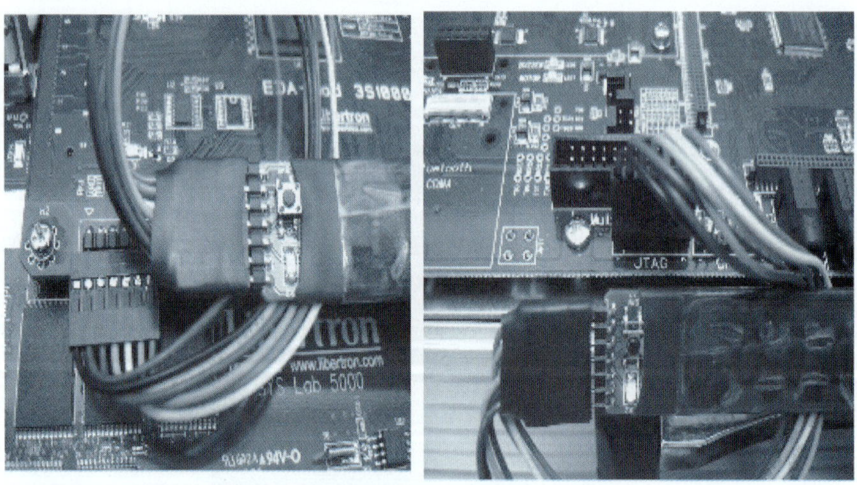

[그림 6-7] ▶ 커넥터 번호 CN21에 빨간색 케이블이 왼쪽으로 오도록 연결

4) JTAG Program compile(호스트 PC에서 실행)

SYS-Lab 5000 제품이 처음 release될 때는 부트로더, 커널, 루트파일 시스템이 모두 플래시 메모리에 퓨징되어 있다. JTAG은 플래시 메모리 상의 부트로더가 이상이 있어 부팅이 되지 않거나, 또는 네트워크 연결에 문제가 있어 부트로더를 다운로드 받을 수 없을 경우에 사용할 수 있다. JTAG용 바이너리 파일은 CD-Data에 존재하고 있으나 리눅스 버전에 따라 실행이 안 될 수 있으므로 소스 코드를 다시 컴파일하여 사용하면 된다. 컴파일 방법은 [그림 6-8]의 순서로 진행된다.

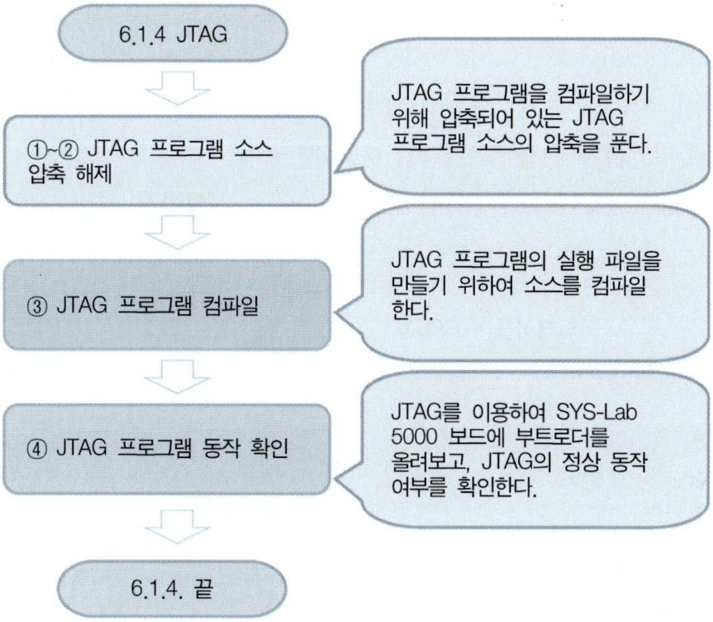

[그림 6-8] ▶ JTAG 프로그램 순서도

① jflash 소스가 존재하는 디렉터리로 [그림 6-9]처럼 이동한다.
위치는 sl5k/software/jflash이다.

```
☞ cd ~                    // 홈 디렉터리로 이동
☞ cd sl5k/                // /sl5k 디렉터리로 이동
☞ ls                      // 목록 확인
☞ cd software/            // /software 디렉터리로 이동
☞ ls                      // 목록 확인
☞ cd jflash/              // /jflash 디렉터리로 이동
☞ ls                      // 목록 확인
```

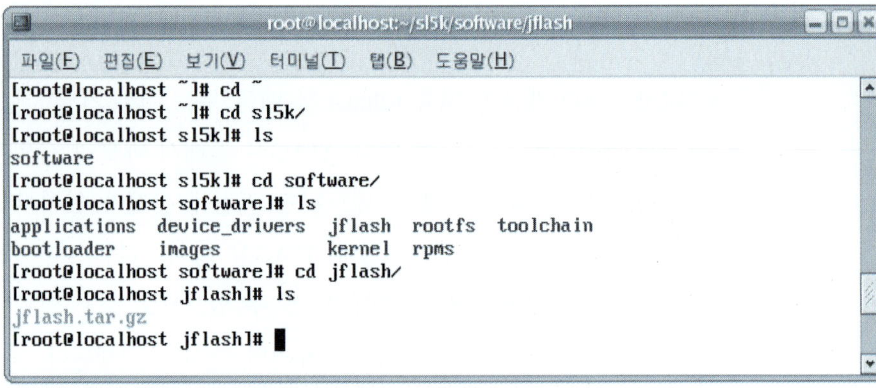

[그림 6-9] ▶ jflash 디렉터리 이동

② jflash 소스는 tar.gz 파일로 압축이 되어 있다. 'tar' 명령으로 파일의 압축을 해제한다. 사용된 옵션은 [그림 6-10]과 같다.

−xvzf : x(extract, 압축해제), v(verbose 진행과정 화면출력), z(gzip 파일형식), f(file, 파일명 지정)

☞ tar xvzf jflash.tar.gz // jflash 압축 해제

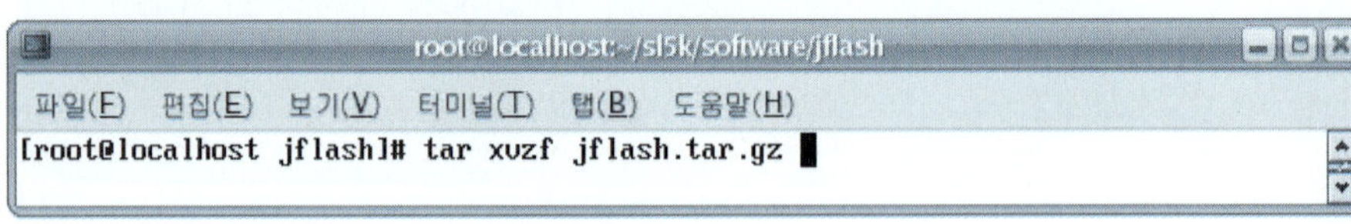

[그림 6-10] ▶ jflash 압축 해제 명령 입력

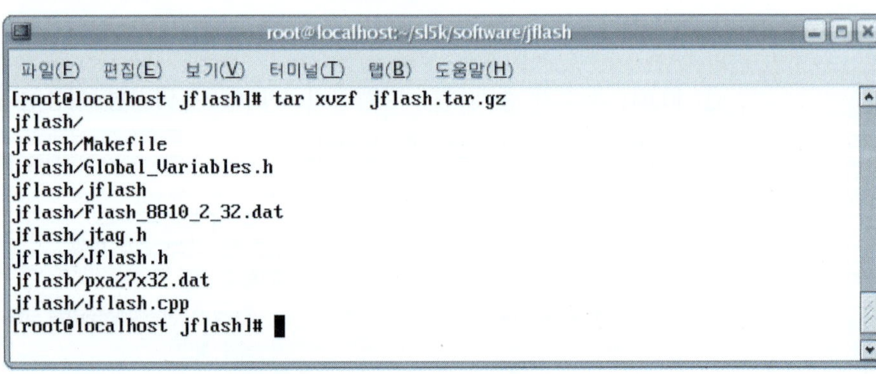

[그림 6-11] ▶ jflash 압축 해제 화면

③ jflash 디렉터리로 이동한 후 'make' 명령으로 jflash를 컴파일한다. 컴파일하면 jflash 파일이 생성된 것을 볼 수 있다. 이 바이너리 파일을 이용해 부트로더 이미지를 fusing할 수 있다.

```
☞ cd jflash       // 압축을 해제한 jflash로 이동
☞ ls              // 목록확인
☞ make clean      // 컴파일을 하기 위해 소스를 초기화
☞ make            // 컴파일
☞ ls              // 목록확인
```

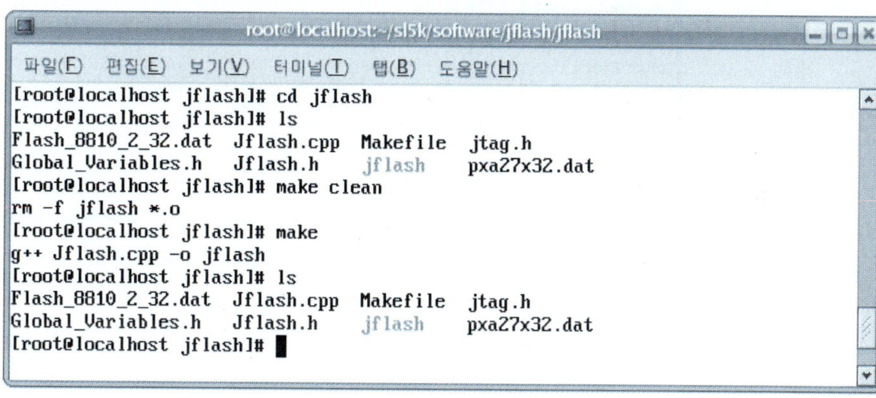

```
root@localhost:~/sl5k/software/jflash/jflash
파일(F)  편집(E)  보기(V)  터미널(T)  탭(B)  도움말(H)
[root@localhost jflash]# cd jflash
[root@localhost jflash]# ls
Flash_8810_2_32.dat  Jflash.cpp  Makefile  jtag.h
Global_Variables.h   Jflash.h    jflash    pxa27x32.dat
[root@localhost jflash]# make clean
rm -f jflash *.o
[root@localhost jflash]# make
g++ Jflash.cpp -o jflash
[root@localhost jflash]# ls
Flash_8810_2_32.dat  Jflash.cpp  Makefile  jtag.h
Global_Variables.h   Jflash.h    jflash    pxa27x32.dat
[root@localhost jflash]#
```

[그림 6-12] ▶ jflash 컴파일

※ Jflash 프로그램은 /sl5k/software/images 폴더에 이미 컴파일되어 있는 Jflash 프로그램이 담겨 있지만, PC의 리눅스 환경이 각각 다르기 때문에 현재 사용하는 PC의 리눅스 환경과 맞도록 Jflash 프로그램을 컴파일해주는 것이 좋다.

④ 이제 JTAG을 이용해 SYS-Lab 5000의 부트로더 이미지인 "slboot"를 플래시 메모리로 fusing을 시험해 보도록 하겠다. 위에서 컴파일된 jflash 파일은 이미 sl5k/software/images/ 디렉터리에 SYS-Lab 5000 부트로더와 함께 존재한다. 만약 실행시 라이브러리 에러가 발생한다면 위에서 컴파일한 바이너리 파일을 복사하여 사용하면 된다.

먼저 위 디렉터리로 이동한 후 다음 그림과 같은 명령으로 fusing을 시작한다. 이 때, JTAG 케이블이 SYS-Lab 5000에 연결되어 있어야 한다. 또한 이 작업은 루트 계정에서만 실행이 가능하며, 루트가 아닌 다른 계정으로 로그인했을 경우 오류가 발생한다.

☞ cd ~	// 홈 디렉터리로 이동
☞ cd sl5k	// sl5k/ 디렉터리로 이동
☞ ls	// 내용 확인
☞ cd software	// software/ 디렉터리로 이동
☞ ls	// 내용 확인
☞ cd images	// images/ 디렉터리로 이동
☞ ls	// 내용 확인

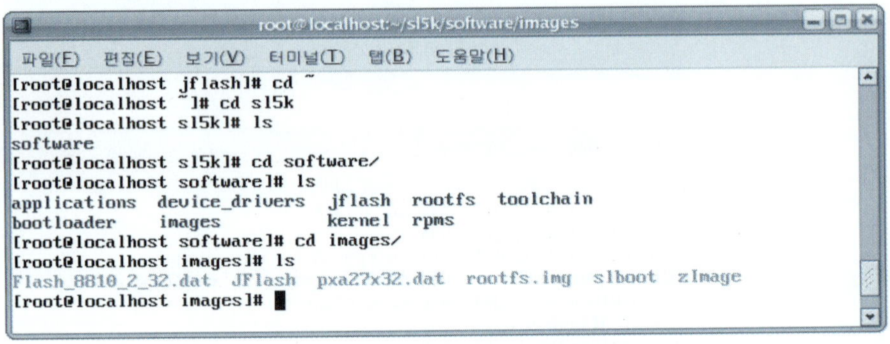

```
root@localhost:~/sl5k/software/images
파일(F) 편집(E) 보기(V) 터미널(T) 탭(B) 도움말(H)
[root@localhost jflash]# cd ~
[root@localhost ~]# cd sl5k
[root@localhost sl5k]# ls
software
[root@localhost sl5k]# cd software/
[root@localhost software]# ls
applications  device_drivers  jflash  rootfs  toolchain
bootloader    images          kernel  rpms
[root@localhost software]# cd images/
[root@localhost images]# ls
Flash_8810_2_32.dat  JFlash  pxa27x32.dat  rootfs.img  slboot  zImage
[root@localhost images]#
```

[그림 6-13] ▶ ~/sl5k/software/images 디렉터리로 이동 화면

※ "./" 명령은 현재 디렉터리를 뜻한다.

예를 들어 "./JFlash"라는 명령은 현재 디렉터리에 있는 JFlash라는 이름을 가진 실행 파일을 실행하라는 뜻이 된다.

☞ ./jflash pxa27x32.dat slboot　　// 플래시 메모리로 부트로더 퓨징

↑　　[기록할 이미지]

[플래시 메모리 형식 정의 파일]

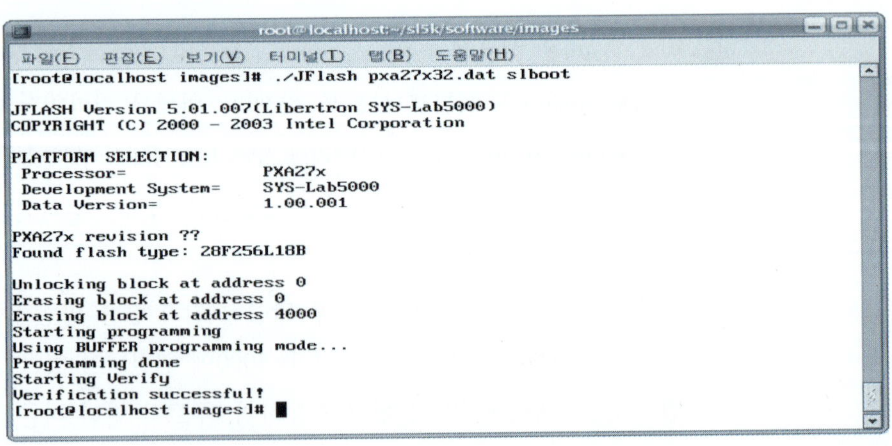

```
root@localhost:~/sl5k/software/images
파일(F) 편집(E) 보기(V) 터미널(T) 탭(B) 도움말(H)
[root@localhost images]# ./JFlash pxa27x32.dat slboot

JFLASH Version 5.01.007(Libertron SYS-Lab5000)
COPYRIGHT (C) 2000 - 2003 Intel Corporation

PLATFORM SELECTION:
 Processor=                PXA27x
 Development System=       SYS-Lab5000
 Data Version=             1.00.001

PXA27x revision ??
Found flash type: 28F256L18B

Unlocking block at address 0
Erasing block at address 0
Erasing block at address 4000
Starting programming
Using BUFFER programming mode...
Programming done
Starting Verify
Verification successful!
[root@localhost images]#
```

[그림 6-14] ▶ JFlash 유틸리티로 부트로더를 Fusing 성공시 화면

※ 만약 아래와 같이 에러가 발생하면 타깃 보드의 전원 상태를 확인해 보거나 JTAG 케이블의 연결 상태를 확인해 보고 CPU 보드의 Reset 버튼을 누른 후 다시 수행해 본다.

```
root@localhost:~/sl5k/software/images
파일(F)  편집(E)  보기(V)  터미널(T)  탭(B)  도움말(H)
[root@localhost images]# ./JFlash pxa27x32.dat slboot

JFLASH Version 5.01.007(Libertron SYS-Lab5000)
COPYRIGHT (C) 2000 - 2003 Intel Corporation

PLATFORM SELECTION:
 Processor=                PXA27x
 Development System=       SYS-Lab5000
 Data Version=             1.00.001

error, failed to read device ID
check cables and power
ACT: 1111 1111111111111111 11111111111 1
EXP: **** 1001001001100101 00000001001 1

failed to read device ID for this Platform
[root@localhost images]# █
```

[그림 6-15] ▶ jflash를 이용한 플래시 메모리 fusing

※ 만약 [그림 6-16]과 같이 verify 실행시 에러가 발생하면 플래시 메모리에 기록시 오류가 발생한 것이므로 다음과 같이 플래시 메모리를 포맷한 후 부트로더를 플래시 메모리에 다시 Fusing해 본다.

제 6 장

☞ ./JFlash pxa27x32.dat slboot e // FLASH 메모리 포맷
↑[e : 모두 지우기 옵션(erase)]
☞ ./jflash pxa27x32.dat slboot n // 플래시 메모리로 퓨징
↑[n : 플래시 기록 후 검사를 하지 않음]
(No verify)

```
root@localhost:~/sl5k/software/images
파일(F)  편집(E)  보기(V)  터미널(T)  탭(B)  도움말(H)
[root@localhost images]# ./JFlash pxa27x32.dat slboot

JFLASH Version 5.01.007(Libertron SYS-Lab5000)
COPYRIGHT (C) 2000 - 2003 Intel Corporation

PLATFORM SELECTION:
 Processor=                PXA27x
 Development System=       SYS-Lab5000
 Data Version=             1.00.001

PXA27x revision ??
Found flash type: 28F256L18B

Erasing block at address 0
Erasing block at address 4000
Starting programming
Using BUFFER programming mode...
Programming done
Starting Verify
verify error at address = 480 exp_dat = 40a00000 act_dat = 40a0ffff

[root@localhost images]# █
```

[그림 6-16] ▶ Verify 에러 발생시 화면

6.2 부트로더 퓨징(호스트 PC에서 실행)

1) 부트로더의 역할

- 부트로더는 타깃 보드가 리셋되었을 때 가장 먼저 수행되는 프로그램이다. ARM은 리셋시 0x00000000번지부터 수행되도록 되어 0x00000000번지에 위치한 부트로더가 수행되어 부팅이 되기 때문에 부트로더는 PXA272의 nCS0 번지인 0x00000000 번지에 들어가야 한다.
- 일반적으로 부트로더는 기본적인 하드웨어 초기화 후 운영체제를 부팅시켜 주는 매개체 역할을 수행한다.
- SYS-Lab 5000에 사용되는 부트로더는 공개된 부트로더를 기반으로 (주)리버트론에서 자체 개발한 slboot를 사용한다.

2) 부트로더의 동작순서

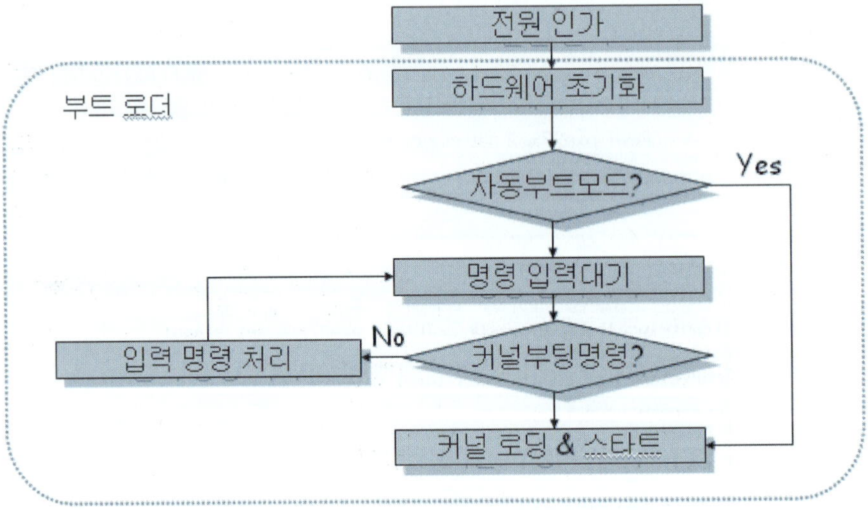

[그림 6-17] ▶ 부트로더의 동작순서도

- 하드웨어 초기화
  - 프로세서 및 메모리 초기화
  - 네트워크 및 시리얼 포트 등의 디바이스 초기화

- 자동 부트
  - 커널 등의 프로그램 이미지를 로딩하고 실행시킴
  - 자동 부트가 아닌 경우 사용자 입력 대기 상태
- 입력 명령 처리
  - 간단한 수준의 디버깅
  - IP 주소 설정 및 자동 부팅설정 등의 보드 환경 설정
  - 각종 상태 체크
- 커널 로딩 및 스타트
  - 롬에 저장되어 있는 커널 및 램디스크 이미지를 타깃 메모리에 로딩
  - 커널 프로그램의 시작번지로 점프하여 커널 부팅

3) 부트로더 컴파일(Bootloader compile)

- SYS-Lab 5000에서 부트로더는 컴파일을 하고 부트로더 이미지를 만들어 주는 작업을 필요로 하며 컴파일 순서는 [그림 6-18]과 같다.

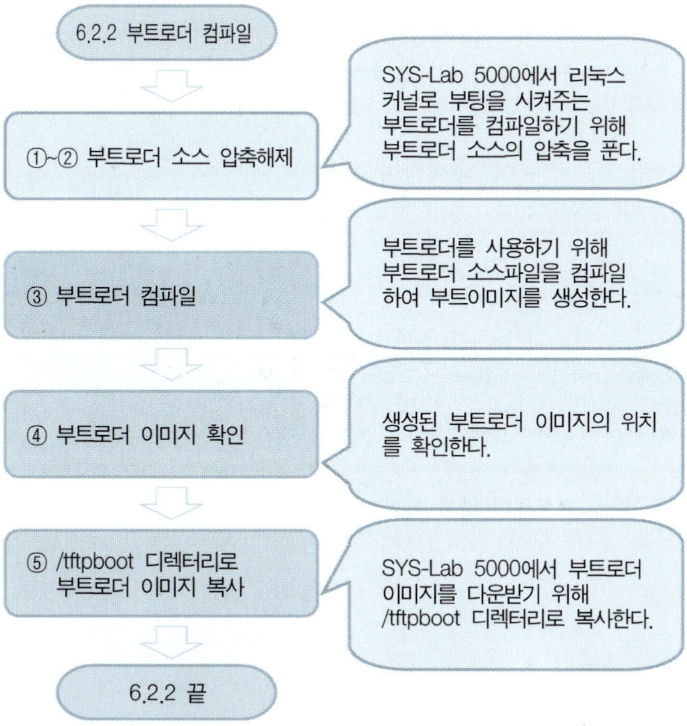

[그림 6-18] ▶ 부트로더 컴파일 순서도

제 6 장

① 부트로더 소스는 sl5k/software/Bootloader 디렉터리에 압축파일로 존재한다. 컴파일하기 위해 위의 디렉터리로 [그림 6-19]처럼 이동한다.

```
☞ cd ~                         // 홈 디렉터리로 이동
☞ cd sl5k/                     // /sl5k 디렉터리로 이동
☞ ls                           // 목록 확인
☞ cd software/                 // /software 디렉터리로 이동
☞ ls                           // 목록 확인
☞ cd bootloader/               // /bootloader 디렉터리로 이동
☞ ls                           // 목록 확인
```

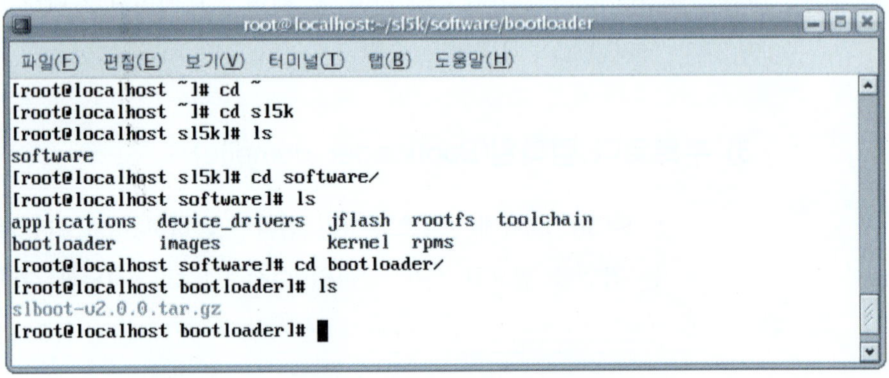

[그림 6-19] ▶ 부트로더가 위치한 폴더로 이동

② 'tar' 명령으로 압축을 해제한다.

```
☞ tar xvzf slboot-v2.0.0.tar.gz        // 부트로더 압축 해제
```

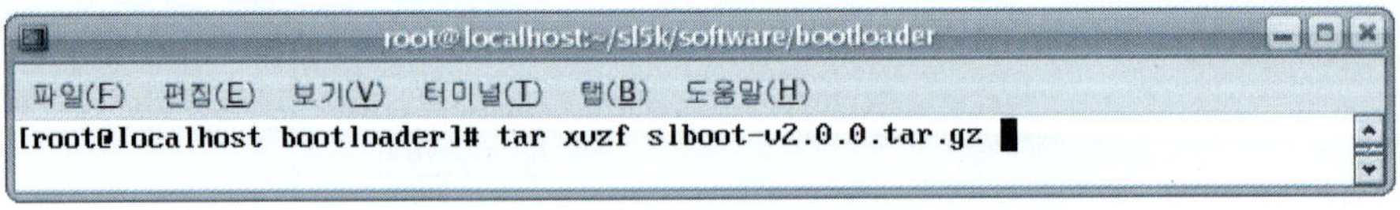

[그림 6-20] ▶ 부트로더 압축 해제

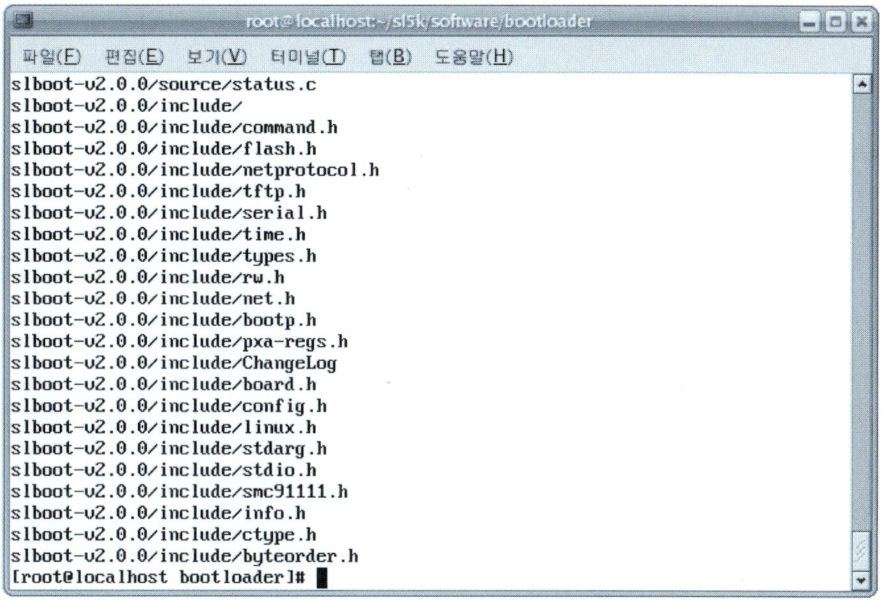

[그림 6-21] ▶ 부트로더 압축 해제 완료 화면

③ 압축해제 후 생성된 디렉터리로 이동한 후 'make' 명령으로 컴파일한다.

☞ ls	// 목록 확인
☞ cd slboot v2.0.0	// 디렉터리 이동
☞ make	// 부트로더 컴파일

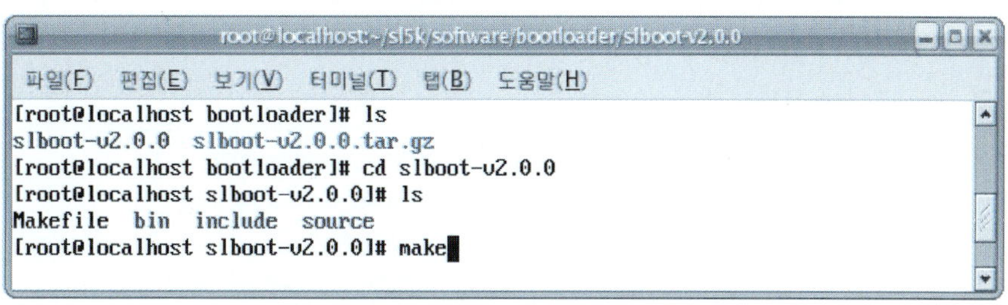

[그림 6-22] ▶ 압축 해제 후 생성된 부트로더 디렉터리로 이동

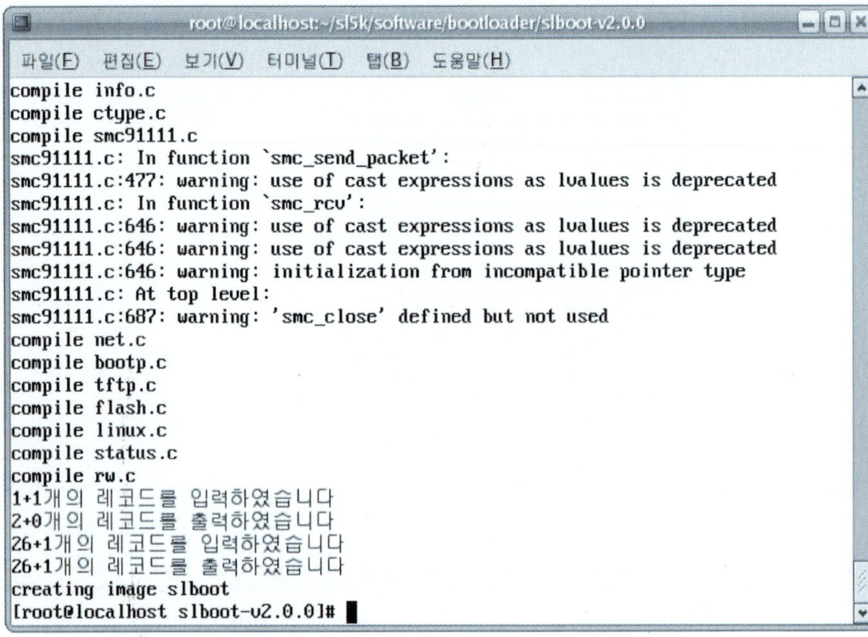

[그림 6-23] ▶ **부트로더 컴파일**

> **Tip** 부트로더 컴파일시 에러가 발생한다면 5장 툴 체인 설치를 참고하여 크로스 컴파일러 및 PATH 설정을 다시 한번 확인해 본다.

④ 컴파일이 완료되면 bin/ 디렉터리에 slboot라는 이미지가 생성되어 있는 것을 확인할 수 있다.

```
☞ cd ~                  // 홈 디렉터리로 이동
☞ cd sl5k               // sl5k/ 디렉터리로 이동
☞ ls                    // 내용 확인
☞ cd software           // software/ 디렉터리로 이동
☞ ls                    // 내용 확인
☞ cd bootloader         // bootloader/ 디렉터리로 이동
☞ ls                    // 내용 확인
☞ cd slboot-v2.0.0      // slboot-v2.0.0/ 디렉터리로 이동
☞ ls                    // 내용 확인
☞ cd bin                // bin/ 디렉터리로 이동
☞ ls                    // 내용 확인
```

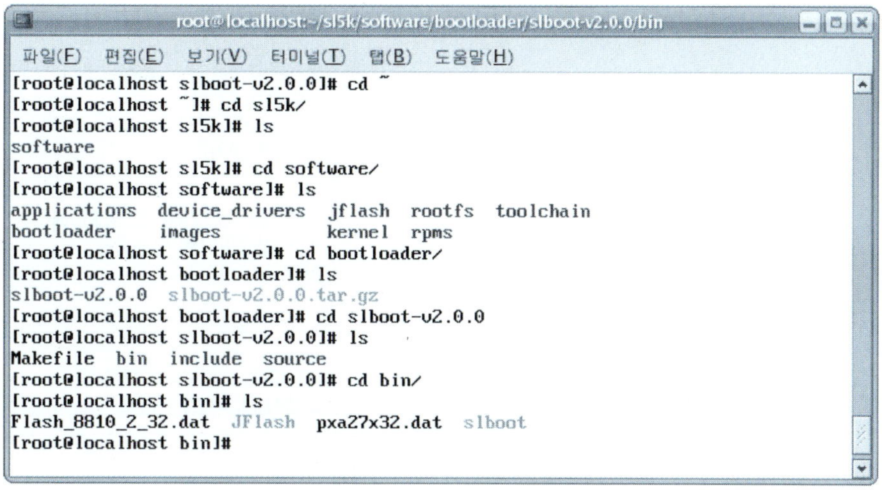

[그림 6-24] ▶ **컴파일 후 생성파일**

⑤ 이제 생성된 부트로더 이미지를 SYS-Lab 5000에서 다운받을 수 있도록 /tftpboot 디렉터리에 복사한다.

```
☞ cp slboot /tftpboot/        // 부트로더 이미지 복사
☞ ls                          // 목록 확인
```

[그림 6-25] ▶ **부트로더 이미지를 /tftpboot 디렉터리에 복사**

(1) 부트로더 다운로드(타깃 보드에서 실행)

생성된 부트로더 이미지를 위의 JTAG을 이용하여 퓨징할 수도 있지만 시간이 오래 걸린다는 단점이 있다. JTAG를 이용한 퓨징 방법은 플래시 메모리의 부트로더에 이상이 있어서 다음에서 설명할 TFTP를 통한 전송을 하지 못할 때 사용한다.

만약 플래시 메모리에 부트로더가 이상이 없다면 tftp를 통해 다운로드받아 퓨징할 수 있다. 이는 JTAG을 이용하는 방법보다 훨씬 빠르다. 부트로더 다운로드 진행 순서는 [그림 6-26]과 같다.

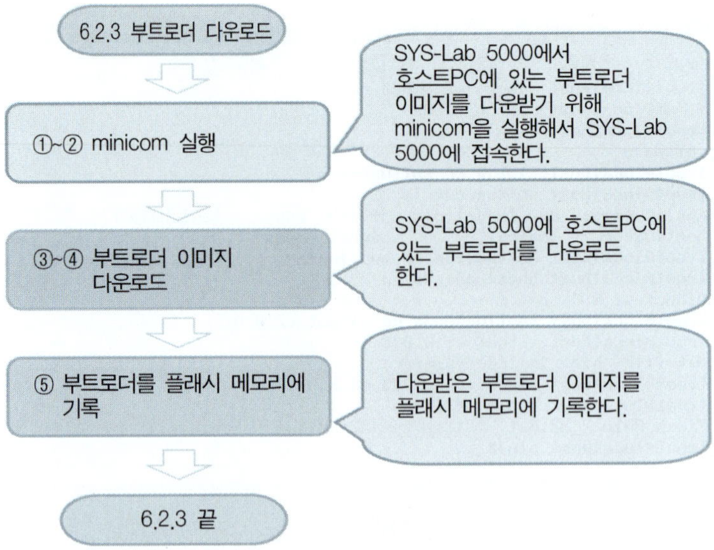

[그림 6-26] ▶ **부트로더 다운로드 순서도**

※ SYS-Lab 5000에 호스트 PC에 저장된 부트로더 이미지를 다운로드하기 위해선 처음에 미니컴을 실행하여 SYS-Lab 5000에 접속할 필요가 있다. [그림 6-27]의 오른쪽은 미니컴으로 접속한 SYS-Lab 5000의 부트로더 동작 화면이고, 왼쪽은 호스트 PC의 리눅스 터미널 화면이다. 리눅스 프롬포트에 'localhost'라는 표시가 되어 있다면 호스트 PC의 명령 프롬포트이고, 'mecury' 혹은 'slboot'라는 프롬포트가 표시되어 있다면 타킷 보드의 명령 프롬포트이다.

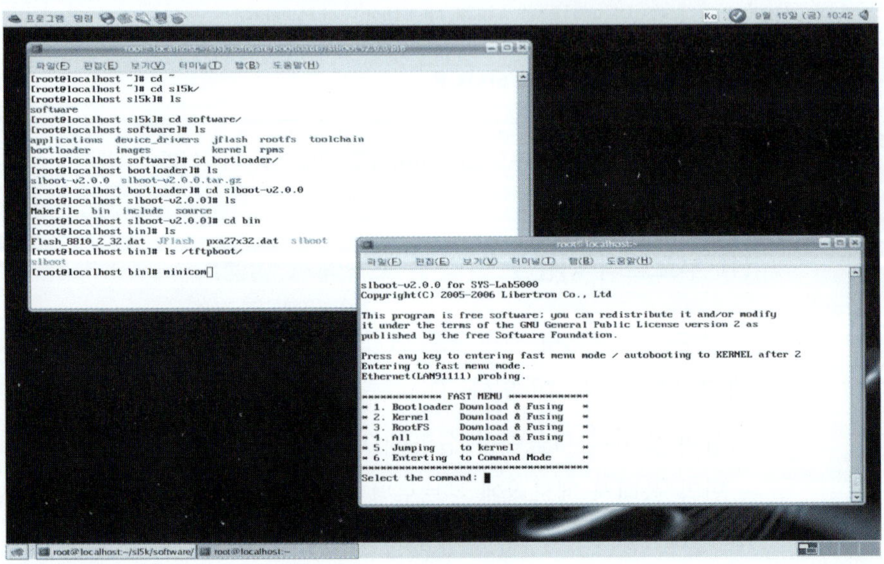

[그림 6-27] ▶ **호스트에서 미니컴 실행 전체 화면**

① SYS-Lab 5000의 터미널 화면을 보기 위해 미니컴을 [그림 6-28]처럼 실행시킨다.

```
☞ minicom        // 미니컴 실행
```

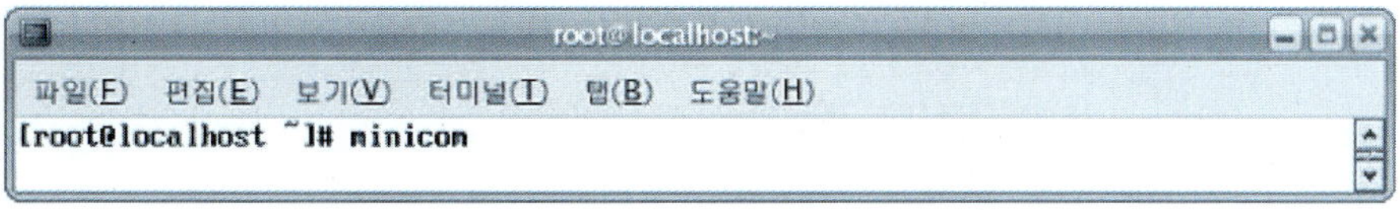

[그림 6-28] ▶ 미니컴 실행

② 미니컴이 실행된 상태에서 SYS-Lab 5000의 전원을 켜거나 리셋 버튼을 눌러 SYS-Lab 5000을 동작시키면 [그림 6-29]와 같은 부트로더 동작 화면을 볼 수 있다.

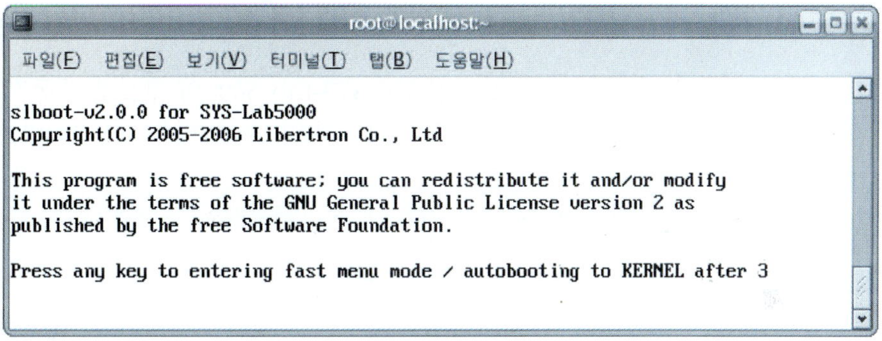

[그림 6-29] ▶ SYS-Lab 5000 부트로더 실행

③ 부트로더가 동작하게 되면 아무 키나 눌러 부트로더 메뉴로 들어간 후 '6'번을 입력하여 부트로더 명령어 모드로 들어간다.

```
☞ 6    // 부트로더 명령어 입력모드 진입
```

```
root@localhost:~
파일(F) 편집(E) 보기(V) 터미널(T) 탭(B) 도움말(H)

slboot-v2.0.0 for SYS-Lab5000
Copyright(C) 2005-2006 Libertron Co., Ltd

This program is free software; you can redistribute it and/or modify
it under the terms of the GNU General Public License version 2 as
published by the free Software Foundation.

Press any key to entering fast menu mode / autobooting to KERNEL after 3
Entering to fast menu mode.
Ethernet(LAN91111) probing.

************* FAST MENU *************
* 1. Bootloader Download & Fusing    *
* 2. Kernel     Download & Fusing    *
* 3. RootFS     Download & Fusing    *
* 4. All        Download & Fusing    *
* 5. Jumping    to kernel            *
* 6. Enterting  to Command Mode      *
*************************************
Select the command: 6
Entering command mode.
You can "help" command to get a list of commands.
[slboot] █
```

[그림 6-30] ▶ 부트로더 초기화면 및 명령 프롬포트

④ 'tftp' 명령을 통해 부트로더 이미지를 다운로드받는다. 이 때 먼저 'bootp' 를 수행해야 하지만 slboot에서는 tftp 실행시 bootp가 실행된 적이 없으면(IP을 할당받지 못했을 때) 자동으로 bootp를 수행하고 난 후 tftp 명령을 수행한다. Tftp의 인수는 첫 번째가 다운로드받을 파일, 두 번째가 다운로드받을 영역을 의미한다.

> ☞ tftp slboot boot // tftp 이용한 부트로더 다운로드
> ↑ [전송 받을 영역 : boot는 부트 영역을 뜻한다]
> [TFTP로 호스트 PC에서 전송받을 파일 이름]

```
root@localhost:~
파일(F) 편집(E) 보기(V) 터미널(T) 탭(B) 도움말(H)

[slboot] tftp slboot boot
no ip, running bootp
SYS-Lab5000 mac address is 00:0f:4c:00:00:10

Host(localhost.localdomain)        ip address is (192.168.1.5)
Target(SYS-Lab5000) ip address is (192.168.1.50)

Starting tftp...

Requesting filename is (slboot)
Starting download    at (0xA0000000)

28800 bytes received.

[slboot] █
```

[그림 6-31] ▶ tftp를 이용한 부트로더 다운로드

⑤ 다운로드가 완료되었으면 'flash' 명령을 통해 플래시 메모리에 퓨징을 할 수 있다. 인수는 퓨징을 할 영역을 가리킨다.

```
☞ flash boot            // 다운받은 부트로더를 플래시 메모리에 기록
```

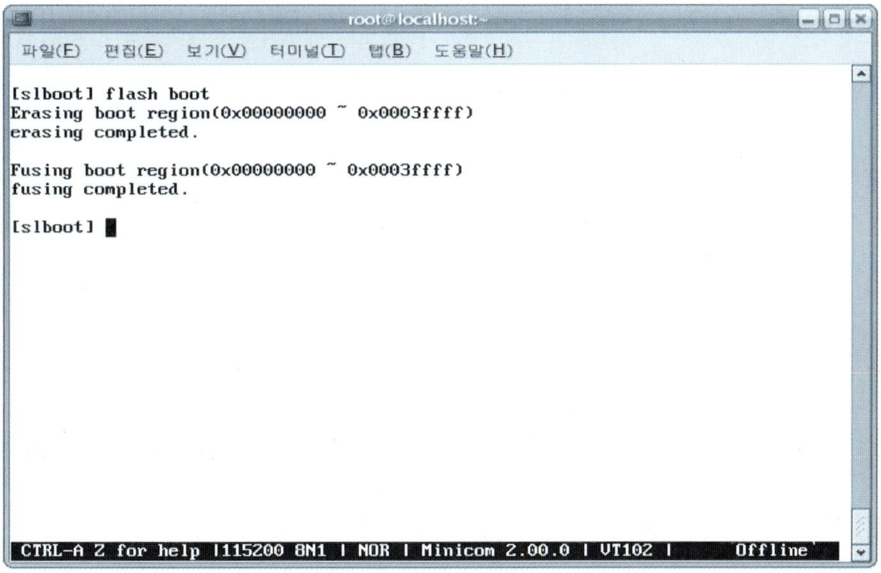

[그림 6-32] ▶ 부트로더를 플래시 메모리에 기록

Tip

▪ 플래시 메모리의 특성

플래시 메모리는 특성상 데이터를 기록할 때 데이터를 지우고 새로 기록하는 방식을 사용한다. 플래시 메모리에 데이터를 기록할 때에는 AND 연산을 통하여 기록을 하기 때문이다. 따라서 AND 연산으로 데이터를 기록하는 특성상 데이터를 플래시 메모리에 기록하기 위해서는 플래시 메모리의 데이터 값을 1로 초기화해 준 후 써줘야 올바른 데이터가 기록이 되게 된다. 따라서, 부트로더는 맨 처음 기록할 플래시 메모리의 데이터를 1로 초기화시켜주는 작업을 수행한 후, 부트로더 이미지를 기록하게 된다.

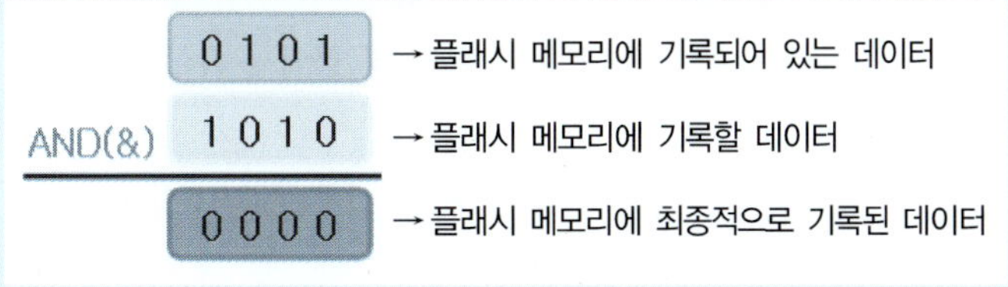

[그림 6-33] ▶ 플래시 메모리를 초기화하지 않고 기록했을 경우

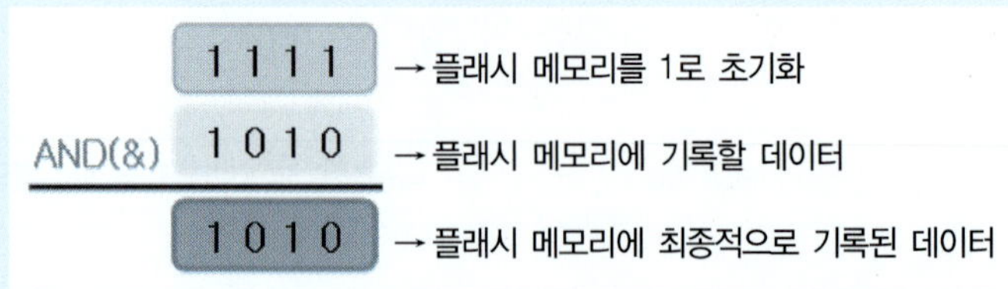

[그림 6-33] ▶ **플래시 메모리에 정상적으로 기록된 경우**

※ slboot에서는 위의 절차를 한번에 수행할 수 있도록 해준다. 바로 부트로더 메뉴에서 1번을 누르면 위의 절차를 한 번에 수행할 수 있다.

☞ 1 // 부트로더 다운로드 및 퓨징

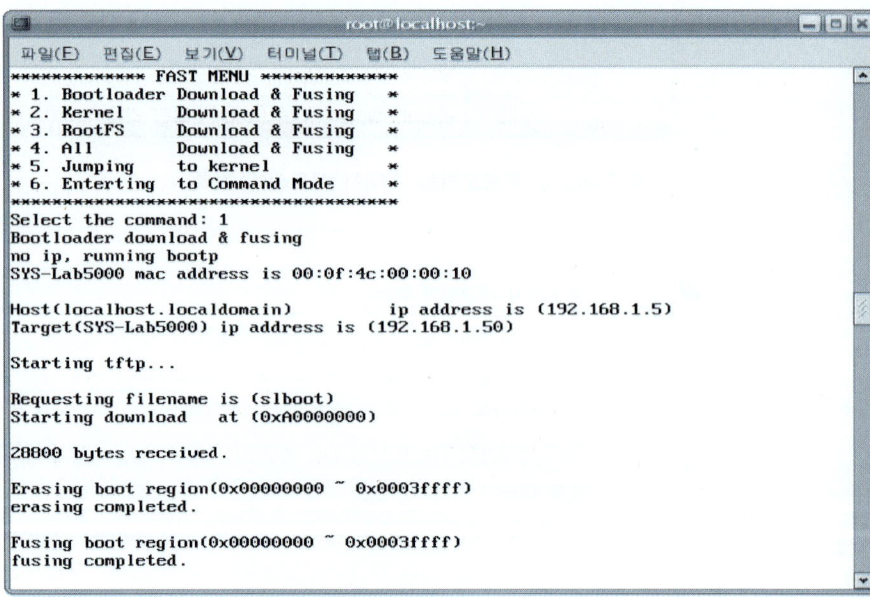

[그림 6-34] ▶ **부트로더 전송 및 플래시 퓨징**

※ 자세한 부트로더 명령어의 사용법은 7장에서 자세히 설명하였다.

Tip

■ **부트로더 명령어(Bootloader Command)**

slboot에서 사용할 수 있는 명령어는 아래와 같다. 각 명령어의 자세한 설명과 사용법은 'help 〈command〉'를 통해 확인할 수 있다.

자세한 설명은 7장을 참조한다.

〈표 6-1〉 부트로더 명령어

Command	Usage	Description
help	slboot〉 help	도움말 출력 / 명령어 상세 도움말
reboot	slboot〉 reboot	0x00000000으로 제어를 옮김(소프트리셋)
boot	slboot〉 boot	SDRAM의 커널이 위치한 지점으로 제어를 옮김(커널부팅)
flash	slboot〉 flash {boot/kernel/root}	SDRAM으로 다운로드받은 파일을 플래시 메모리로 fusing
erase	slboot〉 erase {region}	플래시 메모리의 특정 영역을 삭제
bootp	slboot〉 bootp	Bootp서버로부터 타깃 보드의 IP 받아옴
tftp	slboot〉 tftp {filename} {region}	tftp 서버로부터 이미지파일을 SDRAM으로 다운로드
read	slboot〉 read {type} {addr}	메모리의 특정 영역의 데이터를 읽어 옴
write	slboot〉 write {type} {addr}	특정 값을 지정한 메모리 영역으로 씀
status	slboot〉 status	타깃 보드의 현재 상태 출력
clear	slboot〉 clear	현재 스크린을 초기화

☞ {type} : c(char), s(short), l(long)

{region} : boot(Bootloader 영역)

kernel(Kernel 영역)

root (rootfs 영역)

{addr} : 타깃 어드레스

6.3 커 널

1) 커널의 역할

커널(Kernel)은 시스템의 운용을 담당하는 운영체제이다. 커널은 크게 말해서 시스템 자원을 관리하는 관리자 역할을 하게 된다. 응용에게 자원에 대한 서비스를 제공하며 메모리, 디스크, 터미널, 네트워크 관리 같은 물리적인 개념의 자원을 관리하며 태스크, 세그먼트/페이지, 파일, 드라이버, 프로토콜 같은 추상적인 개념의 자원을 관리한다. SYS-Lab 5000에서는 기능성과 확장성이 우수한 리눅스 커널을 포함하고 있다. 이 장에서는 SYS-Lab 5000에 적용되는 커널 소스를 직접 컴파일하여 다운로드해보도록 하겠다.

(1) 커널 컴파일(호스트PC에서 실행)

커널 컴파일은 그 동안 보았던 컴파일 방법과 동일하다. 다만 커널 버전 2.4.x에서는 'make zImage' 명령을 통해 컴파일했었지만 커널 2.6.x 버전부터는 'make' 명령만으로도 컴파일이 가능하다.

[그림 6-35]는 커널을 컴파일하는 순서이다.

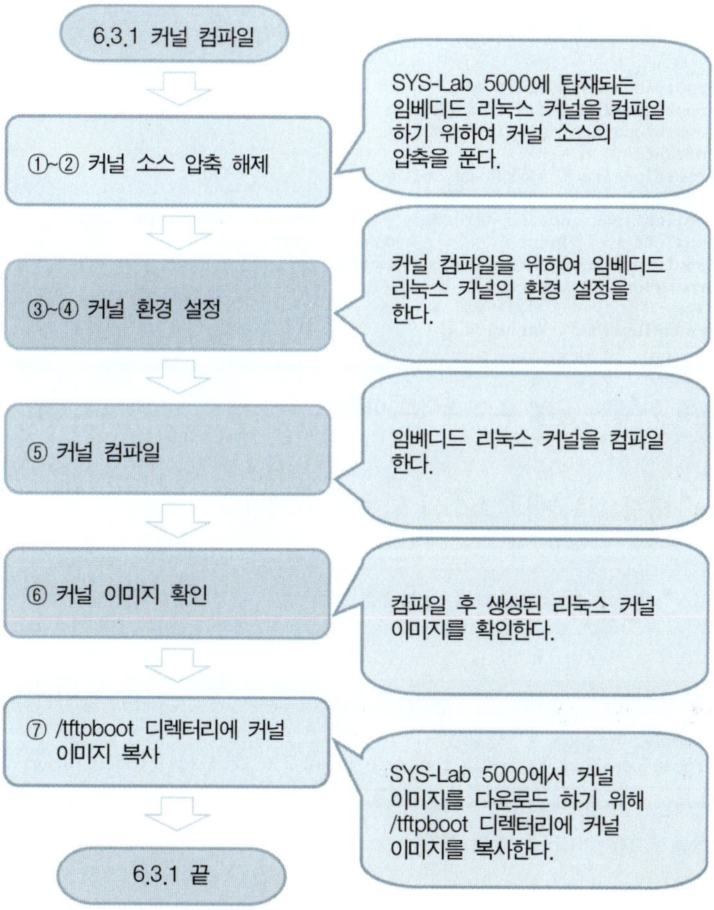

[그림 6-35] ▶ **커널 컴파일 순서도**

① 먼저 커널 소스가 존재하는 디렉터리로 이동한다. 위치는 sl5k/software/kernel/이다.

```
☞ cd ~                   // 홈 디렉터리로 이동
☞ cd sl5k                // sl5k/ 디렉터리로 이동
☞ ls                     // 목록 확인
☞ cd software            // software/ 디렉터리로 이동
☞ ls                     // 목록 확인
☞ cd kernel              // SYS-Lab 5000 커널 소스 디렉터리
☞ ls                     // 목록 확인
```

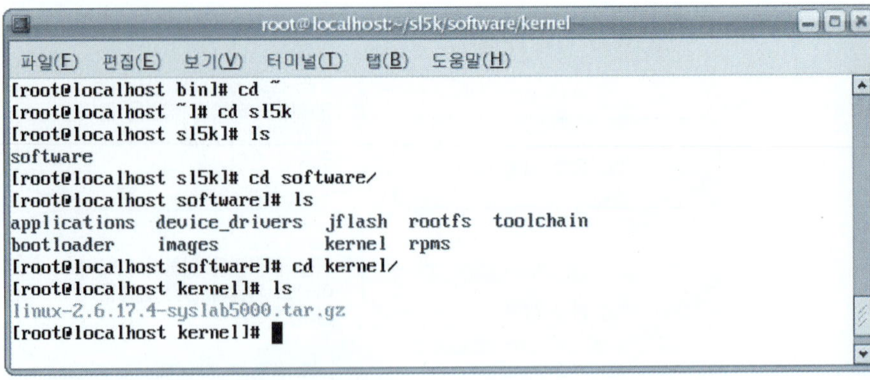

[그림 6-36] ▶ 커널 소스 폴더로 이동

② 'tar' 명령으로 커널 소스의 압축을 해제한다.

```
☞ tar xvzf linux-2.6.17.4-syslab5000.tar.gz          // 커널 압축 해제
```

[그림 6-37] ▶ 커널 압축 해제

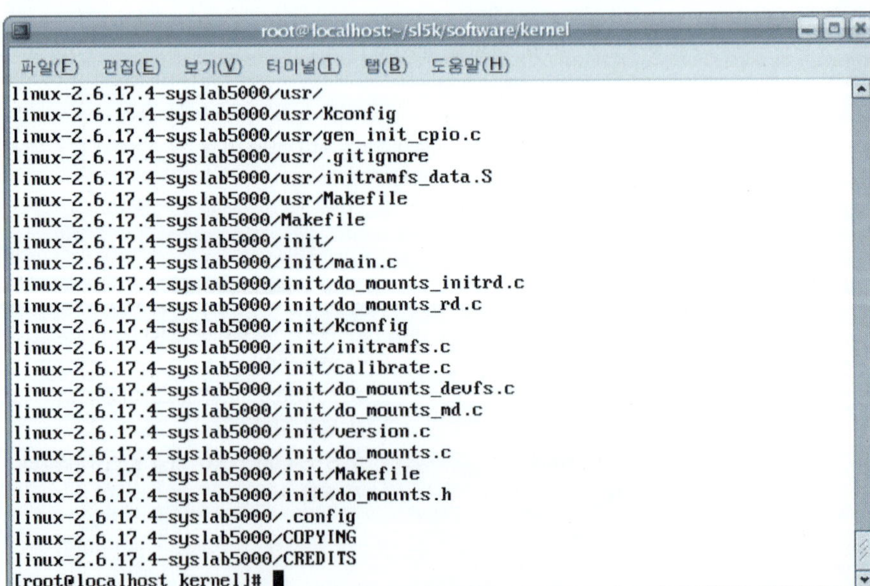

[그림 6-38] ▶ 커널 압축 해제 화면

③ 생성된 디렉터리로 이동한 후 SYS-Lab 5000 설정을 적용시키기 위해 다음과 같은 명령을 입력한다.

☞ ls	// 목록 확인
☞ cd linux-2.6.17.4-syslab5000	// 커널 소스 폴더로 이동
☞ ls	// 목록 확인
☞ make syslab5000_defconfig	// SYS-Lab 5000 설정파일 적용

```
root@localhost:~/sl5k/software/kernel/linux-2.6.17.4-syslab5000
파일(F) 편집(E) 보기(V) 터미널(T) 탭(B) 도움말(H)
[root@localhost kernel]# ls
linux-2.6.17.4-syslab5000  linux-2.6.17.4-syslab5000.tar.gz
[root@localhost kernel]# cd linux-2.6.17.4-syslab5000
[root@localhost linux-2.6.17.4-syslab5000]# ls
COPYING        MAINTAINERS     REPORTING-BUGS  crypto   init    mm        sound
CREDITS        Makefile        TAGS            drivers  ipc     net       usr
Documentation  Module.symvers  arch            fs       kernel  scripts
Kbuild         README          block           include  lib     security
[root@localhost linux-2.6.17.4-syslab5000]# make syslab5000_defconfig
```

[그림 6-39] ▶ SYS-Lab 5000 설정 파일 적용

※ 리눅스 커널 2.6은 기존 리눅스 2.4 커널과 달리 ARM 프로세서를 위한 여러 가지 패치를 해줘야 할 필요가 없다. 커널 2.6과 2.4의 차이점에 대해서 8장에서 더 자세히 설명하였다.

```
root@localhost:~/sl5k/software/kernel/linux-2.6.17.4-syslab5000
파일(F) 편집(E) 보기(V) 터미널(T) 탭(B) 도움말(H)
  Twofish cipher algorithm (CRYPTO_TWOFISH) [N/m/y/?] (NEW) n
  Serpent cipher algorithm (CRYPTO_SERPENT) [N/m/y/?] (NEW) n
  AES cipher algorithms (CRYPTO_AES) [N/m/y/?] (NEW) n
  CAST5 (CAST-128) cipher algorithm (CRYPTO_CAST5) [N/m/y/?] (NEW) n
  CAST6 (CAST-256) cipher algorithm (CRYPTO_CAST6) [N/m/y/?] (NEW) n
  TEA, XTEA and XETA cipher algorithms (CRYPTO_TEA) [N/m/y/?] (NEW) n
  ARC4 cipher algorithm (CRYPTO_ARC4) [N/m/y/?] (NEW) n
  Khazad cipher algorithm (CRYPTO_KHAZAD) [N/m/y/?] (NEW) n
  Anubis cipher algorithm (CRYPTO_ANUBIS) [N/m/y/?] (NEW) n
  Deflate compression algorithm (CRYPTO_DEFLATE) [N/m/y/?] (NEW) n
  Michael MIC keyed digest algorithm (CRYPTO_MICHAEL_MIC) [N/m/y/?] (NEW) n
  CRC32c CRC algorithm (CRYPTO_CRC32C) [N/m/y/?] (NEW) n
  Testing module (CRYPTO_TEST) [N/m/y/?] (NEW) n
*
* Hardware crypto devices
*
*
* Library routines
*
CRC-CCITT functions (CRC_CCITT) [N/m/y/?] n
CRC16 functions (CRC16) [N/m/y/?] (NEW) n
CRC32 functions (CRC32) [Y/?] y
CRC32c (Castagnoli, et al) Cyclic Redundancy-Check (LIBCRC32C) [N/m/y/?] n
[root@localhost linux-2.6.17.4-syslab5000]#
```

[그림 6-40] ▶ 의존성 체크 화면

제 6 장

④ 'make menuconfig' 명령을 입력하여 SYS-Lab 5000에 적용된 설정을 확인한다. 자세한 내용은 아래에서 설명한다. 대충 살펴본 후, 〈ESC〉 키를 누른 후 방향키로 〈Exit〉 단추를 누르고 설정을 저장하고 빠져나온다.

☞ make menuconfig // 커널 컴파일 옵션 설정

[그림 6-41] ▶ 커널 환경 설정

※ menuconfig의 자세한 사용법은 8장에서 상세히 설명하였고 이 장에서는 커널 컴파일을 위한 절차 위주로 설명을 진행한다.

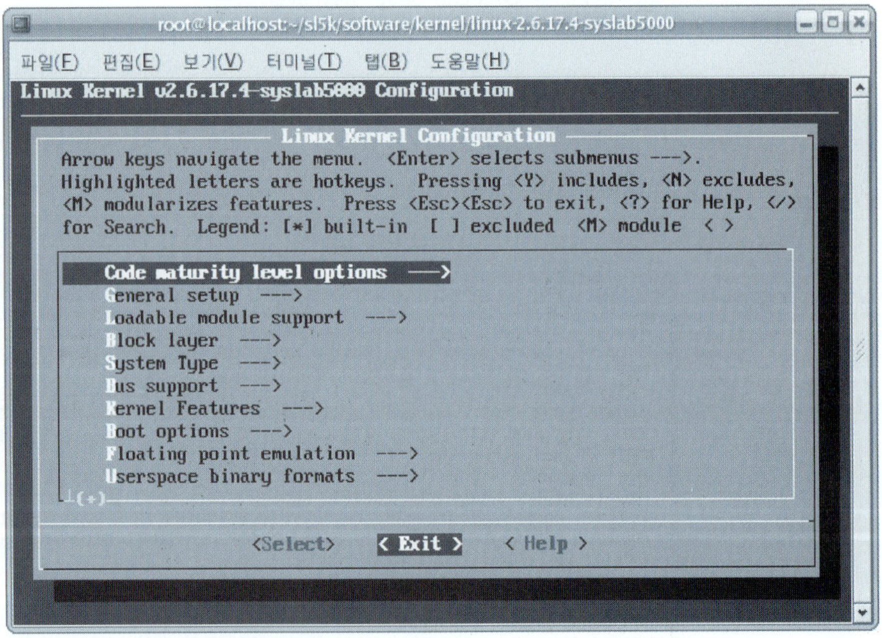

[그림 6-42] ▶ 커널 환경 설정시 나오는 화면

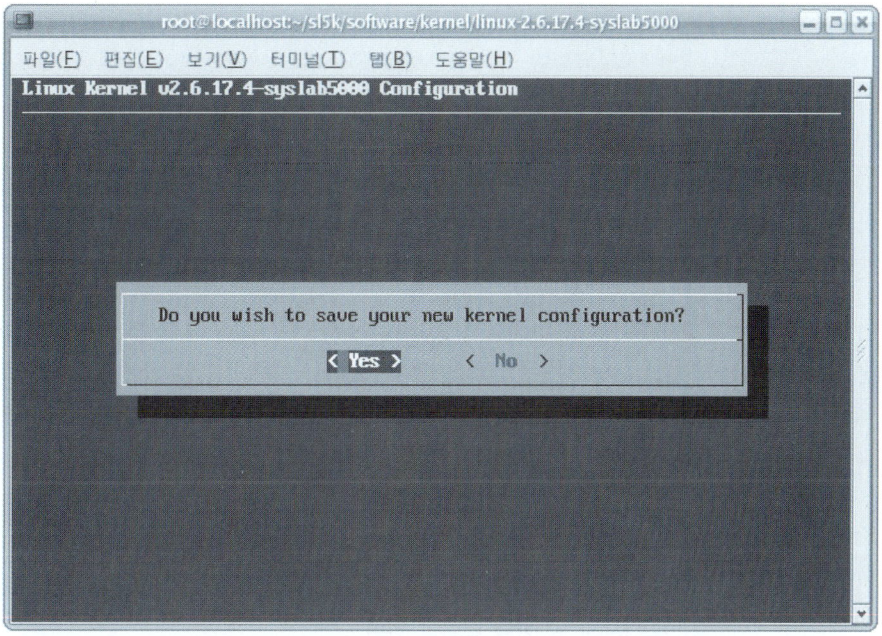

[그림 6-43] ▶ 커널 환경 설정 종료시 나오는 화면

⑤ 'make' 명령으로 커널을 컴파일한다.

```
☞ make          // 커널 컴파일 실행
```

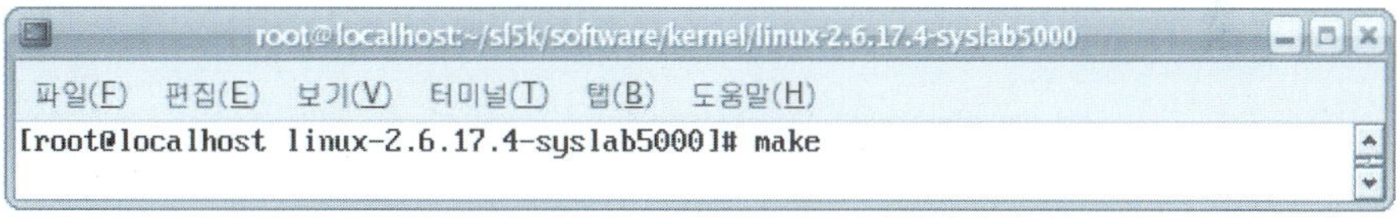

[그림 6-44] ▶ 커널 컴파일 실행

```
root@localhost:~/sl5k/software/kernel/linux-2.6.17.4-syslab5000
파일(F) 편집(E) 보기(V) 터미널(T) 탭(B) 도움말(H)
  HOSTCC  scripts/mod/modpost.o
  HOSTCC  scripts/mod/sumversion.o
  HOSTLD  scripts/mod/modpost
  HOSTCC  scripts/kallsyms
  HOSTCC  scripts/pnmtologo
  HOSTCC  scripts/conmakehash
  CC      init/main.o
  CHK     include/linux/compile.h
  UPD     include/linux/compile.h
  CC      init/version.o
  CC      init/do_mounts.o
  LD      init/mounts.o
  CC      init/initramfs.o
  CC      init/calibrate.o
  LD      init/built-in.o
  HOSTCC  usr/gen_init_cpio
  GEN     usr/initramfs_data.cpio.gz
  AS      usr/initramfs_data.o
  LD      usr/built-in.o
  CC      arch/arm/kernel/compat.o
  AS      arch/arm/kernel/entry-armv.o
  AS      arch/arm/kernel/entry-common.o
  CC      arch/arm/kernel/irq.o
```

[그림 6-45] ▶ 커널 컴파일 화면

⑥ 리눅스 커널의 컴파일 시간은 매우 오래 걸리기 때문에 CTRL+C 키를 눌러서 중단한다. 이미 컴파일이 완료되어 있는 리눅스 커널 이미지는 /sl5k/software/images 디렉터리에 위치해 있다.

☞ [CTRL]+[C]　　// 커널 컴파일 중단

```
root@localhost:~/sl5k/software/kernel/linux-2.6.17.4-syslab5000
파일(F) 편집(E) 보기(V) 터미널(T) 탭(B) 도움말(H)
  CC      arch/arm/mach-pxa/time.o
  CC      arch/arm/mach-pxa/pxa27x.o
  CC      arch/arm/mach-pxa/syslab5000.o
  CC      arch/arm/mach-pxa/sram.o
  LD      arch/arm/mach-pxa/built-in.o
  CC      arch/arm/nwfpe/fpa11.o
  CC      arch/arm/nwfpe/fpa11_cpdo.o
  CC      arch/arm/nwfpe/fpa11_cpdt.o
  CC      arch/arm/nwfpe/fpa11_cprt.o
  CC      arch/arm/nwfpe/fpmodule.o
  CC      arch/arm/nwfpe/fpopcode.o
  CC      arch/arm/nwfpe/softfloat.o
  CC      arch/arm/nwfpe/single_cpdo.o
  CC      arch/arm/nwfpe/double_cpdo.o
  AS      arch/arm/nwfpe/entry.o
  LD      arch/arm/nwfpe/nwfpe.o
  LD      arch/arm/nwfpe/built-in.o
  CC      kernel/sched.o
  CC      kernel/fork.o
make[1]: *** [kernel/fork.o] 인터럽트
make: *** [kernel] 인터럽트

[root@localhost linux-2.6.17.4-syslab5000]#
```

[그림 6-46] ▶ 커널 컴파일 중단 화면

⑦ 컴파일이 완료되어 있는 리눅스 커널이미지를 /tftpboot로 복사한다. 복사할 때는 'cp' 명령어를 사용한다.

```
☞ cd ~                          // 홈 디렉터리로 이동
☞ cd sl5k                       // sl5k/ 디렉터리로 이동
☞ ls                            // 목록 확인
☞ cd software                   // software/ 디렉터리로 이동
☞ ls                            // 목록 확인
☞ cd images                     // images/ 디렉터리로 이동
☞ ls                            // 컴파일 된 리눅스 커널 이미지 확인
☞ cp zImage /tftpboot/          // 커널 이미지 복사
☞ ls /tftpboot/                 // 복사된 커널 이미지 확인
```

```
root@localhost:~/sl5k/software/images
파일(F) 편집(E) 보기(V) 터미널(T) 탭(B) 도움말(H)
[root@localhost ~]# cd ~
[root@localhost ~]# cd sl5k/
[root@localhost sl5k]# ls
software
[root@localhost sl5k]# cd software/
[root@localhost software]# ls
applications  device_drivers  jflash  rootfs  toolchain
bootloader    images          kernel  rpms
[root@localhost software]# cd images/
[root@localhost images]# ls
Flash_8810_2_32.dat  JFlash  pxa27x32.dat  rootfs.img  slboot  zImage
[root@localhost images]# cp zImage /tftpboot/
[root@localhost images]# ls /tftpboot/
slboot  zImage
[root@localhost images]#
```

[그림 6-47] ▶ 리눅스 커널 이미지 복사

※ 만약 리눅스 커널을 컴파일을 끝냈고 에러 없이 컴파일이 완료되면 arch/arm/boot에 zImage라는 커널 이미지가 생성된다. 이 이미지를 SYS-Lab 5000보드에 다운로드받으면 된다.

```
☞ ls arch/arm/boot/          // 컴파일된 리눅스 커널 이미지 확인
```

```
root@localhost:~/sl5k/software/kernel/linux-2.6.17.4-syslab5000
파일(F) 편집(E) 보기(V) 터미널(T) 탭(B) 도움말(H)
[root@localhost linux-2.6.17.4-syslab5000]# ls arch/arm/boot/
Makefile  bootp  compressed  install.sh  zImage
[root@localhost linux-2.6.17.4-syslab5000]#
```

[그림 6-48] ▶ 컴파일이 완료된 리눅스 커널 이미지

※ arm/arm/boot/zImage 를 /tftpboot 로 복사한다. 복사할 때는 'cp' 명령어를 사용한다.

```
☞ cp arch/arm/boot/zImage /tftpboot/  // 커널 이미지 복사
```

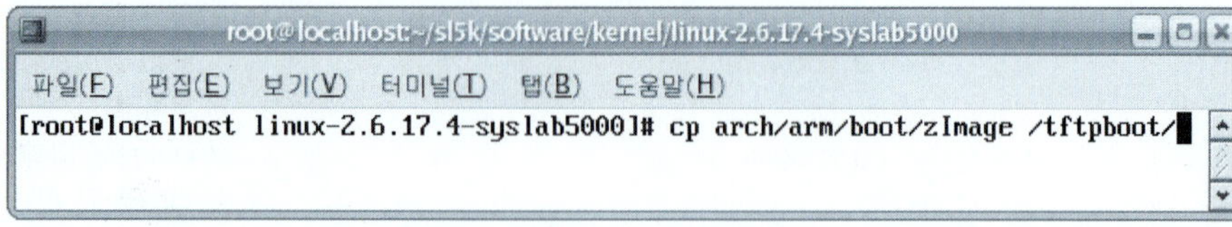

[그림 6-49] ▶ **커널 이미지 복사**

(2) 커널 다운로드(타깃 보드에서 실행)

리눅스 커널과 뒤에서 설명할 루트 파일 시스템의 경우 용량이 크기 때문에 앞서 설명한 JTAG를 통해 SYS-Lab 5000에 전송하는 방법은 시간이 오래 걸린다. 따라서 커널과 루트 파일 시스템은 부트로더에서 TFTP를 이용하여 전송을 하도록 한다.

커널을 다운로드받기 위해서는 생성된 zImage 파일을 /tftpboot로 복사한 후 boot/tftp를 통하여 다운로드받아 퓨징하면 된다. 커널 이미지는 커널을 압축한 것으로 부트로더에 의해 압축이 해제되어 SDRAM으로 로드된다. 시스템의 저장 공간을 최소한으로 사용하기 위한 목적으로 압축 상태로 존재한다.

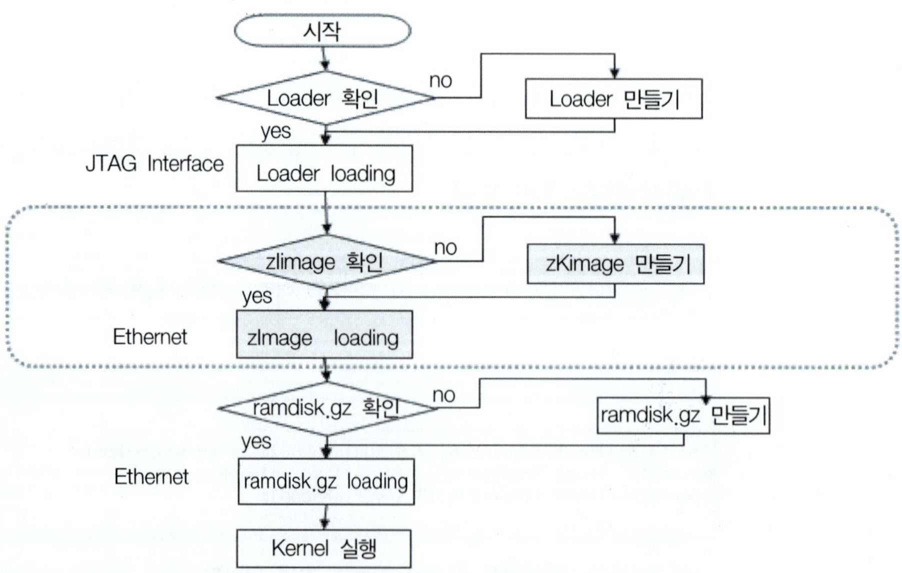

[그림 6-50] ▶ **커널의 실행구조(커널 이메지)**

[그림 6-51]은 커널 이미지를 SYS-Lab 5000에 퓨징하는 순서이다.

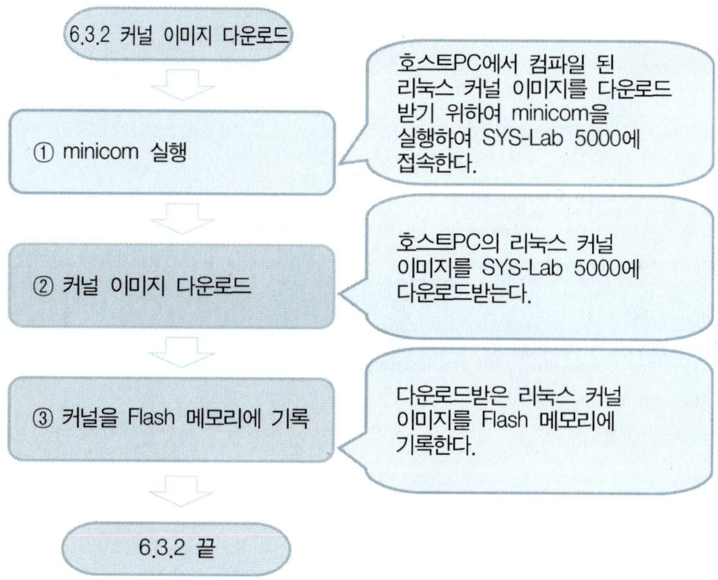

[그림 6-51] ▶ **커널 이미지 다운로드 순서도**

① 'minicom'을 실행시킨 후 보드의 전원을 켜고 부트로더 메뉴가 나오면 '6'번을 입력하여 부트로더 명령어 모드로 들어간다.

☞ 6   // 부트로더 명령어 입력모드 진입

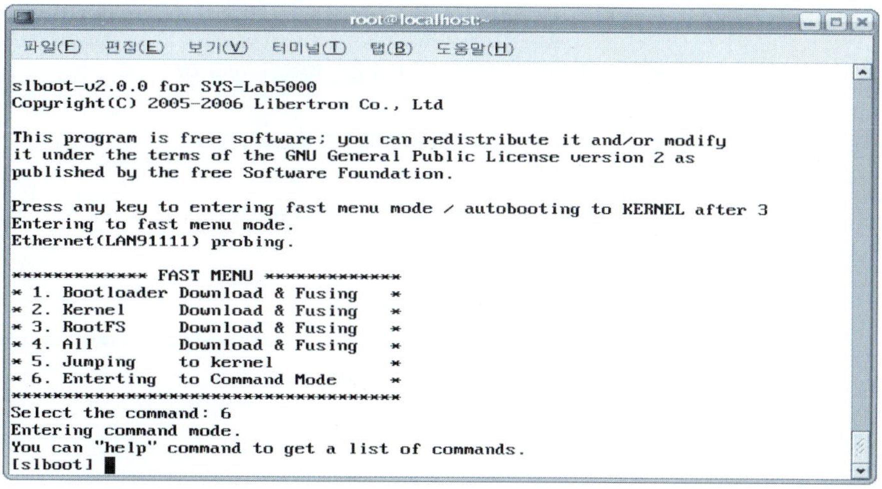

[그림 6-52] ▶ **부트로더의 명령어 모드**

② 'tftp' 명령을 통해 커널 이미지인 zImage 파일을 다운로드받는다.

☞ tftp zImage Kernel // 리눅스 커널 다운로드

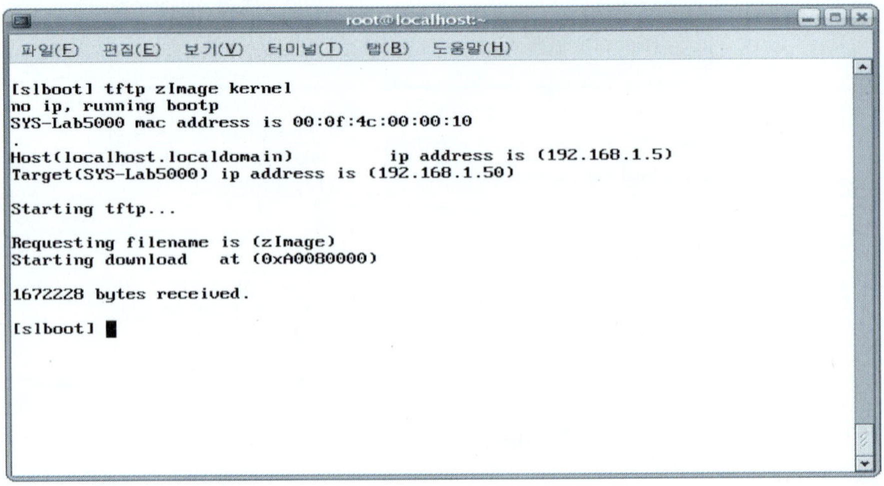

[그림 6-53] ▶ tftp를 통한 커널 이미지 다운로드

③ 다운로드받은 이미지를 'flash' 명령을 통해 플래시 메모리의 커널 영역으로 fusing한다.

☞ flash kernel // 플래시에 전송된 커널 이미지 기록

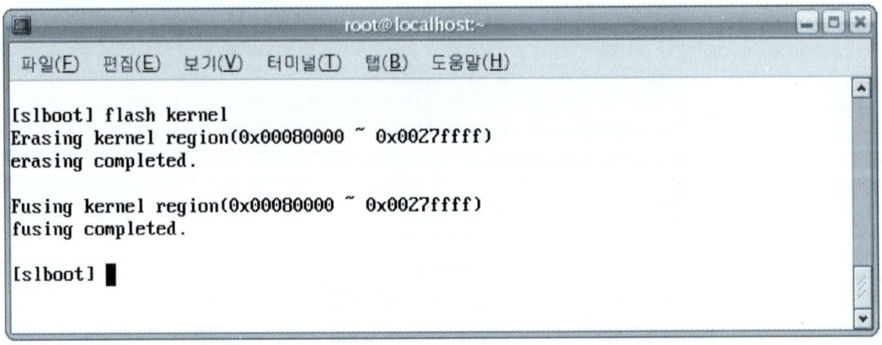

[그림 6-54] ▶ 플래시에 커널 이미지 기록

※ 부트로더 메뉴에서 '2'번을 입력하면 위의 과정을 한 번에 수행할 수 있다.

☞ 2 // 리눅스 커널 다운로드 및 퓨징

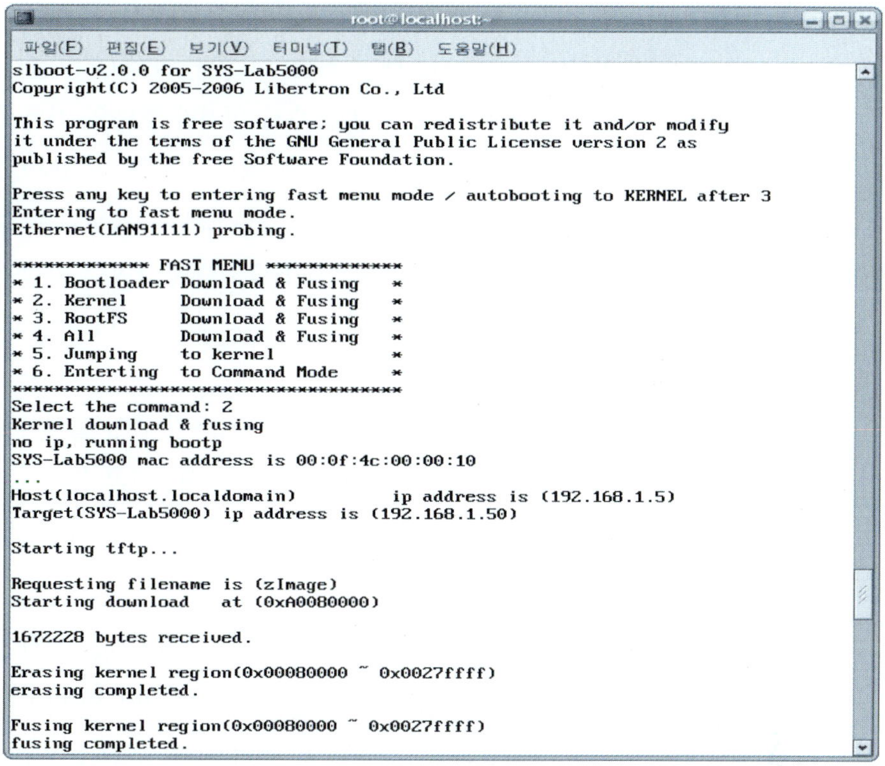

```
root@localhost:~
파일(F) 편집(E) 보기(V) 터미널(T) 탭(B) 도움말(H)
slboot-v2.0.0 for SYS-Lab5000
Copyright(C) 2005-2006 Libertron Co., Ltd

This program is free software; you can redistribute it and/or modify
it under the terms of the GNU General Public License version 2 as
published by the free Software Foundation.

Press any key to entering fast menu mode / autobooting to KERNEL after 3
Entering to fast menu mode.
Ethernet(LAN91111) probing.

************* FAST MENU *************
* 1. Bootloader Download & Fusing    *
* 2. Kernel     Download & Fusing    *
* 3. RootFS     Download & Fusing    *
* 4. All        Download & Fusing    *
* 5. Jumping    to kernel            *
* 6. Enterting  to Command Mode      *
**************************************
Select the command: 2
Kernel download & fusing
no ip, running bootp
SYS-Lab5000 mac address is 00:0f:4c:00:00:10
...
Host(localhost.localdomain)         ip address is (192.168.1.5)
Target(SYS-Lab5000) ip address is (192.168.1.50)

Starting tftp...

Requesting filename is (zImage)
Starting download     at (0xA0080000)

1672228 bytes received.

Erasing kernel region(0x00080000 ~ 0x0027ffff)
erasing completed.

Fusing kernel region(0x00080000 ~ 0x0027ffff)
fusing completed.
```

[그림 6-55] ▶ 커널 전송 및 기록 자동 수행

제 6 장

6.4 파일 시스템

1) 파일 시스템의 역할

파일 시스템(file system)은 파일과 그 안에 든 자료를 저장하고 찾기 쉽도록 유지 관리하는 방법이다. 파일 시스템은 하드디스크나 CD-ROM, 플래시 메모리와 같은 물리적 저장공간을 저장장치로 활용할 수도 있지만, NFS와 같은 파일 시스템에서는 네트워크 상에 존재하는 파일에 접근하기 위한 가상적 인터페이스인 경우도 있다.

파일 시스템은 크게 디스크, 네트워크, 그리고 특수 용도의 파일 시스템으로 분류할 수 있다. 잘 알려진 파일 시스템으로 FAT, NTFS, EXT2, ISO9660 등이 있다. 타깃 보드의 파일 시스템은 사양에 따라 다양한 선택이 가능하다. 즉 Ramdisk, JFFS, JFFS2, Cramfs, Ramfs 등이 있다.

SYS-Lab 5000은 임베디드 시스템으로서 디스크가 없이 플래시 메모리를 디스크처럼 사용하는 MTD기반의 JFFS2 파일 시스템을 제공하고 있다.

2) 램디스크

램디스크(Ramdisk)는 별도의 물리적 저장 장치가 없이 메모리의 한 부분을 할당하여 컴퓨터의 하드디스크처럼 사용가능 하도록 한 것이다. 별도의 디스크 저장 공간이 없는 임베디드 보드에서 루트 파일 시스템으로 이러한 램디스크를 보편적으로 사용한다.

램디스크의 성질은 RAM이 휘발성이므로 전원을 차단시키면 모든 데이터가 사라지고 RAM에서 동작하므로 빠른 실행이 가능하고 압축방법(gzip)을 이용하므로 용량을 효율적으로 사용할 수 있다.

3) JFFS2

JFFS2(Journalling Flash File System v2)는 디스크가 없는 임베디드 시스템에서의 사용을 목표로 한 저널링 파일 시스템 JFFS의 2세대 버전이다. 이것은 이전 버전에 비해 압축률을 향상시켰으며, 하드링크(hard link, symbolic link의 반대)를 지원한다. 이것은 일반적인 블록 장치(예 하드디스크)에서는 사용할 수 없으며, 'MTD' 장치에서만 사용할 수 있다. JFFS2의 자세한 설명은 다음 사이트에서 확인할 수 있다.

http://sources.redhat.com/jffs2

4) 빌딩 JFFS2 파일 시스템(Building JFFS2 File system)

루트 파일 시스템 (Root file system)이미지는 커널을 제외한 리눅스가 동작하기 위한 여러 가지 파일들을 담고 있으며, 운영체제가 사용할 수 있는 물리적 저장 공간을 제공해 주는 파일을 말한다. 루트 파일 시스템에는 커널이 동작하기 위한 공간과 library, util 등이 포함된다.

리눅스의 루트 파일 시스템의 이미지를 생성하기 위해서는 압축되어 있는 루트 파일 시스템의 압축을 해제하고 루트 파일 시스템을 SYS-Lab 5000에서 사용하는 JFFS2 이미지 형식으로 변환해야한다.

그리고 SYS-Lab 5000에서 루트 파일 시스템 이미지를 다운받기 위해 /tftpboot 디렉터리에 루트 파일 시스템 이미지를 복사한다.

[그림 6-56]은 루트 파일 시스템의 JFFS2 형식의 이미지를 생성하는 순서이다.

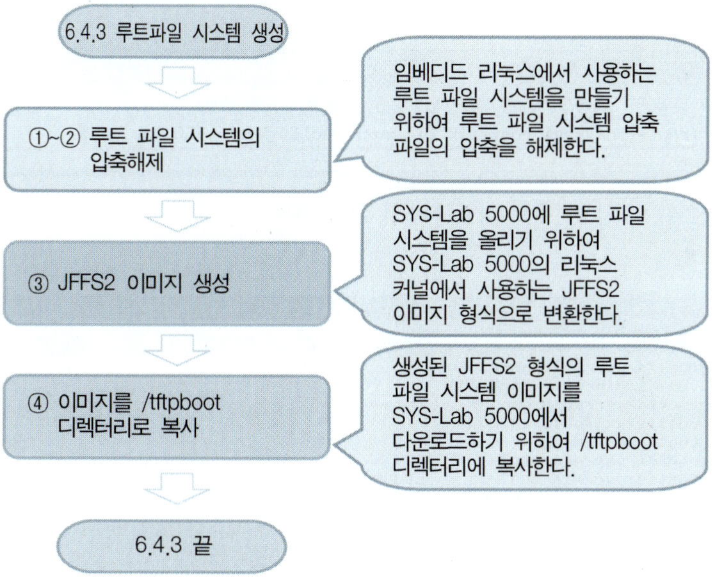

[그림 6-56] ▶ **루트 파일 시스템 생성 순서도**

① 파일 시스템이 존재하는 디렉터리로 이동한다. 디렉터리 안에는 압축된 파일 시스템 파일과 JFFS2 이미지를 생성하는 유틸리티, 그리고 쉘 스크립트 파일이 하나 존재한다.

제 6 장

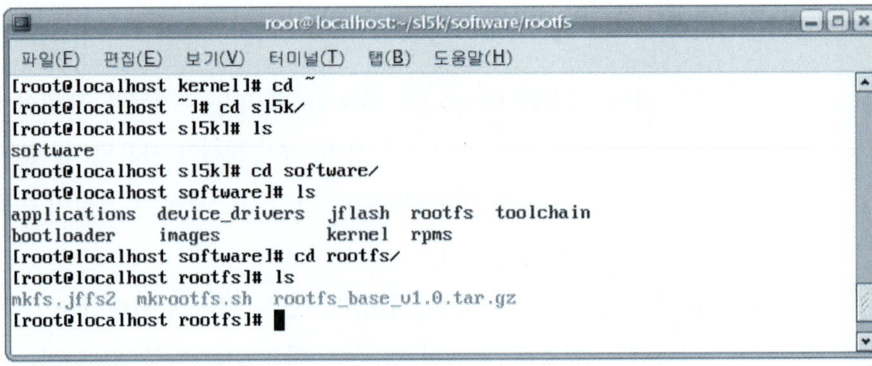

[그림 6-57] ▶ 루트 파일 시스템 폴더로 이동

② 'tar' 명령으로 루트파일 시스템의 압축을 해제한다.

```
☞ tar zxvf rootfs_base_v1.0.tar.gz        // 루트 파일 시스템 압축 해제
☞ ls                                      // 목록 확인
```

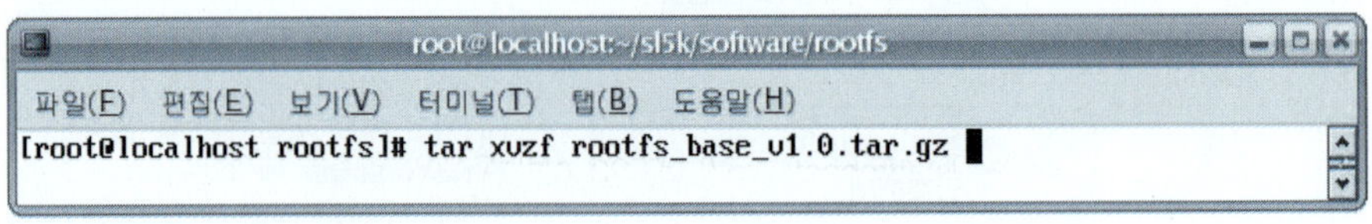

[그림 6-58] ▶ 루트 파일 시스템 압축 해제

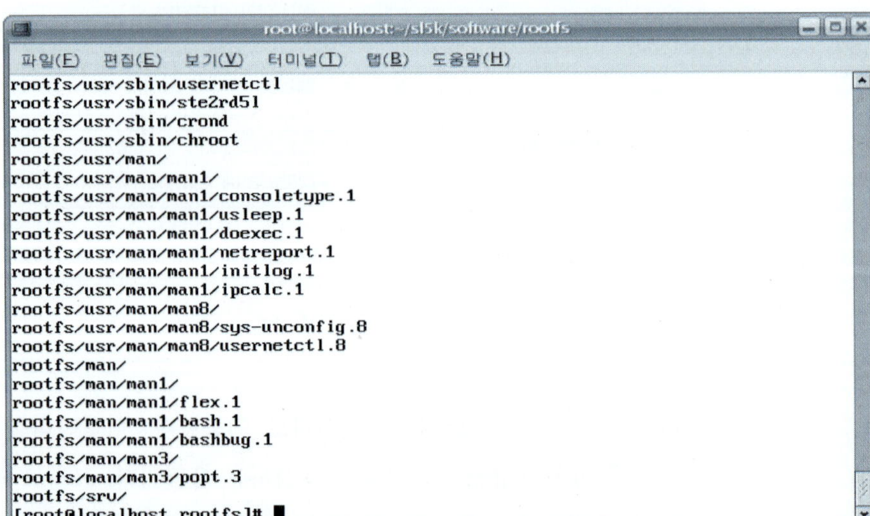

[그림 6-59] ▶ 루트 파일 시스템 압축 해제 완료 화면

③ 쉘 스크립트를 통해 jffs2 이미지를 생성한다. 쉘 스크립트는 jffs2 타입의 루트 파일 시스템을 생성한 후, 생성된 이미지를 /tftpboot 로 복사해준다. 첫번째 인수는 이미지를 생성할 소스 디렉터리, 두번째 인수는 생성될 이미지 파일 이름을 지정한다.

```
☞ sh mkrootfs.sh rootfs rootfs.img      // JFFS2 이미지 생성
```

Tip

쉘 스크립트란 리눅스에서 주로 여러 가지 명령어를 한꺼번에 실행해야 할 필요가 있을 때 한 번에 이런 명령어들을 간편하기 실행하기 위하여 주로 사용한다. 이것은 DOS 운영체제에서 존재하는 autoexec.bat 파일과 동일한 성격의 역할을 한다고 생각하면 된다. 하지만 리눅스의 쉘 스크립트는 DOS에서 제공하는 간단한 자동화 기능 이외에 하나의 프로그래밍 언어로써 취급될 정도로 수많은 기능들을 제공하고 있으며, 이것은 리눅스를 사용자가 좀더 유연하게 사용할 수 있도록 도움을 주는 기능이다.

④ /tftpboot 폴더에서 생성된 이미지를 확인한다.

```
☞ ls /tftpboot      // JFFS2 이미지 생성
```

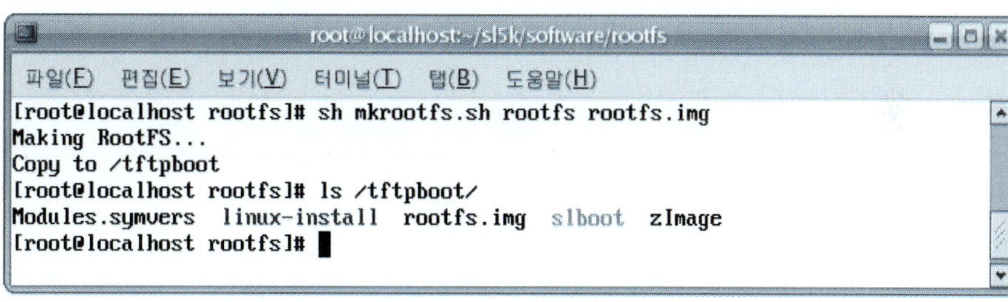

[그림 6-60] ▶ JFFS2 이미지 생성 및 생성된 이미지 확인

5) 파일 시스템 다운로드(File system download)

파일 시스템을 다운로드받기 위해서는 JFFS2 파일 시스템 이미지를 생성하고 생성된 이미지를 /tftpboot로 복사한 후 boot/tftp를 통하여 다운로드받아 퓨징하면 된다. [그림 6-61]은 파일 시스템 이미지를 SYS-Lab 5000에 퓨징하는 순서이다.

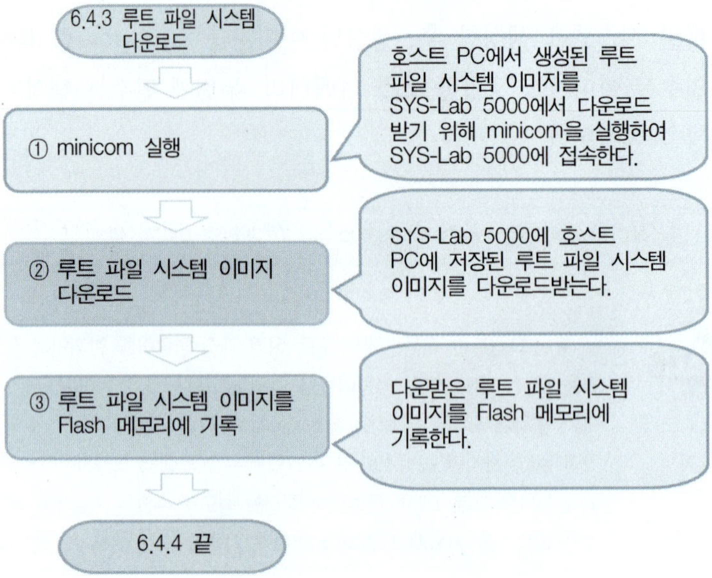

[그림 6-61] ▶ **루트 파일 시스템 다운로드 순서도**

① 미니컴을 실행시킨 후 부트로더 메뉴에서 '6'번 을 눌러 부트로더 명령어 모드로 들어간다.

```
☞ 6    // 부트로더 명령어 입력 모드 진입
```

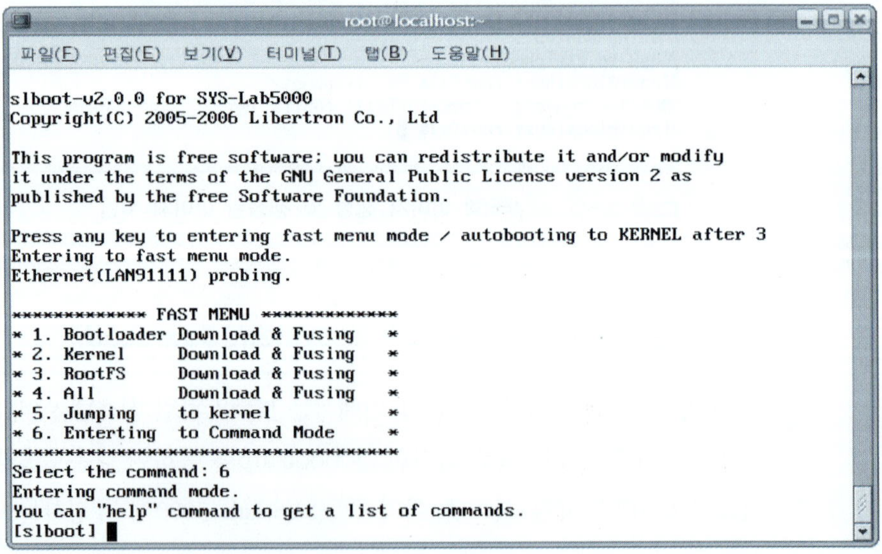

[그림 6-62] ▶ **미니컴 실행**

② 'tftp' 명령으로 위에서 생성된 파일 시스템 이미지를 다운로드한다.

```
☞ tftp rootfs.img root                    // 파일 시스템 이미지를 root 영역으로 전송
```

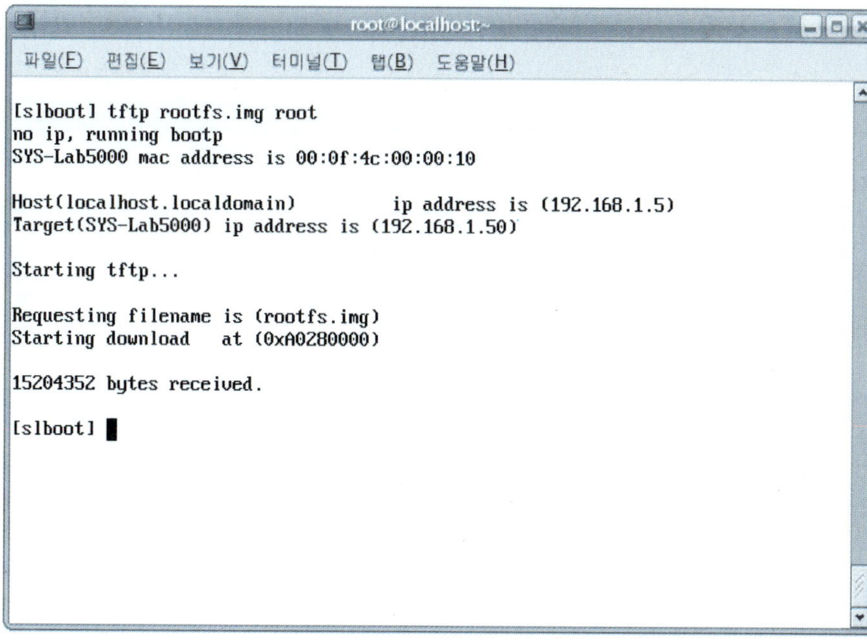

[그림 6-63] ▶ 파일 시스템 이미지 전송

③ 'flash' 명령으로 root 영역으로 루트 파일 시스템을 퓨징한다.

```
☞ flash root                    // 파일 시스템 이미지를 플래시에 기록
```

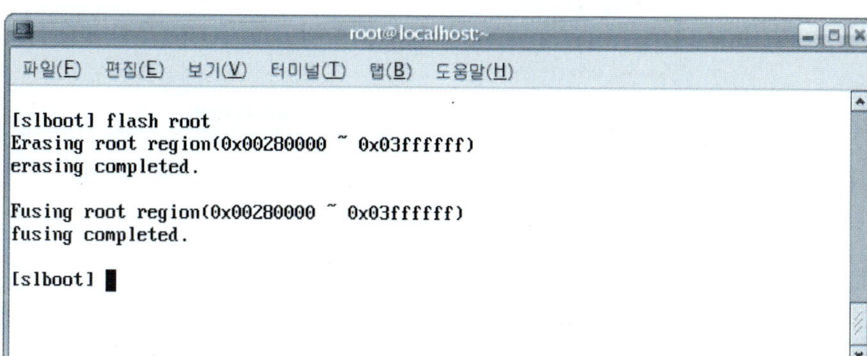

[그림 6-64] ▶ 파일 시스템 이미지를 플래시 메모리에 기록

※ 루트 파일 시스템 역시 한 번에 위의 과정을 수행할 수 있다. 그러나 이 때 루트 파일 시스템의 이미지 파일명은 꼭 rootfs.img이어야 한다. 그럼 부트로더 메뉴에서 '3'번을 누르면 위의 과정을 일괄적으로 수행한다.

```
☞ 3                              // 루트 파일 시스템 다운로드 및 퓨징
```

```
This program is free software; you can redistribute it and/or modify
it under the terms of the GNU General Public License version 2 as
published by the free Software Foundation.

Press any key to entering fast menu mode / autobooting to KERNEL after 2
Entering to fast menu mode.
Ethernet(LAN91111) probing.

************* FAST MENU *************
* 1. Bootloader Download & Fusing   *
* 2. Kernel     Download & Fusing   *
* 3. RootFS     Download & Fusing   *
* 4. All        Download & Fusing   *
* 5. Jumping    to kernel           *
* 6. Enterting  to Command Mode     *
*************************************
Select the command: 3
RootFS download & fusing
no ip, running bootp
SYS-Lab5000 mac address is 00:0f:4c:00:00:10
.
Host(localhost.localdomain)         ip address is (192.168.1.5)
Target(SYS-Lab5000) ip address is (192.168.1.50)

Starting tftp...

Requesting filename is (rootfs.img)
Starting download   at (0xA0280000)

15204352 bytes received.

Erasing root region(0x00280000 ~ 0x03ffffff)
erasing completed.

Fusing root region(0x00280000 ~ 0x03ffffff)
fusing completed.

Unlocking flash region 0x00280000 ~ 0x03FFFFFF
```

[그림 6-65] ▶ 파일 다운로드 및 플래시 메모리 기록 자동화

제7장
부트로더 동작 및 기능

부트로더는 타깃 보드가 리셋되었을 때 가장 먼저 수행되는 프로그램으로서 하드웨어의 초기화 및 리눅스 커널을 부팅시켜주는 역할을 한다.

SYS-Lab 5000도 또한 운영체제로 리눅스 커널을 사용하며 리눅스 커널을 부팅시키기 위한 부트로더로 공개된 부트로더를 기반으로 (주)리버트론에서 자체 개발한 slboot를 사용한다.

시스템이 동작하기 시작하는 초기에는 하드웨어를 사용가능한 상태로 초기화를 해야 하며, slboot에서 이런 초기화 루틴은 Start.S 라는 이름을 가진 어셈블리 코드에서 수행하게 되며, 하드웨어 초기화 및 C언어에서 필요한 스택 등을 설정하고 부트로더의 주요 기능을 수행시키는 main.c로 분기하여 slboot에서 지원하는 다양한 명령어들의 사용 및 커널 부팅을 수행하게 되는 알고리즘으로 구성되어 있다.

이번 장에서는 SYS-Lab의 부트로더인 slboot의 동작원리 및 각 메뉴에 대한 설명과 메뉴의 명령어를 사용하여 간단한 예제(문자 LCD, LED, 7세그먼트)를 사용법을 서술하였다.

7.1 부트로더의 동작원리

1) slboot의 동작원리

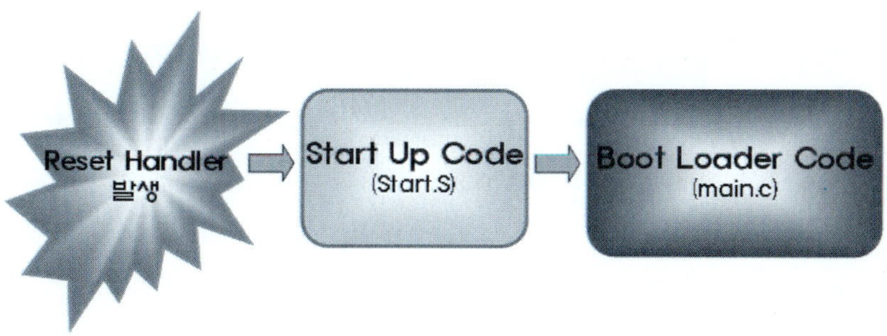

[그림 7-1] ▶ slboot의 동작원리

SYS-Lab 5000에서 사용하는 Intel PXA272 프로세서나, 삼성 S3C24XX 시리즈 등의 ARM 프로세서 구조를 사용하는 CPU들은 보드의 전원이 인가되었거나, 시스템을 리셋시켰을 때 Reset Handler가 발생되어 메모리 주소의 0x00000000 번지를 자동으로 읽게 되도록 설정이 되어 있다.

부트로더는 메모리 주소의 0x00000000 번지에 위치하여 CPU 보드의 전원이 인가되거나 시스템이 리셋되었을 때 시스템을 초기화하고 리눅스 커널을 부팅시켜주는 역할을 수행하게 된다.

시스템이 동작하기 시작하는 초기에는 하드웨어를 사용가능한 상태로 초기화를 해야 하며, slboot에서 이런 초기화 루틴은 Start.S라는 이름을 가진 어셈블리 코드에서 수행하게 되며, 하드웨어 초기화 및 C언어에서 필요한 스택 등을 설정하고 부트로더의 주요 기능을 수행시키는 main.c로 분기하여 slboot에서 지원하는 다양한 명령어들의 사용 및 커널 부팅을 수행하게 되는 알고리즘으로 구성되어 있다.

2) 메모리 맵

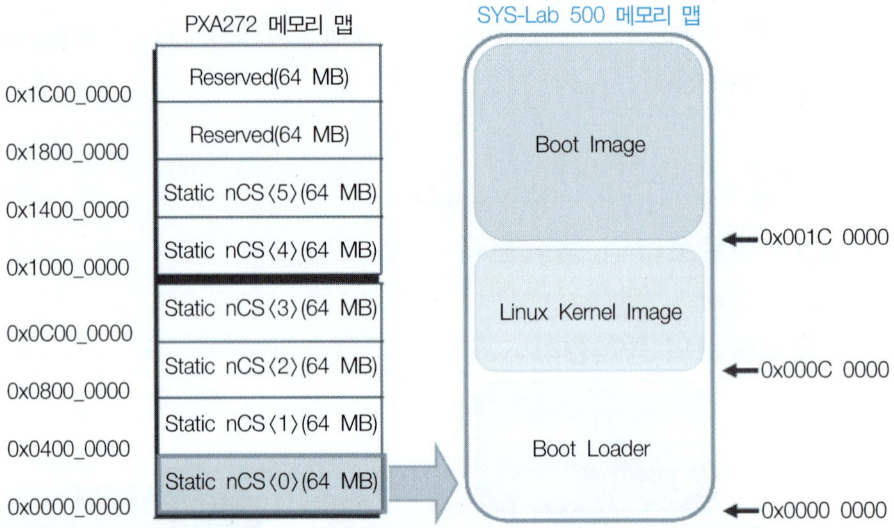

[그림 7-2] ▶ SYS-Lab 5000의 메모리 맵

SYS-Lab 5000의 메모리 맵은 [그림 7-2]과 같다.

왼쪽은 Intel PXA272 프로세서의 전체 메모리 맵이다. 이 메모리 맵에서 플래시 메모리는 칩 셀렉터 (nCS0)을 선택하면 해당 메모리 뱅크에 연결된다.

따라서 SYS-Lab 5000에 탑재된 Intel PXA272 프로세서가 시스템에 전원이 인가되거나 리셋되는 등의 리셋 신호 발생시 처음으로 읽어 들이는 메모리 주소는 플래시 메모리가 위치해 있는 0x00000000 번지이다.

부트로더는 0x00000000번지에 기록되어 있기 때문에 시스템은 플래시 메모리에 기록된 부트로더를 읽어 부팅 절차를 수행하게 된다.

3) 부트로더 실행 흐름도

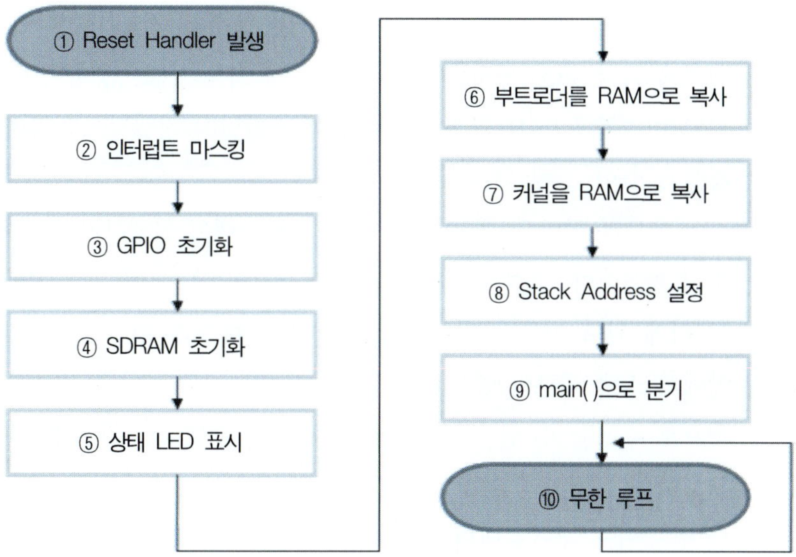

[그림 7-3] ▶ 'Start.S' 파일의 실행 흐름도

① 앞장에서 설명한 것처럼 Intel PXA272 CPU는 보드의 전원이 인가되었을 때와 시스템이 리셋되었을 때 리셋 핸들러를 발생시키게 되고 자동으로 메모리의 0x00000000 번지를 읽어 이 메모리의 주소에 위치한 부트로더 이미지 안의 'Start.S' 코드가 수행되게 된다.

② 부트로더가 부팅 절차를 수행하게 되면 외부에서 들어오는 신호에 의해 부팅 절차에 오류가 생기는 것을 방지하기 위해 모든 외부 신호가 들어오지 못하도록 인터럽트를 비활성화하게 된다.

③~④ 이제 부트로더는 SDRAM 및 CPU 및 주변 장치를 초기화하여 시스템이 정상적으로 동작을 수행할 수 있도록 만들어 주게 된다.

⑤ 상태 LED는 SYS-Lab 5000의 CPU 보드에 LED가 켜지도록 하여 현재 부트로더의 수행 절차가 정상적으로 진행되고 있다는 것을 사용자에게 알리게 된다.

⑥ 롬이나 플래시 메모리에 기록되어 있는 부트로더를 RAM으로 복사하는 절차가

필요한 이유는 수행속도 향상 및 slboot에서 제공하는 메모리 퓨징 기능 및 스텍 영역을 사용하는 목적 때문이다.

⑦ 부트로더의 역할은 리눅스 커널을 부팅시키는 것이 핵심이다. 또한 리눅스 커널은 리눅스 운영체제가 실행하는 동안 계속 수행된다. 또한 시스템이 동작하는 동안 메모리 내에서 수많은 읽기/쓰기 동작을 수행하게 된다.

따라서 이러한 읽기/쓰기 동작이 느린 플래시 메모리에서는 수행 속도가 느려지게 되며, ROM에서는 읽기/쓰기 동작 자체가 불가능하기 때문에, 리눅스의 커널 이미지를 RAM에 복사하여 리눅스 커널이 정상적으로 수행될 수 있는 환경을 만들어 주게 된다.

⑧ 스택 메모리 영역은 C언어로 작성된 프로그램이 실행하기 위하여 꼭 필요한 메모리 영역이다. 어셈블리 언어와는 달리 C언어는 각종 변수 및 여러 번의 분기를 하게 되며 이를 지원하기 위해서 스택 메모리 영역의 설정은 꼭 필요하다.

⑨ 앞에서 스택 메모리 영역이 만들어졌기 때문에 C언어로 작성된 코드들이 정상적으로 수행할 수 있는 환경이 갖추어졌고, 부트로더 자체에서 C언어로 작성된 코드들을 수행하기 위하여 C언어로 작성된 부트로더의 시작인 main() 함수를 읽어 들이고 부트로더의 어셈블리 코드는 종료되게 된다.

⑩ 만약 C언어로 작성된 부트로더의 main() 함수가 정상적으로 동작하지 않으면 부트로더는 계속 무한 루프 상태로 대기하게 된다.

4) slboot의 main() 함수의 실행 흐름도

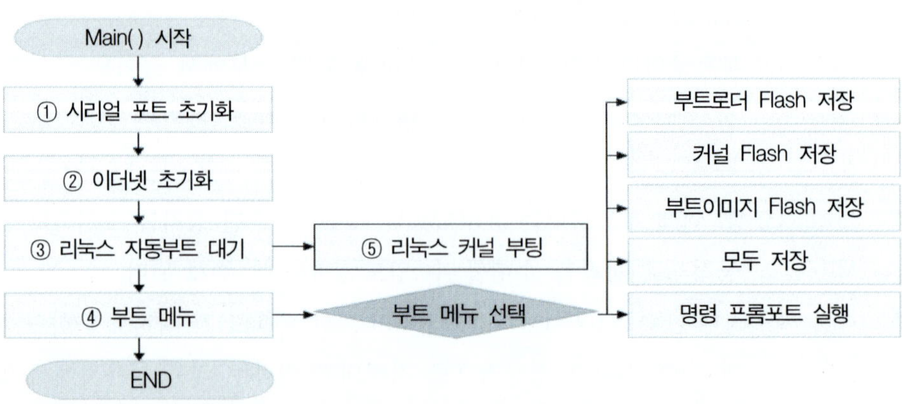

[그림 7-4] ▶ main() 함수의 실행 흐름도

① 앞에서 하드웨어 및 스택 초기화 작업을 끝내고 C언어로 작성된 main()함수로 분기된 부트로더는 시리얼 포트를 초기화 하여 비로소 사용자의 터미널 화면에 부트로더의 부팅 메시지를 볼 수 있도록 만들어 주게 된다.

② SL-Boot v2.0에서는 이더넷을 통한 부트로더 및 커널 이미지와 루트 파일 시스템을 호스트 PC로부터 빠르게 전송받는 것이 가능하며, 이 기능을 사용하기 위하여 이더넷 장치에서 사용할 메모리 주소를 할당하고 초기화한다.

③ 이제 부트로더는 리눅스 커널을 부팅시킬 준비가 완료되었으며 다음과 같이 사용자의 입력이 없으면 리눅스로 자동 부팅하는 화면을 출력시킨다.

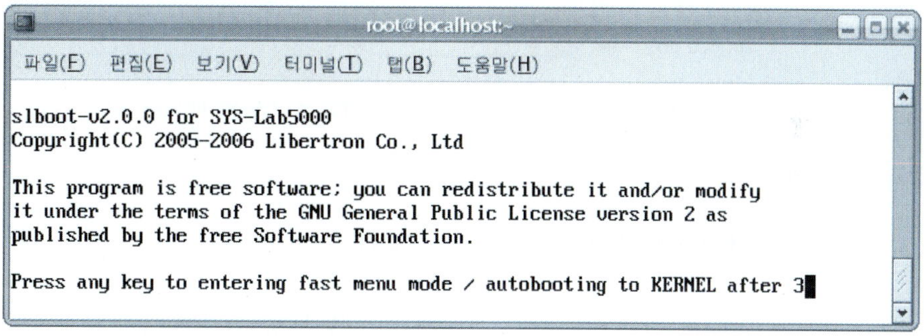

[그림 7-5] ▶ 리눅스 커널 자동 부팅 메시지

④ 리눅스로 자동부팅을 하지 않고 부트로더의 명령 입력 모드로 들어가게 된다면 다음과 같이 각 명령어에 맞는 처리 루틴으로 분기하여 실행하게 된다.

⑤ 리눅스 커널로의 자동 부팅이 시작되면 부트로더에서는 리눅스 커널을 호출하여 리눅스 부팅 절차를 시작한다.

5) 부트로더, 리눅스 커널, 루트 파일 시스템의 위치

부트로더에 의한 부팅 절차가 끝날 때쯤에는 다음 그림과 같이 플래시 메모리에 기록되어 있는 부트로더와 리눅스 커널, 루트 파일 시스템 이미지가 SDRAM에 복사되어 위치해 있게 된다.

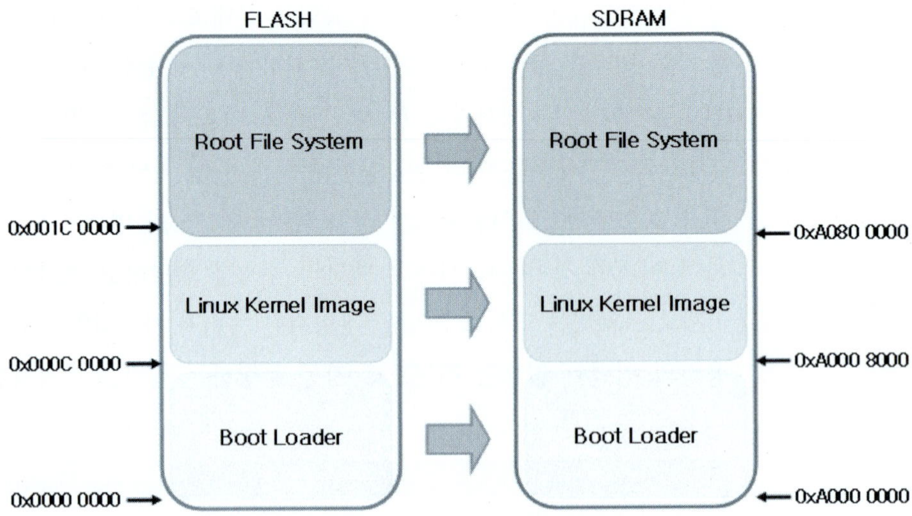

[그림 7-6] ▶ **부트로더, 리눅스 커널, 파일 시스템의 메모리 위치**

6) 부트로더의 소스 코드 구현

아래는 slboot의 소스코드 중 시스템 부팅 절차에 중요한 역할을 담당하는 'start.S' 파일과 C언어로 구현되어 있는 'main.c' 파일의 소스코드에 대해 간략히 설명한다.

- **start.S** : 부트로더의 최초 시작 코드로서 프로그램을 정상적으로 수행하기 위한 기본적인 하드웨어의 초기화 작업을 담당하고 있는 코드이다.

```
#define   IC_BASE            0x40D00000
  ➢ 인터럽트 컨트롤러의 시작주소를 정의
#define   ICMR               0x04
  ➢ 인터럽트 컨트롤러 마스킹 레지스터의 주소(실제 주소는 IC_BASE + ICMR이 된다.)
#define   ICLR               0x08
  ➢ 인터럽트 처리 방식을 빠른 인터럽트 처리 모드 (FIQ)나 일반적인 인터럽트 처리 모드(IRQ)를 설정할
    수 있는 레지스터의 주소

#define   CLK_BASE           0x41300000
  ➢ CPU의 클럭을 설정해주는 레지스터의 주소
#define   CKEN               0x04
  ➢ CPU의 클럭을 발생시키도록 설정해주는 레지스터의 주소

.text
```

```
.globl _start

_start:

        @ Disable all interrupt
        ldr     r12,    =IC_BASE
        ldr     r0,     =0x00000000
        str     r0,     [r12, #ICMR]
        str     r0,     [r12, #ICLR]
```

➤ 모든 인터럽트를 비활성화 상태로 만들어 인터럽트를 인식하지 못하도록 한다. 초기 부팅 절차에서 인터럽트가 발생하면 오류가 생길 수 있기 때문이다.

```
        @ Setup GPIO
        bl      init_gpio
```

➤ SDRAM 등의 주변 장치들은 GPIO 포트에서 신호를 가져오기 때문에 부팅 절차를 수행하면서 필요한 주변 장치들에 입출력 값을 CPU가 받아들일 수 있도록 설정한다.

※ 실제로 GPIO의 초기화를 수행하는 루틴이 담겨 있는 init_gpio 함수는 소스 파일의 "gpio.S"에 구현되어 있다.

```
        @ Setup CLOCK
        ldr     r12,    =CLK_BASE
        ldr     r0,     =0x01FFFFFF
        str     r0,     [r12, #CKEN]
```

➤ CPU의 클럭 속도를 설정하고, 설정된 CPU의 클럭을 적용하여 CPU가 정상적인 속도로 동작할 수 있도록 설정해 준다.

```
        @ Setup MEMORY
        bl      init_mem
        bl      test_mem
```

➤ 메모리가 정상적으로 동작할 수 있도록 하기 위하여 메모리 부분을 설정하고 설정된 메모리 장치가 정상적으로 동작하고 있는지 시험해 본다.

※ 실제로 메모리의 초기화와 동작 시험을 수행하는 루틴이 담겨 있는 init_mem 함수와 test_mem 함수는 소스 파일의 "memsetup.S"에 구현되어 있다.

```
        @ Copy to MEMORY
        bl      copy_to_ram
```

➤ 부트로더를 RAM으로 복사해 주는 절차를 수행한다.

※ 실제로 부트로더를 RAM으로 복사하는 절차를 수행하는 루틴이 담겨 있는 copy_to_ram 함수는 소스 파일의 "memcpy.S"에 구현되어 있다.

```
        @ Set Stack Pointer
```

제 7 장

```
        ldr     r0, =BOOT_RAM_END
        sub     sp, r0, #0x04
```
➢ C언어로 작성된 루틴은 스택 영역의 설정이 필수로 필요하며, 부트로더에서는 C언어로 작성된 루틴을 호출하기 위하여 스택 영역을 설정해준다.

```
        @ Jump to C main
        ldr     r0, =BOOT_RAM_BASE
        add     r0, r0, #BOOT_MAIN_OFFSET
        mov     pc, r0
```
➢ CPU 및 주변 장치의 초기화 및 스택 영역을 설정하여 C언어 루틴을 수행해 줄 수 있는 기본적인 환경이 갖추어졌으면 이제, C언어로 작성되어진 부트 코드를 수행하여 본격적으로 사용자에게 부트로더의 부팅 화면 및 여러 옵션들을 사용할 수 있도록 만들어준다.

```
        b       die
die:
        b       die
```
➢ 만약 부트로더가 C언어로 작성된 루틴을 정상적으로 수행하지 못한다면, 위와 같이 무한 루프를 돌게 됨으로써 시스템이 계속 멈춰 있는 상황이 발생하게 된다.

- **main.c** : 이 소스는 C언어로 작성되어 있으며 이 소스로부터 부트로더에 포함되어 있는 사용자 명령어 모드 및 부트로더, 커널, 루트 파일 시스템의 다운로드 & 퓨징, 리눅스 커널 부팅 등의 주요 부분의 구현을 시작한다.

```
#include <stdio.h>
#include <types.h>
#include <time.h>
.
.
.
#include <bootp.h>
#include <tftp.h>
#include <flash.h>
```
➢ 부트로더 동작에서 필요한 하드웨어(UART, FLASH, ETHERNET 등)의 물리 주소와 동작 함수를 기록해 놓은 헤더파일

```
void fast_menu(void);
```
➢ 부트로더, 커널, 파일 시스템 다운로드 및 퓨징을 수행할 수 있는 루틴을 가진 함수 정의

```
int show_menu(void);
```
➢ 부트로더, 커널, 파일 시스템 다운로드 및 퓨징 메뉴와 명령어 모드를 선택할 수 있는 메뉴로 진입할 수 있는 함수 정의

```
int main(void)
{
        bool autoboot = true;
        ➢ 리눅스 커널로의 자동 부팅 여부는 초기 값은 "참"으로 되어 있다.
        int timeout, boot;
        char *argv[5];

        serial_init(SERIAL_BAUD);
        flash_init();
        partition_init();
        ➢ 사용자가 터미널을 통해 부트로더의 동작 상태를 확인하기 위하여 시리얼 포트를 설정해주고, 플
          래시 메모리 등의 하드웨어를 설정해 준다.

        printf("₩033[H₩033[J₩n");
        printf(PACKAGE"-"VERSION " for " BOARDNAME"₩n");
        printf("Copyright(C) 2005-2006 Libertron Co., Ltd₩n₩n");
        printf("This program is free software; you can redistribute it and/or modify₩n");
        printf("it under the terms of the GNU General Public License version 2 as₩n");
        printf("published by the free Software Foundation.₩n₩n");
        printf("Press any key to entering fast menu mode / autobooting to KERNEL after %d",
                AUTOBOOT_DELAY);
                ➢ 부트로더가 실행되면 터미널 화면에서 처음으로 만날 수 있는 메시지이다.

        for (boot = AUTOBOOT_DELAY; boot >= 0; boot--){
                timeout = gettime() + 1;

                while (gettime() < timeout){
                        if (getc() != -1){
                                autoboot = false;
                                break;
                        }
                        printf("₩b%d", boot);
                }
                if (!autoboot)
                        break;
        }
        if (autoboot){
                printf("₩n");
                argv[1] = "boot";
                do_unlock(2, argv);
                argv[1] = "root";
                do_unlock(2, argv);

                printf("₩nNow booting to linux kernel...₩n");
                autobooting();
```

제 7 장

```
            ➤ 커널로의 자동 부팅을 수행하는 함수이다.
        }
        else{
            printf("₩nEntering to fast menu mode.₩n");
            eth_init();
            ➤ 이더넷을 초기화하여 bootp 및 tftp 프로토콜을 수행할 수 있도록 한다.
            fast_menu();
            ➤ 부트로더의 메뉴를 출력한다.
            do_command();
            ➤ 부트로더의 명령어 입력 모드로 진입한다.
        }

        return true;
}
```

➤ slboot는 초기 동작시 사용자에게 3초의 시간을 주며, 3초 동안 아무 입력이 없을시 리눅스 커널로 자동 부팅하는 기능을 제공한다. 3초 이내에 사용자가 아무 키나 누르면, slboot는 부트로더의 기능 선택 메뉴로 진입하게 된다.

```
void fast_menu(void)
{
        char key;
        char *argv[5];

        while ((key = show_menu()) != 0){
            switch (key){
            case '1':   ➤ "Bootloader download & fusing" 메뉴를 선택할 때 동작한다.
                printf("Bootloader download & fusing₩n");
                argv[1] = "slboot";
                argv[2] = "boot";
                do_tftp(3,argv);     ➤ tftp 프로토콜을 수행하여 부트로더를 다운로드한다.
                argv[1] = "boot";
                do_flash(2, argv); ➤ 부트로더를 플래시 메모리에 기록한다.
                break;

            case '2':   ➤ "Kernel download & fusin" 메뉴를 선택할 때 동작한다.
                printf("Kernel download & fusing₩n");
                argv[1] = "zImage";
                argv[2] = "kernel";
                do_tftp(3,argv);     ➤ tftp 프로토콜을 수행하여 커널을 다운로드한다.
                argv[1] = "kernel";
                do_flash(2, argv); ➤ 커널을 플래시 메모리에 기록한다.
                break;
```

```
            case '3': ➢ "RootFS download & fusing" 메뉴를 선택할 때 동작한다.
                printf("RootFS download & fusing₩n");
                argv[1] = "rootfs.img";
                argv[2] = "root";
                do_tftp(3,argv);     ➢ tftp 프로토콜을 수행하여 파일 시스템을 다운로드한다.
                argv[1] = "root";
                do_flash(2, argv); ➢ 파일 시스템을 플래시 메모리에 기록한다.
                do_unlock(2, argv);
                break;

            case '4':  ➢ "All download & fusing" 메뉴를 선택할 때 동작한다.
                printf("All download & fusing₩n");
                argv[1] = "slboot";
                argv[2] = "boot";
                do_tftp(3,argv);
.
.
.

.
.
                do_tftp(3,argv);
                argv[1] = "root";
                do_flash(2, argv);
                do_unlock(2, argv);
                break;
         ➢ 부트로더, 리눅스 커널, 루트 파일 시스템 다운로드를 한꺼번에 수행한다.

            case '5': ➢ 리눅스 커널로의 부팅 메뉴를 선택할 때 동작한다.
                printf("₩n");
                argv[1] = "boot";
                do_unlock(2, argv);
                argv[1] = "root";
                do_unlock(2, argv);
                autobooting(); ➢ 리눅스 커널로의 부팅한다.
                break;

            case '6': ➢ 명령어 입력 모드로 진입한다.
                return;
#endif
            default:
                printf("## Not support command₩n");
            }
      }
}
```

제 7 장

```
int show_menu(void)
{
        int key;

        printf("₩n");
        printf("************* FAST MENU *************₩n");
        printf("* 1. Bootloader Download & Fusing          *₩n");
        printf("* 2. Kernel       Download & Fusing          *₩n");
        printf("* 3. RootFS       Download & Fusing          *₩n");
        printf("* 4. All          Download & Fusing          *₩n");
        printf("* 5. Jumping      to kernel                  *₩n");
        printf("* 6. Bootloder Command Mode                  *₩n");
        printf("*************************************₩n");
        printf("Select the command: ");

        while ((key = getc()) < 0);
        printf("%c₩n", key);
        return key;
}
```

7.2 slboot 기능 설명

SYS-Lab 5000에서 부트로더로 쓰이는 slboot는 공개된 리눅스 부트로더를 기반으로 (주)리버트론에서 자체 개발한 부트로더로서, 부트로더의 시작 메뉴에서 부트로더와 커널, 루트 파일 시스템을 다운로드하고 플래시 메모리에 퓨징을 한꺼번에 수행할 수 있는 간편함과 사용자 명령어 입력 모드를 지원하고, 명령어를 통하여 사용자의 요구에 맞게 부트로더의 기능을 개별적으로 수행이 가능하다는 장점을 가지고 있다. 이 장에서는 slboot의 각 메뉴 설명과 사용 방법에 대해서 알아보도록 한다.

1) 부트로더 초기 화면

SYS-Lab 5000의 전원을 인가하거나 리셋 버튼을 누르면 부트로더인 slboot가 수행되고 아래와 같은 초기 화면을 만날 수 있다.

초기 화면에서 slboot는 3초 동안 카운트를 시작하게 되는데, 3초 동안 사용자의 입력이 없으면 자동으로 리눅스로 부팅을 시작하게 되며 사용자 3초 이내에 사용자가 아무 키나 입력을 하면 slboot의 부트로더 메뉴를 만날 수가 있다. 부트로더 메뉴의 구성과 메뉴 사용법은 뒤에서 설명을 할 것이다.

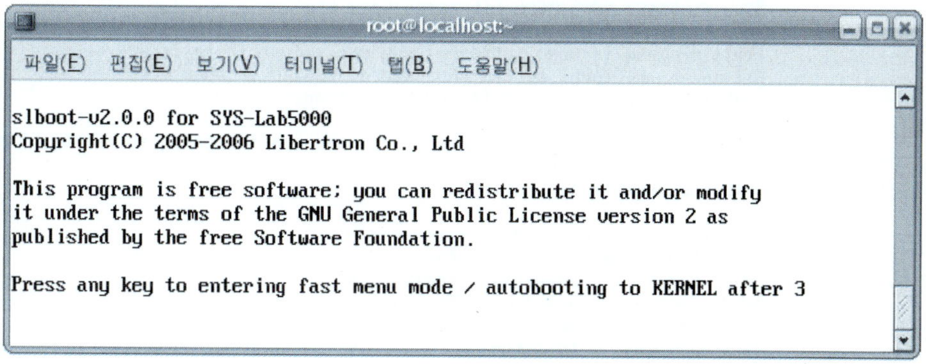

```
slboot-v2.0.0 for SYS-Lab5000
Copyright(C) 2005-2006 Libertron Co., Ltd

This program is free software; you can redistribute it and/or modify
it under the terms of the GNU General Public License version 2 as
published by the free Software Foundation.

Press any key to entering fast menu mode / autobooting to KERNEL after 3
```

[그림 7-7] ▶ 부트로더의 초기화면

Tip

■ **부트로더 초기화면 사용 방법**

① 3초 동안 키를 입력하지 않음 → 리눅스로 부팅

② 3초 이내에 아무 키나 입력함 → 부트로더 메뉴로 진입

다음은 사용자가 3초 동안 아무런 입력도 하지 않았을 때 만나게 되는 리눅스의 부팅 화면이다.

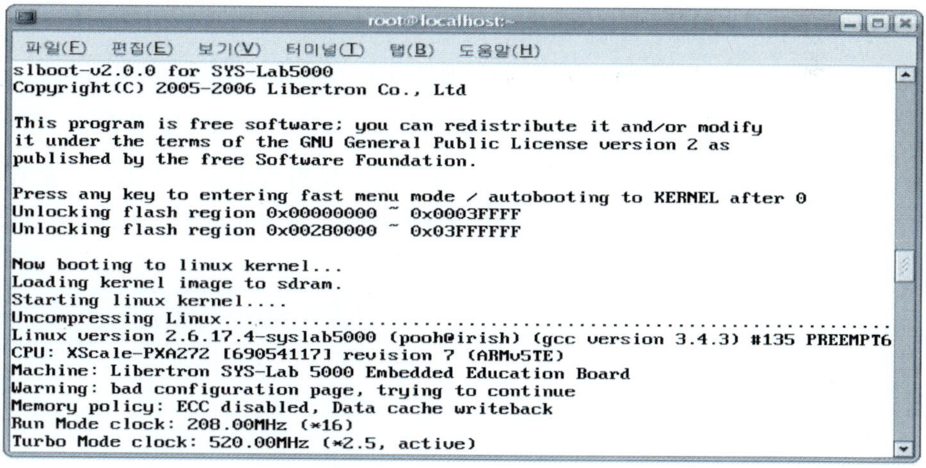

```
slboot-v2.0.0 for SYS-Lab5000
Copyright(C) 2005-2006 Libertron Co., Ltd

This program is free software; you can redistribute it and/or modify
it under the terms of the GNU General Public License version 2 as
published by the free Software Foundation.

Press any key to entering fast menu mode / autobooting to KERNEL after 0
Unlocking flash region 0x00000000 ~ 0x0003FFFF
Unlocking flash region 0x00280000 ~ 0x03FFFFFF

Now booting to linux kernel...
Loading kernel image to sdram.
Starting linux kernel....
Uncompressing Linux...............................................................
Linux version 2.6.17.4-syslab5000 (pooh@irish) (gcc version 3.4.3) #135 PREEMPT6
CPU: XScale-PXA272 [69054117] revision 7 (ARMv5TE)
Machine: Libertron SYS-Lab 5000 Embedded Education Board
Warning: bad configuration page, trying to continue
Memory policy: ECC disabled, Data cache writeback
Run Mode clock: 208.00MHz (*16)
Turbo Mode clock: 520.00MHz (*2.5, active)
```

[그림 7-8] ▶ 리눅스 커널 부팅 화면

다음은 사용자가 3초 이내에 아무 키나 입력했을 때 진입하는 부트로더 메뉴이다.

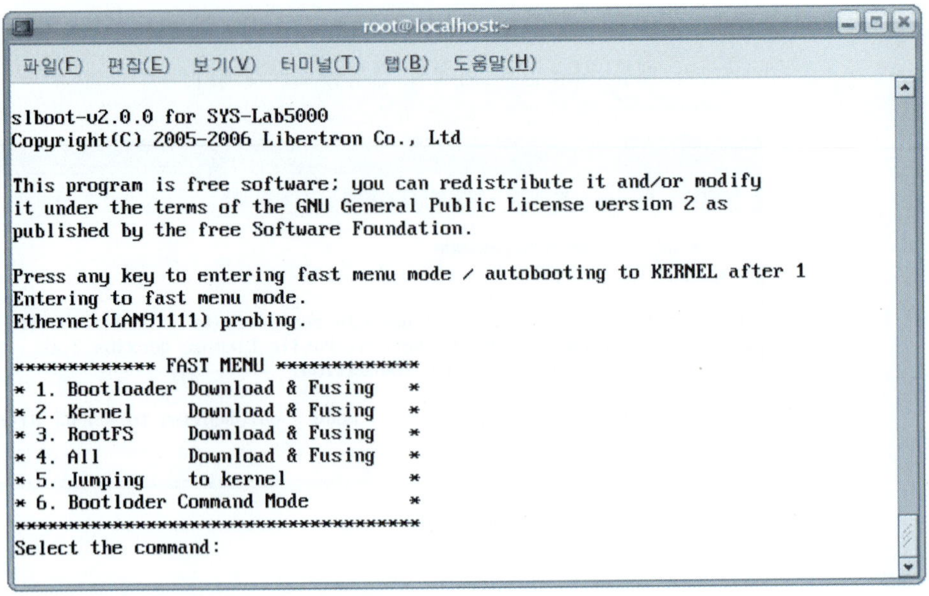

[그림 7-9] ▶ 부트로더의 메뉴 화면

2) 부트로더 다운로드 및 퓨징 메뉴

사용자가 3초 이내에 아무 키나 입력했을 때 진입하게 되는 부트로더 메뉴에서 1번 메뉴는 'Bootloader Download & Fusing' 메뉴로서 호스트 PC에 저장되어 있는 부트로더의 이미지를 TFTP 프로토콜을 통하여 SYS-Lab 5000의 RAM으로 다운받은 후 SYS-Lab 5000의 플래시 메모리에 기록할 수 있는 메뉴이다.

이 메뉴는 부트로더를 수정하거나 새로운 부트로더를 올릴 때 이더넷을 통하여 빠르게 전송하고 플래시 메모리에 퓨징까지 한꺼번에 수행하고자 할 때 간편하게 이용할 수 있다. 선택 명령어는 숫자(예;1)를 선택함으로써 실행되도록 구현하였다.

```
☞ 1                                   // Bootloader Download & Fusing
```

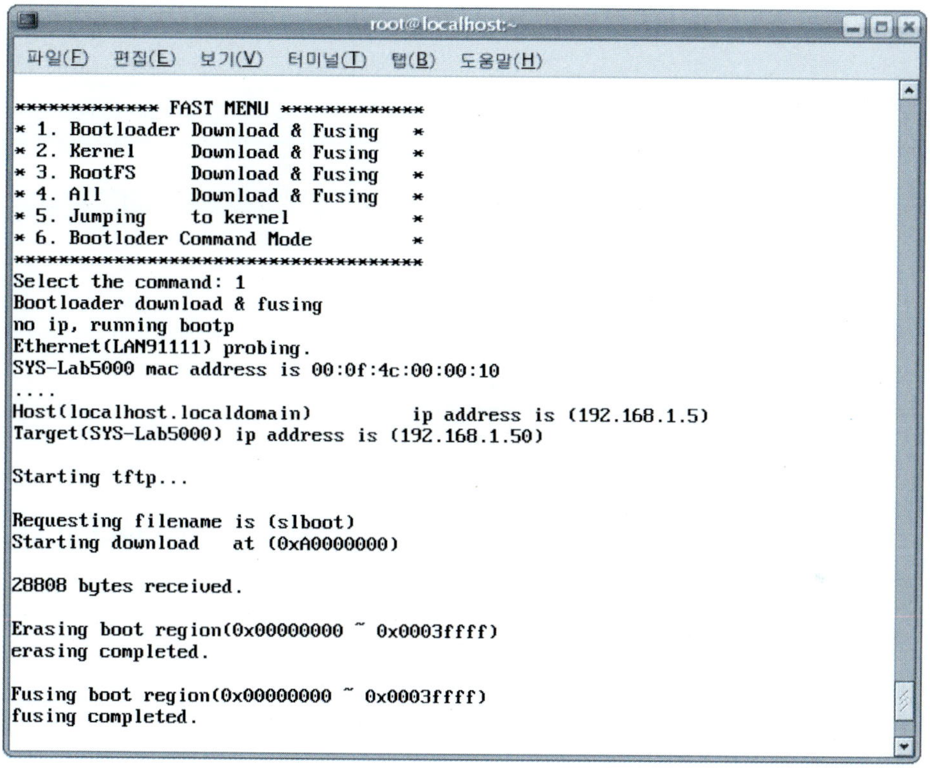


```
************* FAST MENU *************
* 1. Bootloader Download & Fusing    *
* 2. Kernel     Download & Fusing    *
* 3. RootFS     Download & Fusing    *
* 4. All        Download & Fusing    *
* 5. Jumping    to kernel            *
* 6. Bootloder Command Mode          *
*************************************
Select the command: 1
Bootloader download & fusing
no ip, running bootp
Ethernet(LAN91111) probing.
SYS-Lab5000 mac address is 00:0f:4c:00:00:10
....
Host(localhost.localdomain)        ip address is (192.168.1.5)
Target(SYS-Lab5000) ip address is (192.168.1.50)

Starting tftp...

Requesting filename is (slboot)
Starting download    at (0xA0000000)

28808 bytes received.

Erasing boot region(0x00000000 ~ 0x0003ffff)
erasing completed.

Fusing boot region(0x00000000 ~ 0x0003ffff)
fusing completed.
```

[그림 7-10] ▶ Bootloader Download & Fusing 메뉴 실행 화면

> **Tip** "Bootloader Download & Fusing" 메뉴에서 부트로더는 호스트PC의 /tftpboot 디렉터리에 있는 "slboot"라는 이름을 가진 파일만 부트로더 파일로 인식하여 전송받는다.

3) 커널 다운로드 및 퓨징 메뉴

부트로더 메뉴에서 2번 메뉴는 "Kernel Download & Fusing" 메뉴로서 호스트 PC에 저장되어 있는 리눅스 커널 이미지를 TFTP 프로토콜을 통하여 SYS-Lab 5000의 RAM으로 다운받은 후 SYS-Lab 5000의 FLASH 메모리에 기록할 수 있도록 하기 위해 제공되는 메뉴이다.

이 메뉴는 SYS-Lab 5000에 부트로더만 설치되어 있을 때 리눅스 커널을 SYS-Lab 5000에 다운로드받고 플래시 메모리에 퓨징하거나 수정된 새로운 리눅스 커널을 올릴 때 이더넷을 통하여 빠르게 전송하고 플래시 메모리에 퓨징까지 한꺼번에 수행하고자 할 때 간편하게 이용할 수 있다. 선택 명령어는 숫자(예 2)를 선택함으로써 실

행되도록 구현하였다.

☞ 2 // Kernel Download & Fusing

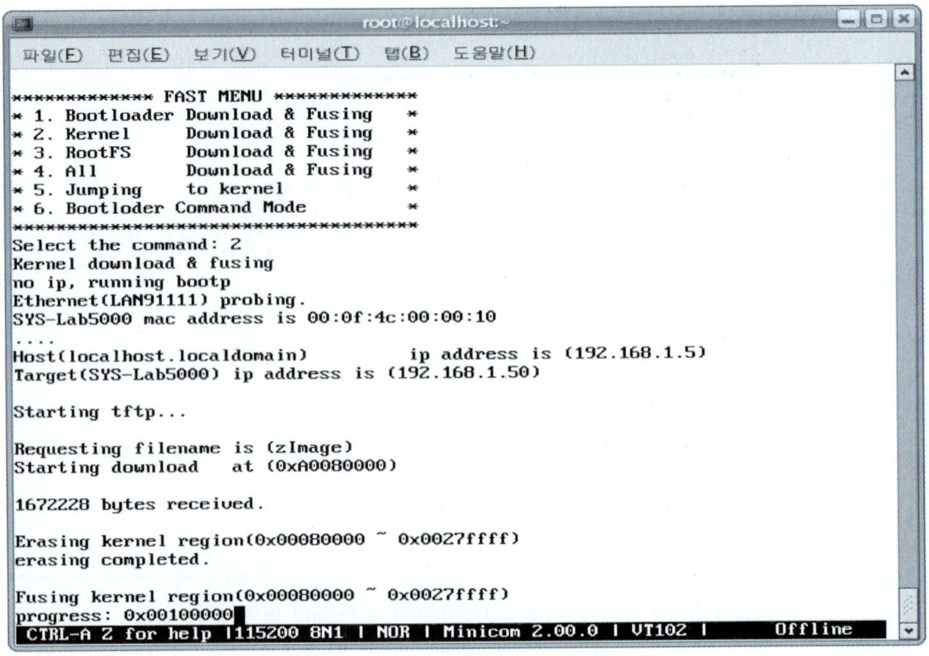

[그림 7-11] ▶ Kernel Download & Fusing 메뉴 실행 화면

Tip "Kernel Download & Fusing" 메뉴에서 부트로더는 호스트 PC의 /tftpboot 디렉터리에 있는 "zImage"라는 이름을 가진 파일만 리눅스 커널 파일로 인식하여 전송받는다.

4) 루트 파일 시스템 다운로드 및 퓨징 메뉴

부트로더 메뉴에서 3번 메뉴는 'RootFS Download & Fusing' 메뉴로서 호스트 PC에 저장되어 있는 리눅스 파일 시스템 이미지를 TFTP 프로토콜을 통하여 SYS-Lab 5000의 SDRAM으로 다운받은 후 SYS-Lab 5000의 플래시 메모리에 기록할 수 있도록 하기 위해 제공되는 메뉴이다.

이 메뉴는 SYS-Lab 5000에 부트로더와 리눅스 커널이 설치되어 있을 때 리눅스 파일 시스템 이미지를 SYS-Lab 5000에 다운로드 받고 플래시 메모리에 퓨징하거나 수정된 새로운 리눅스 파일 시스템 이미지를 올릴 때 이더넷을 통하여 빠르게 전송하고 플래시 메모리에 퓨징까지 한꺼번에 수행하고자 할 때 간편하게 이용할 수 있다. 선택 명령어는 숫자(예 3)를 선택함으로써 실행되도록 구현하였다.

☞ 3 // RootFS Download & Fusing

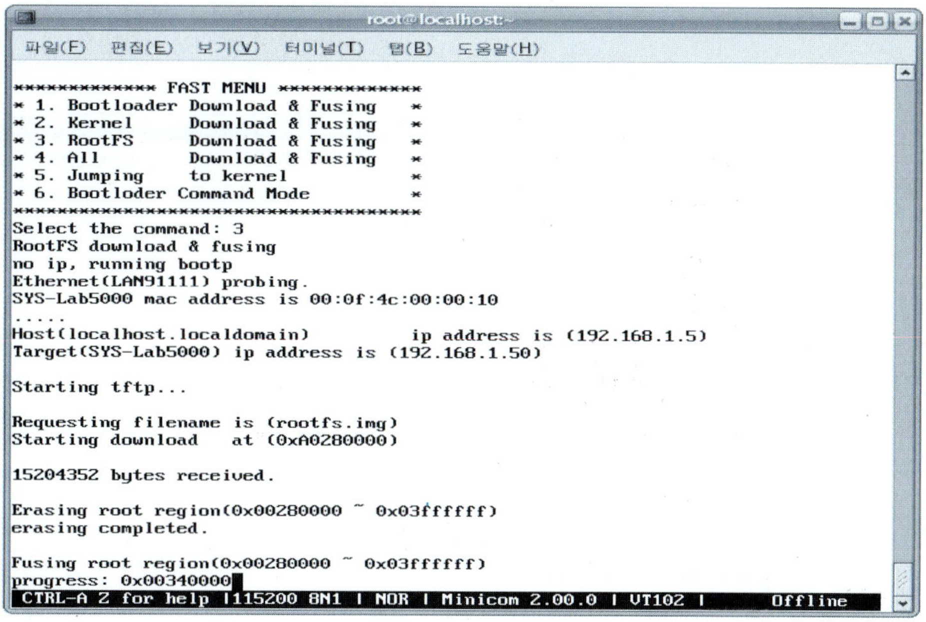

```
root@localhost:~
파일(F) 편집(E) 보기(V) 터미널(T) 탭(B) 도움말(H)
************* FAST MENU *************
* 1. Bootloader Download & Fusing    *
* 2. Kernel     Download & Fusing    *
* 3. RootFS     Download & Fusing    *
* 4. All        Download & Fusing    *
* 5. Jumping    to kernel            *
* 6. Bootloder Command Mode          *
**************************************
Select the command: 3
RootFS download & fusing
no ip, running bootp
Ethernet(LAN91111) probing.
SYS-Lab5000 mac address is 00:0f:4c:00:00:10
.....
Host(localhost.localdomain)         ip address is (192.168.1.5)
Target(SYS-Lab5000) ip address is (192.168.1.50)

Starting tftp...

Requesting filename is (rootfs.img)
Starting download    at (0xA0280000)

15204352 bytes received.

Erasing root region(0x00280000 ~ 0x03ffffff)
erasing completed.

Fusing root region(0x00280000 ~ 0x03ffffff)
progress: 0x00340000
 CTRL-A Z for help |115200 8N1 | NOR | Minicom 2.00.0 | VT102 |      Offline
```

[그림 7-12] ▶ RootFS Download & Fusing 메뉴 실행 화면

Tip "RootFS Download & Fusing" 메뉴에서 부트로더는 호스트 PC의 /tftpboot 디렉터리에 있는 "rootfs.img"라는 이름을 가진 파일만 리눅스 파일 시스템 이미지로 인식하여 전송받는다.

5) 전체 다운로드 및 퓨징 메뉴

부트로더 메뉴에서 4번 메뉴는 'All Download & Fusing' 메뉴로서 위의 3가지 절차를 한꺼번에 수행하기 위하여 만들어진 메뉴이다. 호스트 PC에 저장되어 있는 부트로더, 리눅스 커널, 리눅스 파일 시스템 이미지를 TFTP 프로토콜을 통하여 SYS-Lab 5000의 RAM으로 한꺼번에 다운받은 후 SYS-Lab 5000의 플래시 메모리에 기록할 수 있도록 하기 위해 제공되는 메뉴이다.

이 메뉴는 SYS-Lab 5000에 부트로더가 설치되어 있을 때 리눅스 커널 이미지와 리눅스 파일 시스템 이미지를 한꺼번에 다운받아 플래시 메모리에 퓨징하거나 부트로더와 리눅스 커널, 리눅스 파일 시스템 이미지가 수정되었을 때 이더넷을 통하여 빠르게 전송하고 플래시 메모리에 퓨징까지 한꺼번에 수행하고자 할 때 간편하게 이용할 수 있다. 선택 명령어는 숫자(예;4)를 선택함으로써 실행되도록 구현하였다.

```
☞ 4                              // All Download & Fusing
```

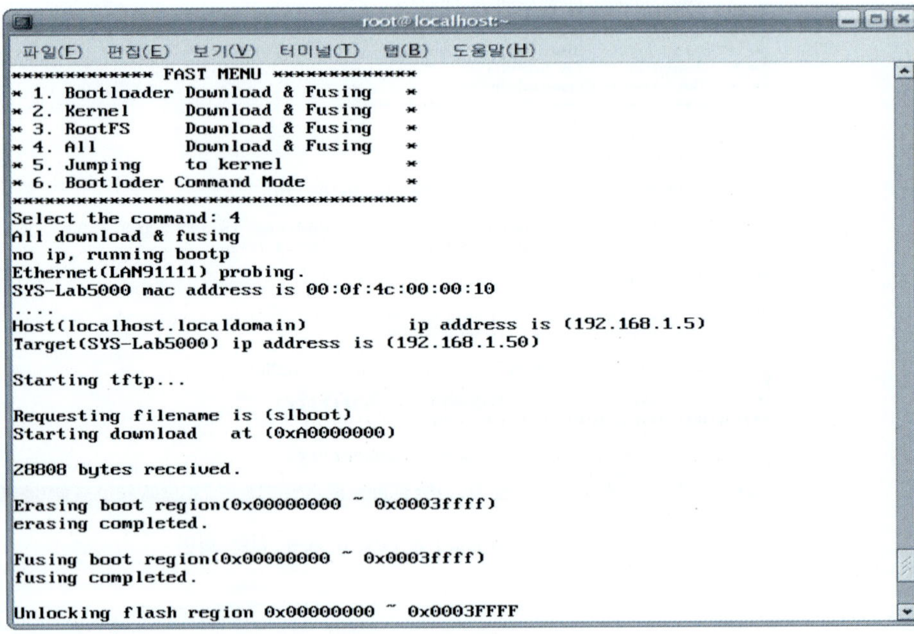

[그림 7-13] ▶ All Download & Fusing **메뉴 실행 화면**

6) 커널로 점프 메뉴

'Jumping to Kernel' 메뉴는 부트로더 메뉴에 진입한 상태에서 리눅스 커널로 부팅을 하고자 할 때 사용하는 메뉴로서, 이 메뉴를 선택하면 다음과 같이 리눅스 커널로 부팅하게 된다. 선택 명령어는 숫자(예;5)를 선택함으로써 실행되도록 구현하였다.

```
☞ 5                              // 리눅스 커널로 부팅
```

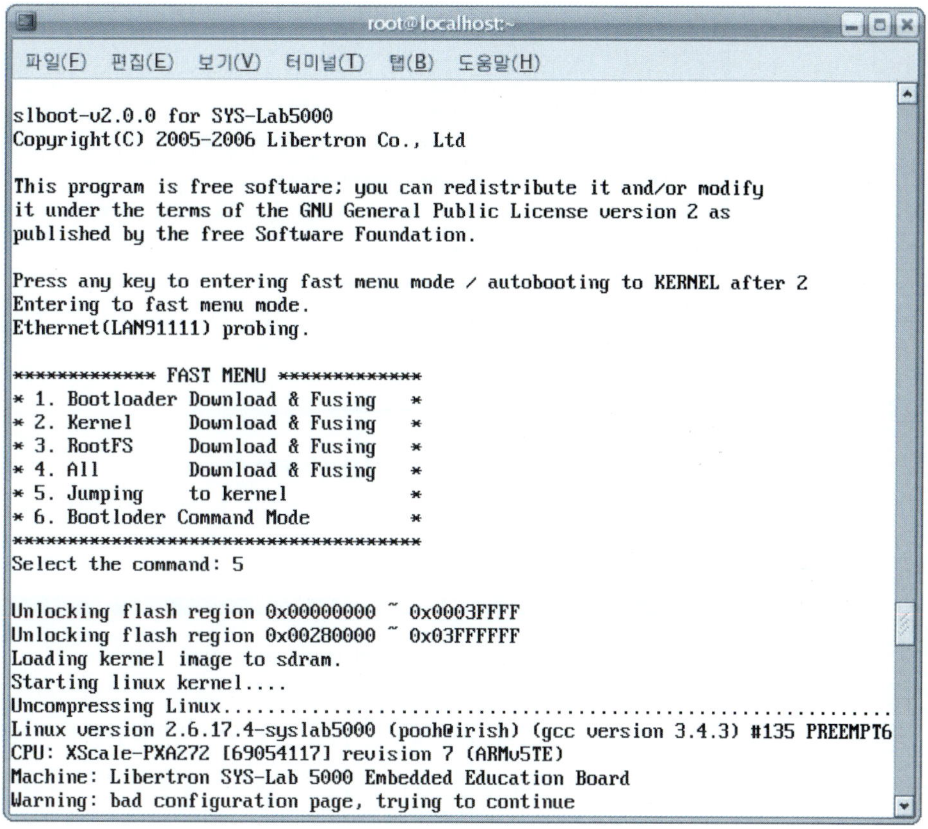

[그림 7-14] ▶ Jumping to kernel 메뉴 실행 화면

제7장

7) 부트로더 명령어 모드 메뉴

slboot는 사용자의 여러 가지 요구에 맞도록 부트로더 메뉴에서 지원하는 기능 외에 다양한 명령어들을 지원한다. 부트로더 메뉴에서 명령어 입력 모드로 진입하기를 원한다면 '6. Bootloader Command Mode'로 진입하면 된다. 선택 명령어는 숫자(예 6)를 선택함으로써 실행되도록 구현하였다.

```
☞ 6                                  // 부트로더 명령어 입력 모드 진입
```

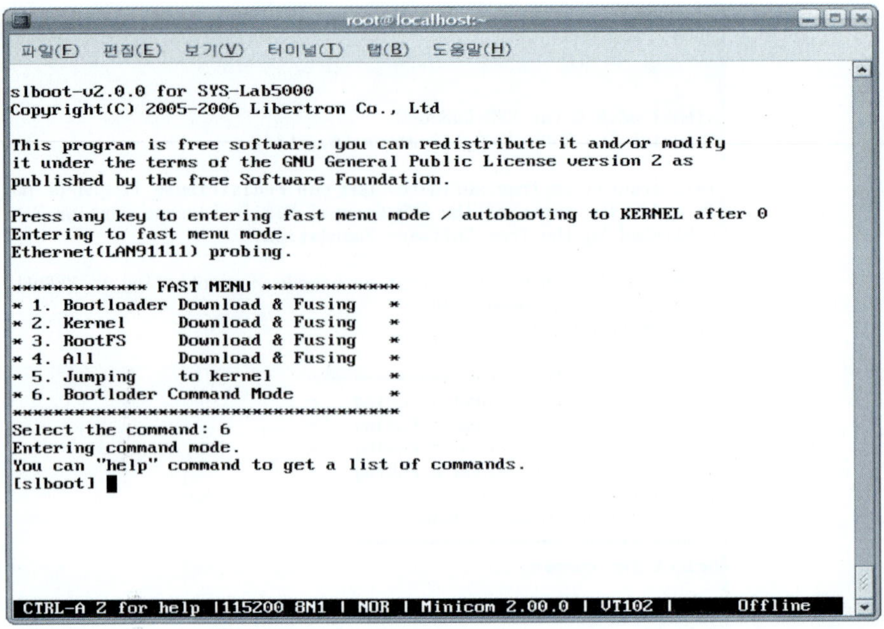

```
root@localhost:~
파일(F) 편집(E) 보기(V) 터미널(T) 탭(B) 도움말(H)

slboot-v2.0.0 for SYS-Lab5000
Copyright(C) 2005-2006 Libertron Co., Ltd

This program is free software; you can redistribute it and/or modify
it under the terms of the GNU General Public License version 2 as
published by the free Software Foundation.

Press any key to entering fast menu mode / autobooting to KERNEL after 0
Entering to fast menu mode.
Ethernet(LAN91111) probing.

************* FAST MENU *************
* 1. Bootloader Download & Fusing   *
* 2. Kernel     Download & Fusing   *
* 3. RootFS     Download & Fusing   *
* 4. All        Download & Fusing   *
* 5. Jumping    to kernel           *
* 6. Bootloder Command Mode         *
*************************************
Select the command: 6
Entering command mode.
You can "help" command to get a list of commands.
[slboot] 

CTRL-A Z for help |115200 8N1 | NOR | Minicom 2.00.0 | VT102 |      Offline
```

[그림 7-15] ▶ Bootloader Command Mode **메뉴 실행 화면**

① slboot의 명령어 입력 모드에서는 처음 사용자를 위하여 사용 가능한 명령어에 대한 도움말을 제공하고 있으며 도움말은 'help' 명령을 입력하면 확인할 수 있다.

☞ help	// 명령어 모드 도움말 출력

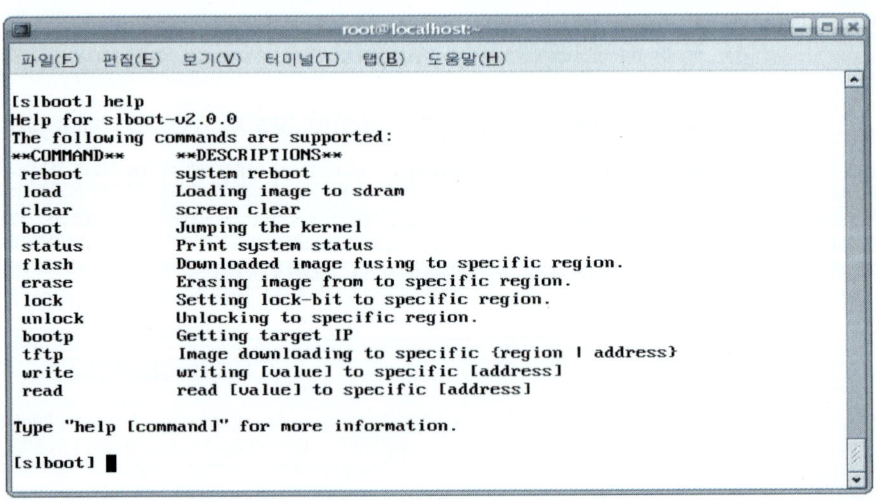

```
root@localhost:~
파일(F) 편집(E) 보기(V) 터미널(T) 탭(B) 도움말(H)

[slboot] help
Help for slboot-v2.0.0
The following commands are supported:
**COMMAND**      **DESCRIPTIONS**
 reboot          system reboot
 load            Loading image to sdram
 clear           screen clear
 boot            Jumping the kernel
 status          Print system status
 flash           Downloaded image fusing to specific region.
 erase           Erasing image from to specific region.
 lock            Setting lock-bit to specific region.
 unlock          Unlocking to specific region.
 bootp           Getting target IP
 tftp            Image downloading to specific {region | address}
 write           writing [value] to specific [address]
 read            read [value] to specific [address]

Type "help [command]" for more information.

[slboot] 
```

[그림 7-16] ▶ help **명령 실행 화면**

※ slboot의 도움말 설명

〈표 7-1〉 **부트로더 명령어**

명령어	사용 방법	설 명
help	slboot〉 help	도움말 출력 / 명령어 상세 도움말
reboot	slboot〉 reboot	0x00000000으로 제어를 옮김(소프트 리셋)
boot	slboot〉 boot	SDRAM의 커널이 위치한 지점으로 제어를 옮김(커널 부팅)
flash	slboot〉 flash {boot/kernel/root}	SDRAM으로 다운로드받은 파일을 플래시 메모리로 퓨징
erase	slboot〉 erase {region}	플래시 메모리의 특정 영역을 삭제
bootp	slboot〉 bootp	Bootp 서버로부터 타깃 보드의 IP 받아옴
tftp	slboot〉 tftp {filename} {region}	tftp 서버로부터 이미지파일을 SDRAM으로 다운로드
read	slboot〉 read {type} {addr}	메모리의 특정 영역의 데이터를 읽어 옴
write	slboot〉 write {type} {addr}	특정 값을 지정한 메모리 영역으로 씀
status	slboot〉 status	타깃 보드의 현재 상태 출력
clear	slboot〉 clear	현재 스크린을 초기화

② 'reboot' 명령은 시스템을 재부팅하기 원할 때 사용하는 명령으로 사용 방법은 다음과 같다.

☞ help reboot // reboot 명령에 대한 도움말 출력
☞ reboot // 시스템 재부팅

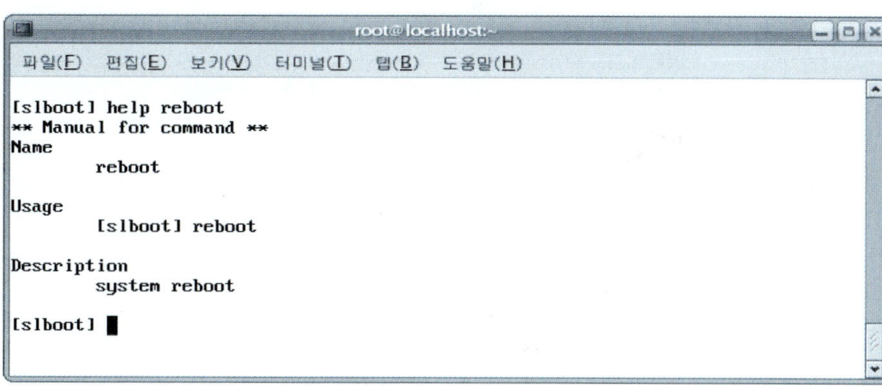

[그림 7-17] ▶ reboot 명령 사용 방법

제 7 장

③ 'load' 명령은 플래시 메모리에 저장되어 있는 리눅스 커널 이미지나 램 디스크 이미지를 읽기 위하여 사용되며, 보통 램 디스크를 이용한 리눅스 커널 부팅할 때에 사용된다.

☞ help load	// load 명령에 대한 도움말 출력
☞ load kernel	// 플래시 메모리에 있는 리눅스 커널 이미지를 RAM으로 복사

※ 사용 형식 load [커널 : kernel 또는 램 디스크 : ramdisk]

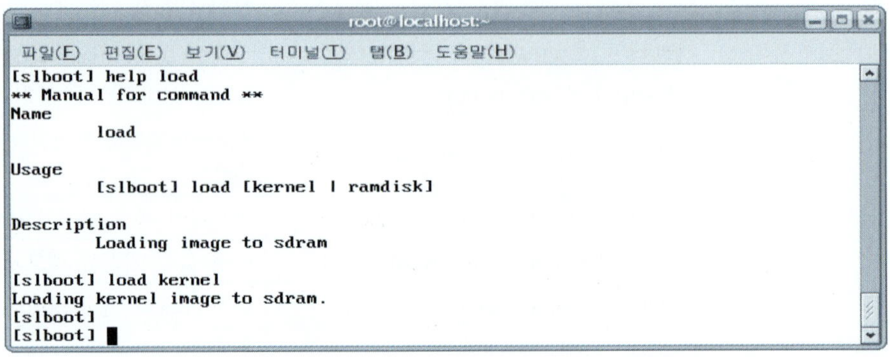

[그림 7-18] ▶ load 명령 사용 방법

④ 'clear' 명령은 현재 부트로더의 화면을 깨끗이 지워주는 명령으로서 화면을 캡처할 때나 메시지가 너무 많아 콘솔 화면이 복잡할 때 사용한다.

☞ help clear	// clear 명령에 대한 도움말 출력
☞ clear	// 화면 초기화

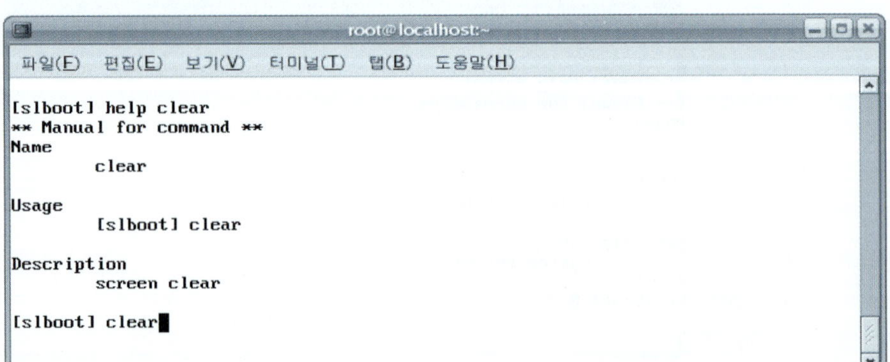

[그림 7-19] ▶ clear 명령 사용 방법

⑤ 'boot' 명령은 명령어 모드에서 리눅스 커널로 부팅을 시작하기 원할 때 사용하는 명령이다.

☞ help boot	// boot 명령에 대한 도움말 출력
☞ boot	// 리눅스 커널로 부팅

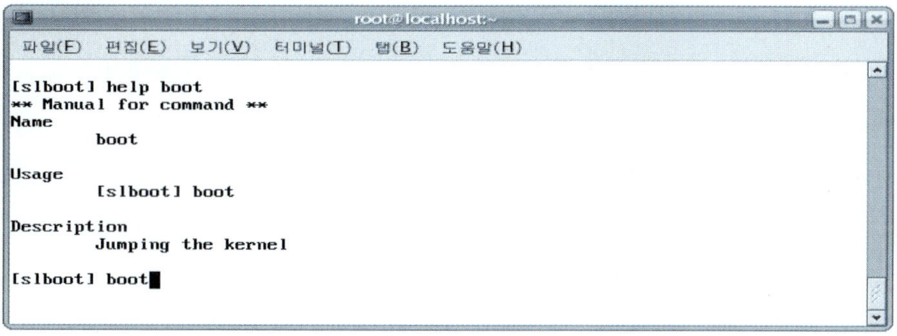

```
root@localhost:~
파일(F) 편집(E) 보기(V) 터미널(T) 탭(B) 도움말(H)
[slboot] help boot
** Manual for command **
Name
        boot

Usage
        [slboot] boot

Description
        Jumping the kernel

[slboot] boot
```

[그림 7-20] ▶ boot 명령 사용 방법

⑥ 'status'는 현재 부트로더의 버전 및 시스템 상태를 출력하는 명령이다.

☞ help status	// status 명령에 대한 도움말 출력
☞ status	// 현재 시스템 상태 출력

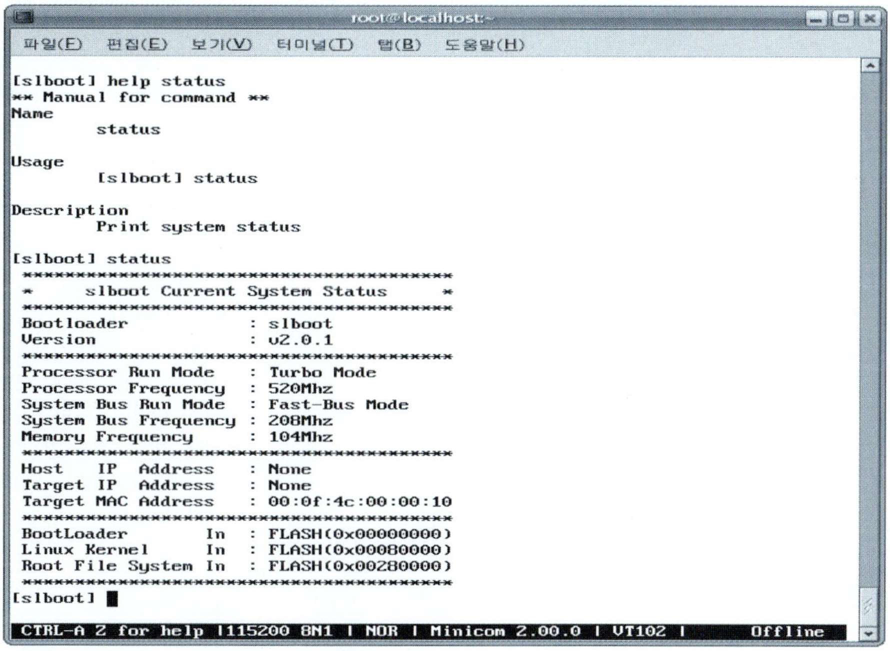

```
root@localhost:~
파일(F) 편집(E) 보기(V) 터미널(T) 탭(B) 도움말(H)
[slboot] help status
** Manual for command **
Name
        status

Usage
        [slboot] status

Description
        Print system status

[slboot] status
 ******************************************
 *      slboot Current System Status      *
 ******************************************
 Bootloader               : slboot
 Version                  : v2.0.1
 ******************************************
 Processor Run Mode       : Turbo Mode
 Processor Frequency      : 520Mhz
 System Bus Run Mode      : Fast-Bus Mode
 System Bus Frequency     : 208Mhz
 Memory Frequency         : 104Mhz
 ******************************************
 Host   IP  Address       : None
 Target IP  Address       : None
 Target MAC Address       : 00:0f:4c:00:00:10
 ******************************************
 BootLoader        In     : FLASH(0x00000000)
 Linux Kernel      In     : FLASH(0x00080000)
 Root File System  In     : FLASH(0x00280000)
 ******************************************
[slboot]
 CTRL-A Z for help |115200 8N1 | NOR | Minicom 2.00.0 | VT102 |      Offline
```

[그림 7-21] ▶ status 명령 사용 방법

제7장

Tip

status 명령의 표시 항목

〈표 7-2〉 status 명령의 표시 항목

항 목	출력 값	설 명
Bootloader	부트로더 이름	현재 SYS-Lab 5000 보드에 탑재된 부트로더의 이름을 표시
Version	부트로더 버전	현재 SYS-Lab 5000 보드에 탑재된 부트로더의 버전을 표시
Processor Run Mode	Turbo Mode/ Normal Mode	Intel PXA272 프로세서의 동작 모드를 표시
Processor Frequency	속도(MHz)	Intel PXA272 프로세서의 동작 속도를 표시
System Bus Run Mode	Fast-Bus Mode/ Normal Mode	Intel PXA272 프로세서의 시스템 버스의 동작 모드를 표시
System Bus Frequency	속도(MHz)	Intel PXA272 프로세서의 시스템 버스의 동작 속도를 표시
Memory Frequency	속도(MHz)	Intel PXA272 프로세서의 메모리 컨트롤러의 동작 속도를 표시
Host IP Address	IP 주소/None	호스트 PC의 IP 주소를 출력 만약 BootP 프로토콜을 통하여 SYS-Lab 5000 보드에서 IP 주소를 얻지 못했다면 [None]이 표시된다. [None]이 표시된 상태에서는 TFTP 프로토콜을 통하여 호스트 PC에서의 파일 다운로드가 불가능하다. 이때 [bootp] 명령을 사용하여 호스트 PC의 IP 주소를 획득하면 정상적으로 TFTP 프로토콜을 통한 파일 다운로드가 가능하다.
Target IP Address	IP 주소/None	타깃 보드의 IP 주소를 출력
Target MAC Address	24bit 16진수	타깃 보드의 이더넷 어뎁터의 MAC 주소를 출력
Bootloader In Kernel In Root File System In	FLASH(주소)/ SDRAM(주소)/ Writed!	부트로더/커널/루트 파일 시스템이 현재 위치해 있는 메모리의 종류와 주소를 출력한다. [tftp] 명령을 통하여 호스트 PC로부터 부트로더/커널/루트 파일 시스템을 전송받으면 status 명령으로 확인시 [SDRAM]이 출력된다. [flash] 명령을 통하여 SDRAM으로 전송된 부트로더/커널/루트 파일 시스템을 플래시 메모리에 기록한다면 status 명령으로 확인시 [Writed]가 출력된다.

⑦ 'lock' 명령은 플래시 메모리에 기록된 부트로더나 리눅스 커널, 파일 시스템 이미지를 함부로 지우거나 수정하지 못하도록 하는 명령이다.

☞ help lock	// lock 명령에 대한 도움말 출력
☞ lock kernel	// 리눅스 커널을 수정 못하도록 잠금

※ 사용 형식
lock [부트로더 : boot 또는 커널 : kernel 또는 파일 시스템 : root]

```
root@localhost:~
파일(F) 편집(E) 보기(V) 터미널(T) 탭(B) 도움말(H)

[slboot] help lock
** Manual for command **
Name
        lock

Usage
        [slboot] lock {boot | kernel | root}

Description
        Setting lock-bit to specific region.

[slboot] lock kernel
Locking flash region 0x00080000 ~ 0x0027FFFF
[slboot] █
```

[그림 7-22] ▶ lock 명령 사용 방법

⑧ 'unlock' 명령은 플래시 메모리에 기록된 'lock' 명령으로 수정이 금지된 부트로더나 리눅스 커널, 파일 시스템 이미지를 수정이 가능하도록 해주는 명령이다.

☞ help unlock	// unlock 명령에 대한 도움말 출력
☞ lock kernel	// 리눅스 커널을 수정할 수 있도록 허용

※ 사용 형식
unlock [부트로더 : boot 또는 커널 : kernel 또는 파일 시스템 : root]

```
root@localhost:~
파일(F) 편집(E) 보기(V) 터미널(T) 탭(B) 도움말(H)

[slboot] help unlock
** Manual for command **
Name
        unlock

Usage
        [slboot] unlock {boot | kernel | root}

Description
        Unlocking to specific region.

[slboot] unlock kernel
Unlocking flash region 0x00080000 ~ 0x0027FFFF
[slboot] █
```

[그림 7-23] ▶ unlock 명령 사용 방법

⑨ 'flash'는 TFTP 명령을 통하여 RAM으로 다운받은 부트 파일 시스템이나 리눅스 커널, 루트 파일 시스템 이미지를 플래시 메모리에 퓨징할 때 사용하는 명령이다.

☞ help flash	// flash 명령에 대한 도움말 출력
☞ flash kernel	// 리눅스 커널을 플래시로 퓨징

※ 사용 형식
flash [부트로더 : boot 또는 커널 : kernel 또는 파일 시스템 : root]

```
root@localhost:~
파일(F) 편집(E) 보기(V) 터미널(T) 탭(B) 도움말(H)

[slboot] help flash
** Manual for command **
Name
        flash

Usage
        [slboot] flash {boot | kernel | root}

Description
        Downloaded image fusing to specific region.

[slboot] load kernel
Loading kernel image to sdram.
[slboot] flash kernel
Erasing kernel region(0x00080000 ~ 0x0027ffff)
erasing completed.

Fusing kernel region(0x00080000 ~ 0x0027ffff)
fusing completed.

[slboot] █
```

[그림 7-24] ▶ flash 명령 사용 방법

⑩ 'bootp' 명령은 Bootp 프로토콜을 통하여 호스트 PC로부터 부트로더, 리눅스 커널, 루트 파일 시스템을 다운로드받고자 할 때 호스트 PC의 IP 주소를 받아와서 TFTP 프로토콜이 동작할 수 있도록 해주는 명령이다.

☞ help bootp	// bootp 명령에 대한 도움말 출력
☞ bootp	// 호스트 PC의 IP 주소 획득

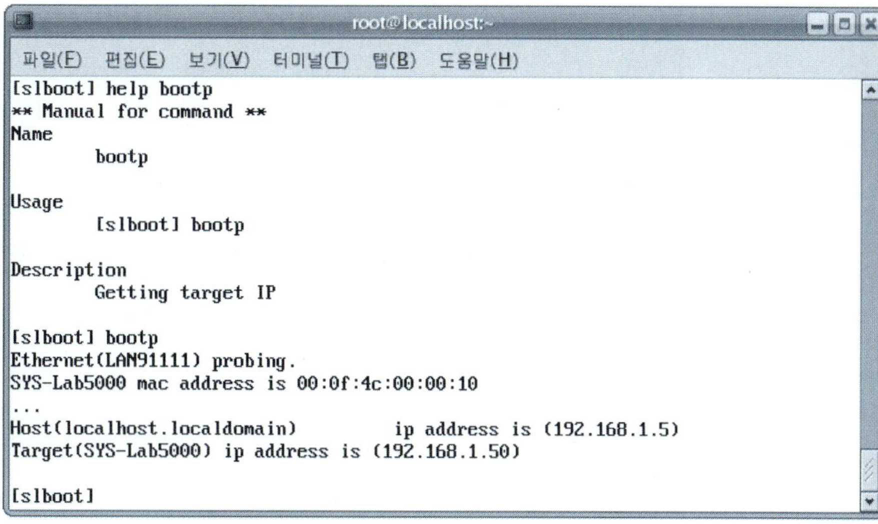

[그림 7-25] ▶ bootp 명령 사용 방법

⑪ 'tftp' 명령은 호스트 PC의 /tftpboot 디렉터리에 있는 파일을 다운받아 램에 저장할 때 사용하는 명령이다. 보통 부트로더, 리눅스 커널, 루트 파일 시스템 이미지를 플래시 메모리에 기록하기 위해 램으로 다운로드받고자 할 때 사용하는 명령이다.

☞ help tftp	// tftp 명령에 대한 도움말 출력
☞ tftp zImage kernel	// 호스트 PC에서 리눅스 커널 이미지를 SYS-Lab 5000의 리눅스 커널 영역으로 저장
☞ tftp zImage 0x28000000	// 호스트 PC의 /tftpboot 디렉터리에 저장된 리눅스 커널 이미지인 "zImage"를 램의 0x28000000 영역에 저장

※ 사용 형식
tftp [파일명] [부트로더 : boot 또는 커널 : kernel 또는 파일 시스템 : root]
tftp [파일명] [다운로드받을 메모리 주소]

제7장

```
root@localhost:~
파일(F) 편집(E) 보기(V) 터미널(T) 탭(B) 도움말(H)

[slboot] help tftp
** Manual for command **
Name
        tftp

Usage
        slboot> tftp filename {address} or {boot | kernel | root}

Description
        Image downloading to specific {region | address}

[slboot] tftp zImage kernel
Starting tftp...

Requesting filename is (zImage)
Starting download   at (0xA0080000)

1672228 bytes received.

[slboot] tftp zImage 0x28000000
```

[그림 7-26] ▶ tftp 명령 사용 방법

⑫ 'write' 명령은 SYS-Lab 5000의 물리 주소에 직접 16진수(Hex)값을 써 넣음으로써 SYS-Lab 5000의 동작 상태를 확인할 수 있는 명령이다. 예를 들어 SYS-Lab 5000의 LED 제어 레지스터가 위치한 주소인 0x0a000004 번지에 16진수(Hex)값인 0x4를 써넣으면 SYS-Lab 5000의 LED에 불이 켜지는 것을 확인할 수 있다.

```
☞ help write                  // write 명령에 대한 도움말 출력
☞ write l 0x0a000004 0x8      // LED 제어 레지스터에 32bit로 0x8을 써넣음
☞ write s 0x0a000004 0x8      // LED 제어 레지스터에 16bit로 0x8을 써넣음
☞ write c 0x0a000004 0x8      // LED 제어 레지스터에 8bit로 0x8을 써넣음
--------------------------------------------------------------------------------
※ 사용 형식
  write [비트 형식] [값을 기록할 레지스터 주소] [기록할 값]
           ↑
        l 옵션 : 32bit값으로 기록 (기록하는 값 : 0x8 = 0x00000008)
        s 옵션 : 16bit값으로 기록 (기록하는 값 : 0x8 = 0x0008)
        c 옵션 : 8bit값으로 기록 (기록하는 값 : 0x8 = 0x08)
```

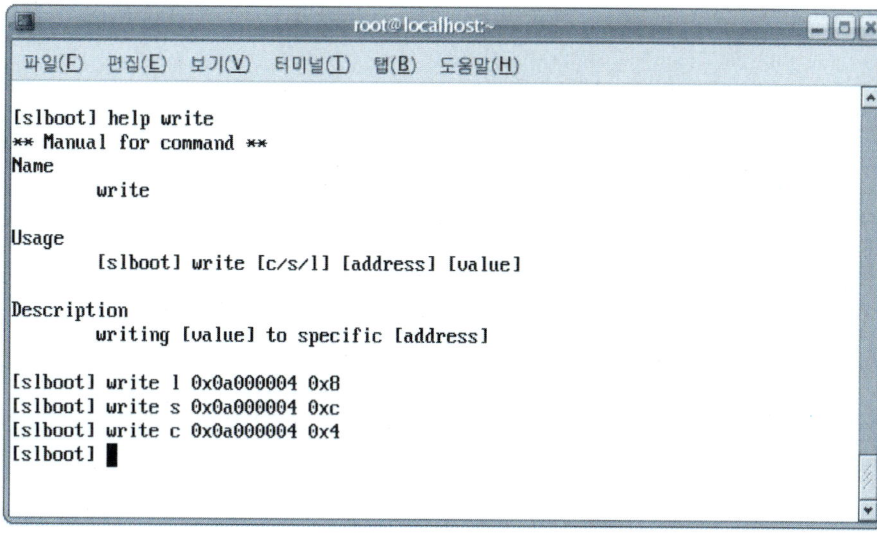

[그림 7-27] ▶ **write 명령 사용 방법**

⑬ 'read' 명령은 SYS-Lab 5000의 물리 주소에 저장된 값을 읽어서 16진수(Hex)값으로 화면에 출력시켜주는 명령이다. 이 명령을 이용하면 알기 원하는 물리 주소에 어떤 값이 기록되어 있는지 알 수 있기 때문에 주로 디버그(Debug) 목적으로 사용한다.

```
☞ help read                 // read 명령에 대한 도움말 출력
☞ write l 0x0a000004        // LED 제어 레지스터에 32bit의 값을 읽음
☞ write s 0x0a000004        // LED 제어 레지스터에 16bit의 값을 읽음
☞ write c 0x0a000004        // LED 제어 레지스터에  8bit의 값을 읽음
---------------------------------------------------------------------------
※ 사용 형식
  read [비트 형식] [값을 읽을 레지스터 주소]
           ↑
         l 옵션 : 32bit값을 읽음
         s 옵션 : 16bit값을 읽음
         c 옵션 :  8bit값을 읽음
```

```
[slboot] help read
** Manual for command **
Name
        read

Usage
        [slboot] read [c/s/l] [address]

Description
        read [value] to specific [address]

[slboot] read l 0x0a000000
read value: 0x0001110a
[slboot] read s 0x0a000000
read value: 0x110a
[slboot] read c 0x0a000000
read value: 0x0a
[slboot]
```

[그림 7-28] ▶ read 사용 방법

⑭ 'tlcd' 명령은 부트로더에서 문자열을 입력받아 SYS-Lab 5000의 Text LCD에 문자열을 출력시켜주는 명령이다. 예를 들어 'Libertron'이라는 문자열을 Text LCD에 출력시키기를 원할 때에는 'tlcd w Libertron'이라고 입력하면 된다.

☞ help tlcd	// tlcd 명령에 대한 도움말 출력
☞ tlcd w Libertron	// Text LCD에 "Libertron"이라는 문자열을 출력
☞ tlcd c	// Text LCD에 써진 문자를 지움

※ 사용 형식

tlcd [옵션] [출력할 문자열]

↑

w 옵션 : Text LCD에 문자열을 출력

c 옵션 : Text LCD에 써져 있는 문자를 지움

```
[slboot] help tlcd
** Manual for command **
Name
        tlcd

Usage
        [slboot] tlcd [w/c] [string]

Description
        write [string] to Text LCD

[slboot] tlcd w Libertron
Text LCD Output String : [Libertron]
[slboot] tlcd c
Text LCD : Screen Cleared!
[slboot]
```

[그림 7-29] ▶ tlcd 명령 사용방법

[그림 7-30] ▶ Text LCD의 문자열 초기화 및 출력

⑮ 'led' 명령은 부트로더에서 숫자를 입력받아 SYS-Lab 5000의 입력받은 숫자에 위치한 LED를 켜주는 명령이다. 예를 들어 SYS-Lab 5000의 20번째 LED에 불을 켜고 싶다면 'lcd w 20'이라고 입력하면 된다.

```
☞ help led                    // led 명령에 대한 도움말 출력
☞ led w 20                    // 20번째 LED에 불을 켜줌
☞ led c                       // 모든 LED의 불을 꺼줌
--------------------------------------------------------------
※ 사용 형식
  led [옵션] [불을 켜줄 LED 번호]
          ↑
        w 옵션 : LED에 불을 켜줌
        c 옵션 : 모든 LED의 불을 꺼줌
```

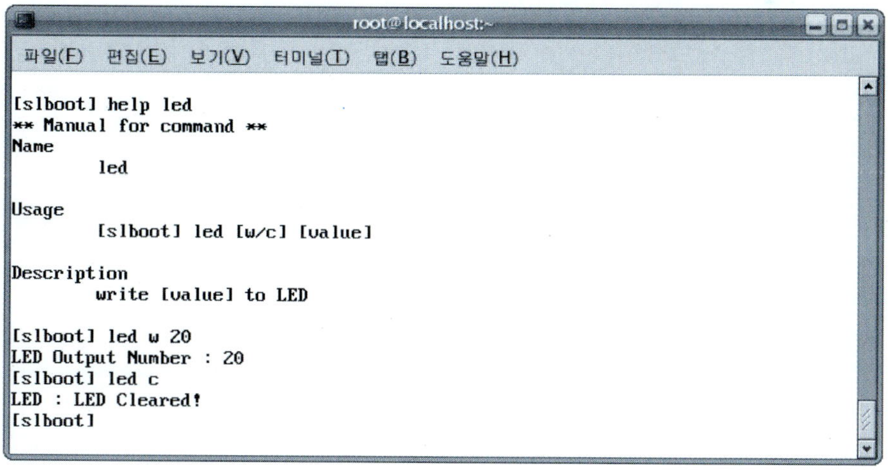

[그림 7-31] ▶ led 명령 사용 방법

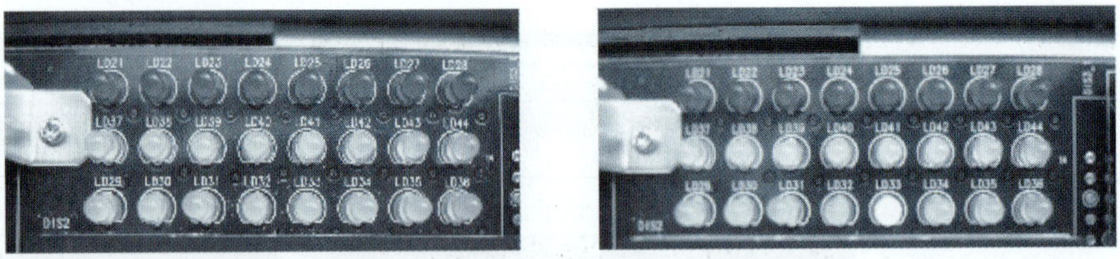

[그림 7-32] ▶ LED 초기화 및 켜기 실행

⑯ 'fnd' 명령은 부트로더에서 숫자를 입력받아 SYS-Lab 5000의 7-세그먼트에 입력받은 숫자를 출력시켜주는 명령이다. 예를 들어 SYS-Lab 5000의 7-세그먼트에 8을 출력시키고 싶다면 'fnd w 8'이라고 입력하면 된다.

☞ help fnd // fnd 명령에 대한 도움말 출력
☞ fnd w 8 // 7-세그먼트에 숫자 "8"을 출력
☞ fnd c // 7-세그먼트에 써져있는 숫자를 지움

※ 사용 형식
fnd [옵션] [출력할 숫자]
↑
w 옵션 : 7-세그먼트에 숫자를 출력
c 옵션 : 7-세그먼트에 써져 있는 숫자를 지움

root@localhost:~

파일(F) 편집(E) 보기(V) 터미널(T) 탭(B) 도움말(H)

```
[slboot] help fnd
** Manual for command **
Name
        fnd

Usage
        [slboot] fnd [w/c] [value]

Description
        write [value] to 7-Segment LED

[slboot] fnd w 8
7-Segment LED Value : 8
[slboot] fnd c
7-Segment LED : Cleared!
[slboot]
```

[그림 7-33] ▶ 7-세그먼트 명령 사용법

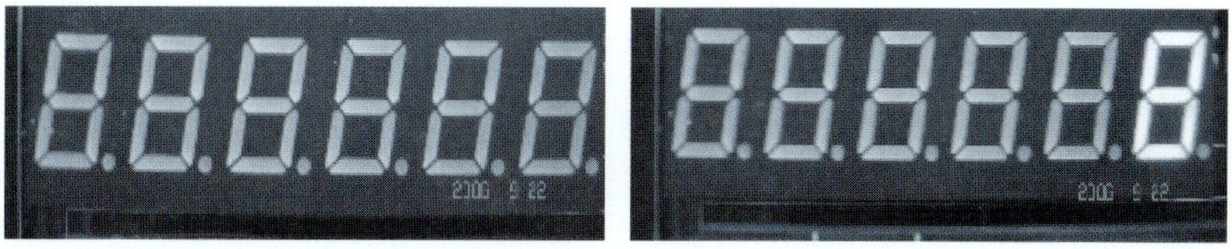

[그림 7-34] ▶ 7-세그먼트에 숫자 초기화 및 출력

제8장

리눅스 커널 및 환경 설정

8.1 리눅스 커널의 특징

1) 모놀리식 커널과 마이크로 커널

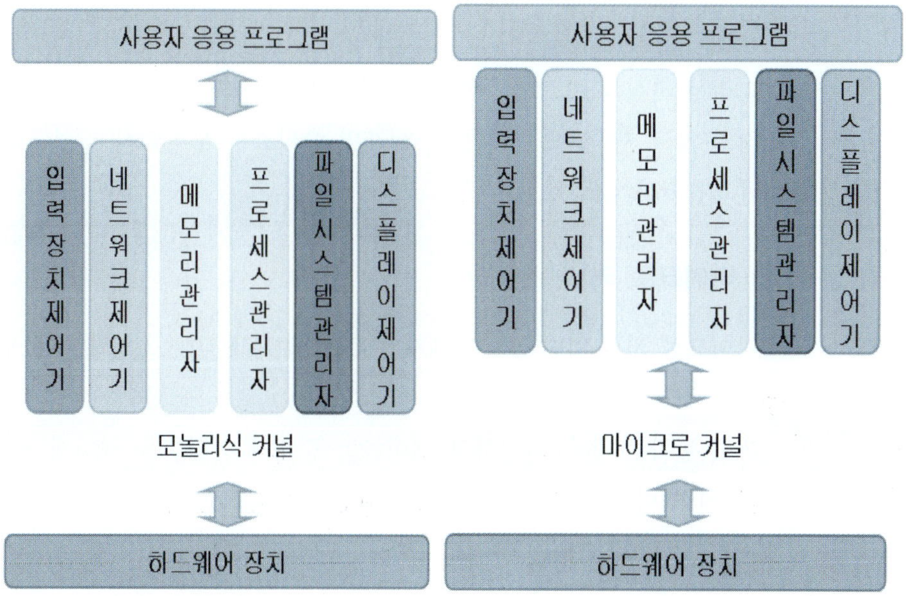

[그림 8-1] ▶ **커널의 종류**

커널(Kernel)은 운영체제의 가장 핵심을 이루는 부분이다. 커널의 종류에 따라 윈도우와 유닉스 등의 각 운영체제들은 고유의 특징과 기능을 가지게 된다.

커널은 하드웨어와 소프트웨어를 중간에서 연결해주며, 소프트웨어에서 좀더 손쉽고 효율적으로 하드웨어를 제어하는 방법을 제공해주는 역할을 한다. 커널의 종류에는 구현 방법에 따라 모놀리식과 마이크로 커널로 구분된다.

(1) 모놀리식 커널

모놀리식 커널은 [그림 8-1]과 같이 커널 내부에 메모리와 파일 시스템 관리 같은 커널이 제공해주어야 하는 운영체제의 주요 기능에 각종 장치 관리자까지 모두 포함된 커널을 말하며, 다른 말로 Fat(뚱뚱한) 커널이라고도 부른다.

모놀리식 커널은 빠른 처리 속도를 가지고 있으며 마이크로 커널에 비해 상대적으로 구현하기 쉽다는 장점이 있다.

하지만, 대부분의 기능이 커널에 포함되어 있기 때문에 커널 자체의 크기가 커지게 된다. 또한 많은 기능들의 포함으로 인한 복잡한 커널 구조로 인하여 유지 보수 및 타 기종으로의 포팅이 쉽지 않다는 단점이 있다.

모놀리식 커널 구현 방식을 채택하는 대표적인 운영체제로는 유닉스 계열의 운영체제가 있다. 보통 유닉스 운영체제는 컴퓨터 회사에서 자사의 시스템에 최적화 되어 제공 된다.

따라서 자사의 시스템 이외에 PC와 같은 다수의 범용 시스템에 대한 호환성은 고려하지 않고 제작되었기 때문에 현재의 유닉스는 모놀리식 커널이라는 형태로 발전하게 된 것이다.

(2) 마이크로 커널

마이크로 커널 방식의 운영체제는 [그림 8-1]과 같이 운영체제가 제공하는 모든 기능들이 모듈로 나누어져 있다.

커널은 각 모듈을 관리하고 제어하는 중재자 역할만을 해주게 된다. 따라서 마이크로 커널 방식의 운영체제는 운영체제의 기능들을 수정 및 업데이트를 필요로 할 때 해당 기능의 모듈만을 업데이트해주면 되기 때문에 유지보수 관리 측면에서 효율적이라고 말할 수 있다. 하지만, 마이크로 커널 방식을 채용하는 운영체제의 경우 하드웨어 → 커널 → 모듈 → 응용 프로그램 순의 여러 단계를 거쳐서 동작하기 때문에 모놀리식 커널 구현 방식에 비해 성능의 저하를 가져올 수밖에 없다는 단점을 가지고 있다. 실제로 속도 문제는 유닉스의 모놀리식 방식의 커널을 마이크로 커널로 구현을 하려 했던 Mach 커널 개발 프로젝트에서 많은 문제가 제기되었던 부분이다.

마이크로 커널 방식을 채택하는 대표적인 운영체제로는 윈도우NT 계열의 운영체제가 있다. 윈도우NT 계열의 운영체제의 경우 다수의 범용 시스템에 적용되며 이에 대한 호환성을 고려하고 제작해야 했기 때문에 현재의 윈도우 운영체제는 마이크로 커널이라는 형태로 발전하게 된 것이다.

2) 리눅스의 하이브리드 모놀리식 커널

리눅스는 이런 단점을 개선하기 위해 마이크로 커널 방식의 운영체제의 장점을 일부 수용하여 하드웨어 장치나 기능을 추가할 때마다 커널을 새로 컴파일하지 않고, 사용하고자 하는 기능을 모듈로 제작하여 커널에 새로운 기능을 추가할 수 있도록 하였다. 따라서 기존 모놀리식 커널 방식을 계속 사용하면서 필요한 기능들을 모듈을 통하여 간단히 추가할 수 있는 마이크로 커널 방식의 운영체제의 장점도 일부 수용했기 때문에 리눅스의 커널은 하이브리드 모놀리식 커널 방식을 사용한다고 불려지게 되었다.

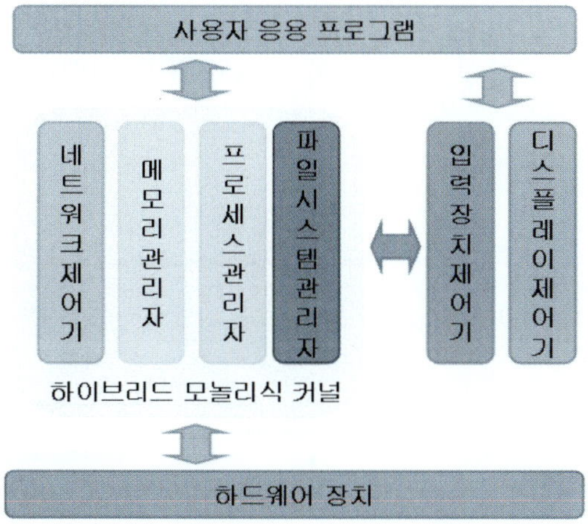

[그림 8-2] ▶ **하이브리드 모놀리식 커널**

8.2 리눅스 커널의 구조

커널(kernel)이란 메모리에 상주하여 시스템 구동에 필요한 환경을 만들고 관리하는 소프트웨어로서 H/W와 인터럽트 등을 통해 통신하고, 사용자 응용(Application)과 시스템 호출 인터페이스 등을 통해 통신하는 소프트웨어이다.

작은 의미의 OS 자체로서 시스템 내의 모든 리소스(H/W, S/W) 관리하고 응용 프로그램에게 서비스 제공한다.

1) 커널의 구성요소

(1) Process Management

Process Management는 태스크 생성, 실행, 상태전이, 스케줄링, 시그널 처리, 프로세스간 통신, 모듈 등의 서비스를 관리 및 제공한다.

제 8 장

(2) Memory Management

Memory Management는 가상 메모리, 주소변환, 페이지 부재 결함을 처리한다.

(3) Virtual File System

Virtual File System는 파일 생성, 접근 제어, inode 관리, 디렉터리 관리, 버퍼 캐시 관리 등이다.

(4) 디바이스 드라이버

디바이스 드라이버(Device Driver)는 주변장치를 구동하는 드라이버로 구성한다.

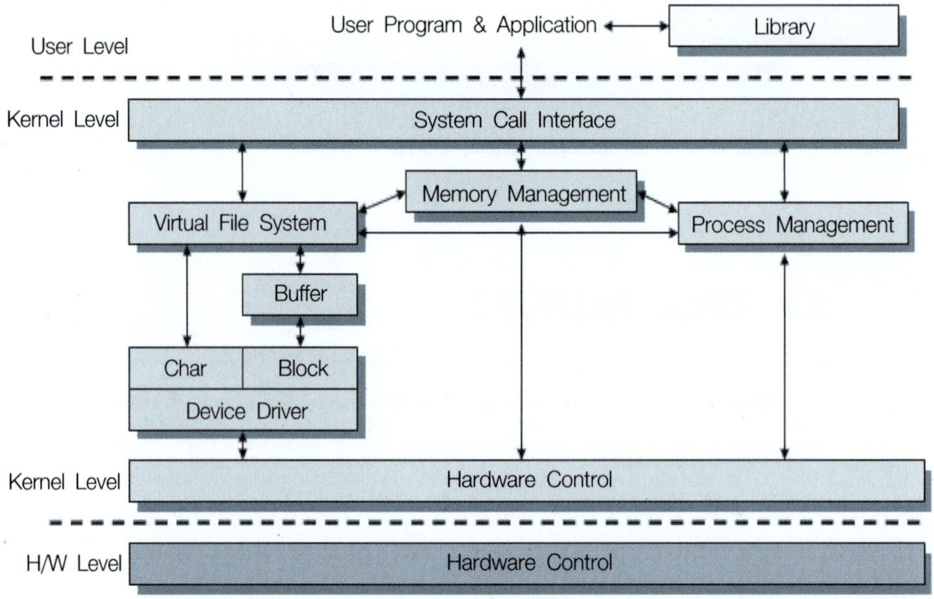

[그림 8-3] ▸ 리눅스 커널의 구조

2) 리눅스 커널 소스 구조

리눅스 커널 소스의 구조는 그림처럼 구성되어 있다.

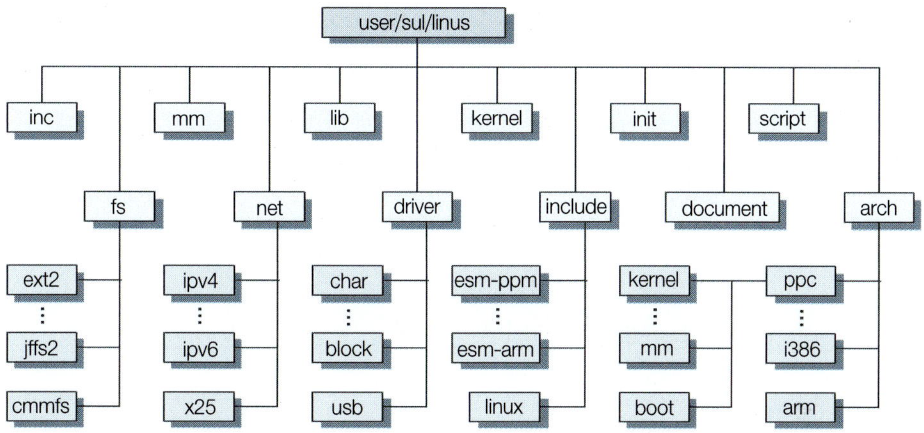

[그림 8-4] ▶ **리눅스 커널 소스 구조**

(1) init

커널의 초기화 부분으로서 커널의 메인 시작 함수가 구현된 디렉터리이다.

(2) kernel

Task 관리자가 구현된 디렉터리로서 Task 생성, 소멸, 프로그램의 실행, 스케줄링, 시그널 처리, 모듈관련, 커널 심벌 등이 구현한다.

(3) arch

H/W에 종속적인 부분들이 구현하는 것으로 CPU 형태에 따라 하위 디렉터리로 다시 구분하고 /arch/cpu-type/에는 다시 5개의 하위 디렉터리로 구성되어 있다.

① boot

시스템 초기화시 이용하는 부트스트랩 코드가 구현하고 커널 소스 컴파일시 결과물인 vmlinuz 파일도 여기에 생성한다.

제8장

② Kernel

Task 관리자 중에서 Context switch 또는 thread 관리 같은 하드웨어 종속적인 부분이 구현한다.

③ mm

메모리 관리자 중에서 페이지 부재 결함 처리와 같은 하드웨어 종속적인 부분이 구현된다.

④ lib

커널이 사용하는 라이브러리 함수가 구현한다.

(4) fs

리눅스에서 지원하는 다양한 파일 시스템들이 구현한다. 즉, open(), read(), write() 등의 시스템 호출이 구현한다. 대표적 파일 시스템은 ext2, nfs, ufs, ntfs, msdos, proc 등이다.

(5) mm

메모리 관리자가 구현하고 가상 메모리, Task마다 할당되는 메모리 객체 관리, 커널 메모리 할당자 등의 기능이 구현된다.

(6) driver

디바이스 드라이버가 구현한다. 디바이스 드라이버는 문자(character) 디바이스 드라이버(driver/char), 블록(Block) 디바이스 드라이버(driver/block), 네트워크(Network) 디바이스 드라이버(driver/net)로 구분된다. 기타 driver/cdrom, driver/sound, /driver/video 등으로 구성된다.

(7) net

리눅스에서 지원하는 통신 프로토콜이 구현되어 있으며 socket이 구현되어 있다.

지원 프로토콜은 TCP/IP, PPP, X.25, IPX 등 다수 지원하고 net/ipv4, net/x25, net/802 등으로 구성된다.

(8) ipc

리눅스 커널이 지원하는 프로세스간 통신(InterProcess Communication) 기능이 구현된다. 대표적인 IPC은 파이프, 시그널, SVR4 IPC, 소켓 등이고 메시지 패싱, 공유 메모리, 세마포어가 구현되어 있다

참고로 파이프는 fs 디렉터리, 시그널은 kernel 디렉터리, 소켓은 net 디렉터리에 구현되어 있다.

(9) include

리눅스 커널이 사용하는 헤더 파일들이 구현되어 있다. 헤더파일 중 H/W 독립적인 부분은 include/linux 하위 디렉터리에 구현되어 있다.

(10) Document

리눅스 커널 및 명령어들에 대한 자세한 문서 파일들이 존재한다.

(11) lib

커널 라이브러리 함수들이 구현한다.

(12) module

컴파일된 모듈 함수들이 존재한다.

(13) scripts

커널 구성 및 컴파일할 때 이용되는 스크립터들이 존재한다.

8.3 리눅스 커널의 부팅

1) 리눅스 커널

부트로더에서 커널 함수가 호출되면, 리눅스 커널의 head_8xx.S의 __start로부터 시작해서 init/mainc의 start_kernel 순으로 실행한다.

2) head.S

- __start가 호출되면 부트로더로부터 넘겨 받은 인자를 저장
- include/asm-arm/page.h에서 0xC0000000로 정의되어 있는 KERNEL_BASE를 이용해서 CPU의 TLB (Translation Lookaside Buffer)를 초기화
- CPU의 캐시를 초기화
- start_here로 분기 후에 계속해서 MMU (Memory Management Unit)를 초기화
- C 언어를 위해 스택을 초기화한 후에 init/main.c에 위치한 start_kernel을 호출

3) start_kernel

- head.S에서 init/main.c에 위치한 start_kernel을 호출
- 부트로더에서 넘겨 받은 인자와 커널 설정 내용을 참조하여 단계적인 커널 부팅 과정 수행
- 초기화 과정이 끝나면 커널 스레드에 의해 init/main.c에 있는 init() 함수 실행
- 추가적인 커널 부팅 과정을 실행
- /dev/console을 열고 최종적으로 최초의 프로세스인 init 프로세스를 생성함으로써 리눅스 커널의 부팅 과정이 완료

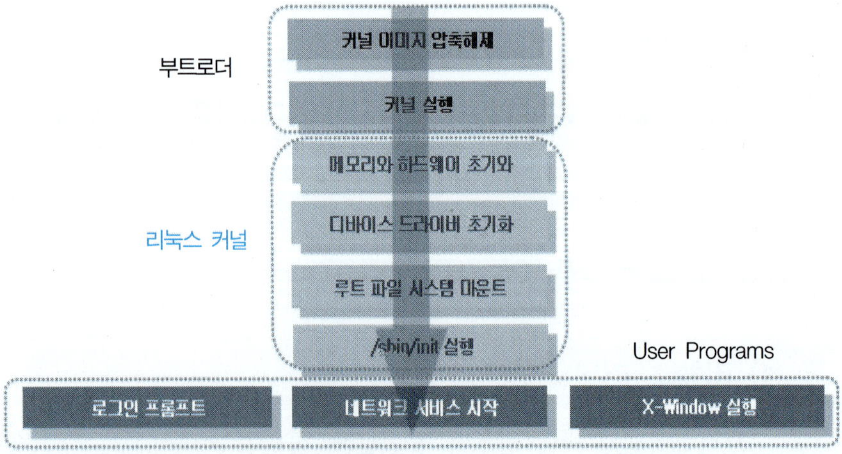

[그림 8-5] ▶ 리눅스 커널 부팅 순서도

8.4 Kernel 2.4와 2.6의 차이

1991년 x86 기반의 인텔 프로세서 환경에서 처음 탄생한 이후로 리눅스는 계속 진화, 발전해 왔으며 이제 리눅스는 임베디드 장비에서부터 대형 엔터프라이즈 서버에서까지 활용되고 있을 정도로 발전하였다.

〈표 8-1〉 **리눅스 커널의 발전사**

														v2.6		
											v2.4					
리눅스 커널									v2.2							
							v2.0									
					v1.0											
		v0.1														
년도	91	92	93	94	95	96	97	98	99	00	01	02	03	04	05	06

〈표 8-1〉에서 1991년 이후 커널의 변화를 보면 대략 3~4년 주기로 커널이 업그레이드되고 있으며, 지난 2003년말 리눅스 커널 2.6이 발표되면서부터 리눅스는 엔터프라이즈 컴퓨터 시장에 진입하여 상용 운영체제와 경쟁할 수 있을 정도로 성능, 확장성, 신뢰성이 더욱 강화되었다.

리눅스 커널 v2.6의 개선점 및 변화된 내용은 〈표 8-2〉와 같다.

① 일반적인 데스크탑과는 달리 임베디드 장비는 그 자원이 매우 한정되어 있기 때문에, 메모리 사용이나 CPU 사용에 제한이 따른다. 리눅스는 멀티태스킹을 지원하는 커널이기는 하지만 일부 시스템에서는 MMU(memory management unit)가 없기 때문에 메모리 보호 모드로 동작하지 않아 어떤 프로그램은 실행이 안 되거나 에러가 나기도 한다. 그리고 일부 시스템 콜은 아예 사용하지 못할 수도 있다. 애초에 다중 사용자를 고려해 설계되지 않은 임베디드 장비에서 작동할 경우에는 이같은 현상이 더 심화된다. 리눅스 커널 2.6은 MMU가 없는

〈표 8-2〉 **리눅스 커널 v2.6의 개선점**

항 목	변화된 내용
파일 시스템	Ext2/Ext3 파일 시스템 업그레이드/NTFS 파일 시스템 지원
오디오	OSS(Open Source Arch)를 ALSA(Advance Linix Sound Arch)로 변경
전력관리	CPU 클럭 주파수 변화 기능 및 ACPI 지원
네트워크	IPSec 지원, NFSv4 지원, SCTP 지원
스케줄러	스케줄러 알고리즘 변경/Native Posix Threading Libeary(NPTL)지원
하드웨어	하이퍼스레딩 지원/NUMA지원
성 능	CPU 하드웨어 베이스 성능 모니터링 지원
메모리	메모리 관리 성능 향상
보 안	National Security Agency에서 지원하는 Selinux 포함
커 널	Kprobe 지원(커널의 디버깅 정보 수집 툴)

프로세서에 대한 지원을 시작했다. 그 전까지의 리눅스 커널은 리누스 토발즈가 인텔 386을 기반으로 커널을 만들었고 거시에서 파생된 소스이기 때문에 MMU가 없는 플랫폼에 대해서는 지원하지 않았다. 하지만 2.6에서 MMU가 없는 프로세서에 대한 지원을 시작했기에 앞으로도 MMU가 없는 오래된 플랫폼에 대한 지원이 이뤄질 것으로 생각된다. 요즘 나오는 프로세스들은 MMU 없는 것이 없지만 아직도 많은 임베디드 시스템은 가격이나 설계상의 이유로 인해 MMU가 없는 오래된 CPU들을 사용하고 있고 이것에 대한 리눅스 지원이 강화된다면 임베디드 분야로의 리눅스 진출이 더욱 가속화될 수 있다.

② 하이퍼스레딩은 하나의 프로세서를 갖고 운영체제를 통해 두 개 이상의 프로세서처럼 동작하도록 흉내를 내는 기능이다. 하나의 프로세서가 두 개 이상의 프로세서인 것처럼 흉내 내는 것이기 때문에 실제로 프로세서를 두 개 단 것 같은 성능 향상은 나타나지 않는다. 하지만 2.6 커널에서 하이퍼스레딩 기능을 활성화시켜 놓고 같은 작업을 2.4 커널의 머신에서 했을 때와 비교했을 때 훨씬 빠른 속도의 결과가 나온다.

③ 인텔의 PAE(Physical Address Extension)가 지원된다. 이 기술은 32비트 x86 머신에서 64GB까지의 RAM을 인식하는 기술이다. 그리고 내부적으로 한계가 정해져 있던 값들이 대폭 상향 조정되었다. 먼저 사용자나 그룹의 개수가 6만 5,000개에서 40억개로 늘어났다(16비트에서 32비트로 커짐). 그리고 PID의 갯

수도 3만 2,000개에서 10억대로 늘어났다. 이로써 한 시스템 안에 더욱 많은 애플리케이션들이 동시에 작동할 수 있게 되었고 덕분에 시스템에 걸리는 부하는 더욱 커졌다. 그리고 커널 2.6은 64비트로 블럭 디바이스를 처리하는 기능이 추가되어 2TB까지의 파일 시스템을 지원하게 되었다.

④ 리눅스의 I/O 시스템의 변화도 큰 변화중 하나이다. 리눅스 커널 2.6의 I/O 스케줄링 시스템은 완전히 재작성되었다. 재작성된 I/O 스케줄링 시스템은 대용량의 I/O 처리 도중에 프로세스가 다른 일을 하지 못하는 등의 현상으로부터 안전하게 설계되었다. 하지만 일부 오래된 장치들로의 I/O에서는 아직도 몇 가지 문제가 발생하고 있다.

⑤ 리눅스의 디바이스 드라이버 처리 부분 코드도 상당 부분 재작성되었다. 가장 큰 변화는 파일의 확장자가 변했다. 기존의 디바이스 드라이버는 일반적인 C 오브젝트 파일과 마찬가지로 .o로 사용되었는데, 커널 2.6부터는 그것이 .ko(kernel object)로 바뀌었다. 그렇다고 디바이스 드라이버 파일의 형식이나 내용이 바뀐 것이 아니라 단지 확장자만 바뀌었을 뿐이다. 내부적으로 가장 많이 변한 것은 디바이스 드라이버 사이의 경쟁 상태(race condition)를 방지하기 위한 쪽으로 많은 개선 작업이 있었다고 한다. 그 전에는 같은 장치에 대해 동작하는 모듈이 언로딩되어야만 새로운 모듈이 로딩되지만 모듈에 대한 사용자(프로세스) 개수의 검사는 새로운 모듈이 했다. 새로운 커널에서는 이 문제에 대해 확실히 제동을 걸었다. 기존 버전에서도 리눅스 커널 모듈이 올라갈 때, 장치가 디바이스 ID를 갖고 버스 스캐닝을 지원한다면 모듈에 해당하는 장치를 알아서 잡았다. 커널 2.6에서는 이 방식을 완전히 표준으로 확정하고 모듈이 자신에 해당하는 장치를 알아서 찾도록 해 놓았다.

⑥ 커널 2.6은 윈도우의 파일 시스템에 대해 많은 부분을 지원하게 되었다. 리눅스는 윈도우 XP 이후의 파티션 테이블에 대해 손쉽게 리사이징과 생성/삭제를 할 수 있게 되었다. 그리고 NTFS 파일 시스템에 대한 부분은 상당 부분이 재작성되었고 또한 그만큼 많이 나아졌다. 그 전까지 읽기만 가능했던 NTFS 파일 시스템에 대해 읽기/쓰기가 모두 가능해졌다.

⑦ OSS(Open Source Arch)를 ALSA(Advance Linux Sound Arch)로 사운드 아키텍처를 변경하여 리눅스에서도 이제 윈도우 못지않은 사운드 사용 환경을 구축할 수 있게 되었고, USB 오디오 및 MIDI 디바이스와 이중 플레이 백 등을 지

제 8 장

원하게 되었다.

⑧ 새롭게 IPsec 프로토콜을 지원하게 되었다. IPsec 혹은 IP security라 불리는 이 프로토콜은 패킷 전송에 있어 네트워크 레벨에서 패킷의 암호화/복호화하는 것으로 애플리케이션 계층에서는 암호화에 신경쓰지 않아도 네트워크를 타고 패킷이 날아갈 때는 암호화된 상태로 날아가는 프로토콜을 말한다. 그 외에도 IPv6를 본격적으로 지원하기 시작했고 IP NAT/매스커 레이딩에 있어 성능 향상을 이루어 왔다. 무엇보다도 비동기 소켓(aio)과 epoll의 지원으로 대규모 클라이언트 접속을 소화해내는 서버를 구성하는데 리눅스가 제대로 사용될 수 있게 되었다.

8.5 커널 구성(Kernel configuration)

지금 설명하게 될 리눅스 커널 컴파일을 위한 환경 설정 절차는 하이브리드 모놀리식 방식인 리눅스 커널의 특징에서 모놀리식 커널 방식으로 구현되는 부분에 대한 기능들을 추가 및 수정을 하는 부분이다. 여기에서 추가 및 수정된 부분은 커널과 함께 컴파일되어 커널에 포함되어 작동되게 된다.

보통, 장치의 구성의 변화가 거의 없거나 특정 하드웨어만을 위한 리눅스 커널을 만들 때에는 리눅스 커널과 함께 모두 컴파일하여 모놀리식 방식의 커널로 만들어 사용을 한다. 그리고 중요한 기능이 아닌 추가적인 부수적인 기능들은 모듈 방식으로 필요할 때 추가하여 사용하게 된다.

임베디드 타깃 시스템인 SYS-Lab 5000의 경우 Text-LCD, 7-세그먼트, Dip스위치 등의 외부 장치들은 사용이 필요할 때 드라이버 모듈을 커널에 적재하여 사용할 수 있도록 디바이스 드라이버를 모듈 방식으로 따로 작성하여 제공하며, 기타 내부 장치들은 모두 커널과 함께 컴파일되어 실행된다.

1) 커널 환경 설정

이번에는 6장 임베디드 타깃 시스템 구동의 '6.3.2 커널 컴파일'에서 간단히 설명하고 넘어갔던 SYS-Lab 5000에 적용된 kernel 2.6 환경 설정에 대해 알아본다. 'kernel

2.6 configuration' 모드에서는 커널 모듈첨가, 프로세서 형태, 부트 옵션, 네트워크 기능, 디바이스 지원 등의 세부적인 항목을 설정할 수 있고 '커널 환경 설정'에서 체크되지 않은 사항은 커널에 포함되지 않아 그 기능을 사용할 수가 없게 된다(이 6.3절은 '커널 컴파일'하는 단계 중에서 '환경 설정'의 세부적인 내용을 공부하는 부분임을 강조한다)

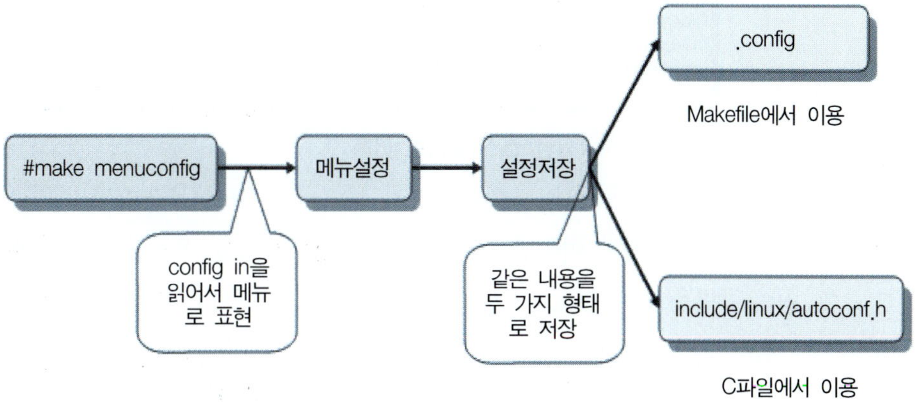

[그림 8-6] ▶ **커널 컴파일 옵션 설정원리**

① 먼저 커널 소스가 존재하는 디렉터리로 이동한다. 위치는 sl5k/software/kernel/이다.

```
☞ cd ~                  // 홈 디렉터리로 이동
☞ cd sl5k               // sl5k/ 디렉터리로 이동
☞ ls                    // 목록 확인
☞ cd software           // software/ 디렉터리로 이동
☞ ls                    // 목록 확인
☞ cd kernel             // SYS-Lab 5000 커널 소스 디렉터리
☞ ls                    // 목록 확인
```

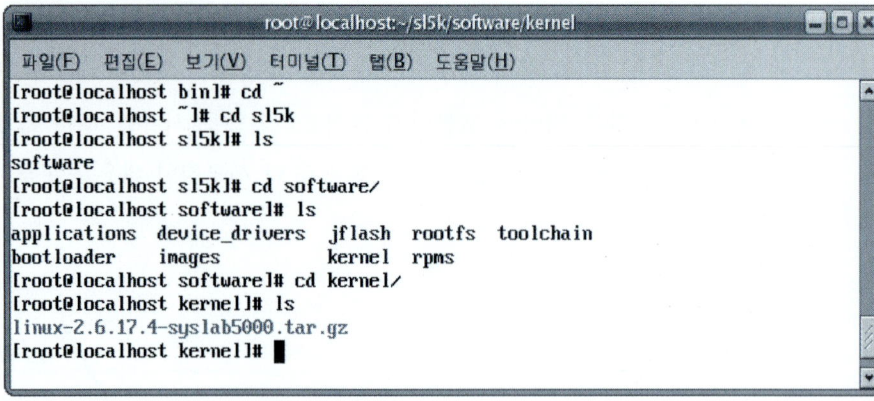

[그림 8-7] ▶ 커널 소스 폴더로 이동

② 디렉터리로 이동한 후 SYS-Lab 5000 설정을 적용시키기 위해 다음과 같은 명령을 입력한다.

☞ ls	// 목록 확인
☞ cd linux-2.6.17.4-syslab5000	// 커널 소스 폴더로 이동
☞ ls	// 목록 확인
☞ make syslab5000_defconfig	// 의존성 체크

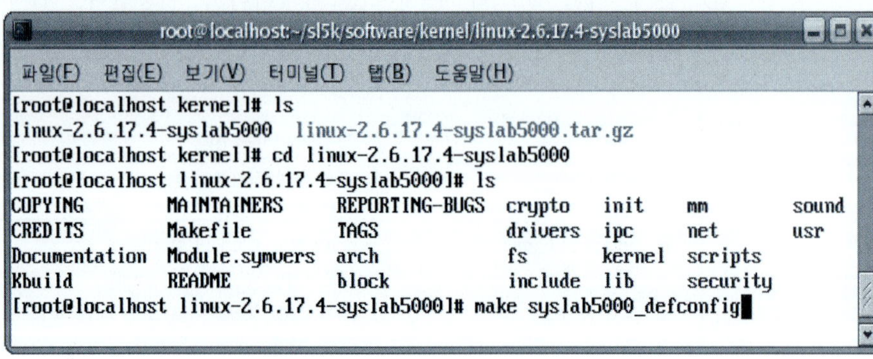

[그림 8-8] ▶ 의존성 체크

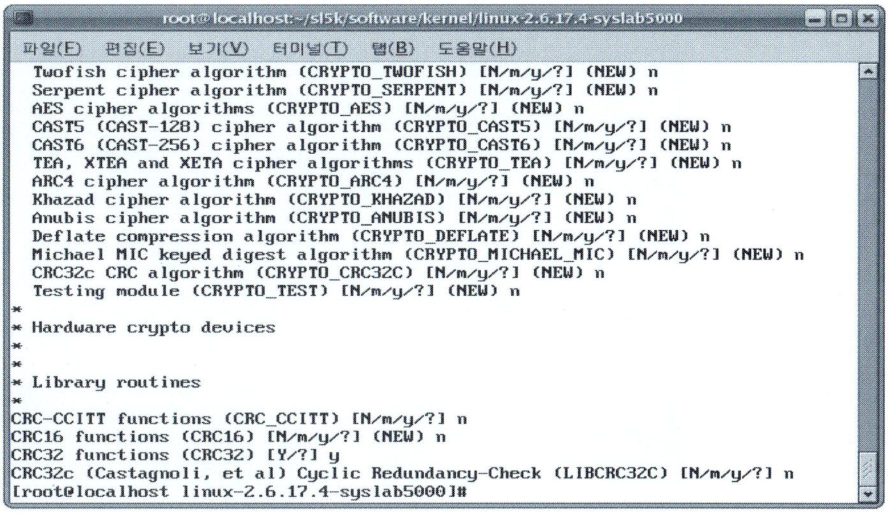

[그림 8-9] ▶ **의존성 체크 화면**

③ 'make menuconfig' 명령을 입력하여 SYS-Lab 5000에 적용된 설정을 확인한다.

☞ make menuconfig // 커널 컴파일 옵션 설정

[그림 8-10] ▶ **커널 환경 설정**

④ menuconfig의 최상위 화면이다.

아래는 menuconfig 설정을 위한 간략한 설명이다.

"-" 표시는 하위 메뉴가 존재한다는 표시이다.
〈ESC〉 또는 〈Exit〉를 선택하면 상위 메뉴로 돌아간다.
〈Help〉를 선택하면 그 메뉴에 대한 도움말을 볼 수 있다.
〈TAB〉 키를 누르면 주 선택 바를 이동한다.
"*"는 커널에 상주 기능으로 포함시킨다.
"M"은 기능을 모듈로 포함시킨다.
단, 〈 〉 에서만 선택 가능하다.
"   " 은 기능을 커널에 포함시키지 않는다.

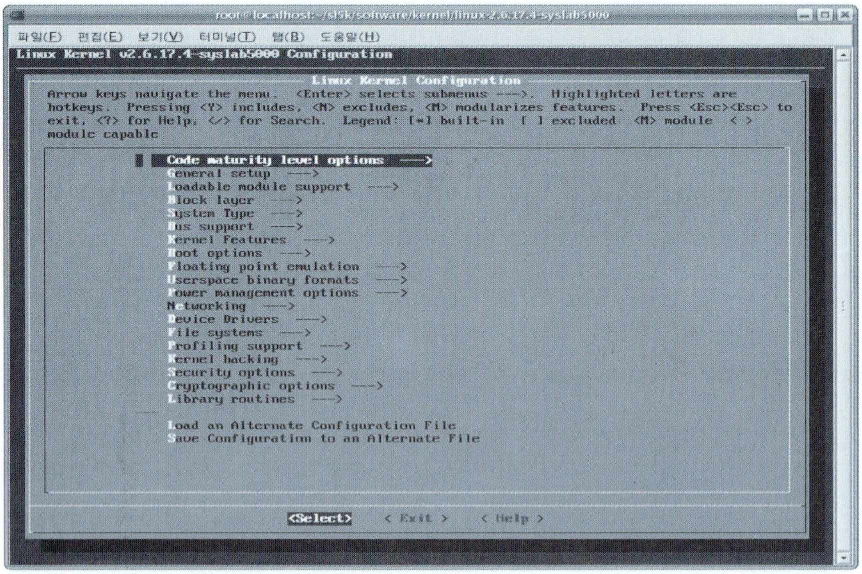

[그림 8-11] ▶ menuconfig의 최상위 화면

⑤ Code maturity level options -

[*] Prompt for development and/or incomplete code/drivers

☞ 커널 코드의 완성도를 선택하는 부분으로 쓰이지 않는 또는 개발 버전 수준의 코드들에 대해 이용 가능하게 한다.

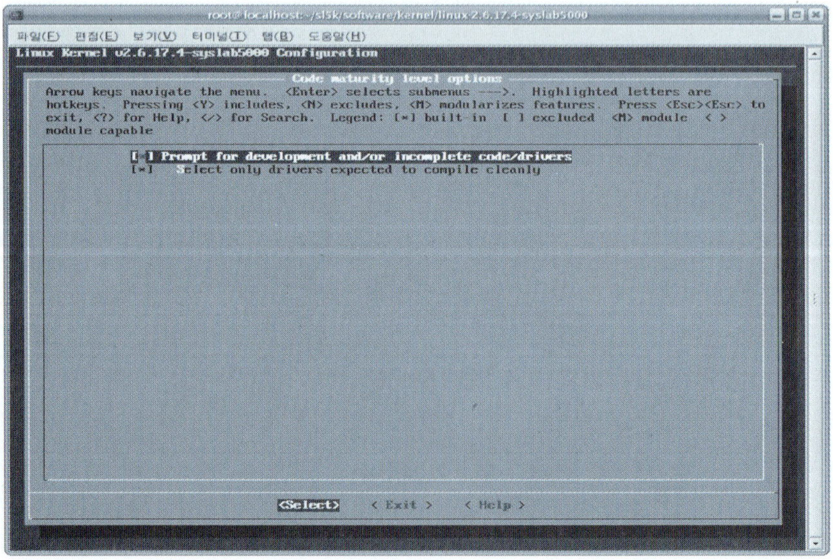

[그림 8-12] ▶ 커널 코드 완성도 선택

⑥ Loadable module support -

[*] Enable loadable module suppor

☞ 커널 모듈의 등록 기능을 설정한다. 설정하지 않으면 커널 모듈을 올릴 수 없다.

[*] Module unloading

[*] Forced module unloading

☞ 모듈의 언로드를 허용한다. 강제로 언로드시킬 수 있다.

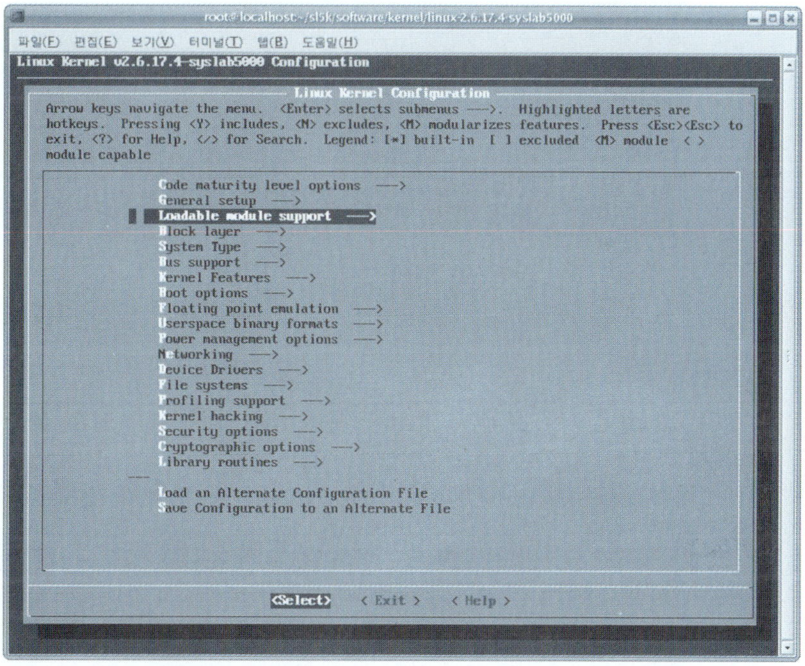

[그림 8-13] ▶ 모듈 관련 설정

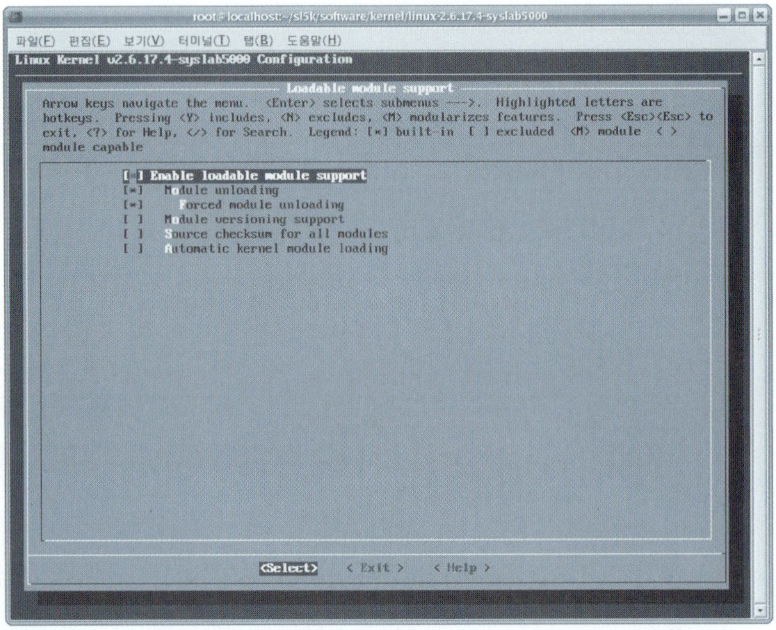

[그림 8-14] ▶ 모듈 관련 설정

⑦ System Type →

☞ 커널이 동작될 프로세서 형태, 시스템이 적용되는 보드를 선택한다.

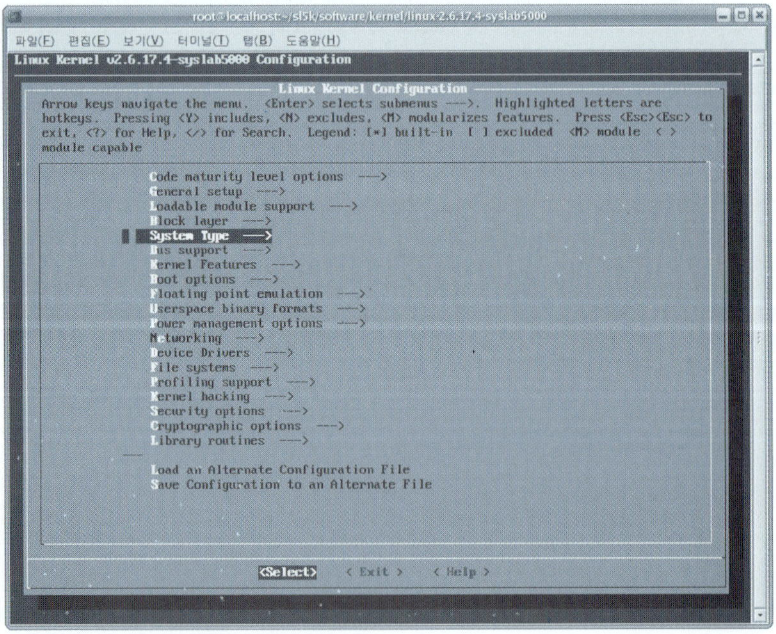

[그림 8-15] ▶ 시스템 형태 설정

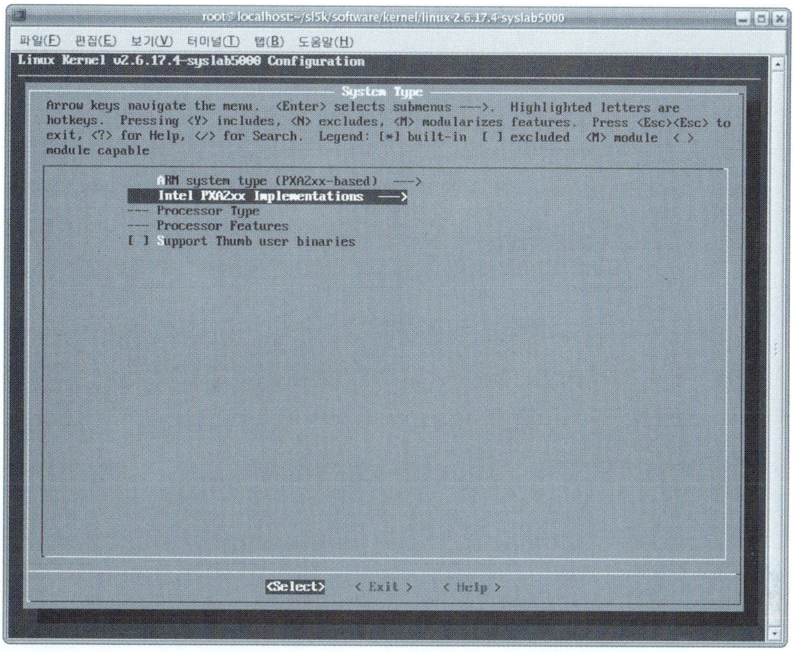

[그림 8-16] ▶ CPU 선택

⑧ Kernel Features →

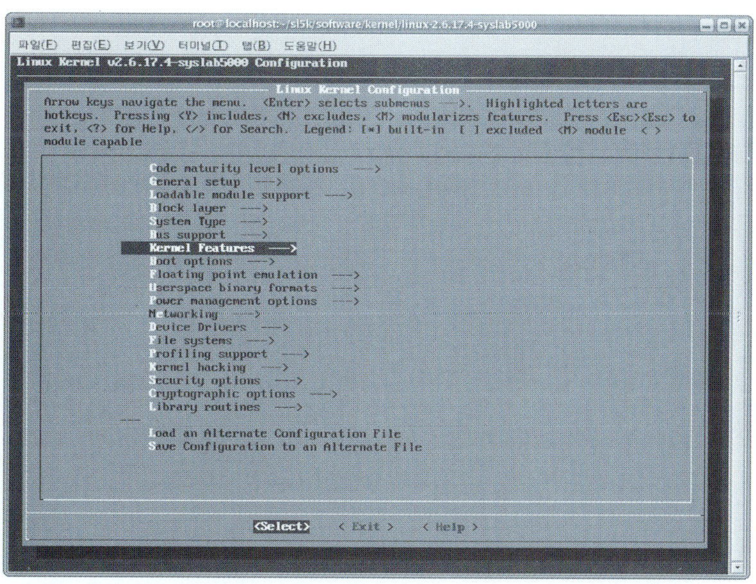

[그림 8-17] ▶ 커널 설정

[*] PXA27x SRAM Allocation Support

[*] Preemptible Kernel (EXPERIMENTAL)

☞ 내부 SRAM을 사용할 수 있도록 설정한다. 또한 커널이 선점식으로 동작하도록 설정한다.

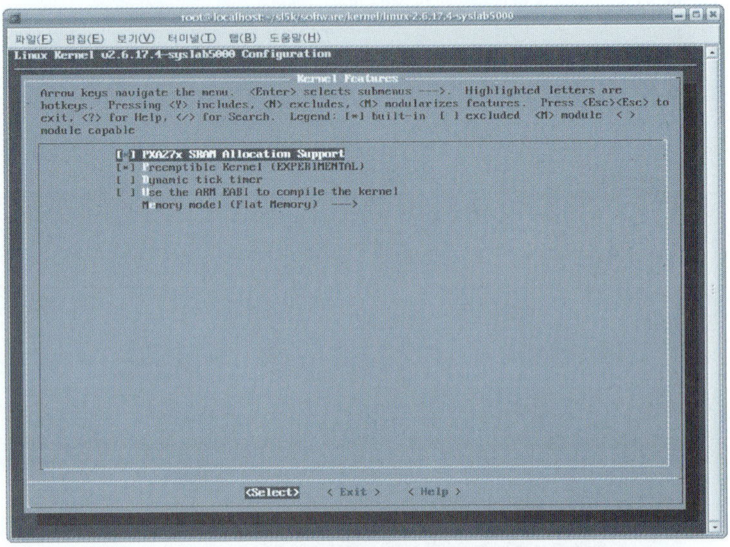

[그림 8-18] ▶ PXA27X CPU SRAM 설정 및 커널 동작 모드

⑨ Boot options →

☞ 리눅스 커널이 부팅될 때 사용할 수 있는 각종 사용자명령을 입력하는 부분이다.

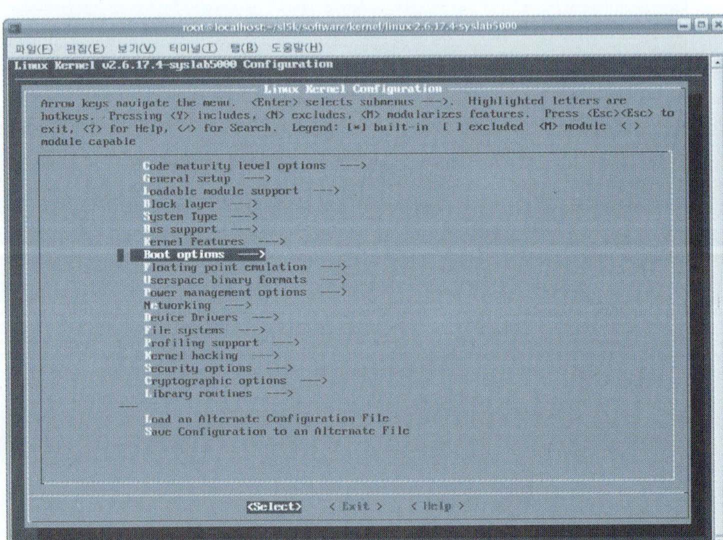

[그림 8-19] ▶ 부트 옵션

(root=/dev/mtdblock2 rw mem=128M console=ttyS0,115200)

☞ 커널 부트 옵션을 지정한다. SYS-Lab 5000은 루트 파일 시스템으로 mtdblock2 영역을 사용하고, 메모리는 128M, 콘솔은 COM1, 115200을 사용하도록 한다.

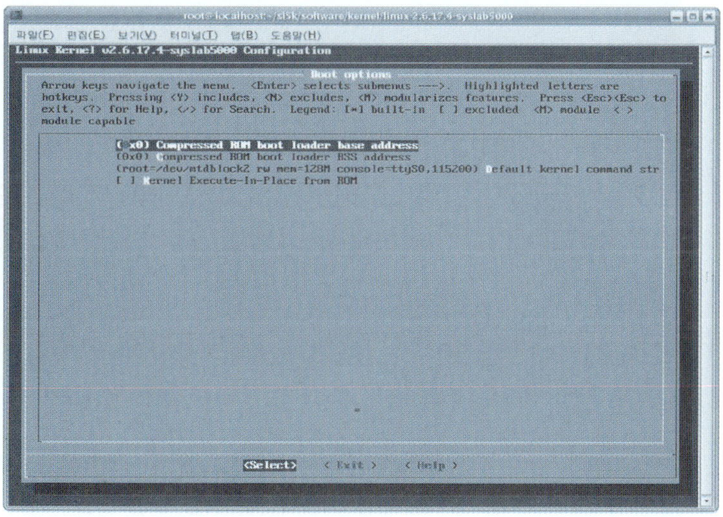

[그림 8-20] ▶ 커널 부트 옵션 지정

⑩ Floating point emulation →

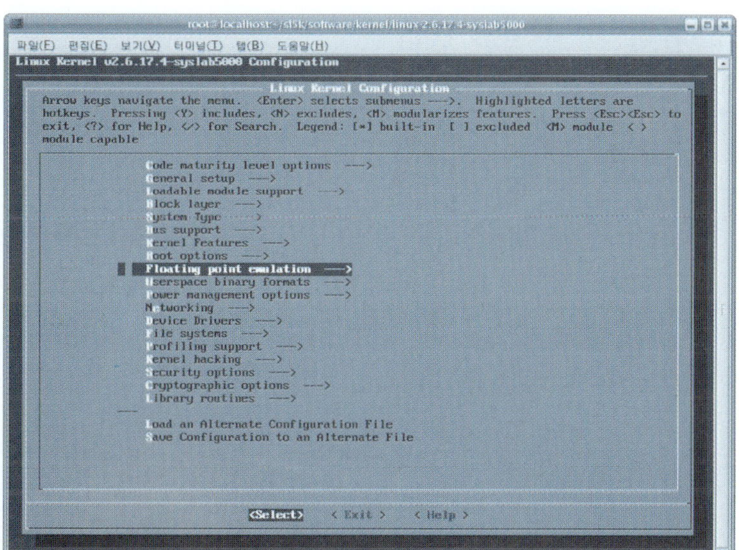

[그림 8-21] ▶ 부동 소수점 연산 에뮬레이션

[*] NWFPE math emulation

☞ 부동 소수점 연산이 가능하도록 에뮬레이션 기능을 추가한다.

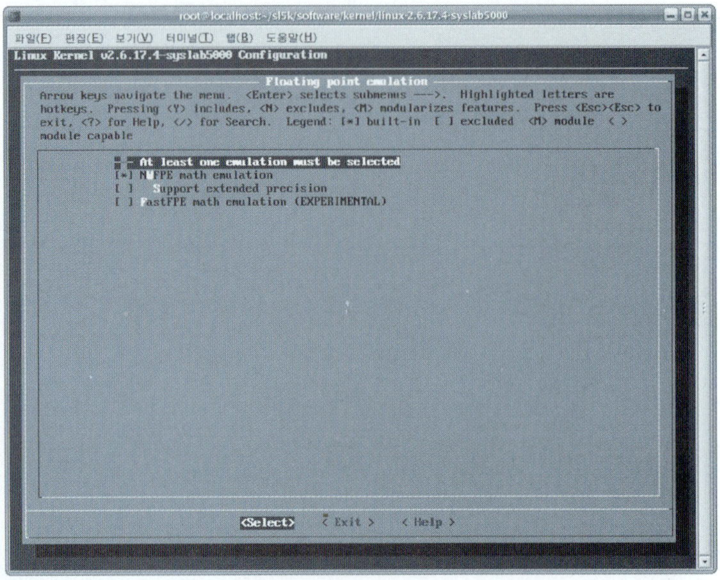

[그림 8-22] ▶ 부동 소수점 연산 에뮬레이션 기능 추가

⑪ Userspace binary formats →

☞ 사용자 공간에서 지원되는 바이너리 포맷에 대한 설정을 하는 부분이다.

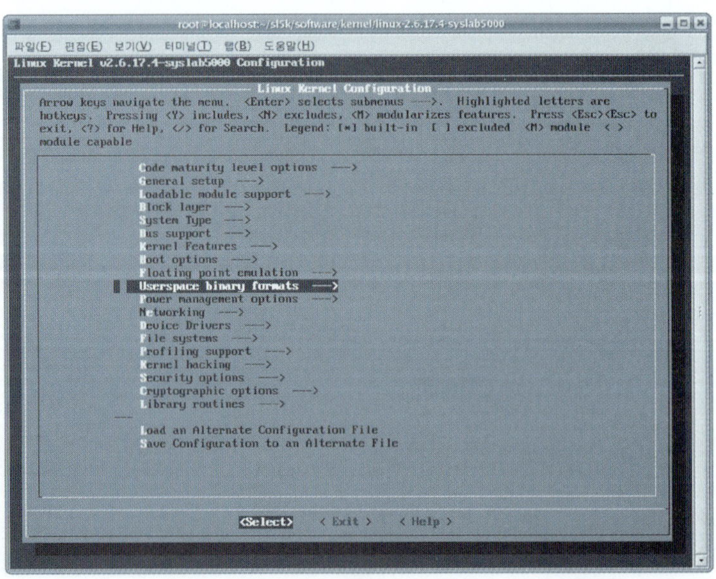

[그림 8-23] ▶ 사용자 공간에서 지원되는 바이너리 포맷 설정

[*] Kernel support for ELF binaries

☞ 사용자 공간에서 지원되는 바이너리 파일 포맷은 ELF 형식을 지원하도록 설정한다.

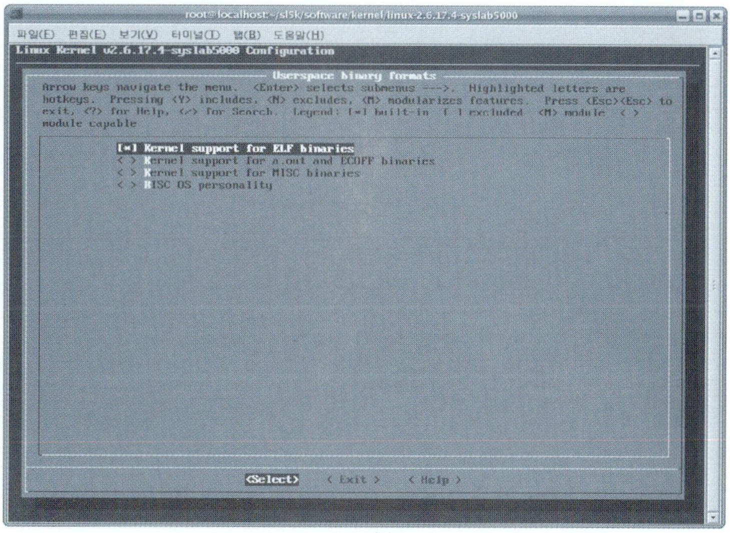

[그림 8-24] ▶ 사용자 공간에서 지원되는 바이너리 포맷 설정

⑫ Networking →

☞ 네트워크 관련 설정을 하는 부분이다.

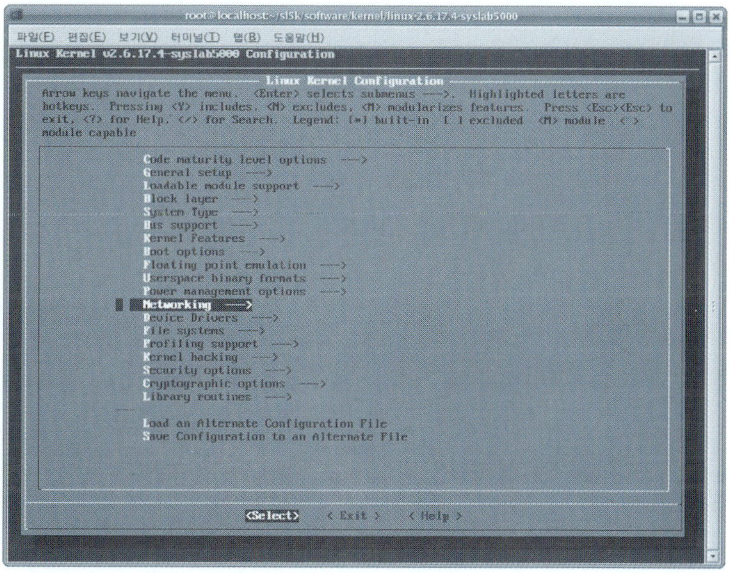

[그림 8-25] ▶ 네트워크 설정

제 8 장

[*] Networking support

☞ 네트워크 기능을 지원하도록 설정한다.

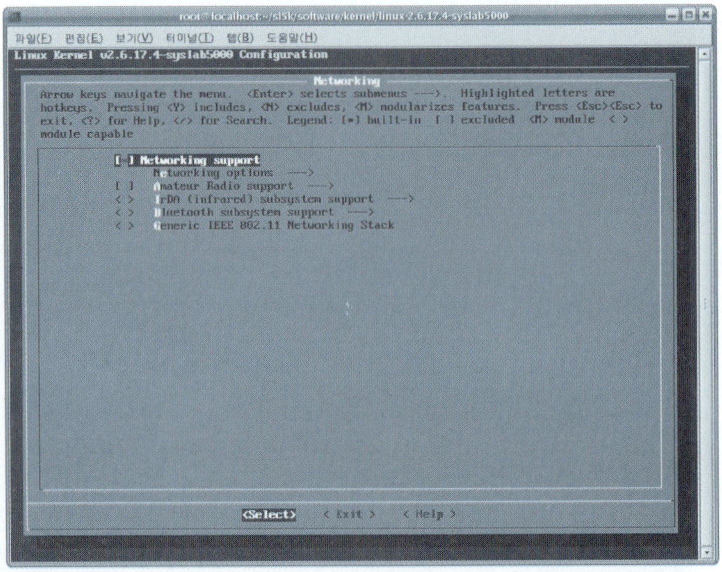

[그림 8-26] ▶ **네트워크 기능 설정 상세**

Networking options →

☞ 네트워킹과 관련된 각종 옵션을 설정하는 부분이다.

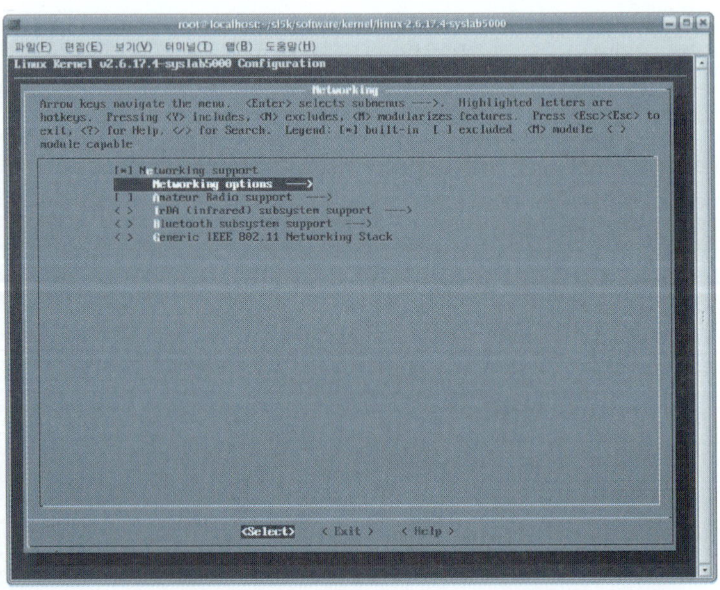

[그림 8-27] ▶ **네트워크 옵션 설정**

〈*〉 Packet socket

☞ tcpdump처럼 매개 프로토콜 없이 직접 네트워크 장치와 통신하는 애플리케이션에서 사용된다.

[*] Packet socket: mmapped IO

☞ 이 부분을 설정하여 더 빠른 통신을 지원하는 메커니즘을 지원하도록 한다.

[*] Unix domain sockets

[*] TCP/IP networking

☞ 인터넷 표준 프로토콜인 TCP/IP 네트워크 기능을 지원한다.

[*] IP: kernel level autoconfiguration

[*] IP: BOOTP support

[*] IP: RARP support

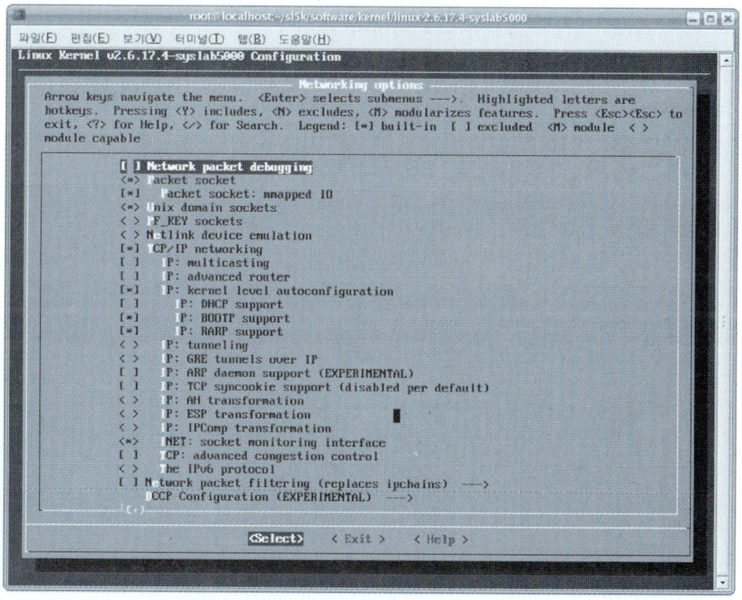

[그림 8-28] ▶ 네트워크 옵션 세부 설정

제 8 장

⑬ Device Drivers →

☞ 디바이스 드라이버 관련 설정을 하는 메뉴이다.

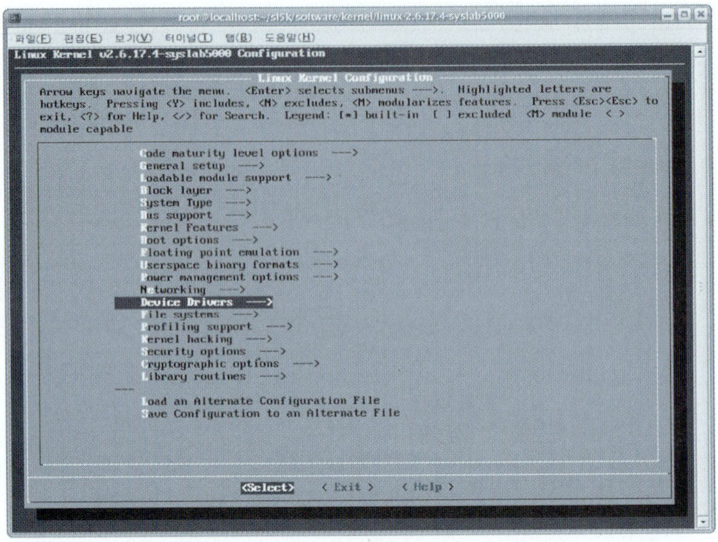

[그림 8-29] ▶ 디바이스 드라이버 설정

Memory Technology Devices (MTD) →

〈*〉 Memory Technology Device (MTD) support

☞ 디스크가 없는 시스템에서 고형체 파일 시스템을 구성하기 위해 플래시 메모리 또는 RAM 같은 칩을 이용한 메모리 장치를 설정한다.

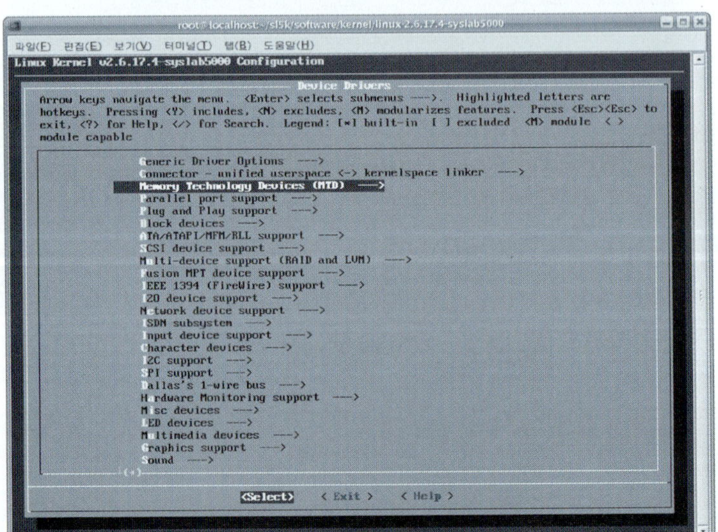

[그림 8-30] ▶ 메모리 디스크 설정

Mapping drivers for chip access →

☞ 리눅스 운영체제에서 사용되는 각종 메모리이다.

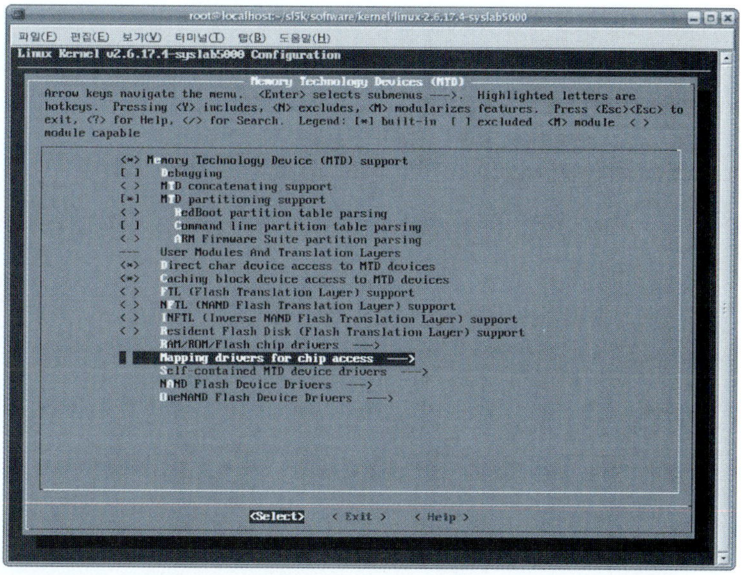

[그림 8-31] ▶ 메모리 맵 설정

〈*〉 CFI Flash device mapped on Libertron SYS-Lab5000 Edu board

☞ SYS-Lab 5000에서 구성된 메모리 맵을 사용하도록 설정한다.

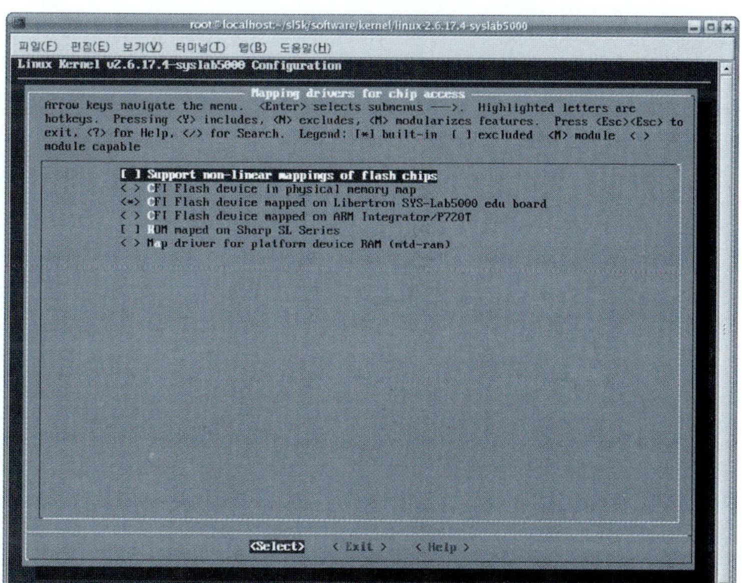

[그림 8-32] ▶ 메모리 맵 설정

SCSI device support →

☞ SCSI 관련 장치를 설정하는 부분이다.

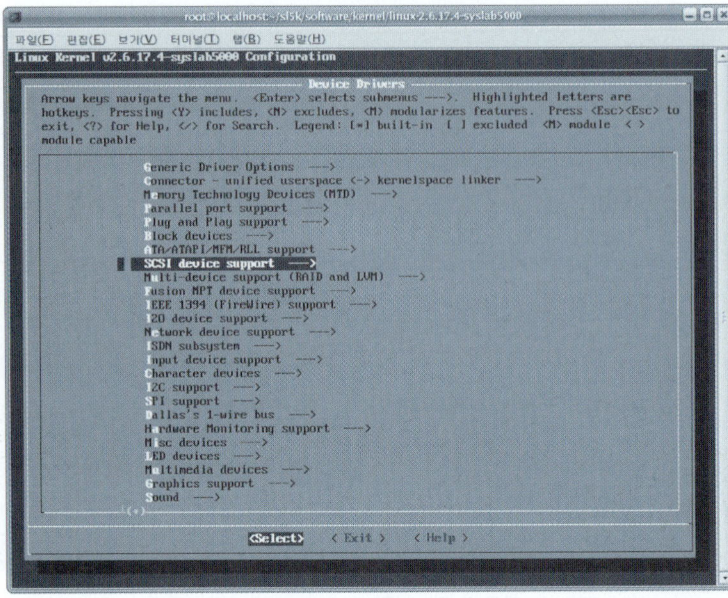

[그림 8-33] ▶ SCSI 지원 설정

〈*〉 SCSI disk support

☞ USB 메모리 스틱을 사용하기 위해 SCSI 디스크를 지원하도록 설정한다.

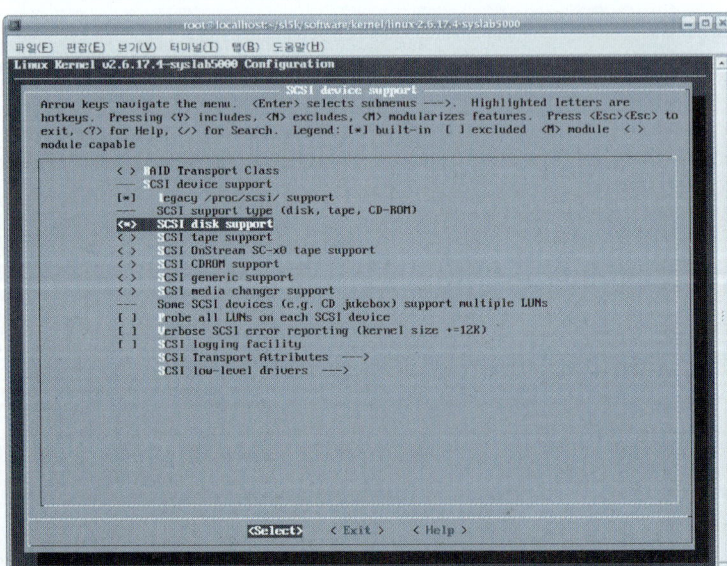

[그림 8-34] ▶ SCSI 지원 설정 상세

Network device support →

☞ 네트워크 관련 지원 장치를 설정하는 부분이다.

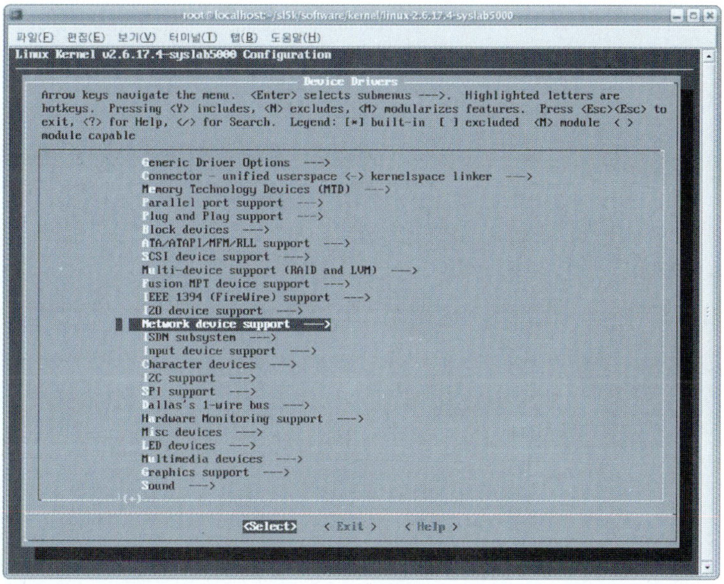

[그림 8-35] ▶ 네트워크 장치 지원 설정

<*> Network device support

Ethernet (10 or 100Mbit) →

☞ 10M 또는 10Mbit 이더넷 지원 장치를 설정하는 부분이다.

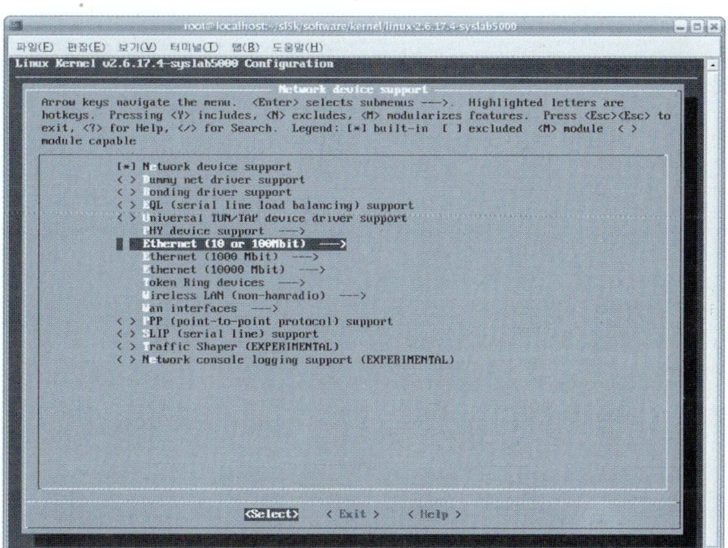

[그림 8-36] ▶ 네트워크 장치 지원 설정 상세

〈*〉 Ethernet (10 or 100Mbit)

〈*〉 SMC 91C9x/91C1xxx support

☞ SYS-Lab 5000에 장착되어 있는 SMC91111 이더넷 칩을 지원하도록 설정한다.

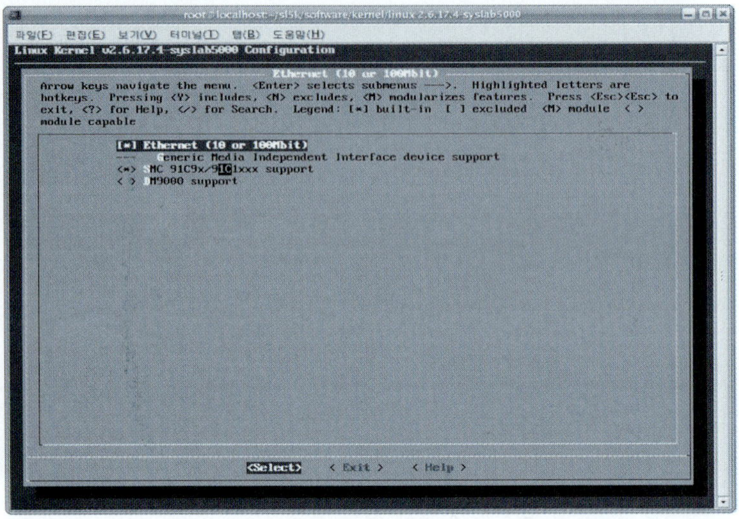

[그림 8-37] ▶ 네트워크 장치 지원 설정 상세

Character devices →

☞ 문자 관련 지원 장치를 설장하는 부분이다.

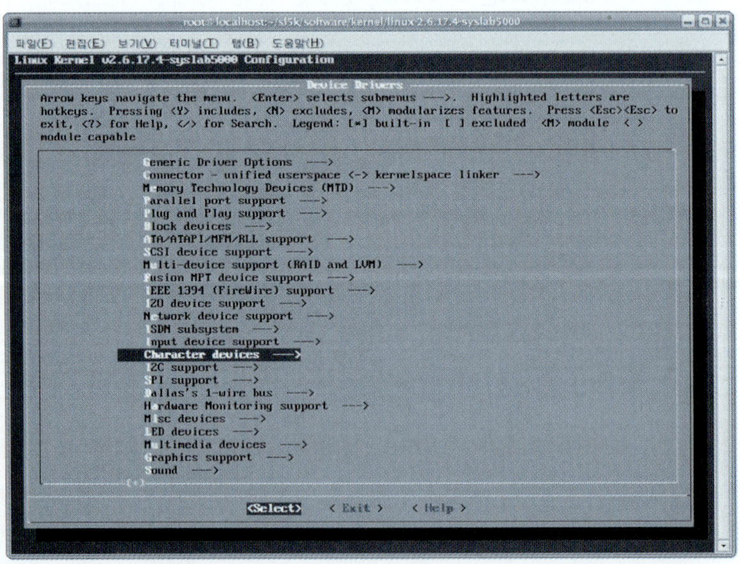

[그림 8-38] ▶ 문자 장치 설정

<*> DS1302 RTC support

☞ RTC 칩인 DS1302을 지원하도록 설정한다.

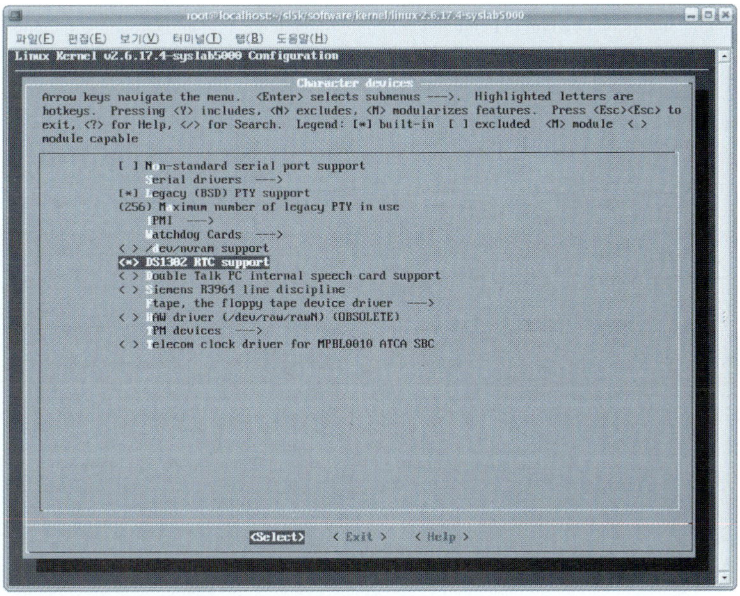

[그림 8-39] ▶ RTC 설정

Graphics support →

☞ 그래픽 관련 지원 장치를 설정하는 부분이다.

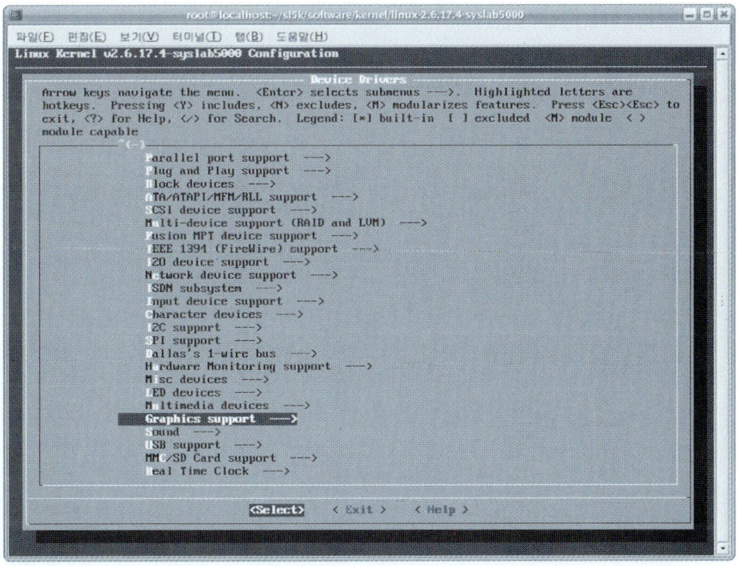

[그림 8-40] ▶ 그래픽 지원 설정

〈*〉 Support for frame buffer devices

〈*〉 PXA LCD frame buffer support

☞ Frame buffer LCD를 지원토록 설정한다. 이는 응용 소프트웨어들이 정의된 인터페이스를 통해 그래픽 하드웨어를 액세스할 수 있도록 소프트웨어가 하드웨어 레지스터같은 저레벨 정보를 알 필요가 없도록 한다.

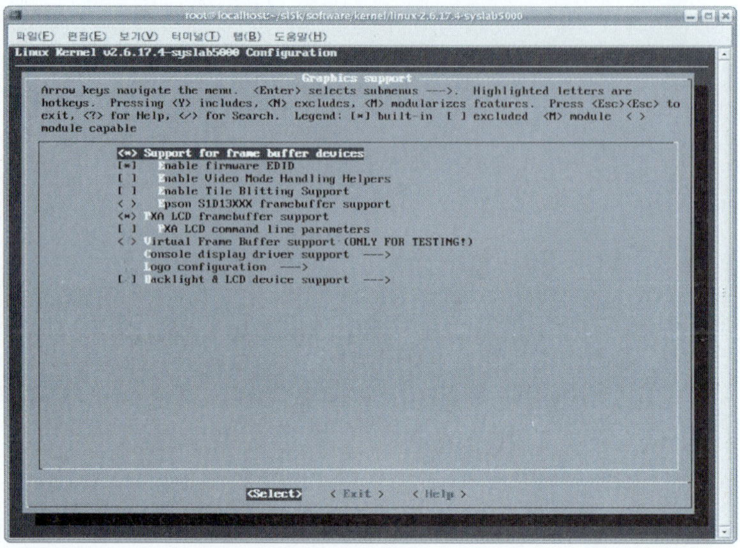

[그림 8-41] ▶ 그래픽 지원 설정 상세

⑭ 〈ESC〉 키를 누른 후 방향키로 〈Exit〉 단추를 누르고 설정을 저장하고 빠져나온다.

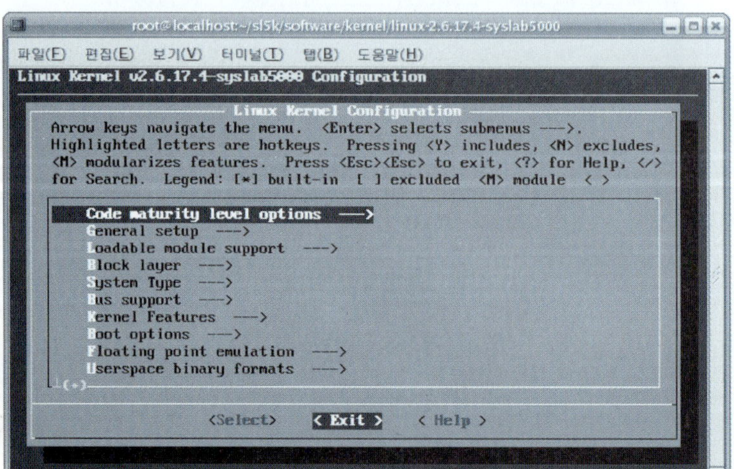

[그림 8-42] ▶ 커널 환경 설정시 나오는 화면

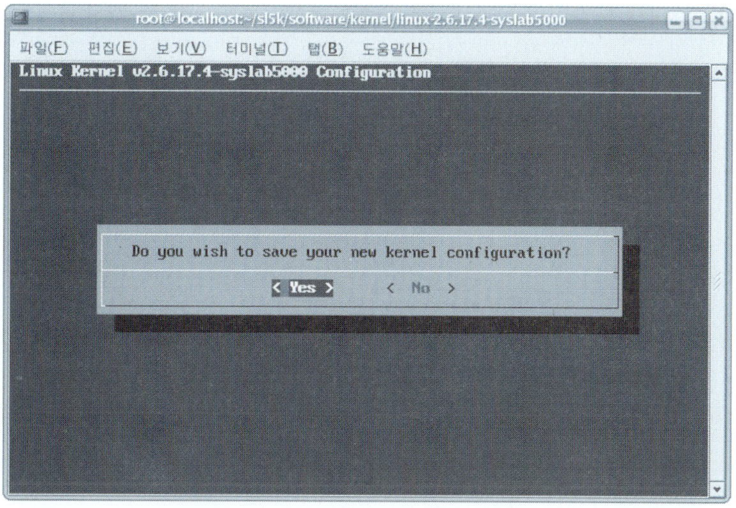

[그림 8-43] ▶ 커널 환경 설정 종료시 나오는 화면

제 8 장

제9장

디바이스 드라이버

디바이스 드라이버는 디바이스와 시스템 메모리 간에 데이터의 전달을 담당하는 커널의 내부 기능이다. 디바이스 드라이버는 리눅스 커널에서 특별한 임무를 수행한다. 디바이스 드라이버는 경계가 분명한 '블랙박스'로, 잘 정의된 내부 프로그래밍 인터페이스에 하드웨어 구성 요소가 응답하게 해준다. 디바이스 드라이버는 실제로 디바이스가 어떻게 동작하는지에 관한 세부 사항을 완전히 숨겨버린다. 사용자 활동은 특정 디바이스와 독립적인 표준함수 호출을 통해 이루어진다. 이러한 호출을 실제 하드웨어에서 동작하는 해당 디바이스 함수로 변환하는 작업을 바로 디바이스 드라이버가 수행한다. 이러한 프로그래밍 인터페이스가 있으므로 커널 나머지 부분과는 별도로 드라이버를 제작한 다음, 필요에 따라 실행 중에 '플러그 인'할 수 있다. 이러한 모듈성이 리눅스 디바이스 드라이버 작성을 쉽게 만든다.

리눅스는 디바이스를 하나의 파일처럼 다룬다. 따라서 사용자는 각 디바이스를 제어하기 위해 파일을 다루듯이 파일 연산을 수행하면 된다.

9.1 리눅스 디바이스 드라이버 개요

1) 리눅스 디바이스 드라이버

디바이스(Device)란 하드 디스크(Hard Disk), 플로피 디스크(Floppy Disk), 프린터(Printer), 단말기(Terminal), 스캐너(Scanner), 네트워크 어댑터(Network Adaptor), PCMCIA, Touch Screen, LCD 디스플레이, Audio 등과 같이 컴퓨터 시스템 이외의 다른 주변장치를 말한다. 이런 주변장치, 즉 디바이스를 구동하기 위해서는 당연히 디바이스 구동 프로그램인 디바이스 드라이버 프로그램이 있어야 한다. 디바이스 드라이버 프로그램은 리눅스 OS가 자체적으로 지원하는 것도 있지만, 대부분 디바이스에 맞는 드라이버 프로그램을 찾아서 인스톨시켜야 한다. 디바이스 드라이버의 기능을 요약하면 다음과 같다.

- 디바이스와 시스템 사이에 데이터를 주고받기 위한 인터페이스
- 표준적으로 동일한 서비스 제공을 목적
- 커널의 일부분으로 내장

- 서브루틴과 데이터의 집합체
- 디바이스의 고유한 특성을 내포

임베디드 리눅스 시스템에서 디바이스를 다루는 방법은 디바이스에 대해서 하나의 파일처럼 파일을 통해 액세스가 가능하도록 하고 있다. 따라서 사용자는 파일에 대한 연산만 주의하면 된다. 하나의 디바이스는 임베디드 리눅스 시스템에서 주 번호(Major Number)와 부 번호(Minor Number)로서 표현된다. 그리고 리눅스에서 디바이스 드라이버의 종류는 문자 디바이스(Character Device), 블록 디바이스(Block Device) 그리고 네트워크 디바이스(Network Device)로 나눈다.

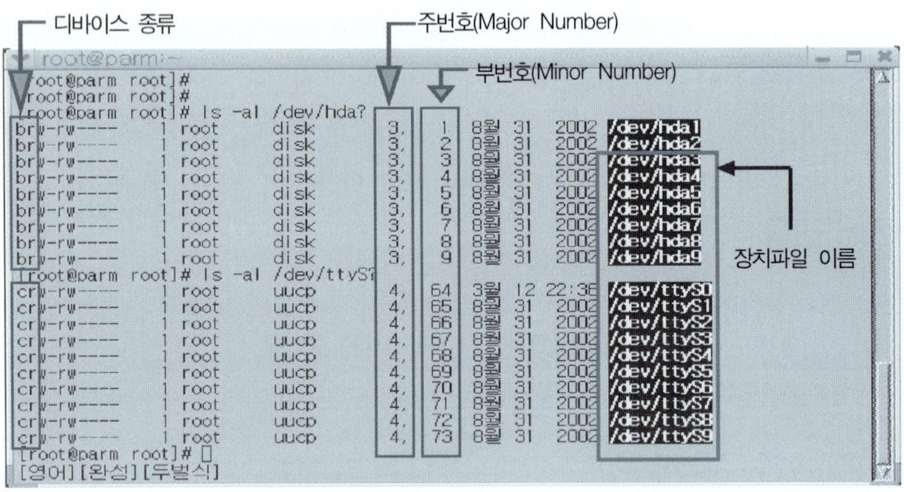

[그림 9-1] **디바이스 드라이버 종류 및 번호**

① 문자 디바이스는 자료의 순차성을 지닌 장치로서 버퍼 캐시를 사용하지 않는다. 즉, 버퍼를 통하지 않고 데이터를 바로 읽고 쓸 수 있는 장치를 말한다. 디바이스의 Raw 데이터를 사용자에게 제공하며 종류로는 터미널, 콘솔, 키보드, 사운드 카드, 스캐너, 프린터, 직렬/병렬, 마우스, 그리고 조이스틱 등이 있다.

② 블록 디바이스는 버퍼 캐시를 통해 Random Access가 가능한 장치이다. 데이터를 블록단위로 입출력하며, 파일 시스템을 구축할 수 있다. 그 종류로는 하드 디스크, 플로피 디스크, 램 디스크, 그리고 CD-ROM 등이 있다.

③ 네트워크 디바이스는 기본적으로 네트워크 통신을 통해 네트워크 패킷을 송수신할 수 있는 장치를 말한다. 그 예로는 이더넷, PPP, Slip, ATM, 그리고 ISDN NIC(Network Interface Card) 등이 있다.

9.2 리눅스 디바이스 드라이버 구조

리눅스 시스템의 구조는 크게 [그림 9-2]와 같이 응용 영역과 커널 영역, 그리고 하드웨어로 구성된다. 우리가 작업하는 디바이스 드라이버는 커널 영역에서 동작이 됨을 볼 수가 있다.

각 영역에서 하는 역할을 보면 〈표 9-1〉과 같다.

〈표 9-1〉 리눅스 시스템 구조의 영역과 기능

영 역	기 능
응용 영역	사용자 모드에서 동작하는 프로그램 영역
커널 영역	시스템 콜 인터페이스 : 응용 프로그램에게 커널서비스를 제공하는 인터페이스 VFS : VFS는 여러 종류의 다양한 파일 시스템에 대해서 공통된 인터페이스를 제공한다. 커널 : 프로세스 관리 , 메모리 관리 , IPC , 파일 시스템 , 네트워킹 , 디바이스 드라이버 등
하드웨어	물리적인 하드웨어 영역

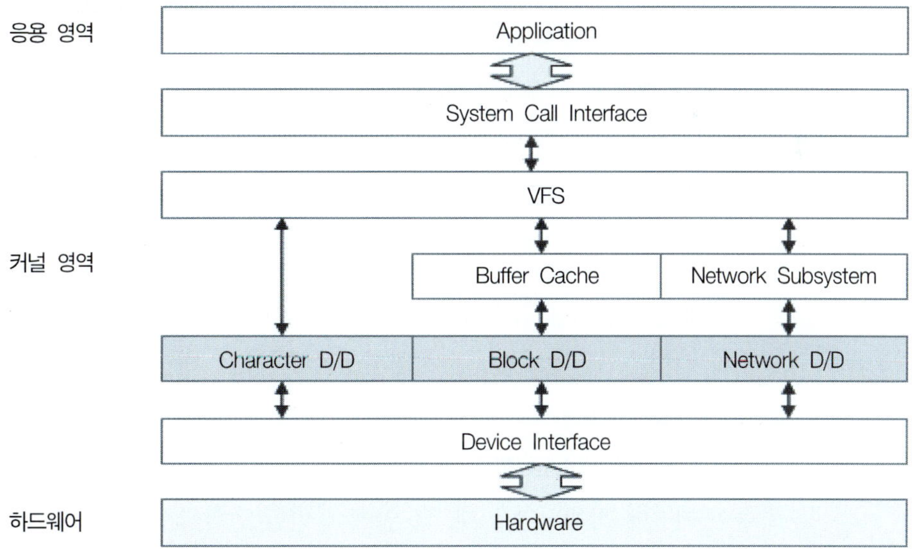

[그림 9-2] ▶ 리눅스 디바이스 드라이버 구조

제 9 장

1) 커널 모듈

커널 모듈(Kernel Module)은 리눅스 시스템 부팅 후에 동적으로 로드, 언로드할 수 있는 커널의 구성 요소이다. 따라서 커널을 다시 컴파일하거나 시스템을 재부팅하지 않고도 커널의 일부분을 교체할 수 있다.

디바이스 드라이버, 파일 시스템, 네트워크 프로토콜 등이 모듈로 만들어져 제공된다. 또한, 모든 모듈에는 컴파일한 커널 버전 정보가 들어가야 하며 이는 현재 실행되고 있는 커널 버전과 일치해야 한다. 즉, 모듈은 버전 의존성이 있다는 의미이며, 만일 다르면 에러가 발생한다.

모듈 버전 정보는 〈linux/module.h〉에 정의되어져 있으며, 각 모듈 버전은 char kernel_version[ ]에 변수로 지정되어져 있다. 따라서 insmod는 모듈을 로딩시 현재 커널의 버전 정보와 항상 비교한다. 모듈의 버전 정보는 전체 모듈에서 하나만 존재해야 한다. 소스가 여러 개인 경우는 하나의 소스에만 모듈 버전을 정의하고 나머지 소스에서는 〈linux/module.h〉를 포함하기 전에 #define __NO_VERSION__을 통해 모듈 버전을 정의하지 않도록 한다.

버전이 맞지 않더라도 insmod를 사용하고 f(force) 옵션을 사용함으로써 버전이 맞지 않는 커널에도 모듈을 적재할 수 있다. 그러나 이런 방법은 안전한 방법이 아니며 가끔씩 실패하는 경우가 발생하며, 설령 커널에 적재되었더라도 앞으로 어떤 일이 발생할지는 예측할 수 없다.

2) 커널 심벌(Kernel Symbol)

커널에서 심벌이란 함수나 변수 이름을 의미한다. 심벌은 다른 곳에서 사용할 수 있도록 심벌을 제공할(symbol export) 수도 있고, 다른 곳에 존재하는 심벌을 사용할 수도 있다. 또한 공개된 심벌들은 심벌 테이블이란 곳에 리스트로 관리되며, /proc/ksyms에 텍스트 형태로 제공되어 사용자가 읽어 볼 수도 있다. 사용자가 만든 모듈이 커널에 적재되었을 때, 그 안에 선언한 전역 심벌은 전부 커널 심벌의 일부가 되고 이것도 역시 /proc/ksyms에서 찾아볼 수 있다. 심벌 링킹(symbol linking)의 종류로는 정적 링킹(static linking)과 동적 링킹(dynamic linking)이 있다.

커널의 주 테이블에 모듈의 전체 테이블을 등록하는 함수는 register_symtab()이다. 그리고 심벌들에 버전 정보가 포함되어 있는 경우 같은 심벌이라도 버전 정보의 포함 유무에 따라 export할 때 마다 다르게 된다. 예를 들면 printk()에 커널이 버전 검사를 수행하지 않으면 그냥 printk()로 export되지만, 버전 검사를 수행하면 printk() 뒤에 모듈 버전 정보가 추가되어 printk_xxxxxx 형태로 export되게 된다. 코드에서 이를 맞추어 주는 부분은 다음과 같다.

```
#ifdef CONFIG_MODVERSIONS
#define MODVERSIONS
#include <linux/modversions.h>
#endif
```

먼저 커널에 대한 모듈 프로그램이 일반적인 응용 프로그램과의 주된 차이점으로는 main()함수가 없고, 커널에 로딩(loading) 및 언로딩(unloading)할 때에 불리는 int module_init(void)함수[성공하면 "0", 실패하면 그 이외의 값을 리턴함수]와 void module_exit( )함수가 존재한다는 것이다. 즉, 한 개의 응용 프로그램은 처음부터 끝까지 한 개의 태스크를 수행하지만 한 개의 모듈들은 앞으로 들어올 요청에 대응하는 루틴들을 커널에 등록한 후 주함수는 신속하게 완료된다. 다음 [그림 9-2]는 커널에 모듈을 링크하는 개념도이다.

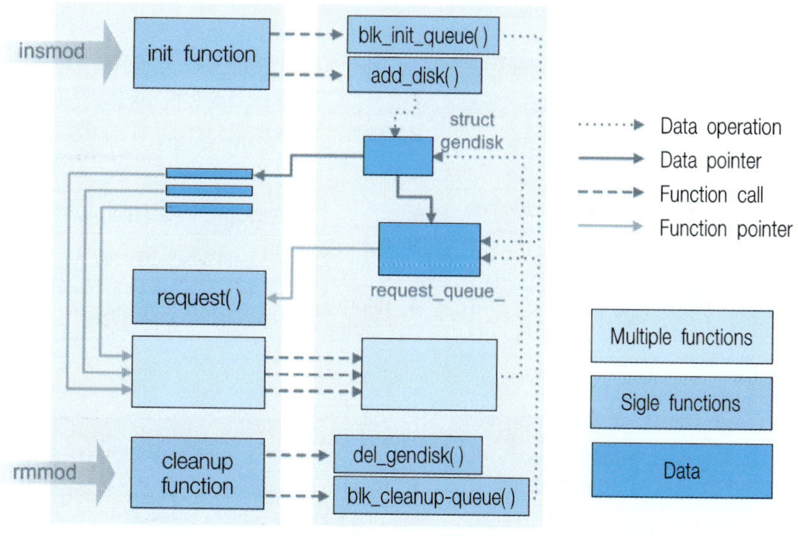

[그림 9-3] ▶ 커널에 모듈을 링크하는 개념도

9.3 리눅스 디바이스 드라이버 종류

리눅스 디바이스 드라이버는 문자 디바이스 드라이버, 블록 디바이스 드라이버, 네트워크 디바이스 드라이버 세가지 형태로 구분이 된다. 세가지 형태의 디바이스 드라이버에 대해 상세한 내용은 다음과 같다.

1) 문자 디바이스 드라이버

문자 디바이스 드라이버는 일반 파일과 가장 유사한 방식으로 처리할 수 있는 디바이스 드라이버이다. 일반적인 파일 구조가 스트림 지향적이듯 문자 디바이스 드라이버와 연결된 디바이스 파일도 스트림 지향적이다. 즉 파일 포인터를 이용하여 디바이스 파일에 특정 처리 위치를 지정할 수 있고, 반대로 디바이스의 처리 위치를 읽어올 수 있다. 문자 디바이스 드라이버는 구조가 간단하고, 응용 프로그램의 호출과 1:1로 대응되기 때문에 대부분의 하드웨어는 문자 디바이스 드라이버로 구현될 수 있다.

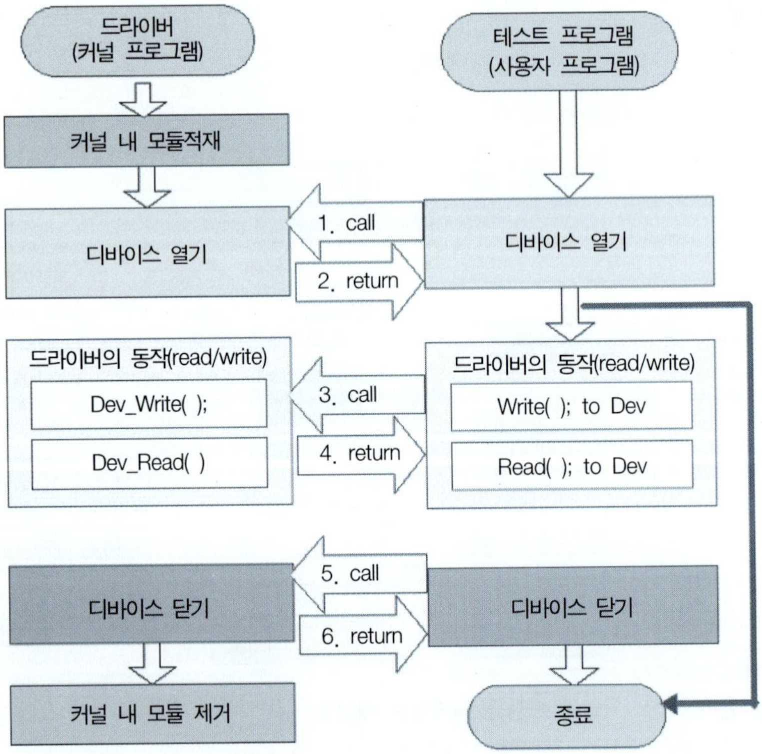

[그림 9-4] ▶ 문자 디바이스 드라이버의 동작

문자 디바이스는 데이터 자료의 순차성을 지닌 장치로서 버퍼 캐시를 사용하지 않는다. 즉, 버퍼를 통하지 않고 데이터를 바로 읽고 쓸 수 있는 장치를 말한다. 문자 디바이스의 종류로는 터미널, 콘솔, 터치스크린(Touch Screen), 키보드, 사운드카드, 스캐너, 프린터, 시리얼/패러럴, 마우스, 조이스틱 등이 있다. 문자 디바이스 드라이버의 동작은 [그림 9-3]처럼 동작한다. 문자 디바이스 드라이버의 작성은 10장에서 다뤄진다.

2) 블록 디바이스 드라이버

블록 디바이스 드라이버는 특별한 경우(파티션 분할)가 아니면 응용프로그램에서 직접적으로 사용하지 않는 디바이스 드라이버이다. 그 대신 블록 디바이스 드라이버는 파일 시스템을 지원하는 구조이므로 응용 프로그램은 파일 시스템을 통해 접근한다. 블록 디바이스의 효율적인 처리를 위해 커널은 내부에 버퍼를 이용하여 처리하게 된다. 블록 디바이스 드라이버를 블록이라고 하는 이유는 파일 시스템을 구현하는 하드웨어가 문자 디바이스 드라이버처럼 스트림 단위 위주가 아닌 블록 단위로 처리하기 때문이다. 리눅스는 호환을 위해 1KByte 단위의 블록 크기를 사용한다. 하지만 블록 디바이스 드라이버의 특징 중 하나가 문자 드라이버의 특성도 가지고 있다는 점이다. 이는 문자 디바이스 드라이버처럼 open(), close(), read(), write() 같은 파일 처리용 함수를 사용할 수 있음을 의미한다.

블록 디바이스(Block Device)는 버퍼 캐시를 통해 랜덤 액세스(Random Access)가 가능한 장치이다. 데이터를 버퍼 캐시를 통해 블록단위로 입출력하며, 파일 시스템을 구축할 수 있다. 그 종류로는 하드디스크, 플로피 디스크, 램디스크, CD-ROM 등이 있다.

블록 디바이스는 문자 디바이스와 같이 외부 사용자 응용 프로그램과는 파일 인터페이스를 통해 액세스되며, 파일 연산을 제공한다. 블록 디바이스 드라이버는 주번호로 구별되며, 문자 디바이스 드라이버와는 별개로 관리되므로 문자 디바이스 드라이버와는 주번호가 중첩되어도 관계 없다. 파일 시스템은 버퍼 캐시를 통해서 블록 디바이스에 액세스된다. 버퍼 캐시를 통한 작업은 일반적인 read/write 동작과는 다르기 때문에 파일 연산의 read/write와 별도로 버퍼 캐시를 통한 read/write를 수행하기 위하여 추가적인 구조체 blk_dev_struct{ }가 존재한다. 이 구조체내에서는 버퍼 캐시를 통해 실질적인 read/write를 수행하는 reguest_fn( )함수를 구현해야 한다. 또한, 블록의 크기, 섹터(sector)의 크기, 전체 크기 등을 따로 블록 장치를 관리하는

전역 변수에 설정해 관리해야 한다

문자 디바이스 드라이버에서와 마찬가지로 블록 디바이스 장치의 등록 함수 인자는 major로서 등록할 주번호이며, 만일 '0'이면 사용하지 않는 주번호 중에서 선택하여 동적으로 할당된다. name은 블록 디바이스 장치의 이름이다. fops는 블록 디바이스 장치에 대한 파일 연산 함수이다. 리턴 값은 에러 코드이며 리턴 값으로 '0'이나 양수의 값이면 성공적으로 수행되었음을 나타내고, 음수 값이면 에러가 발생했음을 나타낸다. [그림 9-5]는 블록 디바이스 드라이버 모듈과 커널 사이의 관계를 나타내었다.

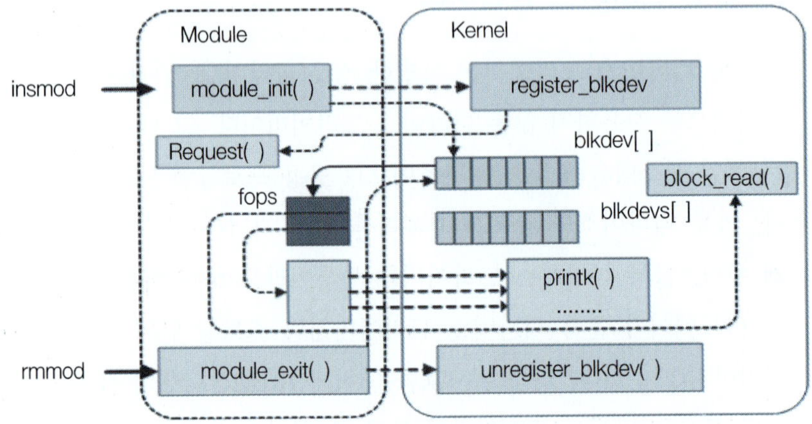

[그림 9-5] ▶ 블록 디바이스 드라이버 모듈과 커널

3) 네트워크 디바이스 드라이버

문자 디바이스 드라이버와 블록 디바이스 드라이버는 일반 파일 형식으로 접근할 수 있지만, 네트워크 디바이스 드라이버는 응용 프로그램에서 직접적으로 처리할 수 없다. 단지 커널 내부에 있는 네트워크 프로토콜 스택과 연동하도록 설계되어 있다. 그래서 네트워크 디바이스 드라이버에는 디바이스 파일이 없다. 이는 파일 시스템에 기반한 디바이스 드라이버 구조를 따르는 디바이스 드라이버와 네트워크 디바이스 드라이버와의 큰 차이점이다. 네트워크 디바이스 드라이버는 응용 프로그램에서 직접적으로 접근할 수가 없다. 예외적으로 'ifconfig'와 같은 특별한 프로그램만이 시스템 호출을 이용하여 네트워크 디바이스 드라이버의 함수를 부분적으로 호출하고 제어할 수 있다. 또한 네트워크 디바이스 드라이버는 하드웨어적인 디바이스뿐만 아니라 소프트웨어적인 디바이스 드라이버가 있고, 다른 디바이스 드라이버와 연동하기

도 한다. 네트워크 디바이스(Network Device)는 기본적으로 네트워크 통신을 통해 네트워크 패킷을 송수신할 수 있는 장치를 말한다. 그 예로는 Ethernet, PPP, Slip, ATM, ISDN NIC(Network Interface Card) 등이 있다. 이 장치들을 위해 네트워크 디바이스 드라이버가 필요하다. 많은 네트워크 디바이스들을 위한 디바이스 드라이버가 있을 수 있다. [그림 9-6]은 네트워크 디바이스 드라이버의 구조에 대해 설명한다.

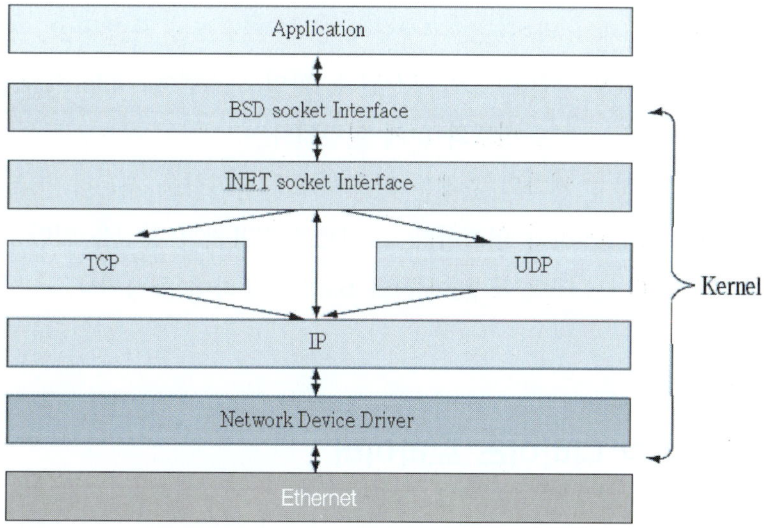

[그림 9-6] ▶ **네트워크 디바이스 드라이버의 구조**

(1) 소켓(Socket)

네트워크를 소켓이라는 단일한 인터페이스로 묶어서 사용한다. 그렇게 함으로써 통신의 요소를 가상화한다. 네트워크를 초기화하여 다양한 통신 수단을 사용할 수 있다. 네트워크의 초기화는 통신이라는 것을 파일 시스템의 체제로 초기화하는 것이다. 그리고 하나의 연결이란 하나의 파일을 등록하고 초기화하여 파일연산에 연결한 후 file operation을 규정하는 행위와 같다. 이것은 module_init()과 open()의 과정으로 볼 수 있으며 소켓에서는 이를 socket()과 bind()함으로써 수행한다.

(2) 어소시에이션(Association)

소켓 프로그램에 있어서 로컬 호스트에서 실행되는 프로세스와 원격 호스트에서 실행되는 프로세스간에 데이터를 교환하기 위해 요구되는 정보이다.

제 9 장

프로토콜 식별자, 로컬 인터넷 주소, 로컬 포트 번호, 원격 인터넷 주소, 원격 포트 번호로 구성된다.

(3) 파일 시스템과 소켓의 관계

파일 시스템에서는 파일을 식별하기 위해서 file descriptor를 사용한다.

소켓은 하나의 커넥션(or association)을 식별하기 위한 수단이다. 이것은 구조체로 존재한다. 전체 16바이트로 구성되어 있다. 프로토콜 식별자(2), 포트 번호(2), 인터넷 주소(4), 사용 안함(0)으로 구성된다. 파일 시스템에는 file descriptor와 연결되고, TCP/IP에서는 포트 번호와 IP에 할당된다.

파일 시스템과 소켓과의 관계는 사용자에게 간편함을 제공하기 위하여 커넥션을 하나의 file descriptor와 연결한다. 그러므로 사용자는 통신을 일반 file처럼 사용할 수 있는 것이다. 소켓의 특성(이름)과 bind를 통하여 생성된다.

9.4 PXA272 디바이스 드라이버

여기서는 SYS-Lab 5000에 장착되어 있는 Intel PXA272의 디바이스 드라이버에 대해서 알아본다.

1) Frame buffer

프레임버퍼는 그래픽 하드웨어에 대한 추상을 제공한다. 이것은 스크린에 출력시킬 화상정보를 일시적으로 저장할 수 있도록 한다.

SYS-Lab 5000에서는 Display 장치로 TFT-LCD WVGA 16bpp(800 x 480)를 원한다. 프레임버퍼와 관련된 커널 소스는 /root/sl5k/software/kernel/linux-2.6.18-mercury/drivers/video/pxafb.c이다(지금부터 디렉터리의 경로를 표시할 때 '/root/sl5k/software/kernel'까지는 생략하도록 하겠다).

(1) Reference source code

/linux-2.6.18-mercury/drivers/video/fbmem.c

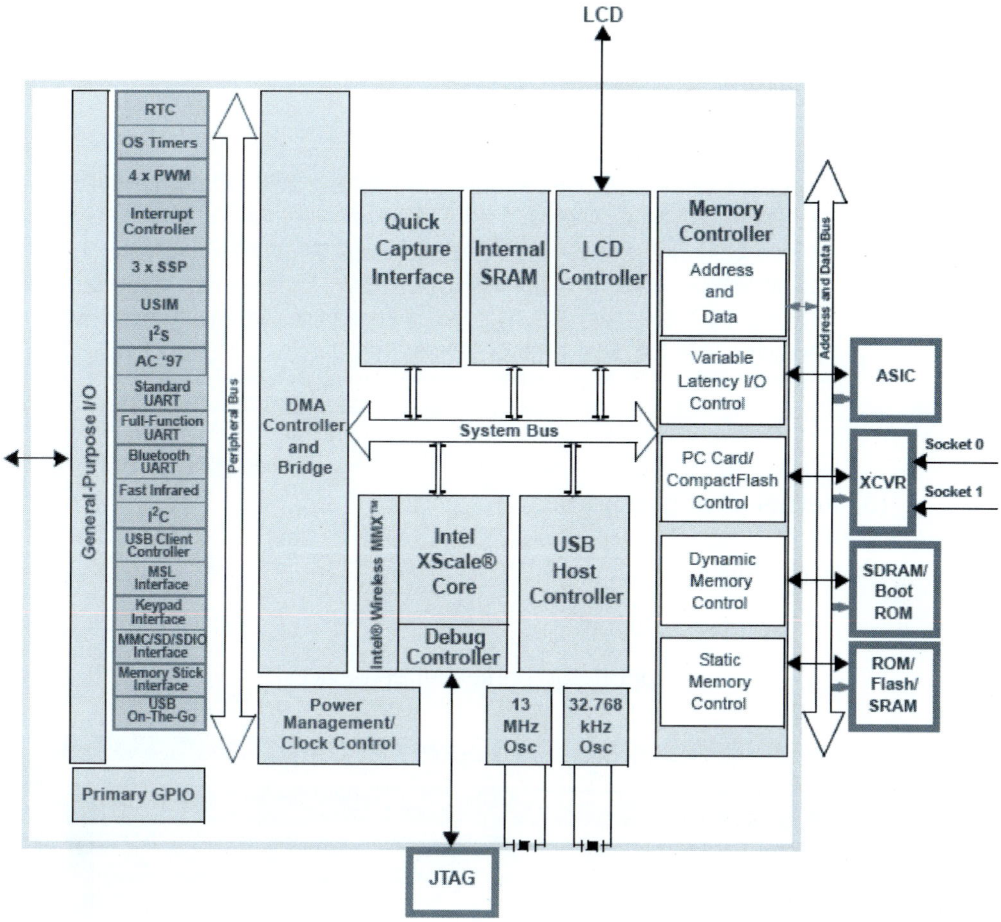

[그림 9-7] ▶ PXA 272 블록도

→ Framebuffer memory initialization

/linux-2.6.18-mercury/drivers/video/pxafb.c

→ PXA framebuffer driver

/linux-2.6.18-mercury/drivers/video/fbcon.c

→ Low level operation for display

/linux-2.6.18-mercury/drivers/video/logo/logo_linux_clut224.c

→SYS-Lab 5000 logo

/linux-2.6.18-mercury/arch/arm/mach-pxa/syslab5000.c

→ SYS-Lab 5000 framebuffer configuration

(2) Device node

/dev/fb0

'Device node' 파일들은 '/dev' 디렉터리에 모아 관리한다. 일반 파일의 목적이 데이터를 저장하는 것이라면 이 디바이스 파일(fb0)의 목적은 하드웨어를 다루는 디바이스 드라이버의 정보를 커널에 제공하는데 있다. 응용 프로그램에서 디바이스 파일을 통해 하드웨어로 데이터를 전달하기도 하고 하드웨어에서 발생한 데이터를 디바이스 파일을 통해서 읽어올 수 있는 역할을 하는 것이다. 즉, 리눅스에서 작동하는 응용 프로그램은 Device node(fb0)를 통해 Framebuffer를 제어할 수 있는 것이다. 응용 프로그램과 디바이스 드라이버의 연결고리이다.

(3) Kernel configuration

Device drivers

→ Graphics support

→ Support for frame buffer devices

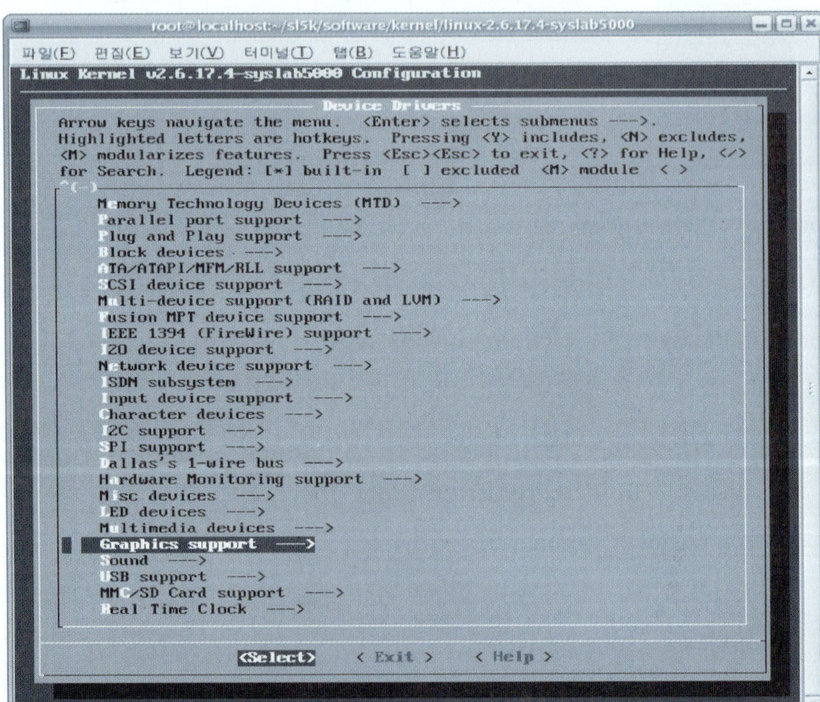

[그림 9-8] ▶ Device Drivers/Graphics support

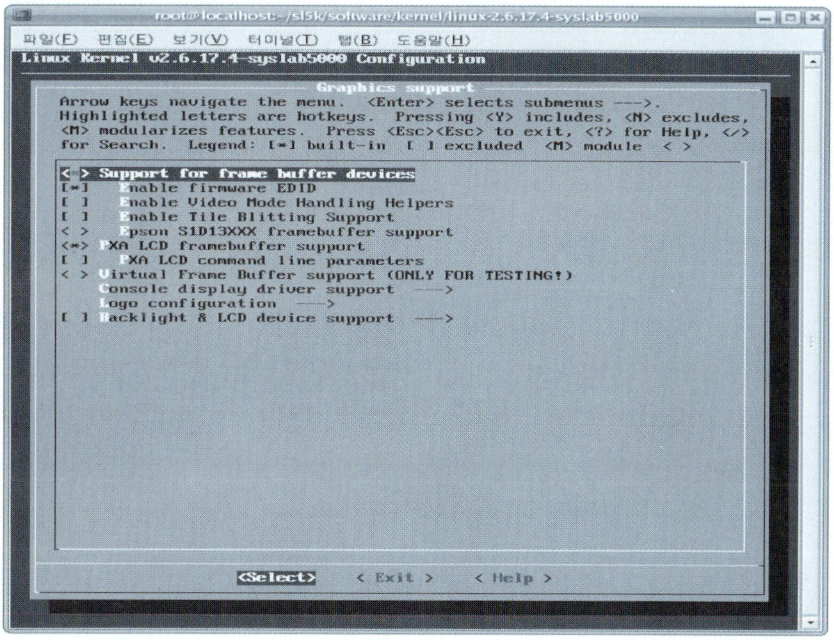

[그림 9-9] ▶ Support for frame buffer devices

(4) Framebuffer LCD configuration

→ /linux-2.6.18-mercury/arch/arm/mach-pxa/syslab5000.c

```
.pixclock                       // 신호를 전송할 때 데이터 전송속도, clock 주파수
.xres                           // x-resolution :800   x좌표의 LCD 길이
.yres                           // y-resolution :480   y좌표의 LCD 길이
.bpp                            // Bits Per Pixel,  픽셀당 데이터 수
.hsync_len                      // LCD_HORIZONTAL_SYNC_PULSE_WIDTH
.left_margin                    // LCD_BEGIN_OF_LINE_WAIT_COUNT
.right_margin                   // LCD_END_OF_LINE_WAIT_COUNT
.vsync_len                      // LCD_VERTICAL_SYNC_PULSE_WIDTH

.upper_margin                   // LCD_BEGIN_OF_FRAME_WAIT_COUNT
.lower_margin                   // LCD_END_OF_FRAME_WAIT_COUNT
.sync    =    FB_SYNC_HOR_HIGH_ACT      |  FB_SYNC_VERT_HIGH_ACT,
          /*horizontal sync high active*/  /*vertical sync high active*/

/* LCCR(LCD Controller Control Register)*/

.lccr0   =   LCCR0_LDDALT                     |   LCCR0_Act,
             /*LDD alternate mapping control*/ |  /*Active display(TFT)*/
.lccr3   =   LCCR3_PCP                        |   LCCR3_PDFOR,
             /*Pixel Clock Polarity (L_PCLK)*/ |  /*(3<<(30)*/
.pxafb_backlight_power            // LCD_backlight_power
```

제 9 장

```
static struct pxafb_mach_info hitachi __initdata = {
        .pixclock               = 19500,
        .xres                   = 800,
        .yres                   = 480,
        .bpp                    = 16,
        .hsync_len              = 10,
        .left_margin    = 30,
        .right_margin   = 30,
        .vsync_len              = 25,
        .upper_margin   = 1,
        .lower_margin   = 1,
        .sync                   = FB_SYNC_HOR_HIGH_ACT|FB_SYNC_VERT_HIGH_ACT,
        .lccr0                  = LCCR0_LDDALT | LCCR0_Act,
        .lccr3                  = LCCR3_PCP | LCCR3_PDFOR,
        .pxafb_backlight_power  = syslab5000_backlight_power,
};
                                                233,1          56%
```

[그림 9-9] ▶ Framebuffer LCD configuration

(5) 'fbtest.c' Application을 이용한 LCD 테스트

/root/sl5k/software/applications/fbtest.c Application을 실행시켜 보자. minicom으로 접속한 후 'root'디렉터리를 ls명령으로 확인하면 Compile되어진 'fbtest' 바이너리 파일을 이미 다운시켜 놓았다. 파일을 실행시켜 LCD를 테스트하자.

```
☞ ls            // 파일 리스트 확인
☞ ./fbtest      // 파일 실행
```

```
Welcome to minicom 2.00.0

OPTIONS: History Buffer, F-key Macros, Search History Buffer, I18n
Compiled on Jun 15 2004, 20:45:27.

Press CTRL-A Z for help on special keys

[root@mercury ~]# AT S7=45 S0=0 L1 V1 X4 &c1 E1 Q0
-bash: AT: command not found
839
-bash: c1: command not found
[root@mercury ~]# ls
DCSR          RSCR2          dot          fnd          play.sh
Device.tar    SSCR           fbinfo       ha.avi
PSCR          TLCD           fbtest       key
RSCR1         device_driver  fbtest16     led
[root@mercury ~]# ./fbtest
[root@mercury ~]# █
```

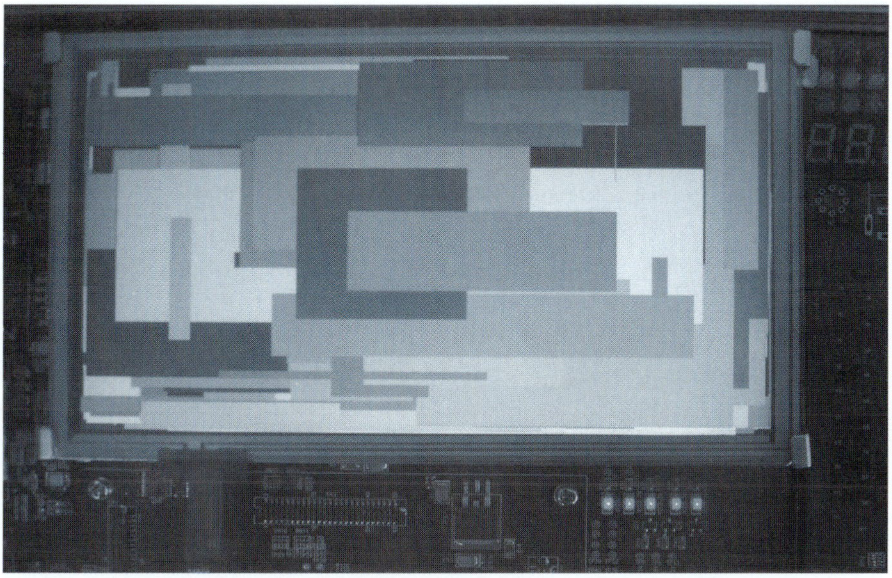

[그림 9-10] ▶ 'fbtest.c' Application 실행 / LCD화면

(6) 'fbtest.c' Application 소스 파일

→ /root/sl5k/software/applications/fbtest.c

```
#include <stdio.h>
#include <stdlib.h>
#include <unistd.h>
#include <fcntl.h>
#include <sys/ioctl.h>
#include <linux/fb.h>
#include <sys/mman.h>

#define FBDEVFILE "/dev/fb"

int main()
{
        int fbfd;
        int ret;
        struct fb_var_screeninfo fbvar;
        unsigned short *pfbdata;
        int count = 1000;

        /*
         * /dev/fb 디바이스 파일 Open
         */
        fbfd = open(FBDEVFILE, O_RDWR);
        if (fbfd < 0){
                perror("fbdev open");
```

```
        exit(1);
    }

    /*
     * 커널에 구조체 정보 받아오기
     */
    ret = ioctl(fbfd, FBIOGET_VSCREENINFO, &fbvar);
    if (ret < 0){
        perror("fbdev ioctl(FSCREENINFO)");
        exit(1);
    }
    if (fbvar.bits_per_pixel != 16){
        perror("bpp is not 16");
        exit(1);
    }

    /*
     * 물리 주소 영역을 어플리케이션 영역으로 매핑
     */
    pfbdata = (unsigned short *)mmap(0, fbvar.xres*fbvar.yres*16/8,
            PROT_READ|PROT_WRITE, MAP_SHARED, fbfd, 0);

    if ((unsigned)pfbdata == (unsigned) - 1){
        perror("mmap");
        exit(1);
    }

    /*
     * LCD화면에 테스트 컬러 출력
     */
    srand(1);
    while (0 < count--){
        int xpos1, ypos1;
        int xpos2, ypos2;
        int offset;
        int rpixel;
        int t, tt;

        xpos1 = (int)((fbvar.xres*1.0*rand())/(RAND_MAX + 1.0));
        xpos2 = (int)((fbvar.xres*1.0*rand())/(RAND_MAX + 1.0));

        ypos1 = (int)((fbvar.yres*1.0*rand())/(RAND_MAX + 1.0));
        ypos2 = (int)((fbvar.yres*1.0*rand())/(RAND_MAX + 1.0));

        if (xpos1 > xpos2){
            t = xpos1;
            xpos1 = xpos2;
            xpos2 = t;
        }
        if (ypos1 > ypos2){
            t = ypos1;
            ypos1 = ypos2;
            ypos2 = t;
        }

        rpixel = (int)(65535.0 * rand()/(RAND_MAX + 1.0));
```

```
            for (t = ypos1; t <= ypos2; t++){
                offset = t * fbvar.xres;

                for (tt = xpos1; tt <= xpos2; tt++)
                    *(pfbdata + offset + tt) = rpixel;
            }
        }
        /*
         * 어플리케이션에 매핑된 주소 영역 해제
         */
        munmap(pfbdata, fbvar.xres * fbvar.yres * 16/8);
        close(fbfd);
        exit(0);
        return 0;
}
```

2) 이더넷(Ethernet)

SYS-Lab 5000에서는 네트워크 디바이스로 10M/100Mbps를 지원하는 LAN91C111 디바이스를 사용하고 있다. 이 디바이스는 PXA272의nCS4(0x10000000)를 통해 제어할 수 있다.

(1) 참고 소스 코드(Reference source code)

/linux-2.6.18-mercury/drivers/net/smc91x.c

→ LAN91C111 ethernet device driver

/linux-2.6.18-mercury/drivers/net/smc91x.h

→ driver header

/linux-2.6.18-mercury/arch/arm/mach-pxa/syslab5000.c

→ SYS-Lab 5000 ethernet configuration

(2) IRQ number

163 → 해당 인터럽트 서비스 함수가 수행되었을 때 처리 루틴에서 참고할 수 있도록 넘겨주는 인터럽트 번호

(3) Kernel configuration

Device drivers

→ Network device support

→ Ethernet (10 or 100Mbit)

→ SMC 91C9x/91C1xxx support

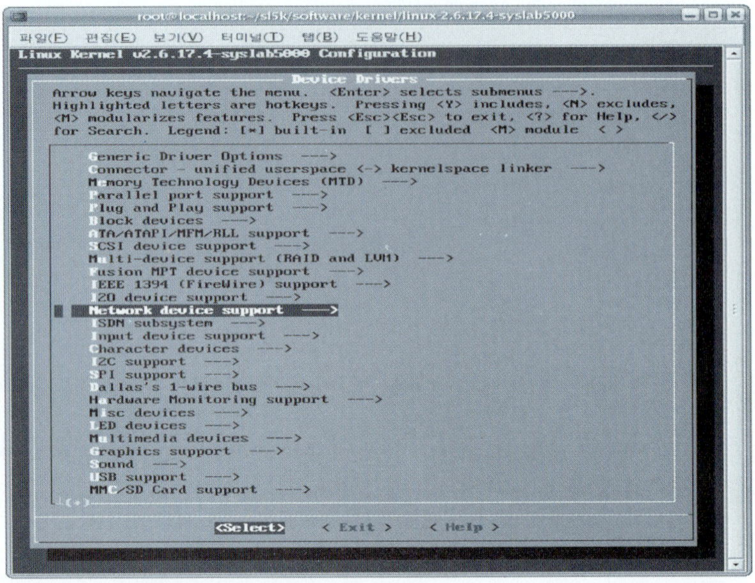

[그림 9-11] ▶ Network Device Support

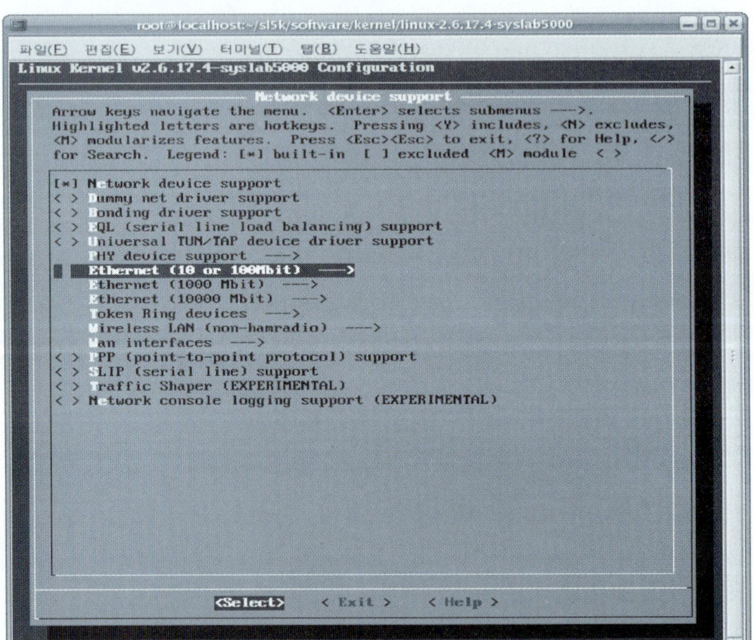

[그림 9-12] ▶ Network device support/Ethernet

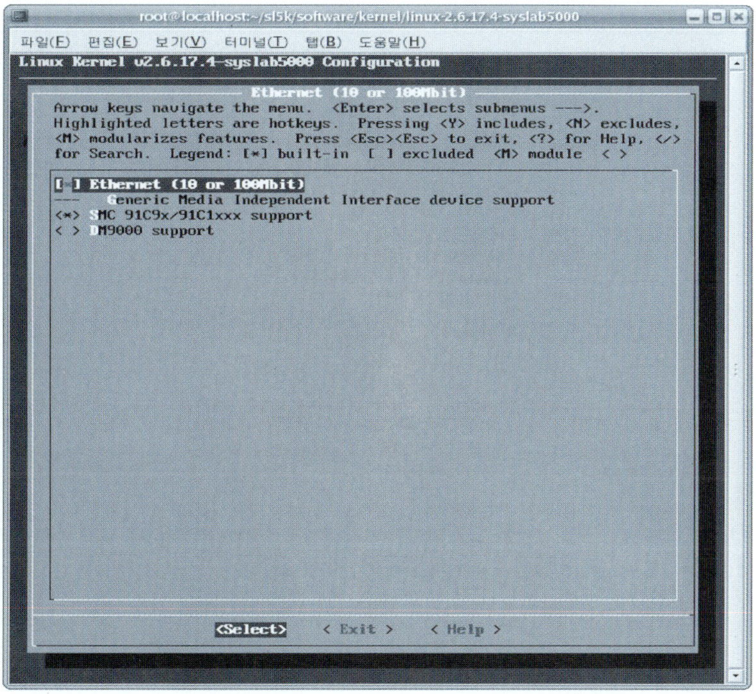

[그림 9-13] ▶ Ethernet 설정

(4) Ethernet configuration

→ /linux-2.6.18-mercury/arch/arm/mach-pxa/syslab5000.c

```
.name              // platform_device에서 등록된 디바이스의 이름
.id                // 여러 개의 플랫폼 디바이스가 있을 경우 id를 통해서 구분
.num_resources     // 사이즈 지정
.resource          // 'smc91x_resources'에 연결하여 리소스를 정의해준다.
.start             // resource의 시작 주소
.end               // resource의 끝 주소
.flags             // resource의 Type 선택 (IO, MEM, IRQ, DMA)
```

```
static struct resource smc91x_resources[] = {
        [0] = {
                .start  = (SYSLAB5000_ETH_PHYS + 0x300),
                .end    = (SYSLAB5000_ETH_PHYS + 0xfffff),
                .flags  = IORESOURCE_MEM,
        },
        [1] = {
                .start  = SYSLAB5000_ETHERNET_IRQ,
                .end    = SYSLAB5000_ETHERNET_IRQ,
                .flags  = IORESOURCE_IRQ,
        }
};

static struct platform_device smc91x_device = {
        .name           = "smc91x",
        .id             = 0,
        .num_resources  = ARRAY_SIZE(smc91x_resources),
        .resource       = smc91x_resources,
};
```

[그림 9-14] ▶ arcm/arm/mach-pxa/syslab5000.c

(5) Ethernet 연결 확인 테스트

미니컴으로 접속하여 보드에서 Host(PC)로 보내는 메시지가 완벽히 전송되는지 확인한다. ping명령어에서 '-c' option은 전송 횟수를 나타낸다.

'ping --help' 명령으로 ping option에 대한 세부 정보를 알 수 있다.

```
☞ ping -c 10 192.168.1.100        // 호스트 컴퓨터로 10번의 메시지를 전달한다.
```

```
[root@mercury ~]# ping -c 10 192.168.1.100
PING 192.168.1.100 (192.168.1.100): 56 data bytes
64 bytes from 192.168.1.100: icmp_seq=0 ttl=64 time=0.9 ms
64 bytes from 192.168.1.100: icmp_seq=1 ttl=64 time=0.7 ms
64 bytes from 192.168.1.100: icmp_seq=2 ttl=64 time=0.6 ms
64 bytes from 192.168.1.100: icmp_seq=3 ttl=64 time=0.7 ms
64 bytes from 192.168.1.100: icmp_seq=4 ttl=64 time=0.8 ms
64 bytes from 192.168.1.100: icmp_seq=5 ttl=64 time=0.7 ms
64 bytes from 192.168.1.100: icmp_seq=6 ttl=64 time=0.6 ms
64 bytes from 192.168.1.100: icmp_seq=7 ttl=64 time=0.7 ms
64 bytes from 192.168.1.100: icmp_seq=8 ttl=64 time=0.6 ms
64 bytes from 192.168.1.100: icmp_seq=9 ttl=64 time=0.7 ms

--- 192.168.1.100 ping statistics ---
10 packets transmitted, 10 packets received, 0% packet loss
round-trip min/avg/max = 0.6/0.7/0.9 ms
[root@mercury ~]#
```

[그림 9-15] ▶ 핑(Ping) 테스트

3) SD / SDIO / MMC

SD/MMC 컨트롤러는 표준 메모리 카드와 시리얼 인터페이스를 제공한다. 이것은 메모리로부터 FIFO를 통한 DMA 액세스를 제공한다. 컨트롤러에서는 디바이스 접근을 위해 MMCLK/MMCMD/MMDAT/MMCCS 신호를 사용한다.

(1) 신호 설명

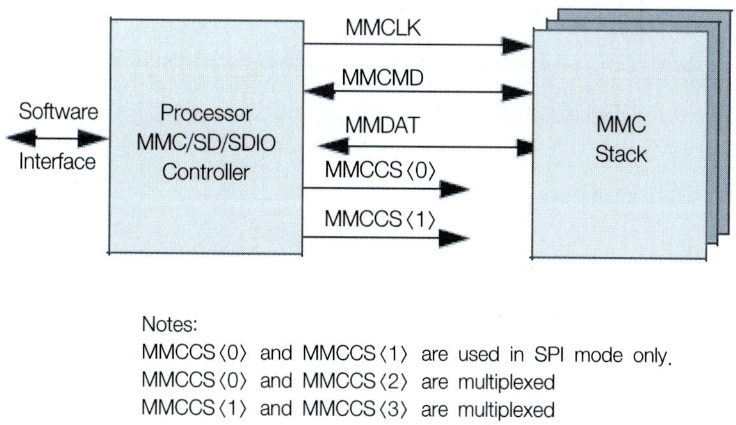

[그림 9-16] ▶ MMC 시스템 상호작용

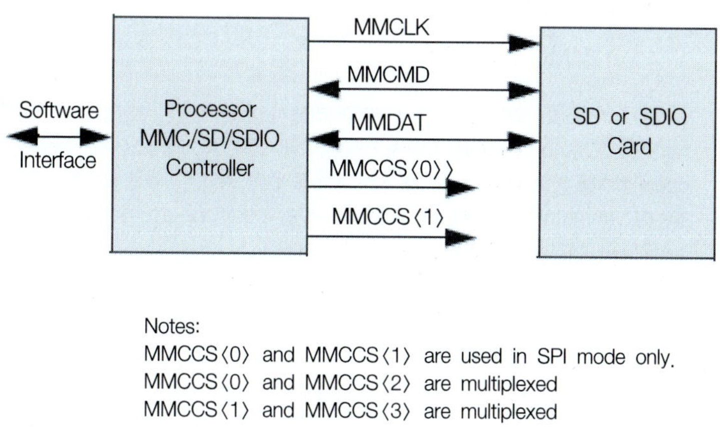

[그림 9-17] ▶ SD/SDIO 시스템 상호작용

제 9 장

(2) 참조 소스 코드(Reference source code)

/linux-2.6.18-mercury/drivers/mmc/mmc.c

→ MMC core implementation

/linux-2.6.18-mercury/drivers/mmc/pxamci.h

→ PXA272 MMC controller driver

/linux-2.6.18-mercury/drivers/mmc/mmc_block.c

→ MMC block device driver

/linux-2.6.18-mercury/arch/arm/mach-pxa/syslab5000.c

→ SYS-Lab 5000 MMC configuration

(3) IRQ number

160 → 해당 인터럽트 서비스 함수가 수행되었을 때 처리 루틴에서 참고할 수 있도록 넘겨주는 인터럽트 번호

(4) Device node

/dev/mmc

→ MMC node

/dev/mmc{n}

→ MMC partition

> 'Device node' 파일들은 '/dev' 디렉터리에 모아 관리한다. 이 디바이스 파일(mmc)의 목적은 디바이스 드라이버의 정보를 커널에 제공하는 데 있다. 즉, 리눅스에서 작동하는 응용 프로그램이 open()함수를 통해 Device node(mmc file)를 열면 커널은 file에 해당하는 디바이스 드라이버를 찾는다. 'mmc{n}'는 SD메모리 카드에 n개의 partition으로 나뉘었을 경우 n번에 해당하는 partition에 연결할 수 있다.

(5) Kernel configuration

Device drivers

→ MMC/SD Card support

→ MMC support

→ MMC block device driver

→ Intel PXA255 MMC Interface support

[그림 9-18] ▶ SD/SDIO system interaction

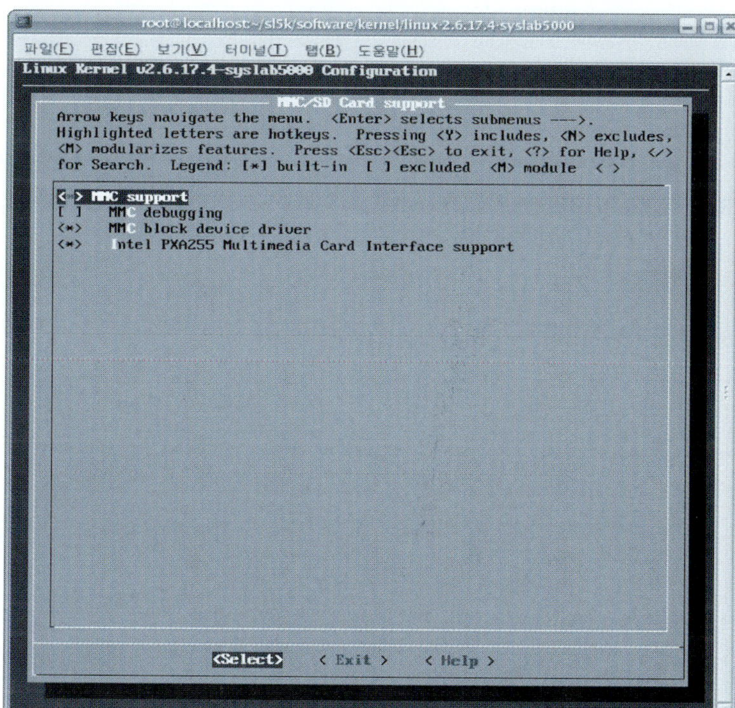

[그림 9-19] ▶ MMC/SD Card Support Configuration

제 9 장

(6) SD/MMC configuration

→ /linux-2.6.18-mercury/arch/arm/mach-pxa/syslab5000.c

```
static int syslab5000_mci_init(struct device *dev, irqreturn_t (*syslab5000_dete
ct_int)(int, void *, struct pt_regs *), void *data)
{
        int err;

        /*
         * setup GPIO for PXA27x MMC controller
         */
        pxa_gpio_mode(GPIO32_MMCCLK_MD);
        pxa_gpio_mode(GPIO112_MMCCMD_MD);
        pxa_gpio_mode(GPIO92_MMCDAT0_MD);
        pxa_gpio_mode(GPIO109_MMCDAT1_MD);
        pxa_gpio_mode(GPIO110_MMCDAT2_MD);
        pxa_gpio_mode(GPIO111_MMCDAT3_MD);

        /* make sure SD/Memory Stick multiplexer's signals
         * are routed to MMC controller
         */

        err = request_irq(SYSLAB5000_MMC_IRQ, syslab5000_detect_int, SA_INTERRUP
T, "MMC card detect", data);
        if (err) {
                printk(KERN_ERR "syslab5000_mci_init: MMC/SD: can't request MMC
card detect IRQ\n");
                return -1;
        }

        return 0;
}
                                                          275,1         62%
```

[그림 9-20] ▶ arcm/arm/mach-pxa/syslab5000.c

(7) SD카드 연결 확인 / FDISK 실행

minicom으로 접속하여 SD카드를 보드에 연결하고 'fdisk' 명령어로 파티션 분할을 시작한다. 'help' 명령어로 FDISK의 여러 가지 명령어들을 확인할 수 있다.

```
☞ fdisk /dev/mmc                    // SD카드 비 연결 메시지 확인
☞ -- SD카드 보드에 연결 --
☞ fdisk /dev/mmc                    // SD카드 파티션 분할
Command (m for help): ☞ help        // FDISK 명령어 확인
```

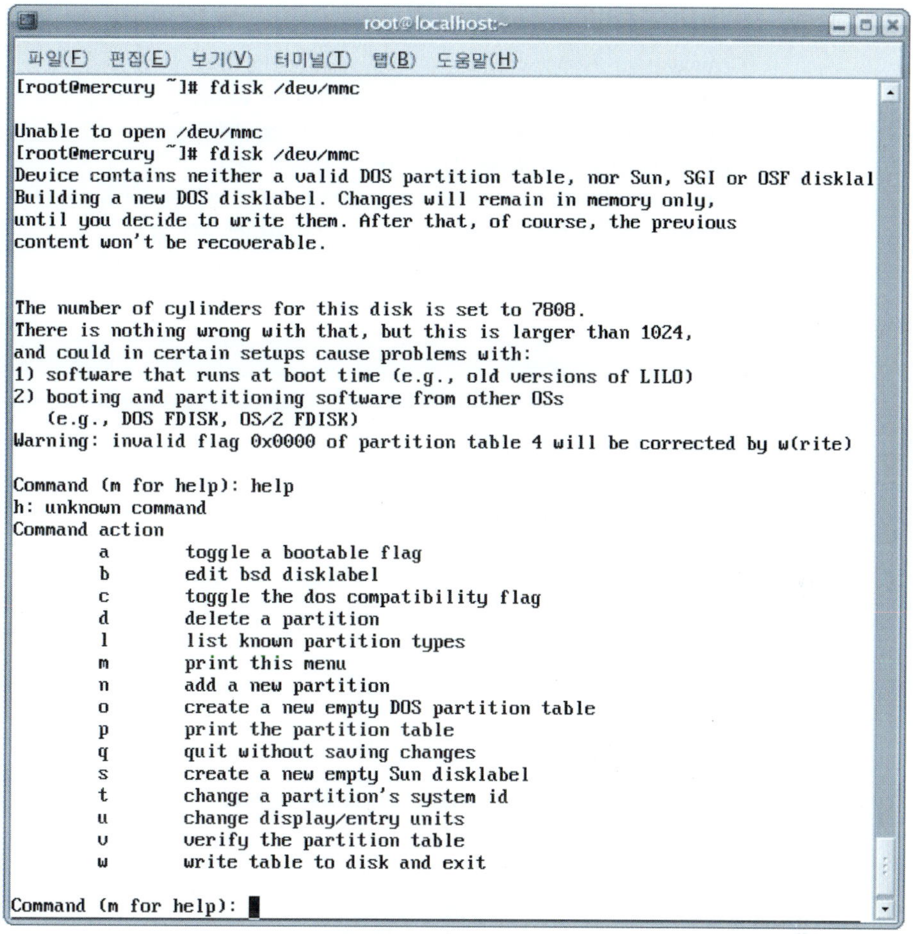

[그림 9-21] ▶ SD카드 연결 및 FDISK 실행

(8) FDISK를 이용한 파티션 설정

p명령으로 현재 파티션의 상태를 확인한다. n명령으로 본격적으로 파티션을 나눈다. p모드(primary partition)를 선택해야 1개부터 4개까지 원하는 수만큼 파티션을 나눌 수 있다. 파티션 숫자 입력 후에 cylinder를 지정해주는 입력창이 나오는데 '엔터'를 눌러 기본 설정으로 입력한다. 다시 한번 p명령으로 SD카드의 상태가 어떻게 바뀌었는지 확인한다. w명령으로 바뀌어진 파티션을 저장한 후 종료한다.

제 9 장

```
Command (m for help): ☞ p                  // 현재 파티션 상태 확인
Command (m for help): ☞ n                  // 새 파티션 추가
☞ p                                        // primary partition 나누기
partition number(1-4): ☞ 1                 // partition 1개로 분할
First cylinder(1-7808, default 1) : ↲ Enter // default 설정
Last cylinder or +size or +sizeM or +sizeK (1-7808, default 7808) : ↲ Enter
Command (m for help): ☞ p                  // 바뀐 파티션 상태 확인
Command (m for help): ☞ w                  // 파티션 저장 후 종료
```

```
root@localhost:~
파일(F) 편집(E) 보기(V) 터미널(T) 탭(B) 도움말(H)

Command (m for help): p

Disk /dev/mmc: 255 MB, 255852544 bytes
4 heads, 16 sectors/track, 7808 cylinders
Units = cylinders of 64 * 512 = 32768 bytes

   Device Boot    Start       End    Blocks   Id  System

Command (m for help): n
Command action
   e   extended
   p   primary partition (1-4)
p
Partition number (1-4): 1
First cylinder (1-7808, default 1):
Using default value 1
Last cylinder or +size or +sizeM or +sizeK (1-7808, default 7808):
Using default value 7808

Command (m for help): p

Disk /dev/mmc: 255 MB, 255852544 bytes
4 heads, 16 sectors/track, 7808 cylinders
Units = cylinders of 64 * 512 = 32768 bytes

   Device Boot    Start       End    Blocks   Id  System
/dev/mmc1             1      7808    249848   83  Linux

Command (m for help): w
The partition table has been altered!

Calling ioctl() to re-read partition table.
Syncing disks.
[root@mercury ~]#
 CTRL-A Z for help |115200 8N1 | NOR | Minicom 2.00.0 | VT102 | Online 00:23
```

[그림 9-22] ▶ 파티션 설정

(9) SD카드 포맷 / 마운트

'mkfs.ext2' 명령어로 파티션이 바뀐 SD카드를 포맷한다. 정상적인 세팅이 끝난 SD카드는 'mmc' 디바이스 파일과 '/media/mmc' 디렉터리를 마운트시켜서 파일 리

스트를 확인할 수 있다. ls명령어로 확인한 '/media/mmc' 디렉터리의 'last+found'파일은 포맷 후 기본적으로 생성되는 파일이다.

```
☞ mkfs.ext2 /dev/mmc              // SD카드 포멧
☞ mount /dev/mmc /media/mmc // mmc 디바이스 파일 /medi/mmc 폴더에 마운트시킴
☞ mount                           // 마운트 확인
☞ ls /media/mmc                   // SD카드 파일 리스트 확인
```

```
root@localhost:~
파일(F) 편집(E) 보기(V) 터미널(T) 탭(B) 도움말(H)
[root@mercury ~]# mkfs.ext2 /dev/mmc
mke2fs 1.39 (29-May-2006)
Filesystem label=
OS type: Linux
Block size=1024 (log=0)
Fragment size=1024 (log=0)
31248 inodes, 249856 blocks
12492 blocks (5.00%) reserved for the super user
First data block=1
31 block groups
8192 blocks per group, 8192 fragments per group
1008 inodes per group
Superblock backups stored on blocks:
        8193, 24577, 40961, 57345, 73729, 204801, 221185

Writing inode tables: done
Writing superblocks and filesystem accounting information: done

This filesystem will be automatically checked every 21 mounts or
180 days, whichever comes first.  Use tune2fs -c or -i to override.
[root@mercury ~]# mount /dev/mmc /media/mmc/
[root@mercury ~]# mount
/dev/mtdblock2 on / type jffs2 (rw)
/proc on /proc type proc (rw)
/sys on /sys type sysfs (rw)
none on /dev/pts type devpts (rw)
ramfs on /tmp type ramfs (rw)
ramfs on /var type ramfs (rw)
/dev/mmc on /media/mmc type ext2 (rw)
[root@mercury ~]# ls /media/mmc/
lost+found
[root@mercury ~]# █

 CTRL-A Z for help |115200 8N1 | NOR | Minicom 2.00.0 | VT102 | Online 00:26
```

[그림 9-23] ▶ SD카드 포맷 및 SD카드 마운트 확인

4) USB Host

SYS-Lab 5000에서는 USB memory stick을 지원하는 USB Host를 제공한다. 이것은 USB Rev 1.1과 호환되며 low-speed와 full-speed 장치를 모두 지원한다. 또한,

OHCI rev1.0a와 호환이 가능하다. USB에 대한 자세한 내용은 아래 사이트를 참고하면 된다.

http://www.usb.org/

(1) Signal Descriptions

〈표 9-1〉 USB Host Controller I/O Signal Descriptions

Name	Type	Description
USBHPWR〈3:1〉	Input	Over-current indicator from ports 3, 2 and 1
USBH_P〈3:1〉	Input	Data Positive to ports 3, 2 and 1
USBH_N〈3:1〉	Input	Data minus to ports 3, 2 and 1.
USBHPEN〈3:1〉	Output	Controls power to the USB ports

(2) Reference source code

/linux-2.6.18-mercury/drivers/usb/host/ohci-hcd.c

→ OHCI Host Controller driver

/linux-2.6.18-mercury/drivers/usb/host/ohci-pxa27x.c

→ PXA272 OHCI function driver

/linux-2.6.18-mercury/arch/arm/mach-pxa/syslab5000.c

→ SYS-Lab 5000 OHCI configuration

(3) Device node

/dev/sda1

→ SCSI Disk node 1

'Device node' 파일들은 '/dev' 디렉터리에 모아 관리한다. 이 디바이스 파일(sda1)의 목적은 디바이스 드라이버의 정보를 커널에 제공하는 데 있다. 즉, 리눅스에서 작동하는 응용 프로그램이 open()함수를 통해 Device node(sda1)를 열면 커널은 file에 해당하는 디바이스 드라이버를 찾는다.

LINUX에서는 'sda0'~'sda3'까지 제공되며 SYS-Lab5000보드에서는 'sda1''을 Device file로 사용한다.

(4) Kernel configuration

Device drivers →

→ USB support

→ OHCI HCD support

→ USB Mass Storage support

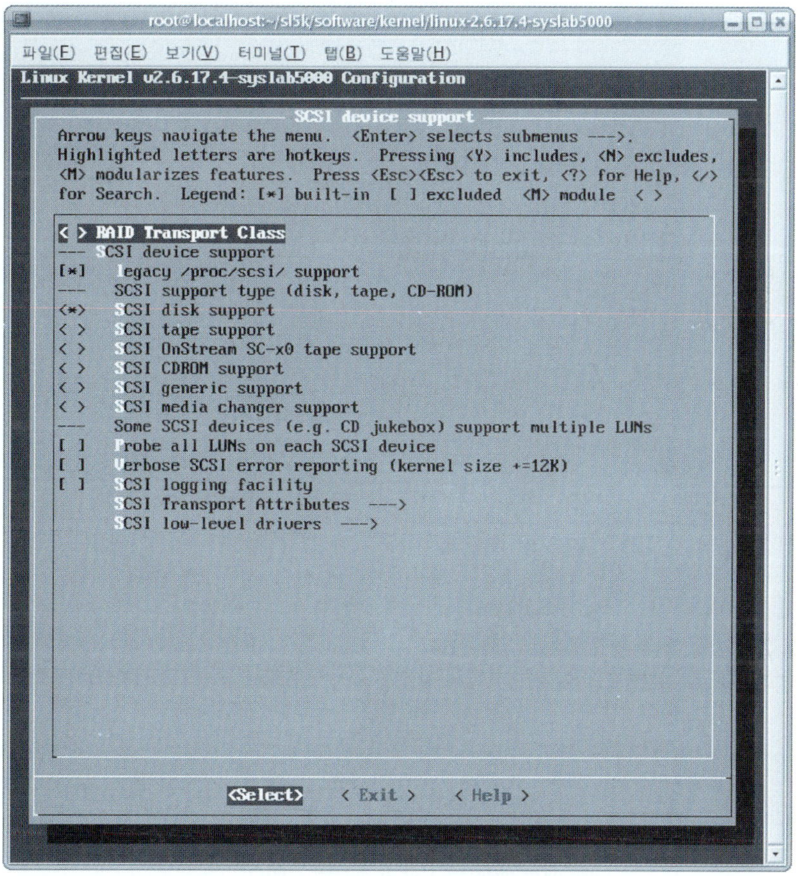

[그림 9-24] ▶ USB Mass storage support configuration

SCSI device support →

→ legacy /proc/scsi/ support

→ SCSI disk support

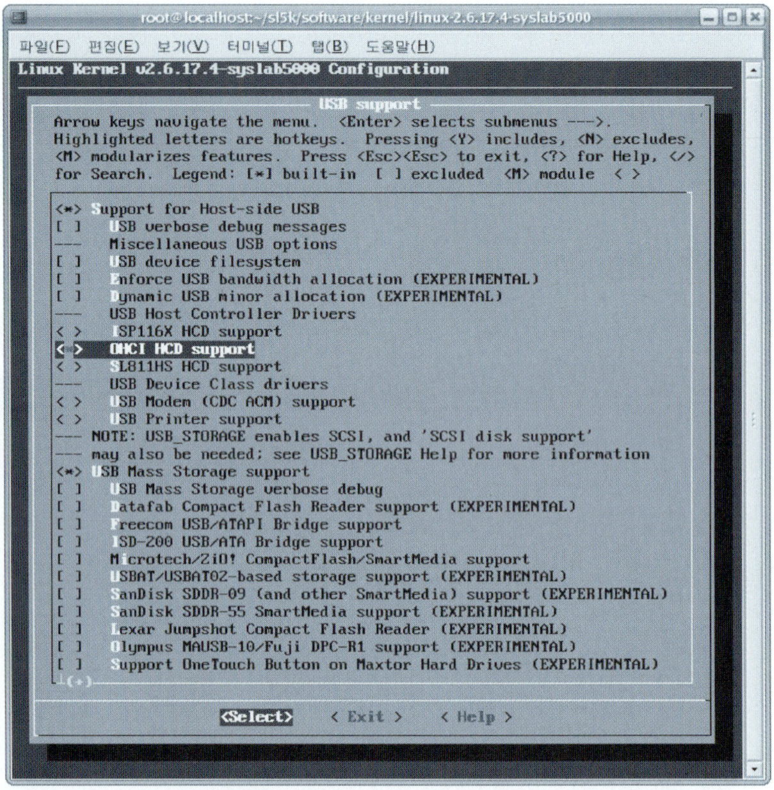

[그림 9-25] ▶ USB Support

(5) SD/MMC configuration

→ /linux-2.6.18-mercury/arch/arm/mach-pxa/syslab5000.c

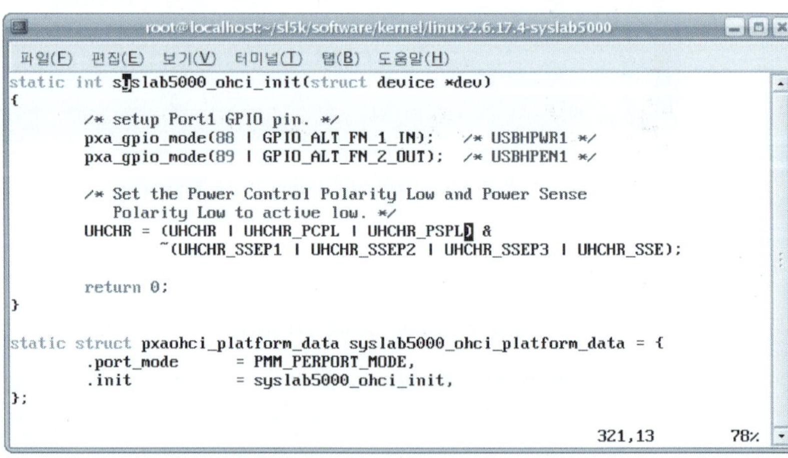

[그림 9-26] ▶ arcm/arm/mach-pxa/syslab5000.c

(6) Device mount

먼저 minicom으로 접속한다. 보드에 USB설치시 커널이 인식한 메시지를 확인할 수 있도록 'cat /proc/kmsg &' 명령으로 kernel message를 백그라운드로 설정한다. USB메모리 장치는 '/mnt/usb' 디렉터리와 연결됨을 숙지하자. USB메모리를 보드에 설치하고 /dev/sda1 디바이스 파일을 /mnt/usb 디렉터리에 마운트시킨 후 mnt/usb 디렉터리에서 USB메모리의 리스트를 확인할 수 있다(혹, 저렴한 가격의 USB를 사용할 경우 자체 개발용 디바이스 드라이버를 install해야 하기 때문에 커널에서 인식하지 못할 수도 있으므로 범용으로 사용되는 USB로 테스트하기를 권장한다).

```
☞ cat /proc/kmsg &                  // 커널 메시지 콘솔에 출력
☞ ls /mnt/usb                       // usb 폴더 리스트 확인
☞ -- USB 메모리 보드에 연결 --      // 설치 후 커널 메시지 확인
☞ mount /dev/sda1 /mnt/usb          // sda1 디바이스 파일을 usb 폴더에 마운트시킴
☞ ls /mnt/usb                       // usb 폴더 리스트 확인
☞ -- USB 메모리 보드로부터 제거 --  // 제거 후 커널 메시지 확인
☞ umount /mnt/usb                   // usb 폴더 마운트 풀어줌
```

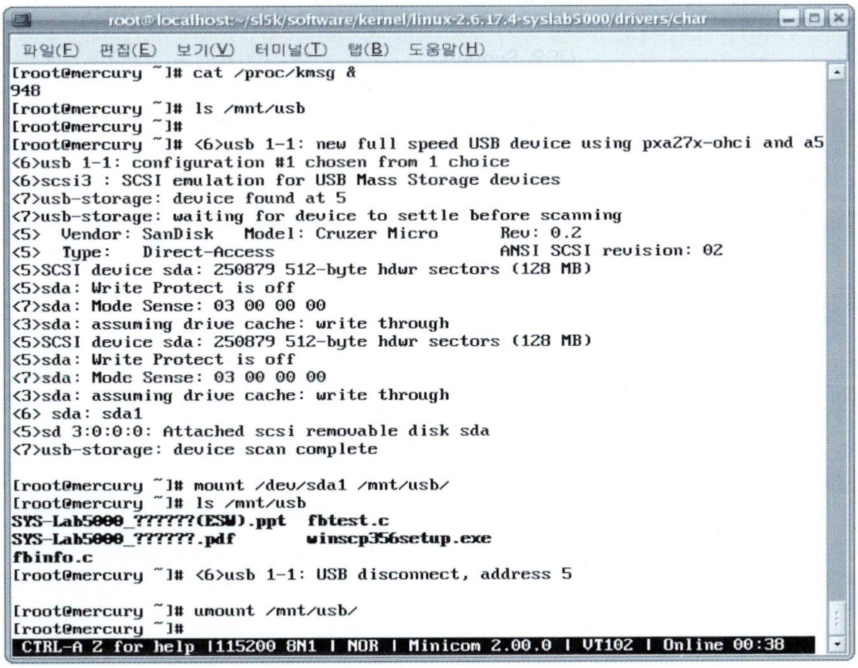

[그림 9-27] ▶ USB Device mount 확인

제 9 장

(7) USB설치 후 커널 메시지 확인

'dmesg'명령어를 써서 커널의 메시지를 확인할 수 있다('cat /proc/kmsg &'명령과 같은 커널의 메시지가 출력된다).

```
☞ -- USB 메모리 보드에 설치 --
☞ dmesg                                    // 커널 메시지 콘솔에 출력
```

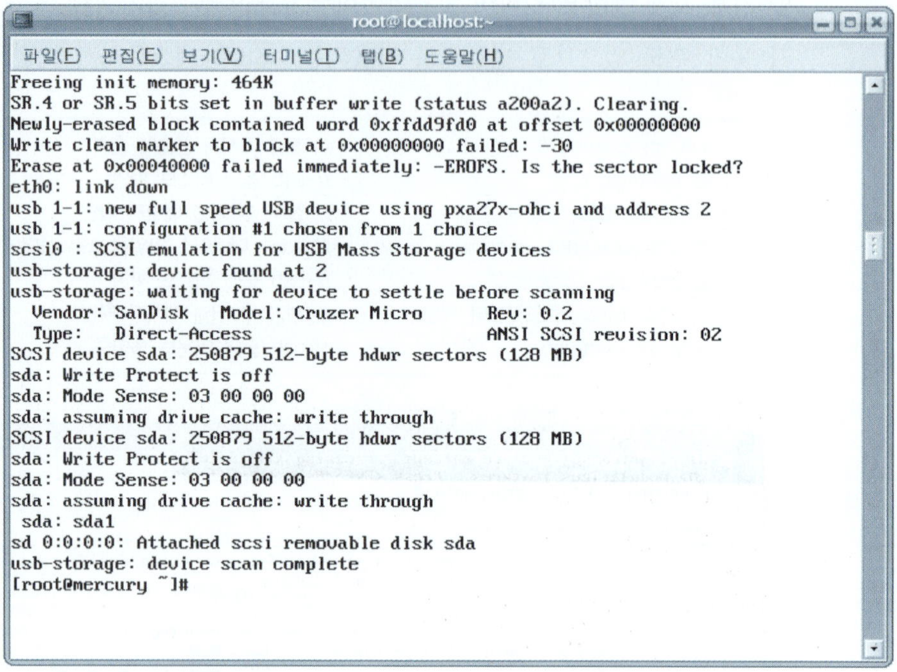

[그림 9-28] ▶ 커널 메시지 확인

5) RTC(Real Time Clock)

SYS-Lab 5000에서는 외부 RTC 디바이스로 DS1302를 사용하고 있다. DS1302는 커널 내부 타임과 동기화되어 동작한다. RTC는 외부 배터리를 통해 전원을 껐다 켜도 시간이 초기화되지 않고 시간이 계속 가도록 되어 있다.

(1) Reference source code

/linux-2.6.18-mercury/drivers/char/ds1302.c

→ DS1302 RTC driver

(2) Device node

/dev/rtc

→ RTC node

'Device node' 파일들은 '/dev' 디렉터리에 모아 관리한다. 이 디바이스 파일(rtc)의 목적은 디바이스 드라이버의 정보를 커널에 제공하는 데 있다. 즉, 리눅스에서 작동하는 응용 프로그램이 open()함수를 통해 Device node(rtc)를 열면 커널은 file에 해당하는 디바이스 드라이버를 찾는다. 리눅스에서 작동하는 응용 프로그램은 Device node(rtc)를 통해 ds1302칩을 제어할 수 있다.

(3) Kernel configuration

Device drivers →

→ Character devices

→ DS1302 RTC support

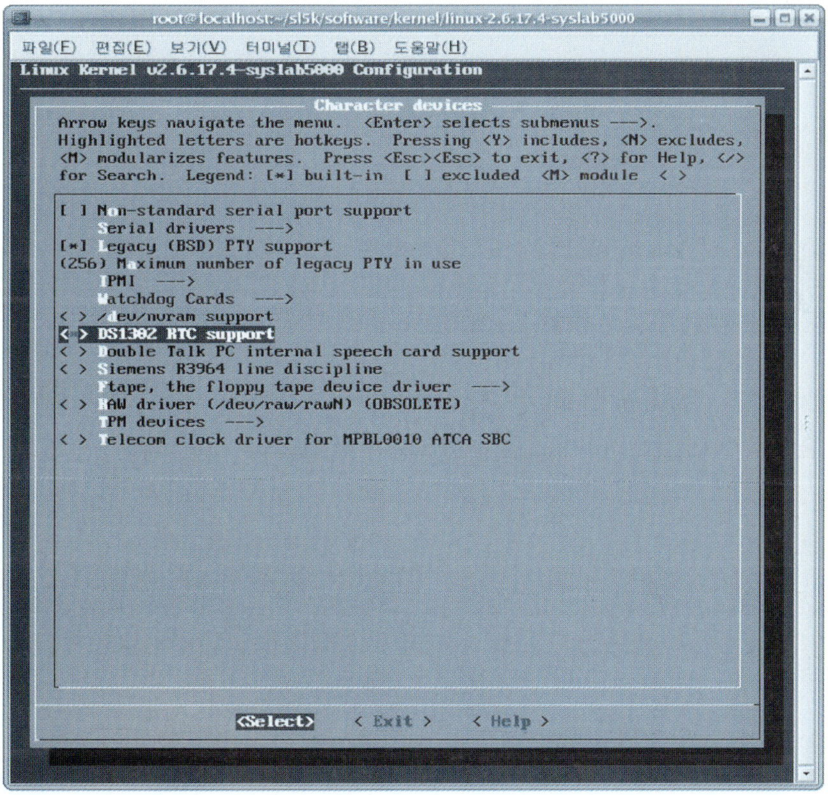

[그림 9-29] ▶ RTC Configuration

(4) SYS-Lab5000 보드 시간 맞추기

① system clock 조정하기

- minicom 으로 접속한 후 '2020년 01월 02일 03시 04분 05초'로 바꾸어보자.
- 'date --help' 명령으로 'date'에 대한 세부정보를 알 수 있다.

```
☞ date                       // 현재 system clock 확인
☞ date 010203042020.05       // date [MMDDhhmmYYYY.ss]로 시간변경
```

[그림 9-30] ▶ 'date'를 이용한 system clock 제어

② hardware clock 조정하기

- system clock은 보드가 booting된 순간 초기화된 구조체에서 시간 데이터를 읽어 오고, hardware clock은 ds1302 디바이스 칩으로부터 데이터를 읽어오기 때문에 시간 정보가 다를 수밖에 없으나 'hwclock' 명령어의 '-w'옵션으로 'system clock'을 'hardware clock'에 저장시켜서 동기화해 줄 수 있다.
- 'hwclock --help' 명령으로 'hwclock'에 대한 세부정보를 알 수 있다.

```
☞ date            // 현재 system clock 확인
☞ hwclock         // 현재 hardware clock 확인
☞ hwclock -w      // system clock을 → h/w clock으로 저장
☞ hwclock         // 변경된 hardware clock 확인
```

```
[root@mercury ~]# date
Thu Jan  2 03:04:47 KST 2020
[root@mercury ~]# hwclock
Thu Oct 27 10:38:22 1988  0.000000 seconds
[root@mercury ~]#
[root@mercury ~]#
[root@mercury ~]# hwclock -w
[root@mercury ~]#
[root@mercury ~]#
[root@mercury ~]# hwclock
Thu Jan  2 03:05:29 2020  0.000000 seconds
[root@mercury ~]#
```

[그림 9-31] ▶ system clock을 이용한 'hardwar clock'제어

③ 변경된 RTC(Real Time Clock) 확인

- 보드의 전원을 off시켜도 변경된 hardware clock은 그 값을 유지하고 있어야 한다. minicom에서 보드를 재부팅하여 booting시 나오는 메시지에서 'rtc_time / rtc_date'를 확인해 본다.

```
Machine: Libertron SYS-Lab 5000 Embedded Education Board
Warning: bad configuration page, trying to continue
Memory policy: ECC disabled, Data cache writeback
Run Mode clock: 208.00MHz (*16)
Turbo Mode clock: 520.00MHz (*2.5, active)
Memory clock: 104.00MHz (/2)
System bus clock: 208.00MHz
CPU0: D VIVT undefined 5 cache
CPU0: I cache: 32768 bytes, associativity 32, 32 byte lines, 32 sets
CPU0: D cache: 32768 bytes, associativity 32, 32 byte lines, 32 sets
Built 1 zonelists
Kernel command line: root=/dev/mtdblock2 rw mem=128M console=ttyS0,115200
PID hash table entries: 1024 (order: 10, 4096 bytes)
Console: colour dummy device 80x30
Dentry cache hash table entries: 16384 (order: 4, 65536 bytes)
Inode-cache hash table entries: 8192 (order: 3, 32768 bytes)
Memory: 128MB = 128MB total
Memory: 126464KB available (2500K code, 446K data, 464K init)
Mount-cache hash table entries: 512
CPU: Testing write buffer coherency: ok
NET: Registered protocol family 16
SYS-Lab5000 configured to boot from processor-flash
SCSI subsystem initialized
usbcore: registered new driver usbfs
usbcore: registered new driver hub
NET: Registered protocol family 2
IP route cache hash table entries: 1024 (order: 0, 4096 bytes)
TCP established hash table entries: 4096 (order: 2, 16384 bytes)
TCP bind hash table entries: 2048 (order: 1, 8192 bytes)
TCP: Hash tables configured (established 4096 bind 2048)
TCP reno registered
initializing internal SRAM
NetWinder Floating Point Emulator V0.97 (double precision)
NTFS driver 2.1.27 [Flags: R/O].
JFFS2 version 2.2. (NAND) (C) 2001-2006 Red Hat, Inc.
Initializing Cryptographic API
io scheduler noop registered
io scheduler anticipatory registered (default)
io scheduler deadline registered
io scheduler cfq registered
Console: switching to colour frame buffer device 100x30
rtc: RTC driver initialized
rtc_time        : 03:05:00
rtc_date        : 2020-01-02
pxa2xx-uart.0: ttyS0 at MMIO 0x40100000 (irq = 22) is a FFUART
```

[그림 9-32] ▶ booting 메시지

- booting 후 H/W clock('hwclock')은 변함이 없으나, system clock('date')은 초기화됐음을 확인할 수 있다. 이때 hwclock의 '-s'옵션으로 'hardware clock'을 'system clock'에 저장시켜서 동기화해 줄 수 있다.

```
☞ date          // 현재 system clock 확인
☞ hwclock       // 현재 hardware clock 확인
☞ hwclock -s    // h/w clock을 → system clock으로 저장
☞ date          // 변경된 system clock 확인
```

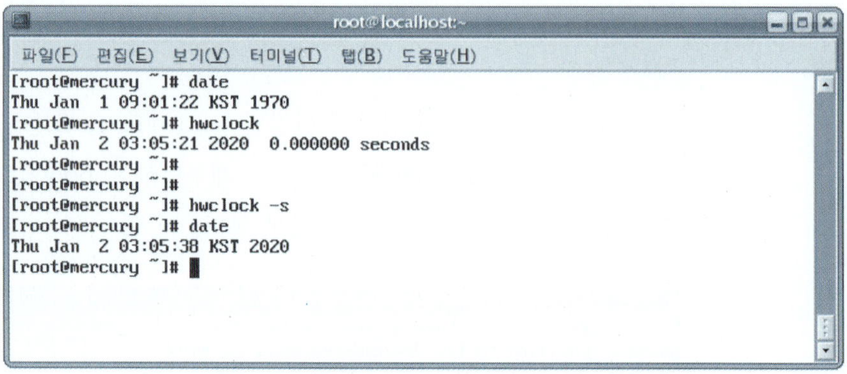

[그림 9-33] ▶ system clock 변경

6) UART

PXA272에서는 기본적인 3개의 UART를 제공하고 있다. 제공되는 UART는 아래와 같다.

Full Function UART (FFUART)

Bluetooth UART (BTUART)

Standard UART (STUART)

SYS-Lab 5000에서는 기본 콘솔로 FFUART를 사용하고 있다.

(1) Reference source code

/linux-2.6.18-mercury/drivers/serial/pxa.c
→ PXA272 Serial driver

/linux-2.6.18-mercury/drivers/serial/serial_core.c
→ Serial core driver

/linux-2.6.18-mercury/arch/arm/mach-pxa/generic.c
→ UART configuration

(2) Device node

/dev/ttyS0

→ FFUART

/dev/ttyS1

→ BTUART

/dev/ttyS2

→ STUART

> 'Device node' 파일들은 '/dev' 디렉터리에 모아 관리한다. 이 디바이스 파일(ttyS0~ttyS2)의 목적은 디바이스 드라이버의 정보를 커널에 제공하는 데 있다. 즉, 리눅스에서 작동하는 응용 프로그램이 open()함수를 통해 Device node(ttyS0~ttyS2)를 열면 커널은 file에 해당하는 디바이스 드라이버를 찾는다. 리눅스에서 작동하는 응용 프로그램은 Device node(ttyS0~ttyS2)를 통해 FFUART, BTUART, STUART를 제어할 수 있다.

(3) Kernel configuration

Device drivers →

→ Character devices

→ Serial drivers

→ PXA serial port support

→ console on PXA serial port

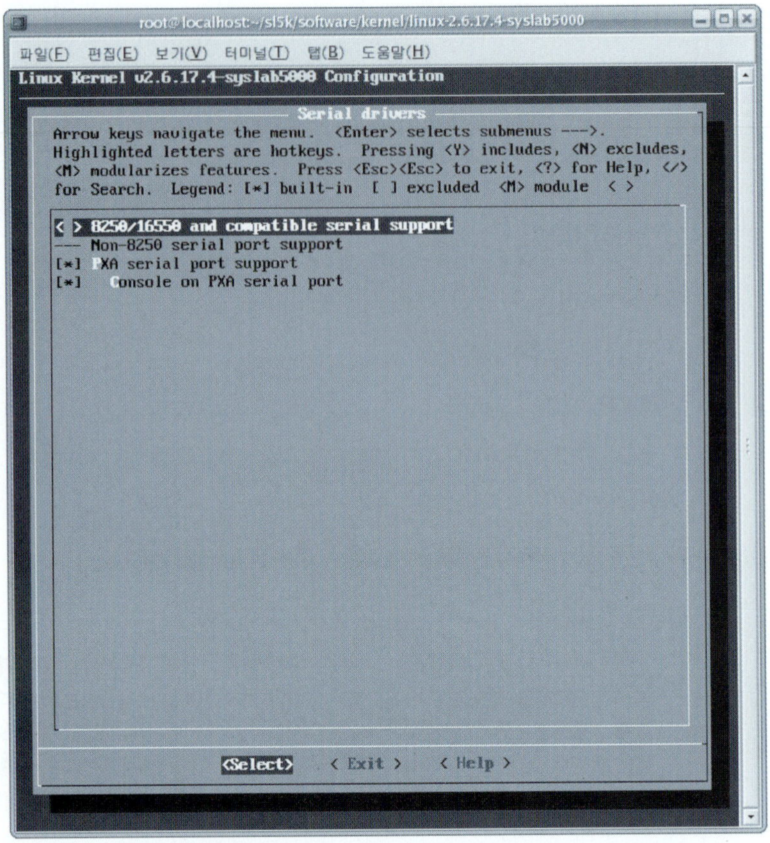

[그림 9-34] ▶ UART Configuration

(4) UART configuration

→ /linux-2.6.18-mercury/arch/arm/mach-pxa/generic.c

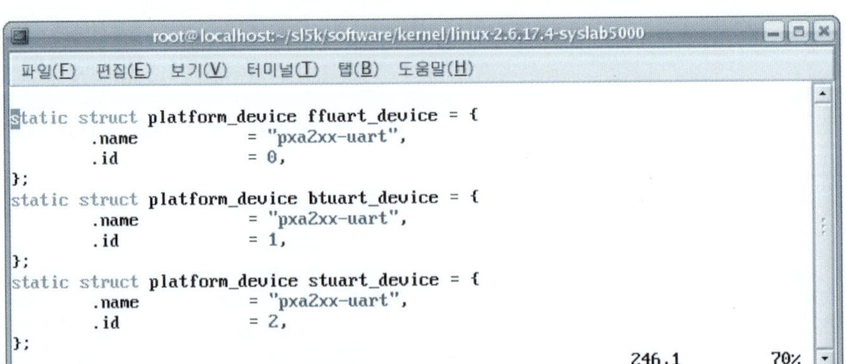

[그림 9-35] ▶ arch/arm/mach-pxa/generic.c

7) AC'97 Audio

PXA272는 AC'97 컨트롤러(AC'97 Rev. 2.0)를 내장하고 있다. AC-link는 디지털 오디오, 모뎀, 마이크로 폰(MIC-in), 코덱 레지스터 제어와 상태 정보 데이터를 시리얼 버스 인터페이스를 통해 전달한다. SYS-Lab 5000에서는 스테레오 오디오 코덱으로 Philips UCB1400을 사용한다. AC'97 컨트롤러의 I/O를 위한 신호는 아래와 같다.

〈표 9-2〉 AC'97 Controller I/O Signal Descriptions

Name	Type	Description
AC97_RESET_n	Output	Active-low Codec reset. The Codec's registers are reset when AC97_RESET_n is asserted.
AC97_BITCLK	Input	12.288-MHz bit-rate clock
AC97_SYNC	Output	42-kHz frame indicator and synchronizer
AC97_SDATA_OUT	Output	Serial audio output data to Codec for digital-to-analog conversion
AC97_SDATA_IN_0	Input	Serial audio input data from primary Codec
AC97_SDATA_IN_1	Input	Serial audio input data from secondary Codec
AC97_SYSCLK	Output	Optional 24.576-MHz clock output

AC'97 컨트롤러에서 오디오 코덱 UCB1400과의 데이터 인터페이스는 아래와 같다. AC'97 레지스터를 이용하여 UCB1400 코덱을 제어할 수 있다.

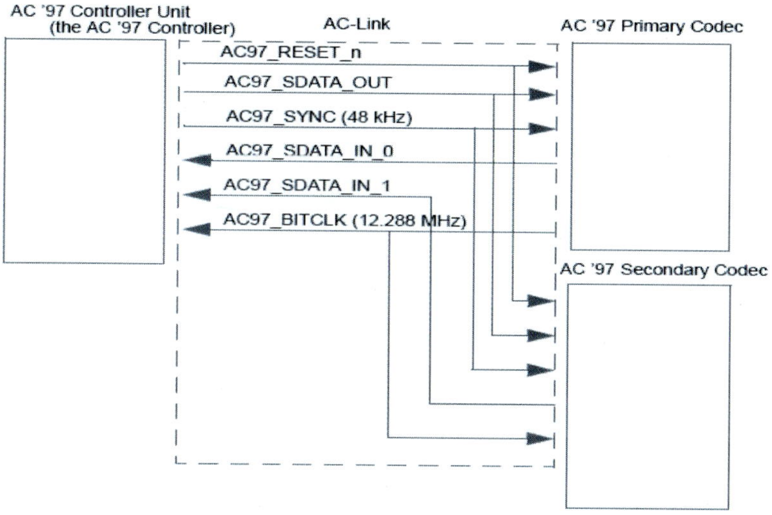

[그림 9-36] ▶ Data transfer through AC-Link

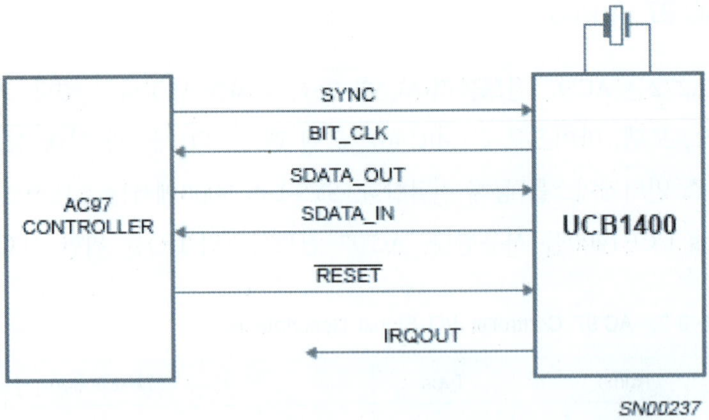

[그림 9-37] ▶ AC'97 and UCB1400 controller connection diagram

(1) Reference source code

/linux-2.6.18-mercury/sound/oss/ac97_codec.c

→ AC'97 codec module

/linux-2.6.18-mercury/sound/oss/pxa-ac97.c

→ AC'97 I/O interface

/linux-2.6.18-mercury/sound/oss/pxa-audio.c

→ AC'97 audio interface

/linux-2.6.18-mercury/sound/oss/ucb1x00-core.c

→ UCB1400 core interface

(2) Device node

/dev/dsp

→ Audio I/O

/dev/mixer

→ Audio mixer I/O

(3) Kernel configuration

Device drivers →

→ Sound

→ Open Sound System

→ Open Sound System (DEPRECATED)

→ PXA Audio

→ PXA AC97 audio support

→ UCB1X00 core support

→ UCB1X00 touchscreen plugin

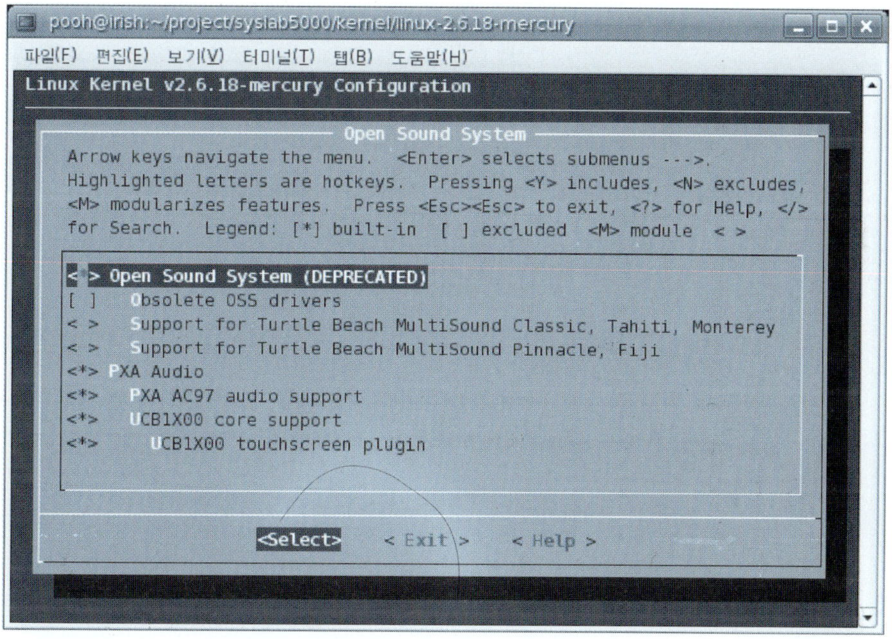

[그림 9-38] ▶ Kernel audio configuration

(4) AC'97 configuration

→ /linux-2.6.18-mercury/arch/arm/mach-pxa/syslab5000.c

```
static struct resource pxaac97_resources[] = {
	[0] = {
		.start	= 0x40500000,
		.end	= 0x40500fff,
		.flags	= IORESOURCE_MEM,
	},
	[1] = {
		.start	= IRQ_AC97,
		.end	= IRQ_AC97,
		.flags	= IORESOURCE_IRQ,
	},
};

static u64 pxa_ac97_dmamask = 0xffffffffUL;

static struct platform_device pxaac97_device = {
	.name		= "pxa2xx-ac97",
	.id		= -1,
	.dev		= {
		.dma_mask = &pxa_ac97_dmamask,
		.coherent_dma_mask = 0xffffffff,
	},
	.num_resources	= ARRAY_SIZE(pxaac97_resources),
	.resource	= pxaac97_resources,
};
```

[그림 9-39] ▶ arch/arm/boot/syslab5000.c

(5) 오디오 플레이(Audio play)

mplayer를 통한 MP3 파일 재생 테스트

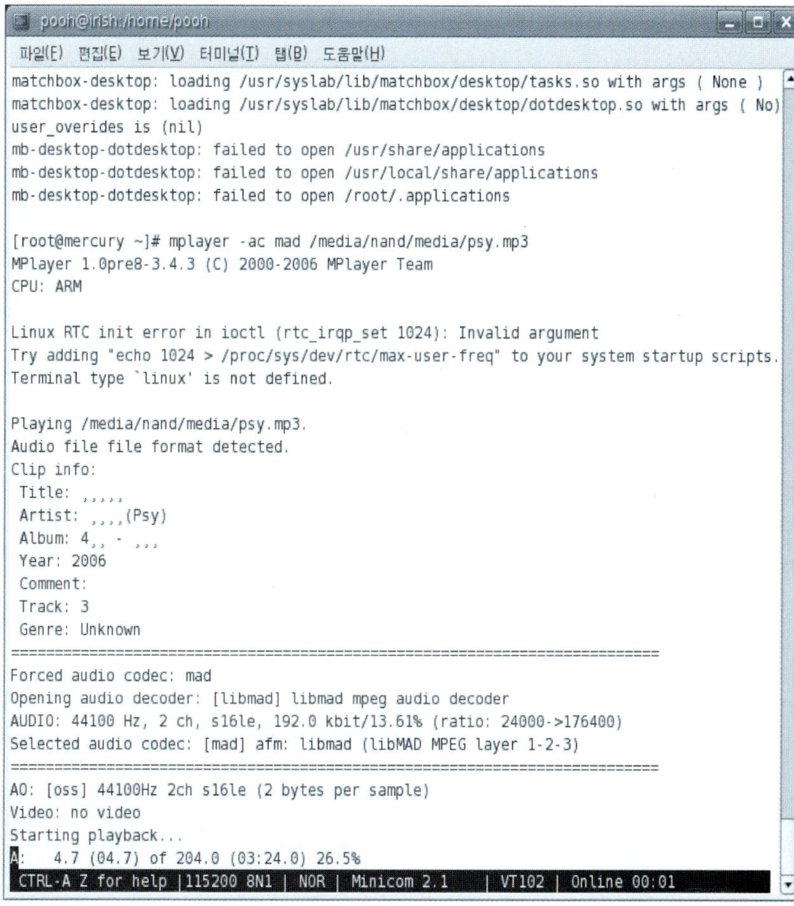

[그림 9-40] ▶ Mplayer를 통한 오디오 재생

8) 터치 스크린(Touch Screen)

SYS-Lab 5000에서 터치 스크린 컨트롤러로 오디오 코덱과 터치 스크린을 기능을 함께 제공하는 UCB1400을 사용한다. UCB1400 터치 스크린은 4선식 인터페이스를 사용하며, AC'97 컨트롤러를 통해 ADC 10-bit 샘플링 데이터를 처리한다. SYS- Lab 5000에서는 터치 스크린을 제어하기 위해 커널 2.6에 도입된 이벤트 디바이스 드라이버를 사용한다.

제 9 장

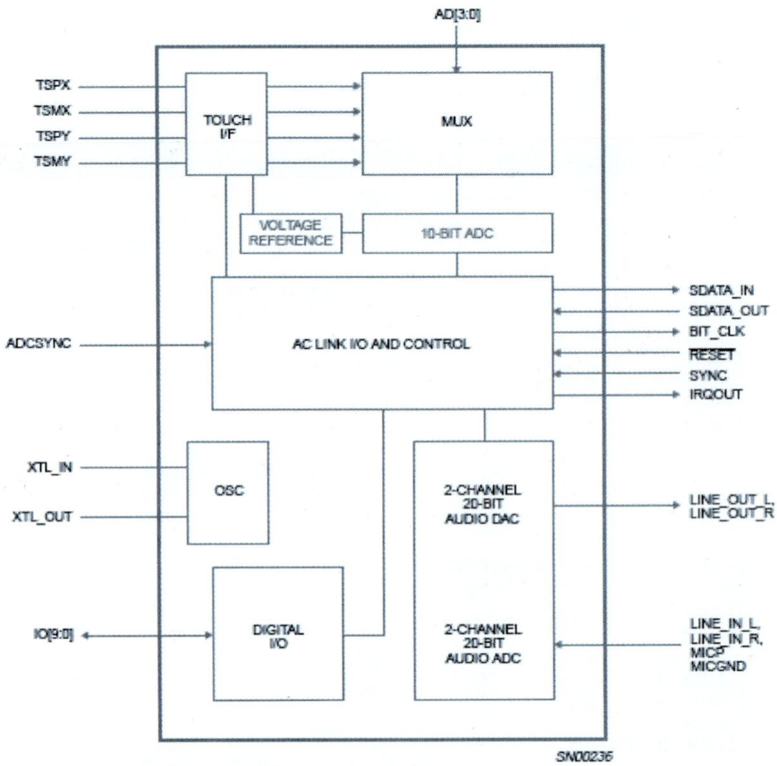

[그림 9-41] ▶ UCB1400 Block Diagram

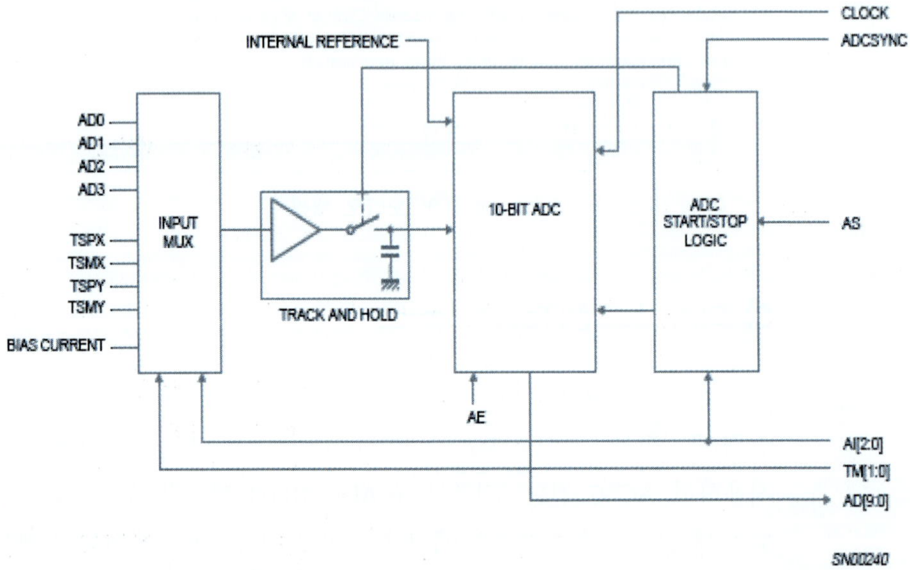

[그림 9-42] ▶ UCB1400 10-bit ADC Circuit Block Diagram

(1) Reference source code

/linux-2.6.18-mercury/sound/oss/ac97_codec.c

→ AC'97 codec module

/linux-2.6.18-mercury/sound/oss/pxa-ac97.c

→ AC'97 I/O interface

/linux-2.6.18-mercury/sound/oss/pxa-audio.c

→ AC'97 audio interface

/linux-2.6.18-mercury/sound/oss/ucb1x00-core.c

→ UCB1400 core interface

/linux-2.6.18-mercury/sound/oss/ucb1x00-ts.c

→ UCB1400 Touchscreen interface

/linux-2.6.18-mercury/drivers/input/evdev.c

→ Input device event driver

(2) Device node

/dev/input/event0

→ TouchScreen event device node

(3) Kernel configuration

Device drivers →

→ Sound

→ Open Sound System

→ Open Sound System (DEPRECATED)

→ PXA Audio

→ PXA AC97 audio support

→ UCB1X00 core support

→ UCB1X00 touchscreen plugin

→ Input device support

→ Event interface

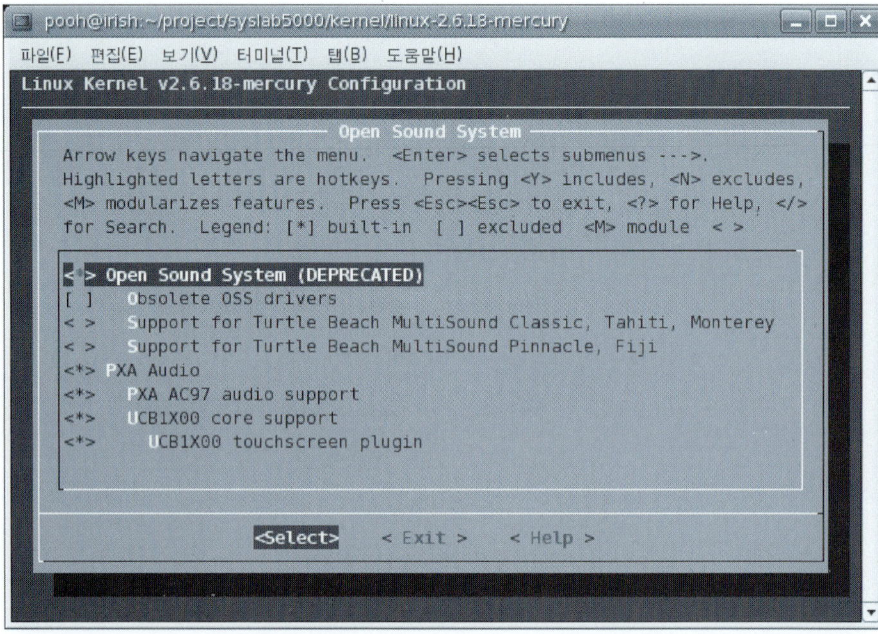

[그림 9-43] ▶ Kernel TouchScreen configuration

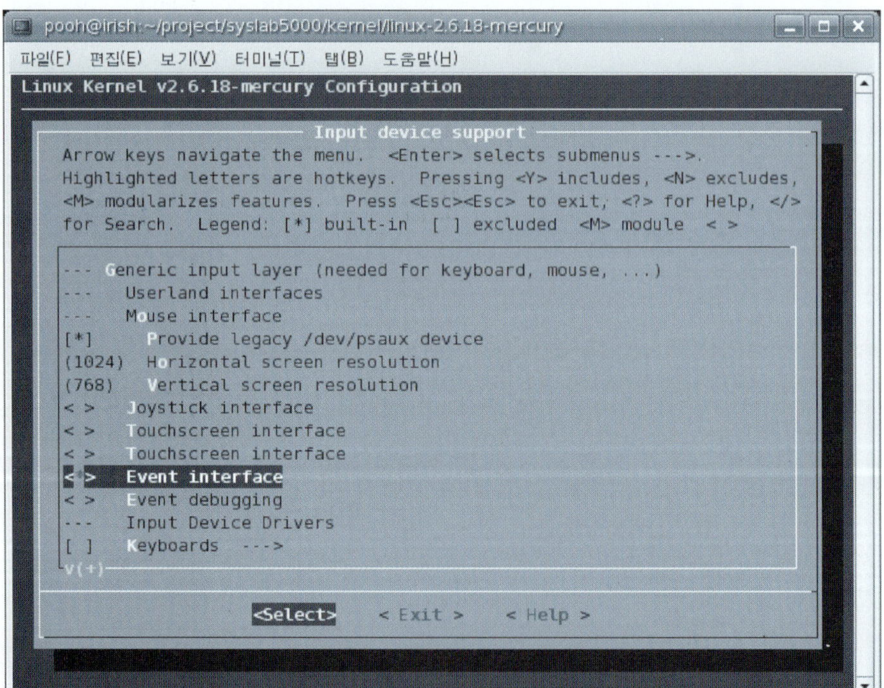

[그림 9-44] ▶ Kernel Event interface configuration

9) NAND

SYS-Lab 5000에서는 NOR 플래시 메모리를 사용한 64 MB JFFS2 파일 시스템의 저장소 외에 NAND 플래시 메모리를 사용한 512 MB YAFFS 파일 시스템의 또다른 저장소를 제공한다. PXA272에서는 NAND 플래시 메모리 제어를 위해 PCMCIA 인터페이스를 사용하여 제어한다.

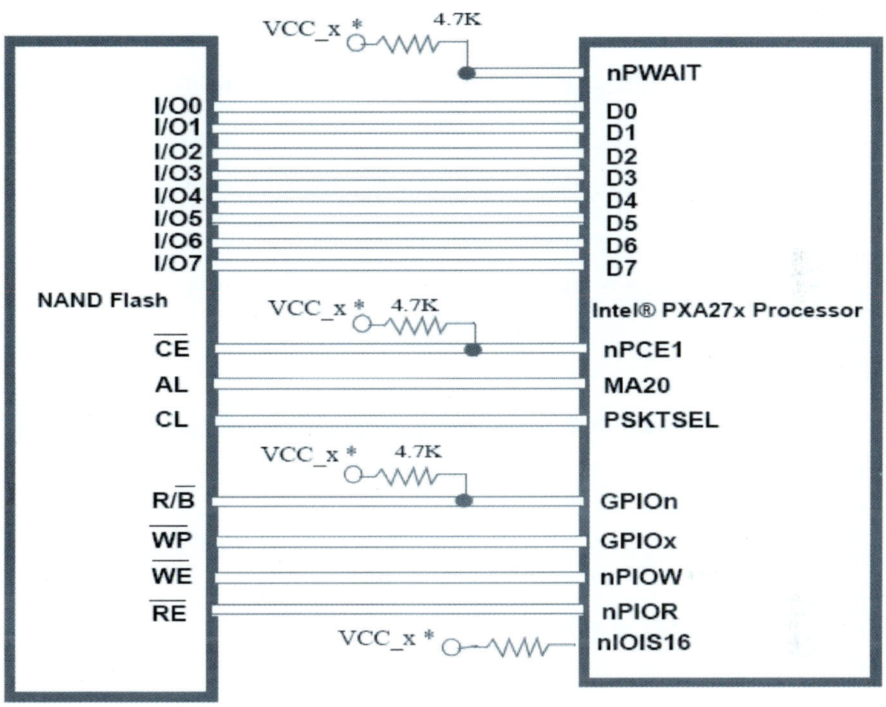

[그림 9-45] ▶ PXA277과 8비트 NAND와 연결

The GPIOS with alternate functions used in this application note are as follows:

- GPIO 15, GPIO 85, GPIO 86 or GPIO 102 configured as an output and as nPCE〈1〉
- GPIO 79 or GPIO 104 configured as an output and as PSKTSEL
- GPIO 50 configured as an output and as PIOR
- GPIO 51 configured as an output and as PIOW
- GPIO 56 configured as an intput and as nPWAIT
- GPIO 57 configured as an intput and as nIOIS16

[그림 9-46] ▶ PNAND를 위한 PAX272 GPIO 설정

(1) Reference source code

/linux-2.6.18-mercury/drivers/mtd/nand/syslab5000_nand.c

→ SYS-Lab5000 Nand initialize

/linux-2.6.18-mercury/drivers/mtd/nand/nand_base.c

→ Nand device control

/linux-2.6.18-mercury/drivers/mtd/nand/nand_ecc.c

→ Nand ECC algorithm

/linux-2.6.18-mercury/drivers/mtd/nand/nand_ids.c

→ Nand manufacture

/linux-2.6.18-mercury/drivers/mtd/nand/nand_bbt.c

→ Nand Bad Block Table support

/linux-2.6.18-mercury/fs/yaffs2/yaffs2_nand.c

→ YAFFS filesystem support

(2) Device node

/dev/mtdblock3

→ NAND yaffs file system mount node

(3) Kernel configuration

Device drivers →

→ Memory Technology Devices (MTD)

→ NAND Flash Device Drivers

→ NAND Device Support

→ NAND Flash device on SYS-Lab5000 board

File systems →

→ Miscellaneous filesystems

→ YAFFS2 file system support

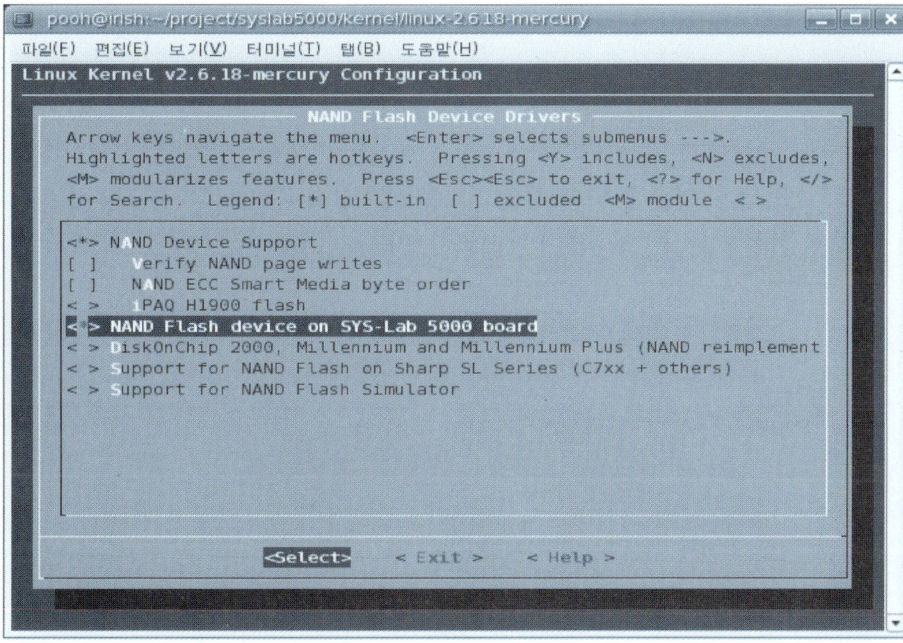

[그림 9-47] ▶ Kernel NAND device configuration

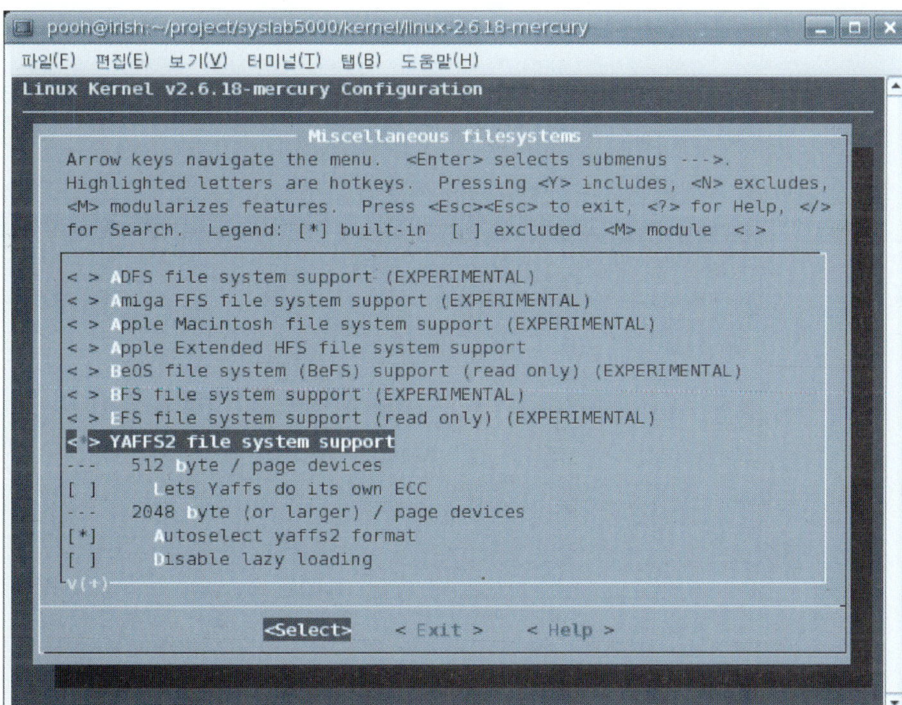

[그림 9-48] ▶ Kernel YAFFS filesystem configuration

(4) Device mount

SYS-Lab5000은 부팅할 때 기본적으로 /media/nand 디렉터리에 NAND device가 YAFFS 파일 시스템 형식으로 마운트된다. 이는 루트 파일 시스템의 /etc/fstab에 정의되어 있는데 마운트 포인트를 바꾸고자 한다면 마운트할 디렉터리를 생성한 후 /etc/fstab를 수정한 후, 재부팅하면 된다.

```
pooh@irish:/home/pooh
파일(F) 편집(E) 보기(V) 터미널(T) 탭(B) 도움말(H)

[root@mercury ~]# mount
/dev/mtdblock2 on / type jffs2 (rw)
/proc on /proc type proc (rw)
/sys on /sys type sysfs (rw)
none on /dev/pts type devpts (rw)
ramfs on /tmp type ramfs (rw)
ramfs on /var type ramfs (rw)
/dev/mtdblock3 on /media/nand type yaffs (rw)
[root@mercury ~]#
```

[그림 9-49] ▶ NAND 마운트 지점 확인

```
pooh@irish:/home/pooh
파일(F) 편집(E) 보기(V) 터미널(T) 탭(B) 도움말(H)
[root@mercury ~]# cat /etc/fstab
/dev/root       /               autofs  rw              0 0
/dev/ram0       /tmp            ext2    defaults        0 0
/dev/mtdblock3  /media/nand     yaffs   rw              0 0
none            /dev/pts        devpts  mode=622        0 0
none                    /dev/shm                tmpfs   defaults                0 0
none            /proc           proc    defaults        0 0
none                    /sys                    sysfs   defaults                0 0
[root@mercury ~]#
```

[그림 9-50] ▶ 마운트 포인트 지정 파일 시스템 테이블 확인

10) CMOS Camera

SYS-Lab 5000에서는 카메라 디바이스로 PixelPlus사의 PO3130r0를 사용한다. 카메라를 제어하기 위해 CPU I2C를 사용하지 않고 FPGA에서 구현된 I2C 버스를 사용한다. PO3130r0 카메라에서 640x480사이즈의 YCbCr 데이터를 읽어들여 프레임버퍼 LCD에 450x350사이즈의 RGB 데이터로 변환하여 출력한다.

Pin Name	Type	Definition
CIF_DD<9:0>	I	Data lines to transmit 4, 5, 8, 9, or 10 bits of data per pixel clock cycle
CIF_MCLK	O	Programmable clock output used by the imaging sensor
CIF_PCLK	I	Pixel clock used by the quick capture interface to clock pixel data into the input FIFO. Cannot exceed 1/4 of CICLK, where CICLK is the same frequency as the LCD clock. For 104-MHz CICLK, the maximum CIF_PCLK is 26 MHz.
CIF_LV	I/O	Line start or alternate synchronization signal used by the sensor to signal line readout or for external horizontal synchronization
CIF_FV	I/O	Frame start or alternate synchronization signal used by the sensor to signal frame readout or for external vertical synchronization

[그림 9-51] ▶ PXA272 Quick Capture Interface I/O Signals

Data Bus	YCbCr 4:2:2 Byte Sequence							
CIF_DD<7>	Cb_{07}	Y_{07}	Cr_{07}	Y_{17}	Cb_{27}	Y_{27}	Cr_{27}	Y_{37}
CIF_DD<6>	Cb_{06}	Y_{06}	Cr_{06}	Y_{16}	Cb_{26}	Y_{26}	Cr_{26}	Y_{36}
CIF_DD<5>	Cb_{05}	Y_{05}	Cr_{05}	Y_{15}	Cb_{25}	Y_{25}	Cr_{25}	Y_{35}
CIF_DD<4>	Cb_{04}	Y_{04}	Cr_{04}	Y_{14}	Cb_{24}	Y_{24}	Cr_{24}	Y_{34}
CIF_DD<3>	Cb_{03}	Y_{03}	Cr_{03}	Y_{13}	Cb_{23}	Y_{23}	Cr_{23}	Y_{33}
CIF_DD<2>	Cb_{02}	Y_{02}	Cr_{02}	Y_{12}	Cb_{22}	Y_{22}	Cr_{22}	Y_{32}
CIF_DD<1>	Cb_{01}	Y_{01}	Cr_{01}	Y_{11}	Cb_{21}	Y_{21}	Cr_{21}	Y_{31}
CIF_DD<0>	Cb_{00}	Y_{00}	Cr_{00}	Y_{10}	Cb_{20}	Y_{20}	Cr_{20}	Y_{30}
Y pixel components	0		1		2		3	
Cb, Cr pixel components	0,1				2,3			
Byte sequence	0	1	2	3	4	5	6	7

[그림 9-52] ▶ 8bit Data Capture for YCbCr 4:2:2 Color Space

(1) Reference source code

/linux-2.6.18-mercury/drivers/media/video/pxa_camera.c

→ SYS-Lab5000 Camera Device driver

/linux-2.6.18-mercury/drivers/media/video/po3130r0.c

→ PO3130r0 setting

/linux-2.6.18-mercury/drivers/media/video/po3130_hw.c

→ FPGA I2C control setting

(2) Device node

/dev/video0

→ V4L interface device node

(3) Kernel configuration

Device drivers →

→ Multimedia devices

→ Video For Linux

→ Enable Video For Linux API 1

→ Video Capture Adapters

→ SYS-Lab5000 PO3130r0 Camera Support

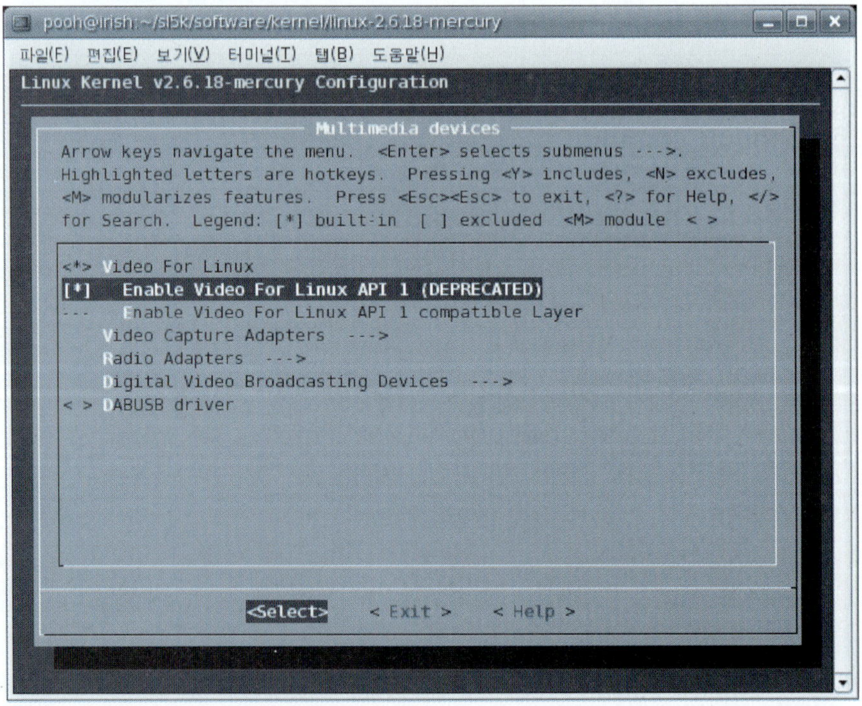

[그림 9-53] ▶ Kernel V4L configuration

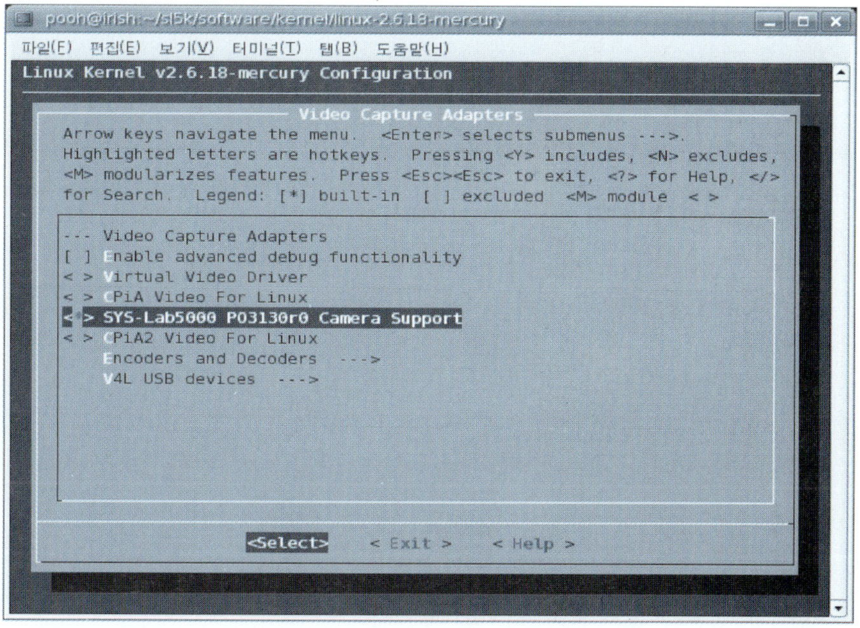

[그림 9-54] ▶ Kernel PO3130r0 Camera select

(4) Camera Display

카메라를 구동시키기 위해서는 FPGA보드가 장착되어 있어야 하며, 카메라 장치가 올바르게 보드에 연결되어 있는지 확인해야 한다. 확인이 끝나면 타깃 보드를 부팅시킨 후 카메라 어플리케이션을 실행시키면 LCD에서 영상을 확인할 수 있다.

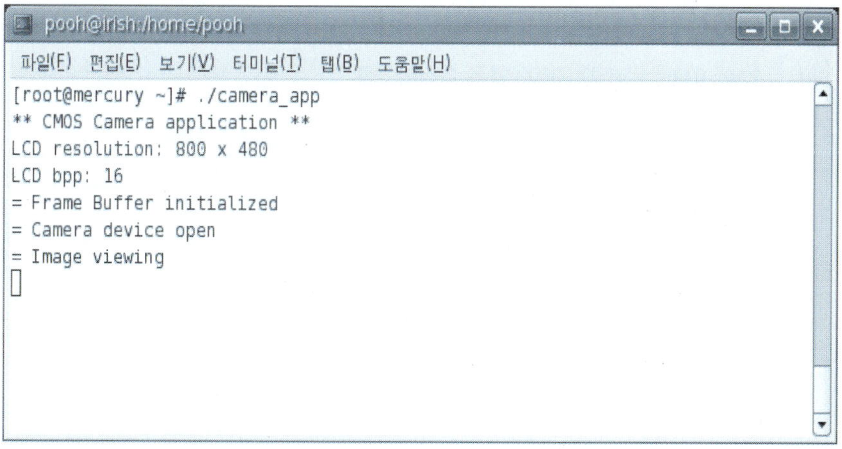

[그림 9-55] ▶ 카메라 어플리케이션 실행

11) IrDA

SYS-Lab 5000에서는 적외선 통신을 위하여 STUART를 사용한다. PXA272에서 인코딩된 적외선 신호가 STUART를 통해 IrDA 트랜시버로 전달되어 적외선 형태의 신호로 전송된다. 전송된 신호를 받는 보드 역시 IrDA 트랜시버를 통해 전달된 데이터를 STUART로 받아들여 프로세서에 디코딩된 데이터를 버퍼에 저장한다. 이 때 STUART를 IrDA용으로 사용하기 위해서는 간단한 점퍼 설정을 해야 한다. 현재 SYS-Lab 5000은 SIR모드만 지원하며 커널 기본 설정으로 수신 모드로 되어 있다.

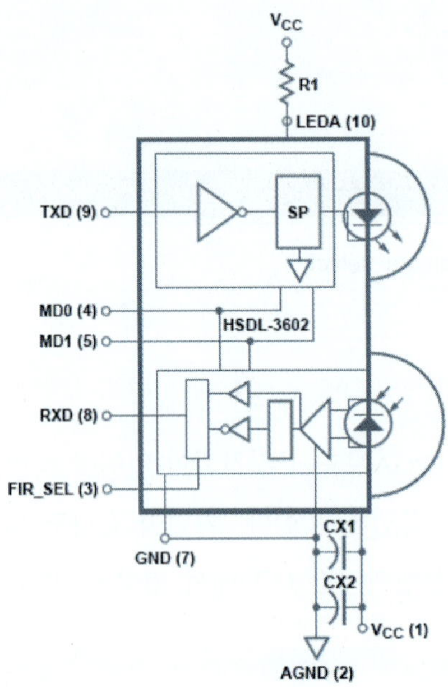

[그림 9-56] ▶ HSDL-3602 블록 다이어그램

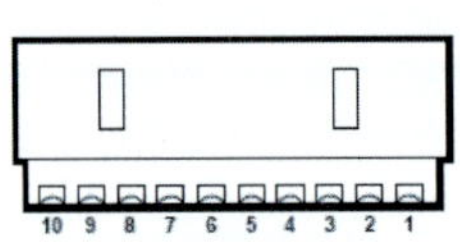

Back view (HSDL-3602-007/-037)

I/O Pins Configuration Table

Pin	Description	Symbol
1	Supply Voltage	V_{CC}
2	Analog Ground	AGND
3	FIR Select	FIR_SEL
4	Mode 0	MD0
5	Mode 1	MD1
6	No Connection	NC
7	Ground	GND
8	Receiver Data Output	RXD
9	Transmitter Data Output	TXD
10	LED Anode	LEDA

[그림 9-57] ▶ HSDL-3602 I/O Pins Configuration

(1) Reference source code

/linux-2.6.18-mercury/net/irda/syslab/irda_sir.c

→ SYS-Lab5000 IrDA(SIR) driver

(2) Kernel configuration

Networking →

→ IrDA (infrared) subsystem support

→ SYS-Lab5000 Simple IrDA(SIR) protocol

→ IrDA(SIR) Receive mode

→ IrDA(SIR) Transmitt mode

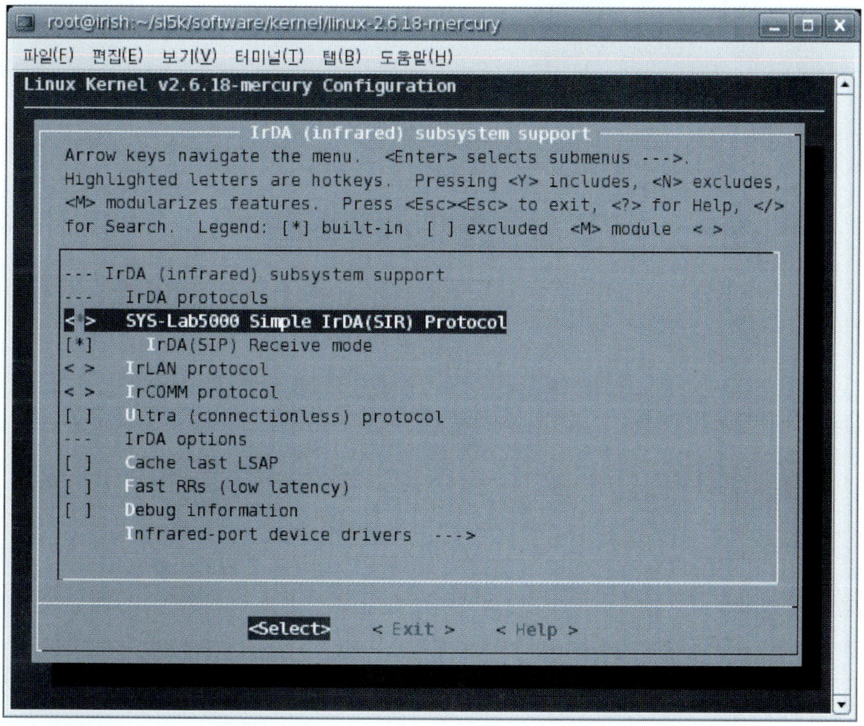

[그림 9-58] ▶ SYS-Lab5000 IrDA select

(3) IrDA Test

테스트를 위해서는 수신용과 송신용을 위해 SYS-Lab 5000 2대의 보드가 필요하다. [그림 9-61]과 같이 수신부/송신부 보드의 점퍼를 변경한 후 수신부 보드는 위의 설정으로 컴파일된 커널을 사용하고, 송신부 보드는 아래와 같이 커널 설정을 변경한 후, 커널을 재컴파일하여 보드에 올린 후 사용한다.

보드 점퍼 설정은 JP1-2와 JP3-3을 연결하고, JP2-2와 JP4-3을 연결한다.

[그림 9-59] ▶ 보드 점퍼 설정

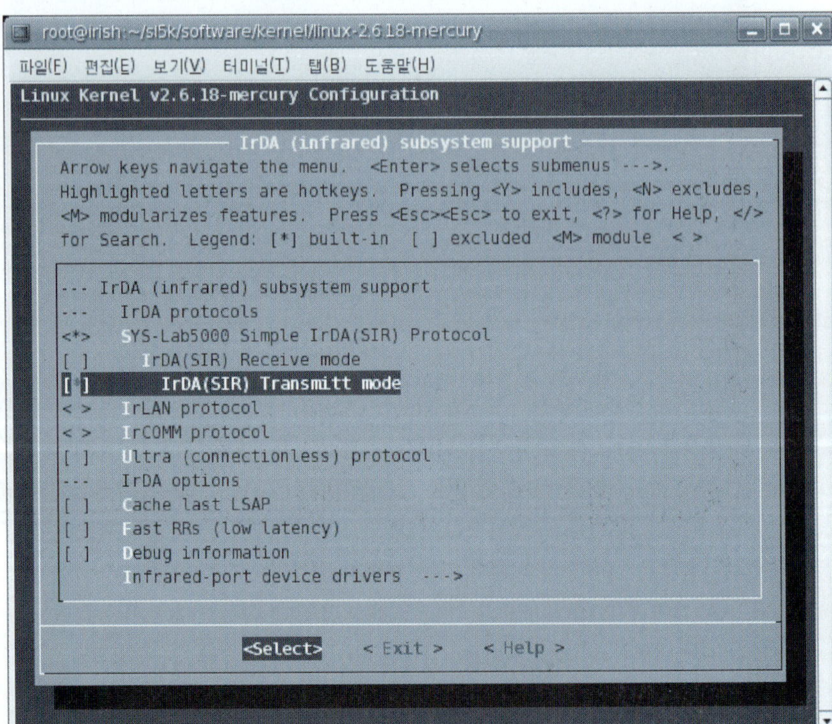

[그림 9-60] ▶ SYS-Lab 5000 송신부 커널 설정 변경

설정이 완료되었으면 두 대의 보드를 부팅시킨 후, 수신부 보드에서 어플리케이션을 실행시킨 후, 송신부 보드에서 리다이렉션을 이용하여 수신부 보드로 데이터를 전송시킨다.

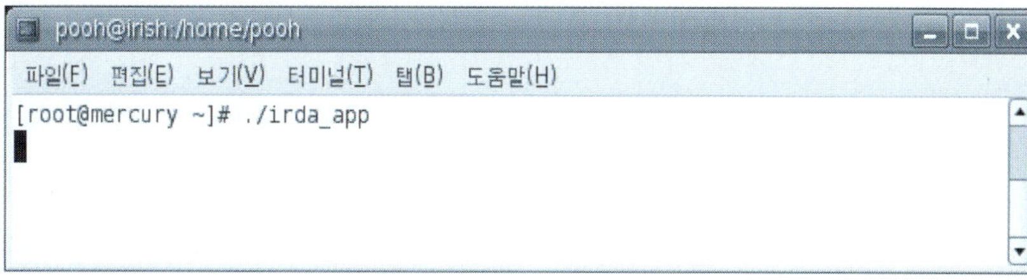

[그림 9-61] ▶ 수신부 IrDA 대기화면

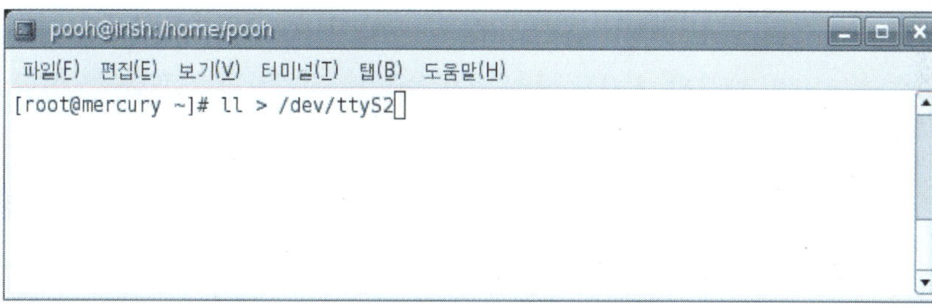

[그림 9-62] ▶ 송신부 IrDA 데이터 전송(리다이렉션 사용)

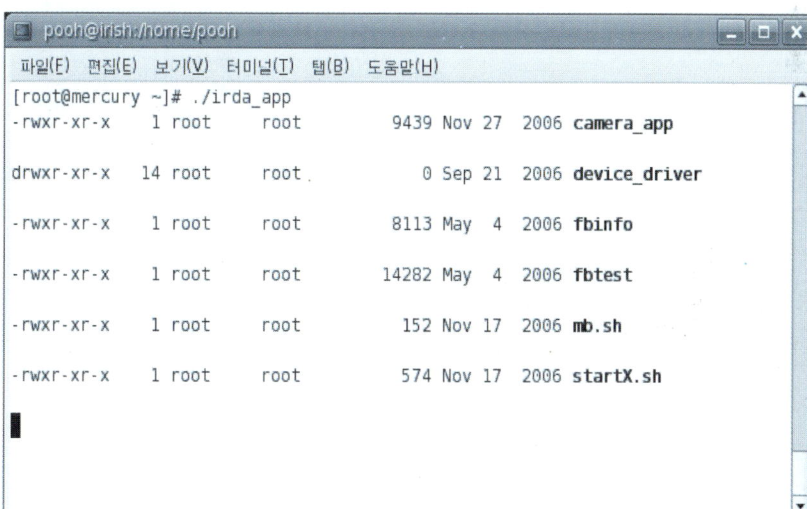

[그림 9-63] ▶ 수신부 IrDA 데이터 수신 확인

12) USB Client

리눅스 커널에 포함되어 있는 〈linux/usb_gadget.h〉 API는 임베디드 리눅스 장치를 소프트웨어를 이용하여 다양한 주변장치로 이용할 수 있도록 하기 위하여 만들어졌다. PC는 대부분 USB 호스트 장치로서 다양한 주변장치를 연결하여 기능을 확장하며, PC의 시스템을 기반으로 만들어진 임베디드 리눅스 시스템도 또한 USB 호스트 장치로서의 역할에 무게가 실려 있다. 하지만, 임베디드 리눅스 시스템의 발전에 호스트 장치로서의 역할보다는 PC의 주변장치로 연결되어 자료를 교환할 수 있도록 하여 다양한 목적에 활용하자는 요구가 제기되었다. 이와 같은 목적으로 Gadget API가 개발되었다.

Gadget이라는 API의 이름은 만화영화에서 등장하는 형사 가제트의 만능 팔과 같다는 의미로 지어졌으며, 실제로 Gadget API는 Gadget 임베디드 리눅스 장치를 이더넷 컨트롤러, 대용량 저장소 장치 등의 다양한 목적으로 사용할 수 있도록 지원해 준다. 임베디드 리눅스의 발전과 함께 다양한 목적으로 활용할 수 있는 Gadget API는 역할이 한층 증대되고 있으며, 현재 다양한 프로젝트 그룹에서 개발이 진행되고 있다.

USB Gadget API는 임베디드 리눅스를 탑재한 시스템을 USB 장치(client)로 동작할 수 있도록 만들어 주기 위한 제어기로서 다음과 같이 구성되어 있다.

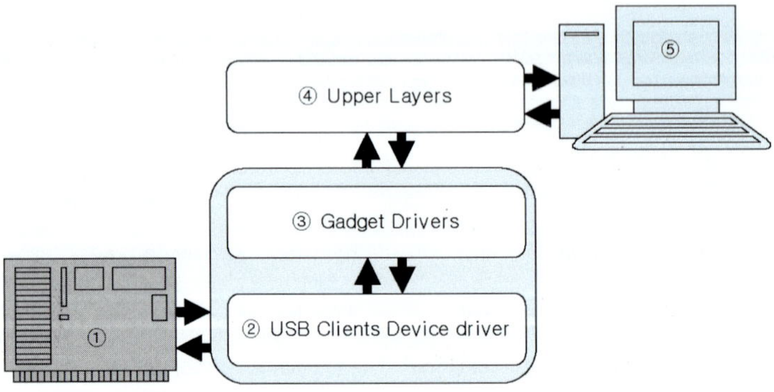

[그림 9-64] ▶ USB Clients Device Driver 구조

① PXA272 Processor에 탑재된 USB Client 컨트롤러

② USB Clients Device Driver는 PXA272 Processor의 USB Clients 제어기를 운영체제에서 직접 제어하기 위한 프로그램으로 하드웨어와 밀접한 연관성을 갖는다.

③ Gadget Driver는 PXA272 Processor의 USB Client 제어기와 Gadget와 호환되

는 Upper Layers Application과 연결해주는 역할을 한다.

④ Upper Layers Application은 임베디드 리눅스 시스템을 사용자가 구현하고자 하는 USB 장치로 만들어주는 Application이다.

⑤ PC는 USB 포트를 통하여 PXA272 Processor가 탑재된 USB Client 컨트롤러 장치와 자료를 교환하게 된다.

- Reference source code

  /linux-2.6.18-mercury/drivers/usb/gadget/pxa27x_udc.c

  → PXA27x USB Client Driver

- Kernel configuration

  → Device Drivers

  → USB Support

  → USB Gadget Support

  → USB Peripheral Controller

  → PXA27x

- USB Clients Test

(1) 리눅스 커널 컴파일 설정

Gadget API를 지원하는 Device Driver와 Application은 커널과 함께 컴파일이 되어 동작하게 된다. 따라서, 커널 컴파일 이전에 Gadget API가 커널과 함께 컴파일이 될 수 있도록 설정해 줄 수 있도록 해야 한다.

① 커널 컴파일시 Gadget API를 컴파일할 수 있도록 하기 위하여 make menuconfig를 입력하여 커널 컴파일 설정 메뉴로 이동한다.

[그림 9-65] ▶ 리눅스 커널 컴파일 설정

② Gadget API는 리눅스에서 USB Client를 구동시켜주는 드라이버와 응용 프로그램으로 구성되어 있다. menuconfig의 초기화면에서 [Device Drivers]로 이동한다.

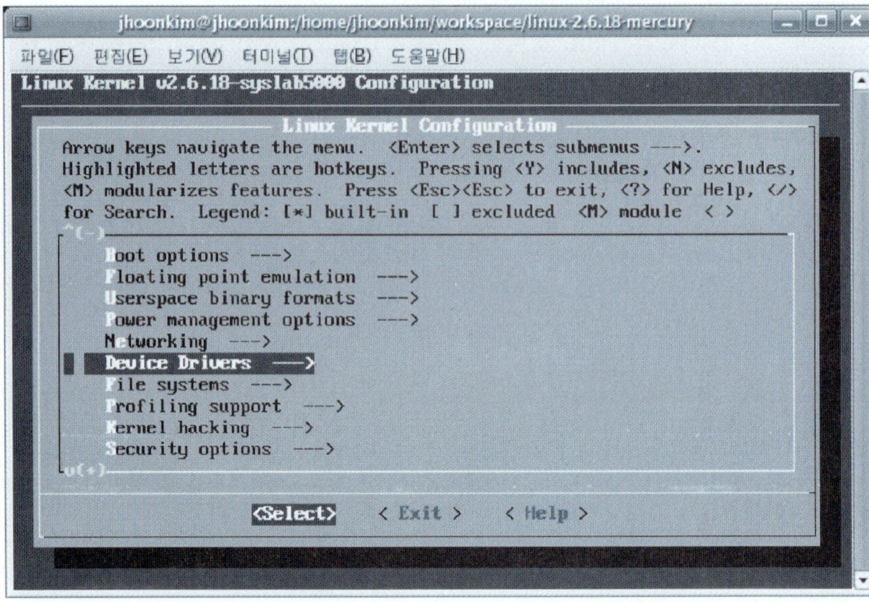

[그림 9-66] ▶ 리눅스 커널 컴파일 설정

③ Gadget는 USB Client를 구동시켜주는 프로그램이기 때문에 [Device Drivers]에서 [USB support]로 이동한다.

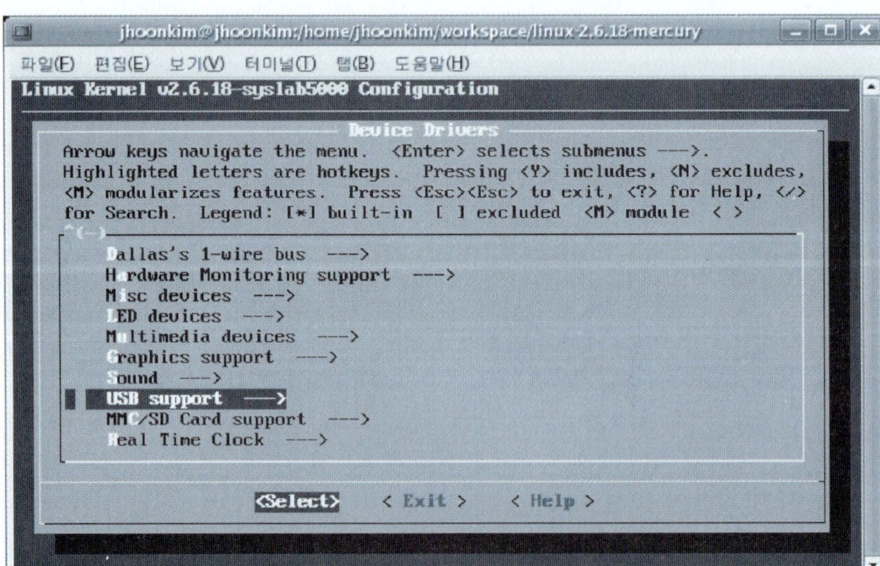

[그림 9-67] ▶ 리눅스 커널 컴파일 설정

④ [USB support]에 들어가면 [USB Gadget Support]라는 항목이 나오게 된다. 이 메뉴는 리눅스에서 USB Gadget 드라이버 및 응용 프로그램을 사용할 수 있도록 설정해주는 메뉴이다.

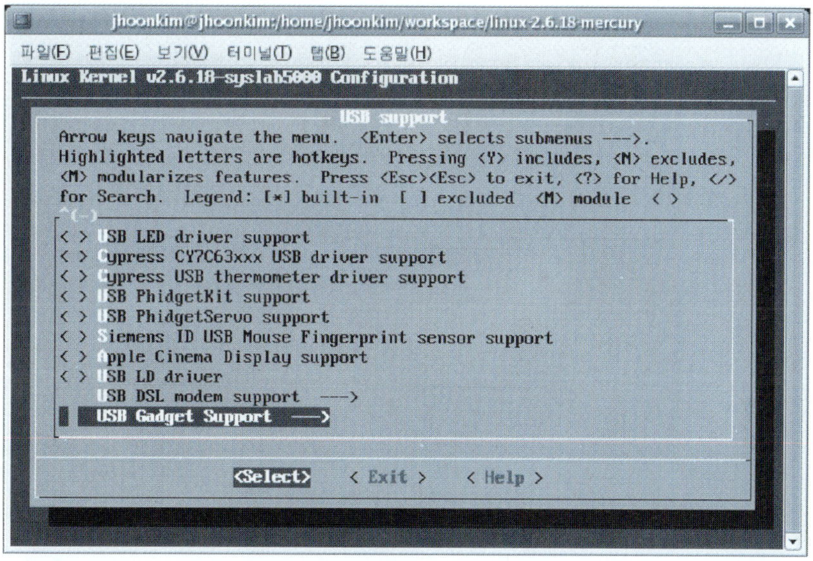

[그림 9-68] ▶ 리눅스 커널 컴파일 설정

⑤ [USB Gadget Support]에서 [USB Peripheral Controller]로 이동한다. [USB Peripheral Cotroller]는 USB 클라이언트 컨트롤러를 구동시켜주는 디바이스 드라이버를 선택하는 메뉴이다.

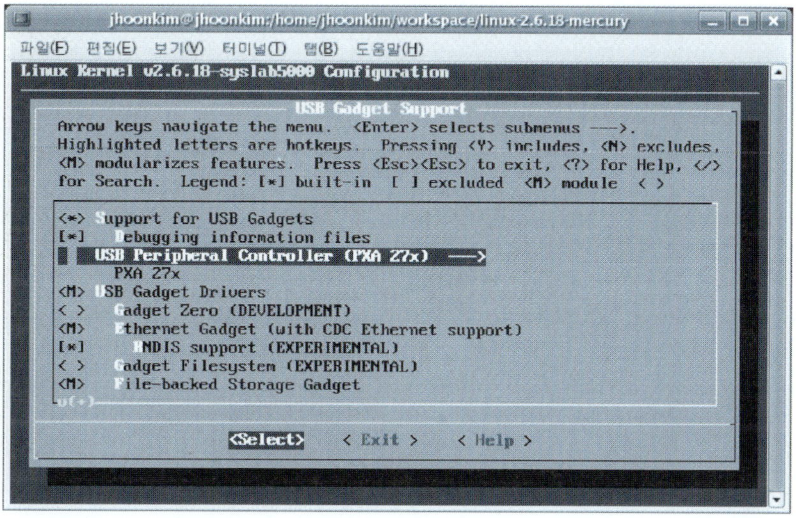

[그림 9-69] ▶ 리눅스 커널 컴파일 설정

⑥ SYS-Lab 5000의 USB 클라이언트 컨트롤러는 CPU에 내장되어 있으며, CPU는 Intel PXA272 프로세서를 사용한다. 따라서 [USB Peripheral Controller]에서 [PXA 27x]를 선택한다.

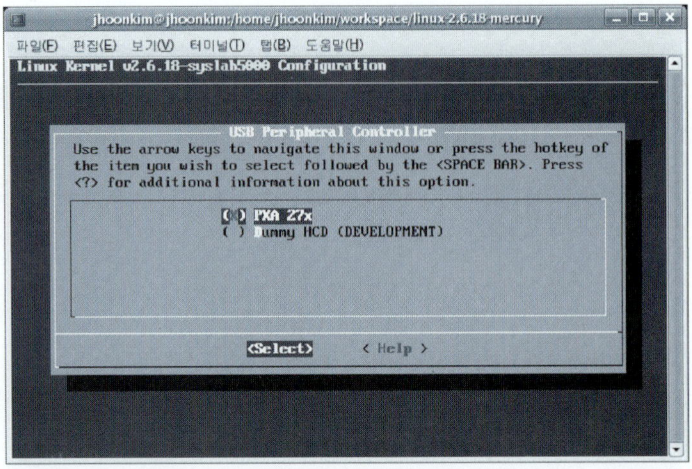

[그림 9-70] ▶ **리눅스 커널 컴파일 설정**

⑦ [USB Gadget Drivers] 항목은 USB Gadget API를 이용하여 구현하고자 하는 USB 클라이언트의 기능을 지원해주는 Application이다. [Ethernet Gadget]는 SYS-Lab 5000의 USB 클라이언트 포트를 이더넷 장치와 동일하게 사용할 수 있도록 만들어주는 프로그램이다. 이 프로그램은 모듈로 작성되어 있기 때문에, 다음과 같이 〈M〉키를 눌러 모듈로 컴파일할 수 있도록 한다.

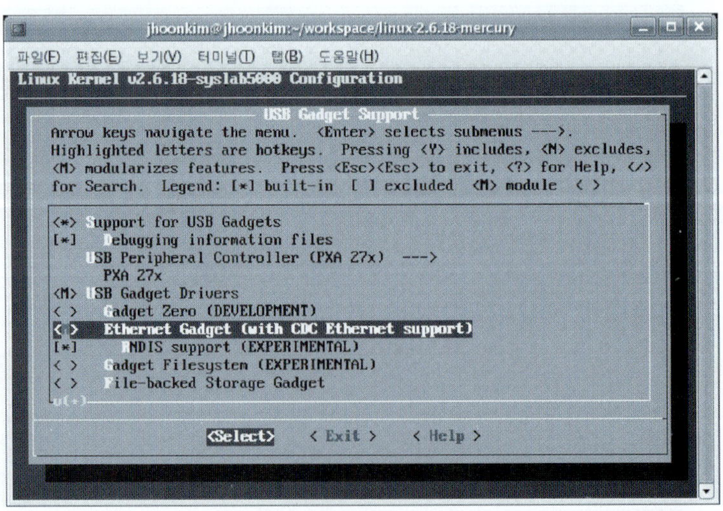

[그림 9-71] ▶ **리눅스 커널 컴파일 설정**

(2) SYS-Lab 5000에서 USB Gadget Driver 동작 확인

리눅스 커널 이미지를 SYS-Lab 5000에 정상적으로 퓨징하고 재부팅을 하면 다음과 같은 메시지가 나오면 PXA27x Processor용 Gadget 드라이버가 정상적으로 작동하는 것이다.

```
pxa27x-ohci pxa27x-ohci: PXA27x OHCI
pxa27x-ohci pxa27x-ohci: new USB bus registered, assigned bus number 1
pxa27x-ohci pxa27x-ohci: irq 3, io mem 0x4c000000
usb usb1: configuration #1 chosen from 1 choice
hub 1-0:1.0: USB hub found
hub 1-0:1.0: 3 ports detected
Initializing USB Mass Storage driver...
usbcore: registered new driver usb-storage
USB Mass Storage support registered.
usbcore: registered new driver asix
usbcore: registered new driver cdc_ether
usbcore: registered new driver net1080
usbcore: registered new driver zaurus
pxa27x_udc: version 21-Jul-2005
mice: PS/2 mouse device common for all mice
ds1302: RTC driver initialized
rtc_time          : 04:12:00
rtc_date          : 1970-03-03
ac97_codec: AC97 Audio codec, id: PSC4 (Philips UCB1400)
pxa_ac97: registered pxa_ac97 driver
input: UCB1x00 Touchscreen panel as /class/input/input0
TCP bic registered
NET: Registered protocol family 1
```

[그림 9-72] ▶ USB Clients Driver 동작 확인

(3) USB Gadget Driver 활용

① SYS-Lab 5000의 명령 프롬포트 화면에서 USB 이더넷을 구현해주는 'g_ether' 모듈을 'modprobe' 명령을 사용하여 커널에 적재한다.

```
[root@mercury ~]# modprobe g_ether
Using /lib/modules/2.6.18-syslab5000/kernel/drivers/usb/gadget/g_ether.ko
[root@mercury ~]#
```

[그림 9-73] ▶ USB Ethernet Application 실행

② 정상적으로 모듈이 적재가 되었다면, 이제 PC와 연결된 USB 클라이언트 케이블을 SYS-Lab 5000과 연결한다.

[그림 9-74] ▶ USB Clients 포트

③ PC의 USB 포트와 SYS-Lab 5000의 USB Client 포트에 USB를 연결하고 'ifconfig –a' 명령을 입력해보면 다음과 같이 'usb0'라는 USB 이더넷 장치가 생긴 것을 볼 수 있다.

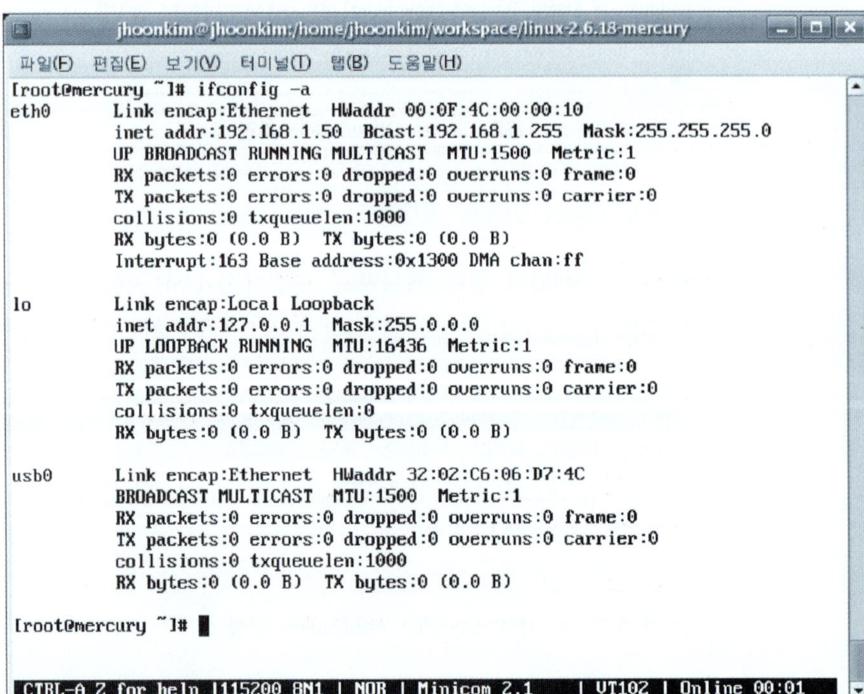


```
[root@mercury ~]# ifconfig -a
eth0      Link encap:Ethernet  HWaddr 00:0F:4C:00:00:10
          inet addr:192.168.1.50  Bcast:192.168.1.255  Mask:255.255.255.0
          UP BROADCAST RUNNING MULTICAST  MTU:1500  Metric:1
          RX packets:0 errors:0 dropped:0 overruns:0 frame:0
          TX packets:0 errors:0 dropped:0 overruns:0 carrier:0
          collisions:0 txqueuelen:1000
          RX bytes:0 (0.0 B)  TX bytes:0 (0.0 B)
          Interrupt:163 Base address:0x1300 DMA chan:ff

lo        Link encap:Local Loopback
          inet addr:127.0.0.1  Mask:255.0.0.0
          UP LOOPBACK RUNNING  MTU:16436  Metric:1
          RX packets:0 errors:0 dropped:0 overruns:0 frame:0
          TX packets:0 errors:0 dropped:0 overruns:0 carrier:0
          collisions:0 txqueuelen:0
          RX bytes:0 (0.0 B)  TX bytes:0 (0.0 B)

usb0      Link encap:Ethernet  HWaddr 32:02:C6:06:D7:4C
          BROADCAST MULTICAST  MTU:1500  Metric:1
          RX packets:0 errors:0 dropped:0 overruns:0 frame:0
          TX packets:0 errors:0 dropped:0 overruns:0 carrier:0
          collisions:0 txqueuelen:1000
          RX bytes:0 (0.0 B)  TX bytes:0 (0.0 B)

[root@mercury ~]#

CTRL-A Z for help |115200 8N1 | NOR | Minicom 2.1    | VT102 | Online 00:01
```

[그림 9-75] ▶ 이더넷 설정

④ 이제 'ifconfig usb0 10.0.0.5' 명령을 입력하여 USB 이더넷 장치에 IP를 할당해 주고 IP가 정상적으로 할당이 되었는지 확인해 본다. 정상적으로 IP가 할당되었으면 다음과 같이 나올 것이다.

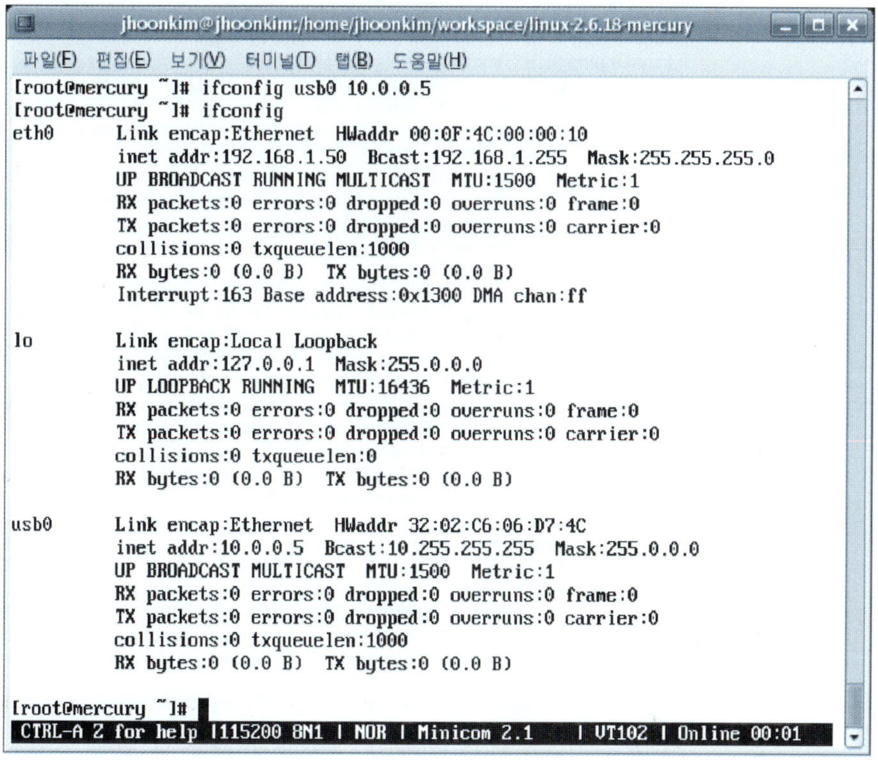

```
jhoonkim@jhoonkim:/home/jhoonkim/workspace/linux-2.6.18-mercury
파일(F) 편집(E) 보기(V) 터미널(T) 탭(B) 도움말(H)
[root@mercury ~]# ifconfig usb0 10.0.0.5
[root@mercury ~]# ifconfig
eth0      Link encap:Ethernet  HWaddr 00:0F:4C:00:00:10
          inet addr:192.168.1.50  Bcast:192.168.1.255  Mask:255.255.255.0
          UP BROADCAST RUNNING MULTICAST  MTU:1500  Metric:1
          RX packets:0 errors:0 dropped:0 overruns:0 frame:0
          TX packets:0 errors:0 dropped:0 overruns:0 carrier:0
          collisions:0 txqueuelen:1000
          RX bytes:0 (0.0 B)  TX bytes:0 (0.0 B)
          Interrupt:163 Base address:0x1300 DMA chan:ff

lo        Link encap:Local Loopback
          inet addr:127.0.0.1  Mask:255.0.0.0
          UP LOOPBACK RUNNING  MTU:16436  Metric:1
          RX packets:0 errors:0 dropped:0 overruns:0 frame:0
          TX packets:0 errors:0 dropped:0 overruns:0 carrier:0
          collisions:0 txqueuelen:0
          RX bytes:0 (0.0 B)  TX bytes:0 (0.0 B)

usb0      Link encap:Ethernet  HWaddr 32:02:C6:06:D7:4C
          inet addr:10.0.0.5  Bcast:10.255.255.255  Mask:255.0.0.0
          UP BROADCAST MULTICAST  MTU:1500  Metric:1
          RX packets:0 errors:0 dropped:0 overruns:0 frame:0
          TX packets:0 errors:0 dropped:0 overruns:0 carrier:0
          collisions:0 txqueuelen:1000
          RX bytes:0 (0.0 B)  TX bytes:0 (0.0 B)

[root@mercury ~]#
 CTRL-A Z for help |115200 8N1 | NOR | Minicom 2.1    | VT102 | Online 00:01
```

[그림 9-76] ▶ 이더넷 설정

⑤ 호스트 PC쪽에서도 마찬가지로 SYS-Lab 5000과 연결하고 'ifconfig' 명령을 통하여 PC의 USB 장치에 IP를 할당해 준다.

```
[root@jhoonkim jhoonkim]# /sbin/ifconfig usb0 10.0.0.3
[root@jhoonkim jhoonkim]# /sbin/ifconfig
eth0      Link encap:Ethernet  HWaddr 00:0F:1F:46:A0:8D
          inet addr:192.168.11.216  Bcast:192.168.11.255  Mask:255.255.255.0
          inet6 addr: fe80::20f:1fff:fe46:a08d/64 Scope:Link
          UP BROADCAST RUNNING MULTICAST  MTU:1500  Metric:1
          RX packets:2472406 errors:0 dropped:0 overruns:0 frame:0
          TX packets:652900 errors:0 dropped:0 overruns:0 carrier:0
          collisions:0 txqueuelen:1000
          RX bytes:678599279 (647.1 MiB)  TX bytes:129009820 (123.0 MiB)
          Interrupt:177

eth1      Link encap:Ethernet  HWaddr 00:50:BF:3F:9F:4E
          inet addr:192.168.1.5  Bcast:192.168.1.255  Mask:255.255.255.0
          inet6 addr: fe80::250:bfff:fe3f:9f4e/64 Scope:Link
          UP BROADCAST RUNNING MULTICAST  MTU:1500  Metric:1
          RX packets:137917 errors:0 dropped:0 overruns:0 frame:0
          TX packets:138209 errors:0 dropped:0 overruns:0 carrier:0
          collisions:0 txqueuelen:1000
          RX bytes:8283200 (7.8 MiB)  TX bytes:76972294 (73.4 MiB)
          Interrupt:193 Base address:0xf00

lo        Link encap:Local Loopback
          inet addr:127.0.0.1  Mask:255.0.0.0
          inet6 addr: ::1/128 Scope:Host
          UP LOOPBACK RUNNING  MTU:16436  Metric:1
          RX packets:3212 errors:0 dropped:0 overruns:0 frame:0
          TX packets:3212 errors:0 dropped:0 overruns:0 carrier:0
          collisions:0 txqueuelen:0
          RX bytes:6564156 (6.2 MiB)  TX bytes:6564156 (6.2 MiB)

usb0      Link encap:Ethernet  HWaddr 66:B3:25:66:DD:6F
          inet addr:10.0.0.3  Bcast:10.255.255.255  Mask:255.0.0.0
          inet6 addr: fe80::64b3:25ff:fe66:dd6f/64 Scope:Link
          UP BROADCAST RUNNING MULTICAST  MTU:1500  Metric:1
          RX packets:0 errors:0 dropped:0 overruns:0 frame:0
          TX packets:16 errors:0 dropped:0 overruns:0 carrier:0
          collisions:0 txqueuelen:1000
          RX bytes:0 (0.0 b)  TX bytes:2694 (2.6 KiB)

[root@jhoonkim jhoonkim]#
```

[그림 9-77] ▶ 이더넷 설정 확인

⑥ IP 할당이 정상적으로 완료되었으면, 데이터가 정상적으로 USB 포트를 통해서 전송되는지를 확인해 보기 위하여 호스트 PC에서 'ping' 명령으로 위에서 설정해 주었던 SYS-Lab 5000의 USB0 포트의 IP 주소로 네트워크 전송 시험을 해본다. 다음과 같은 메시지가 나오면 정상적으로 USB 포트를 통하여 자료를 전송하고 있는 것이다.

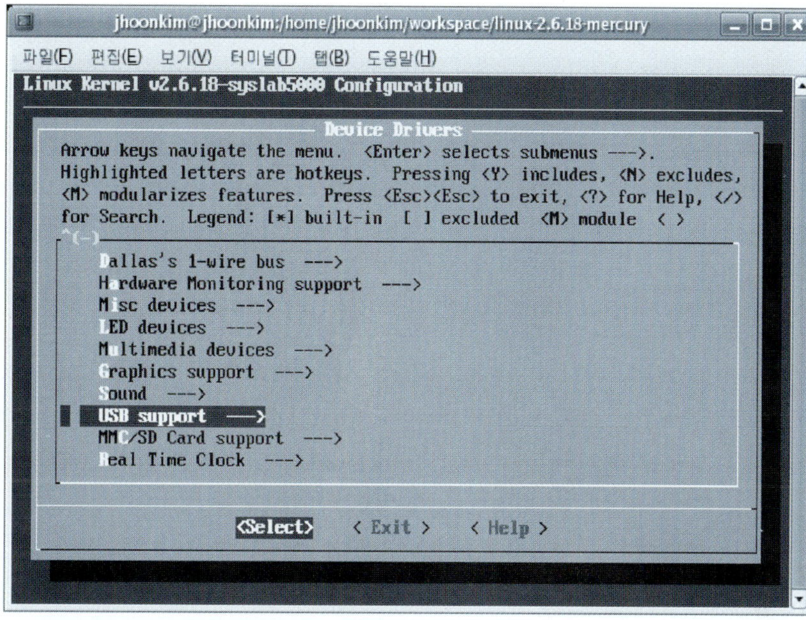

[그림 9-78] ▶ 이더넷 시험

⑦ 이제 기존에 이더넷 포트로 할 수 있었던 NFS 파일 마운트 및 파일 전송 등의 다양한 작업을 USB 포트로도 할 수 있을 것이다.

제10장
FPGA 디바이스의 제어

이 장에서는 SYS-Lab 5000에 장착되어 있는 자일링스(xilinx) FPGA(Field Programmable Gate Array)에 대한 간략한 개요와 SYS-Lab 5000 FPGA를 통해 접근할 수 있는 주변장치에 대한 설명과 레지스터 맵, 그리고 9장에서의 디바이스 드라이버 실습을 통해 실제 주변장치를 제어해 보도록 하겠다.

10.1 SYS-Lab 5000 블록도

SYS-Lab 5000은 CPU(PXA272)가 타깃 FPGA를 거쳐 외부장치를 제어하는 구조로 되어 있다.

CPU는 SYS_A, SYS_D, nCS_FPGA, SYS_nOE, SYS_nWE, INT_FPGA와 같은 신호로 FPGA의 내부 레지스터를 제어할 수 있으며 FPGA는 내부 레지스터의 정보를 참조하여 외부 장치를 제어할 수 있다.

아래 그림은 SYS-Lab 5000의 CPU와 FPGA의 인터페이스 관계를 설명하는 블록 다이어그램이며 사용자는 FPGA 레지스터 맵을 참조하여 외부 장치를 제어할 수 있다.

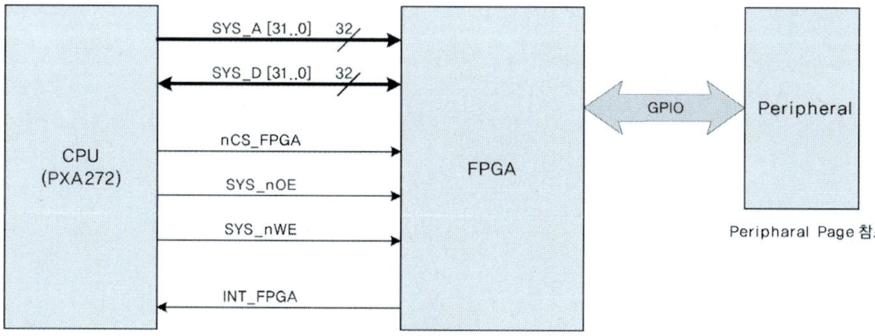

[그림 10-1] ▶ SYS-Lab 5000 Block Diagram

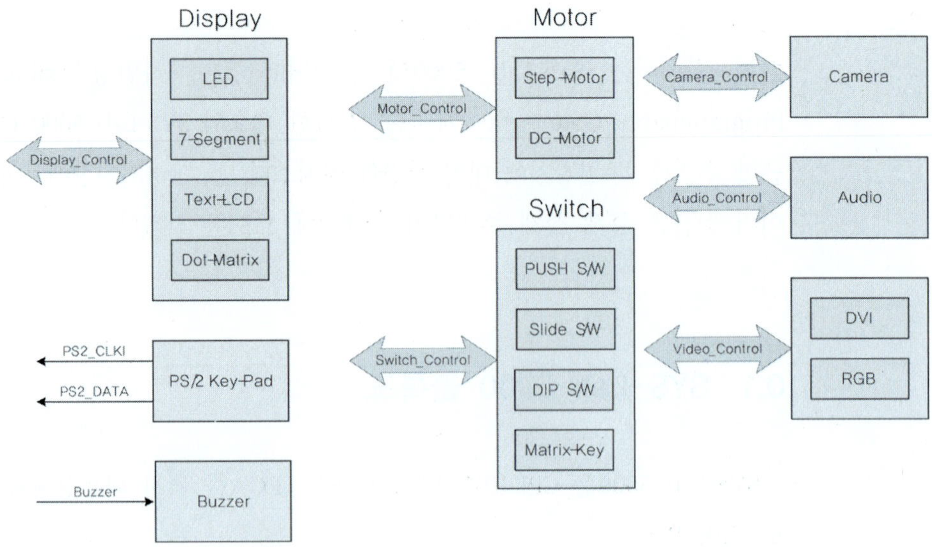

[그림 10-2] ▶ Peripheral Page

10.2 SYS-Lab 5000 FPGA 레지스터 사양

1) SYS-Lab 5000 레지스터 메모리 맵

〈표 10-1〉 SYS-Lab 5000 FPGA 레지스터 맵

어드레스	레지스터 이름	R/W	Size(Bit)	설명
0x0a00_0000	SCR	R	20	System Configuration Register
0x0a00_0004	LCR	W	24	LED Control Register
0x0a00_0008	SGCR	W	14	Segment Control Register
0x0a00_000c	DMLCR	W	4	Dot-Matrix LED Control Register
0x0a00_0010	PS2CR	R	4	PS/2 Key-Pad Control Register
0x0a00_0014	TLICR	W	8	Text-LCD Instruction Control Register
0x0a00_0018	TLDCR	W	8	Text-LCD Data Control Register
0x0a00_001c	KMCR	R	4	Key-Matrix Control Register
0x0a00_0020	ACR	W	1	Audio Control Register
0x0a00_0024	DMCR	W	4	DC-Motor Control Register
0x0a00_0028	SMCR			Step Motor Control Register
0x0a00_002c	BCR	W	1	Buzzer Control Register
0x0a00_0030	DSCR	R	16	DIP Switch Control Register
0x0a00_0034	SSCR	R	3	Slide Switch Control Register
0x0a00_0038	PSCR	R	4	PUSH Switch Control Register
0x0a00_003c	RSCR1	R	4	Rotary Switch1 Control Register
0x0a00_0040	RSCR2	R	4	Rotary Switch2 Control Register

10.3 FPGA 디바이스 드라이버 작성

앞의 레지스터 맵을 참조하여 SYS-Lab 5000의 FPGA를 통해 주변장치들을 제어하는 디바이스 드라이버를 작성한다. 커널 2.6 버전에서의 문자 디바이스 드라이버는 커널 2.4버전과 비교하여 약간의 변화가 있다. 물론 커널 2.4버전의 디바이스 드라이버도 동작하기는 하지만 앞으로 변화될 커널과의 호환을 위해서는 변화된 디바이스 드라이버 모델로 작성하는 것이 현명한 방법일 것이다. 커널 2.6버전에서는 내부적으로 문자 디바이스 드라이버를 표현하기 위해 struct cdev 구조체를 사용한다. 커널이(file_operations에 등록되어 있는) 디바이스 동작 함수를 호출하기 전에 드라이버는 이 구조체를 할당하고 등록해야 한다. 그러기 위해 〈linux/cdev.h〉 헤더 파일을 포함시켜야 한다. 여기서 struct cdev 구조체 필드 중에 owner 필드는 THIS_MODULE로 지정해주어야 한다. 디바이스 드라이버를 작성하고 테스트하는 절차는 다음과 같다.

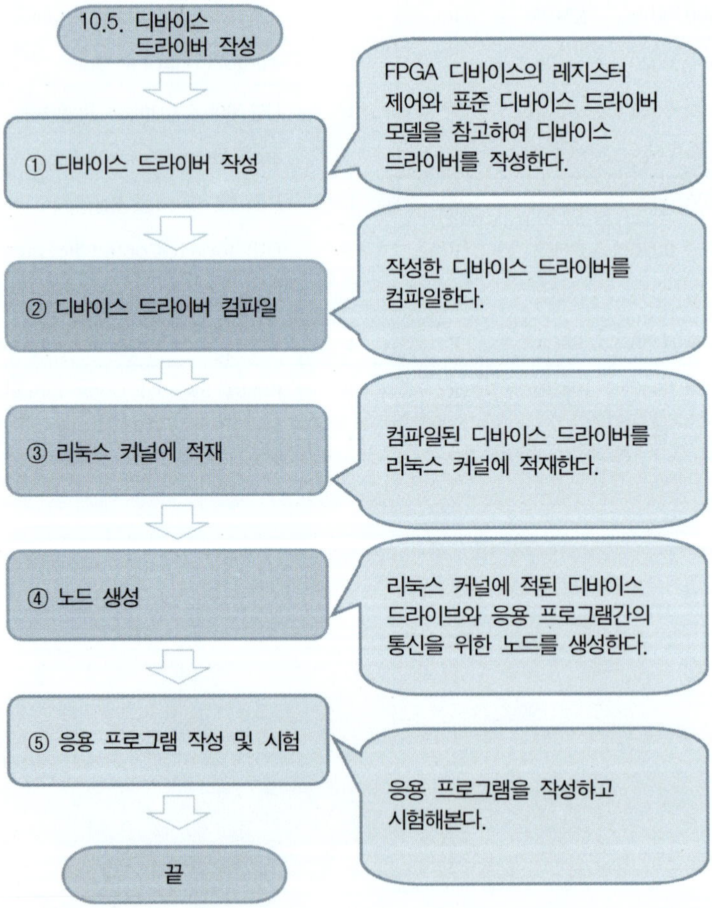

1) LED

SYS-Lab 5000 보드는 24개의 LED를 장착하고 있으며, FPGA에 디코딩된 어드레스를 통해 제어할 수 있다.

(1) Physical Address

→ 0x0a000004

(2) Source 위치

→ sl5k/software/device_driver/led

(3) Device Driver source

```
#include <linux/config.h>
#include <linux/module.h>
#include <linux/moduleparam.h>
#include <linux/init.h>

#include <linux/kernel.h>    /* printk() */
#include <linux/slab.h>      /* kmalloc() */
#include <linux/fs.h>        /* everything... */
#include <linux/errno.h>     /* error codes */
#include <linux/types.h>     /* size_t */
#include <linux/mm.h>
#include <linux/kdev_t.h>
#include <linux/cdev.h>
#include <linux/device.h>
#include <linux/delay.h>

#include <asm/page.h>
#include <asm/io.h>
#include <asm/uaccess.h>

#define LED_NAME         "led"
#define LED_PHYADDR       0x0a000004

/*
 * Global Variables
 */
static unsigned long *led_addr;
```

```
static int led_major = 0;

module_param(led_major, int, 0);
MODULE_AUTHOR("pooh(dwkim@libertron.com)");
MODULE_LICENSE("Dual BSD/GPL");

/*
 * 응용 프로그램에서 open() 함수 호출시 수행
 */
static int led_open(struct inode *inode, struct file *filp)
{
        return 0;
}

/*
 * 응용 프로그램에서 close() 함수 호출시 수행
 */
static int led_release(struct inode *inode, struct file *filp)
{
        return 0;
}

/*
 * 사용자 영역으로부터 읽어들인 데이터를 디바이스로 씀
 */
ssize_t led_write(struct file *filp, const char __user *buf, size_t count,
                        loff_t *fops)
{
        unsigned int data;

        copy_from_user(&data, (unsigned int *)buf, count);
        writel(data, led_addr);

        return count;
}

/*
 * 문자 디바이스 드라이버 구조체 할당
 */
static void led_setup_cdev(struct cdev *dev, int minor, struct file_operations *fops)
{
        int err, devno = MKDEV(led_major, minor);

        cdev_init(dev, fops);
        dev->owner = THIS_MODULE;
```

```
        dev->ops = fops;
        err = cdev_add(dev, devno, 1);

        if (err)
                printk(KERN_NOTICE "Error %d adding led%d", err, minor);
}

/*
 * 응용 프로그램이 디바이스를 대상으로 호출 가능한 함수 등록
 */
static struct file_operations led_fops = {
        .owner = THIS_MODULE,
        .open = led_open,
        .release = led_release,
        .write = led_write,
};

/*
 * We export two simple devices. There's no need for us to maintain any
 * special housekeeping info, so we just deal with raw cdevs.
 */
static struct cdev LEDDevs[1];

/*
 * 모듈 등록시 수행
 */
static int led_init(void)
{
        int result;
        dev_t dev = MKDEV(led_major, 0);

        /* 디바이스 메이저 번호 할당 */
        if (led_major)
                result = register_chrdev_region(dev, 1, LED_NAME);  // 정적 메이저 할당
        else {
                result = alloc_chrdev_region(&dev, 0, 1, LED_NAME); // 동적 메이저 할당
                led_major = MAJOR(dev);
        }
        if (result < 0) {
                printk(KERN_WARNING "led: unable to get major %d\n", led_major);
                return result;
        }
        if (led_major == 0)
                led_major = result;
```

제
10
장

```
        /* Now set up two cdevs. */
        led_setup_cdev(LEDDevs, 0, &led_fops);

        /* 디바이스 접근을 위해 커널로부터 가상 어드레스 할당 */
        led_addr = ioremap(LED_PHYADDR, 0x1000);

        if (!led_addr){
                printk("%s:memory allocation failed.₩n", LED_NAME);
                iounmap(led_addr);
                return -EIO;
        }

        printk("%s: Memory allocation success.₩n", LED_NAME);

        return 0;
}


static void led_cleanup(void)
{
        cdev_del(LEDDevs);
        iounmap(led_addr);
        unregister_chrdev_region(MKDEV(led_major, 0), 1);
}

module_init(led_init);
module_exit(led_cleanup);
```

(4) 컴파일

디바이스 드라이버 컴파일은 커널 헤더 파일을 필요로 한다. 'Makefile'에서 커널 위치경로를 바꾼 후 컴파일한다. 이 때 커널은 컴파일이 되어 있어야 한다. 그렇지 않으면 시스템 의존적인 헤더 파일 경로를 찾을 수가 없다.

```
☞ pwd        // 현재 디렉터리 위치 확인
☞ ls         // 파일리스트 확인
☞ make       // 컴파일 실행
☞ ls         // 새로 생성된 파일 확인
```

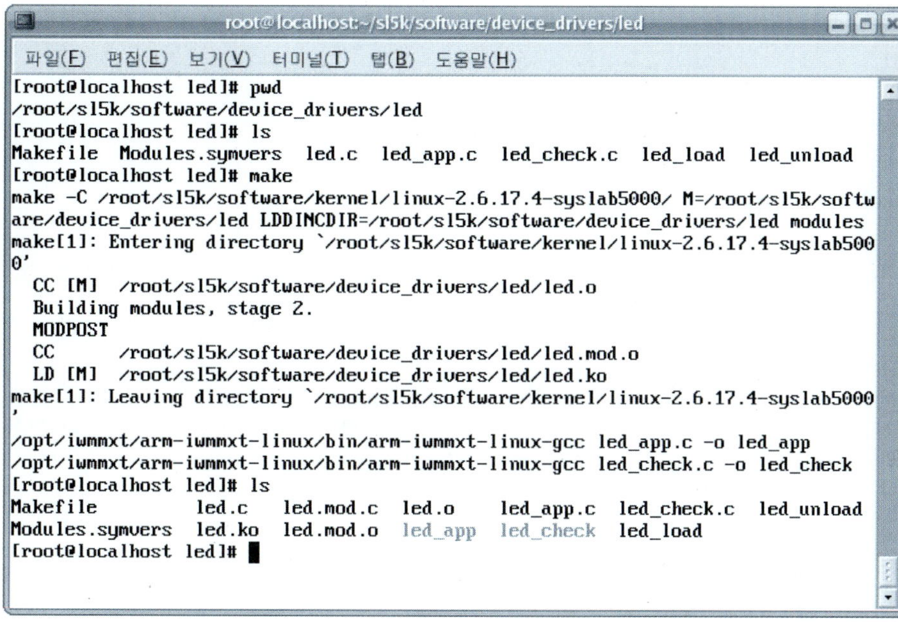

root@localhost:~/sl5k/software/device_drivers/led

파일(F) 편집(E) 보기(V) 터미널(T) 탭(B) 도움말(H)

```
[root@localhost led]# pwd
/root/sl5k/software/device_drivers/led
[root@localhost led]# ls
Makefile  Modules.symvers  led.c  led_app.c  led_check.c  led_load  led_unload
[root@localhost led]# make
make -C /root/sl5k/software/kernel/linux-2.6.17.4-syslab5000/ M=/root/sl5k/softw
are/device_drivers/led LDDINCDIR=/root/sl5k/software/device_drivers/led modules
make[1]: Entering directory `/root/sl5k/software/kernel/linux-2.6.17.4-syslab500
0'
  CC [M]  /root/sl5k/software/device_drivers/led/led.o
  Building modules, stage 2.
  MODPOST
  CC      /root/sl5k/software/device_drivers/led/led.mod.o
  LD [M]  /root/sl5k/software/device_drivers/led/led.ko
make[1]: Leaving directory `/root/sl5k/software/kernel/linux-2.6.17.4-syslab5000
'
/opt/iwmmxt/arm-iwmmxt-linux/bin/arm-iwmmxt-linux-gcc led_app.c -o led_app
/opt/iwmmxt/arm-iwmmxt-linux/bin/arm-iwmmxt-linux-gcc led_check.c -o led_check
[root@localhost led]# ls
Makefile         led.c   led.mod.c  led.o    led_app.c  led_check.c  led_unload
Modules.symvers  led.ko  led.mod.o  led_app  led_check  led_load
[root@localhost led]#
```

[그림 10-3] ▶ LED 디바이스 드라이버 컴파일

(5) 레지스터 모듈

드라이버를 등록하는 데 필요한 절차를 쉘 스크립트 파일로 제공한다. 이것은 ‘insmod’ 명령으로 드라이버 모듈을 올리고 ‘mknod’ 명령으로 디바이스 노드를 생성한다. 이 때 필요한 디바이스 메이저 번호는 /proc/devices 파일을 참조하여 가져온다.

```
#!/bin/bash
module="led"
device="led"
mode="664"

# invoke insmod with all arguments we got
# and use a pathname, as newer modutils don't look in . by default
/sbin/insmod -f ./$module.ko $* || exit 1

major=`cat /proc/devices | awk "\\$2==\"$module\" {print \\$1}"`

# Remove stale nodes and replace them, then give gid and perms
# Usually the script is shorter, it's simple that has several devices in it.
```

```
rm -f /dev/${device}
mknod /dev/${device} c $major 0
```

(6) Device test

'minicom'을 실행시킨 후 커널 부팅을 시작한다. 부팅 완료 후 프롬프트가 나오면 Host PC로부터 컴파일된 드라이버 파일과 응용 프로그램, 그리고 쉘 스크립트 파일을 다운로드받는다. 먼저, 'led_load' 스크립트를 수행시킨다. 그럼 아래 그림과 같이 등록된 모듈과 생성된 디바이스 노드를 확인할 수 있다. 등록된 모듈은 'lsmod' 명령으로 확인할 수 있다.

```
☞ ls              //파일 리스트 확인
☞ sh led_load     // LED 디바이스 드라이버 등록
☞ lsmod           // 현재 로드된 모듈 목록 출력
☞ ls -l /dev/led  // 현재 등록된 디바이스 드라이버 출력
```

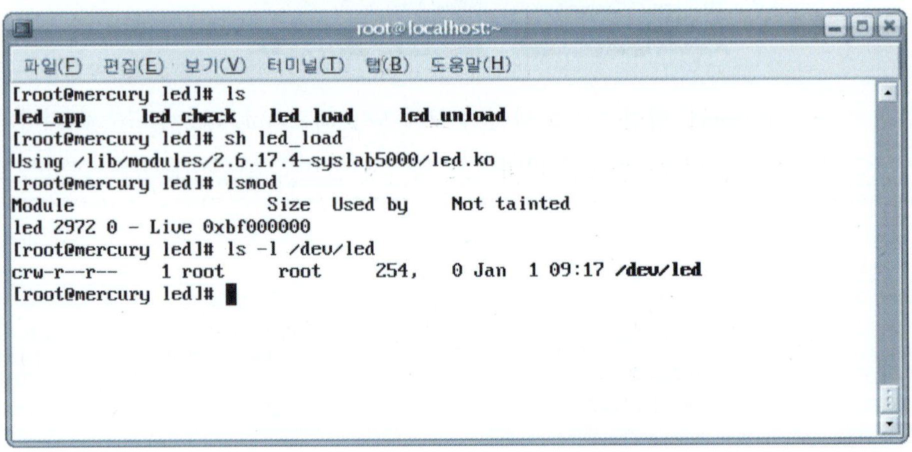

[그림 10-4] ▶ LED 디바이스 모듈 등록

led_app 어플리케이션을 실행시킨다. 이 프로그램은 사용자로부터 hex 데이터를 입력받아 LED로 출력시킨다. 그럼 SYS-Lab 5000의 LED 부분이 동작하는 것을 확인할 수 있다. 0x0을 입력하면 모든 LED가 꺼지면서 프로그램이 종료된다.

```
☞ chmod 755 led_app        // 실행 가능 상태로 권한 변경
☞ ./led_app                // LED 어플리케이션 실행
```

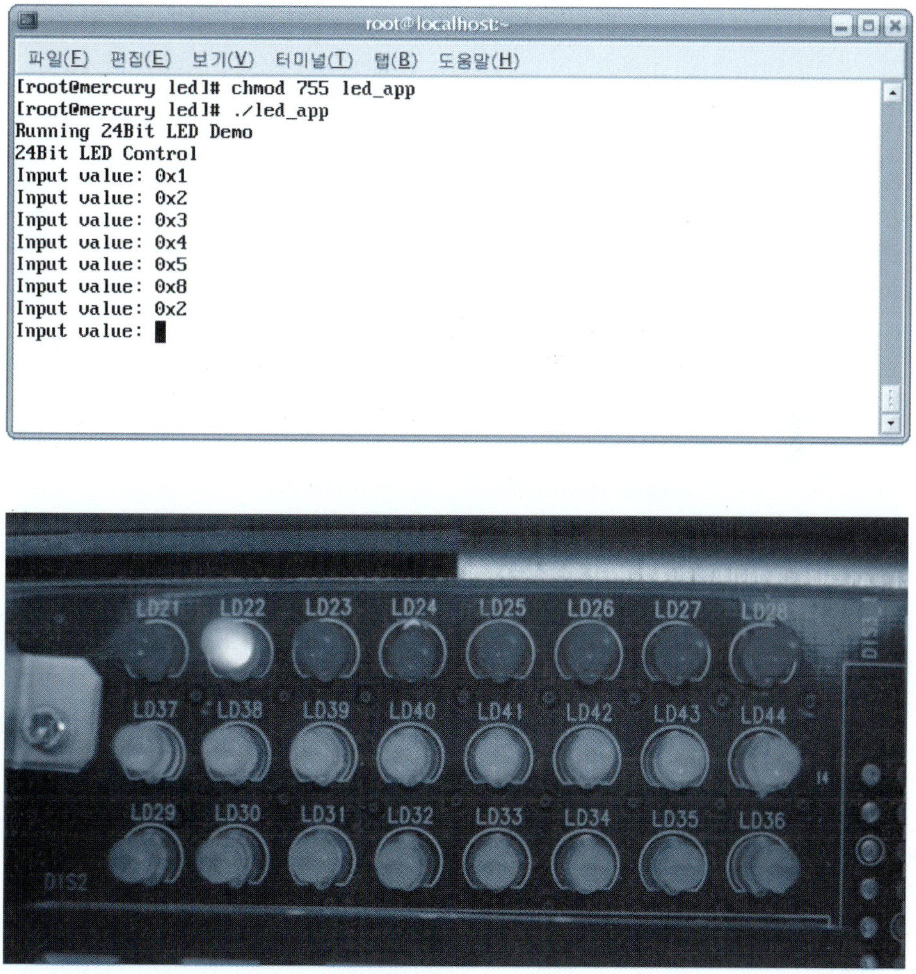

[그림 10-5] ▶ LED 디바이스 드라이버 테스트

2) 7-Segments FND

SYS-Lab 5000 보드는 6개의 FND를 장착하고 있으며, FPGA에 디코딩된 어드레스를 통해 제어할 수 있다. FND는 7-segments라고도 하며, 이는 A-G로 표현되는 7개의 LED와 DP(Decimal point) LED 1개로 구성된다. 7-segments에서 segments는 A-G LED의 각 부분을 segment라고 한다.

(1) Physical Address

→ 0x0a000008

(2) Source 위치

→sl5k/software/device_driver/fnd

(3) Device Driver source

드라이버 구동방식은 LED와 동일하다.

```
#include <linux/config.h>
#include <linux/module.h>
#include <linux/moduleparam.h>
#include <linux/init.h>

#include <linux/kernel.h>        /* printk() */
#include <linux/slab.h>          /* kmalloc() */
#include <linux/fs.h>            /* everything... */
s#include <linux/errno.h>        /* error codes */
#include <linux/types.h>         /* size_t */
#include <linux/mm.h>
#include <linux/kdev_t.h>
#include <linux/cdev.h>
#include <linux/device.h>
#include <linux/delay.h>
#include <asm/page.h>
#include <asm/io.h>
#include <asm/uaccess.h>

#define FND_NAME           "fnd"
#define FND_PHYADDR         0x0a000008
/*
* Global Variables
*/
static unsigned long *fnd_addr;
static int fnd_major = 0;

module_param(fnd_major, int, 0);
MODULE_AUTHOR("pooh(dwkim@libertron.com)");
MODULE_LICENSE("Dual BSD/GPL");
```

```
/*
* Open the device
*/
static int fnd_open(struct inode *inode, struct file *filp)
{
    return 0;
}
/*
* Closing the device
*/
static int fnd_release(struct inode *inode, struct file *filp)
{
    return 0;
}
/*
* Data write to FPGA 7-Segments
*/

ssize_t fnd_write(struct file *filp, const char __user *buf, size_t count,
loff_t *fops)
{
    unsigned int data;

    copy_from_user(&data, (unsigned int *)buf, count);
    writel(data, fnd_addr);

    return count;
}
/*
* Set up the cdev structure for a device
*/
static void fnd_setup_cdev(struct cdev *dev, int minor, struct file_operations *fops)
{
    int err, devno = MKDEV(fnd_major, minor);

    cdev_init(dev, fops);
    dev->owner = THIS_MODULE;
    dev->ops = fops;
    err = cdev_add(dev, devno, 1);

    if (err)
        printk(KERN_NOTICE "Error %d adding 7-segments%d", err, minor);
}
/*
* Device 0 uses
```

```
*/
static struct file_operations fnd_fops = {
    .owner = THIS_MODULE,
    .open = fnd_open,
    .release = fnd_release,
    .write = fnd_write,
};
/*
* We export two simple devices.  There's no need for us to maintain any
* special housekeeping info, so we just deal with raw cdevs.
*/
static struct cdev FNDDevs[1];
/*
* Module housekeeping.
*/
static int fnd_init(void)
{
    int result;
    dev_t dev = MKDEV(fnd_major, 0);

    /* Figure out our device number. */
    if (fnd_major)
        result = register_chrdev_region(dev, 1, FND_NAME);
        else {
            result = alloc_chrdev_region(&dev, 0, 1, FND_NAME);
            fnd_major = MAJOR(dev);
        }
        if (result < 0) {
            printk(KERN_WARNING "%s: unable to get major %d₩n", FND_NAME,
                                            fnd_major);
            return result;
        }
        if (fnd_major == 0)
            fnd_major = result;

        /* Now set up two cdevs. */
        fnd_setup_cdev(FNDDevs, 0, &fnd_fops);

        /* Allocate I/O Memory */
        fnd_addr = ioremap(FND_PHYADDR, 0x1000);

        if (!fnd_addr){
            printk("%s:memory allocation failed.₩n", FND_NAME);
            iounmap(fnd_addr);
            return -EIO;
```

```
        }

        printk("%s: Memory allocation success.₩n", FND_NAME);
        return 0;
}

static void fnd_cleanup(void)
{
        cdev_del(FNDDevs);
        iounmap(fnd_addr);
        unregister_chrdev_region(MKDEV(fnd_major, 0), 1);
}

module_init(fnd_init);
module_exit(fnd_cleanup);
```

(4) 컴파일

디바이스 드라이버 컴파일은 커널 헤더 파일을 필요로 한다. 'Makefile'에서 커널 위치경로를 바꾼 후 컴파일한다. 이 때 커널은 컴파일이 되어 있어야 한다. 그렇지 않으면 시스템 의존적인 헤더 파일 경로를 찾을 수가 없다.

```
☞ pwd                        // 현재 디렉터리 위치 확인
☞ ls                         // 파일 리스트 확인
☞ make                       // 컴파일 실행
☞ ls                         // 새로 생성된 파일 확인
```

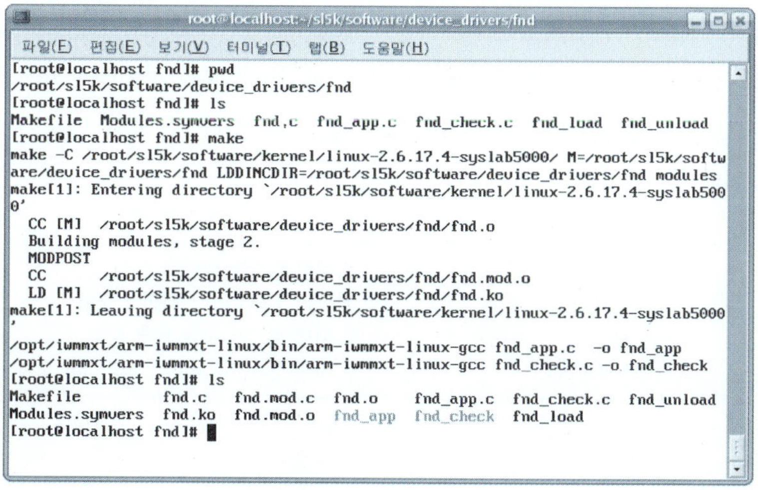

[그림 10-6] ▶ 7-Segment 디바이스 드라이버 컴파일

제 10 장

(5) 레지스터 모듈

드라이버를 등록하는 데 필요한 절차를 쉘 스크립트 파일로 제공한다. 이것은 'insmod' 명령으로 드라이버 모듈을 올리고 'mknod' 명령으로 디바이스 노드를 생성한다. 이 때 필요한 디바이스 메이저 번호는 /proc/devices 파일을 참조하여 가져 온다.

```
#!/bin/bash
module="fnd"
device="fnd"
mode="664"

# invoke insmod with all arguments we got
# and use a pathname, as newer modutils don't look in . by default
/sbin/insmod -f ./$module.ko $* || exit 1

major=`cat /proc/devices | awk "₩₩$2==₩"$module₩" {print ₩₩$1}"`

# Remove stale nodes and replace them, then give gid and perms
# Usually the script is shorter, it's simple that has several devices in it.

rm -f /dev/${device}
mknod /dev/${device} c $major 0
```

(6) Device test

'minicom'을 실행시킨 후 커널 부팅을 시작한다. 부팅 완료 후 프롬프트가 나오면 Host PC로부터 컴파일된 드라이버 파일과 응용 프로그램, 그리고 쉘 스크립트 파일을 다운로드받는다. 먼저, 'fnd_load' 스크립트를 수행시킨다. 그럼 그림과 같이 등록된 모듈과 생성된 디바이스 노드를 확인할 수 있다. 등록된 모듈은 'lsmod' 명령으로 확인할 수 있다.

```
☞ ls                  // 파일 리스트 확인
☞ sh fnd_load         // FND 디바이스 드라이버 등록
☞ lsmod               // 현재 로드된 모듈 목록 출력
☞ ls -l /dev/fnd      // 현재 등록된 디바이스 드라이버 출력
```

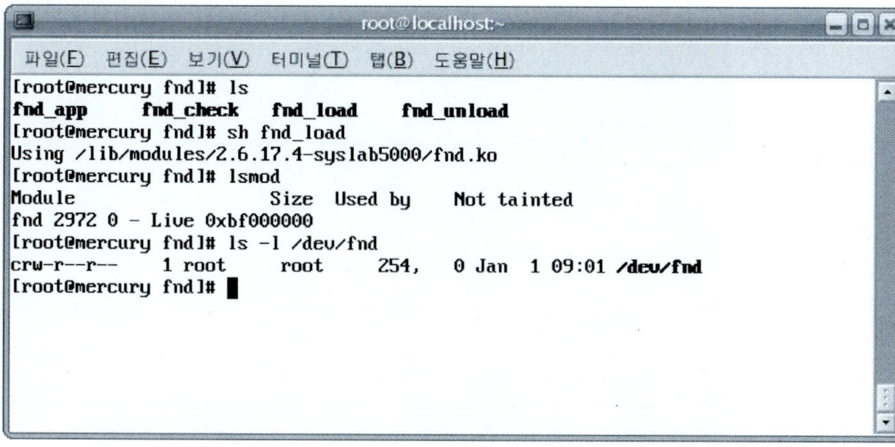

[그림 10-7] ▶ LED 디바이스 드라이버 모듈 등록

fnd_app 어플리케이션을 실행시킨다. 이 프로그램은 0~f 문자를 왼쪽에서 오른쪽으로 시프트하며 출력되며, 끝나면 다시 오른쪽에서 왼쪽으로 시프트하면서 문자를 출력한 후 종료된다.

```
☞ chmod 755 fnd_app          // 실행 가능 상태로 권한 변경
☞ ./fnd_app                  // FND 어플리케이션 실행
```

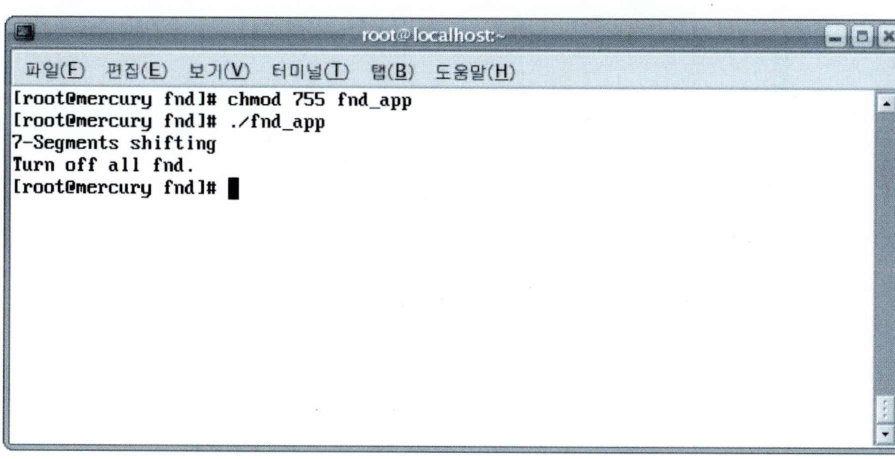

제 10 장

[그림 10-8] ▶ 7-Segment 응용 프로그램 실행 결과

3) Dot-Matrix

SYS-Lab 5000 보드는 Dot-Matrix를 장착하고 있으며, FPGA에 디코딩된 어드레스를 통해 제어할 수 있다.

(1) Physical Address

→ 0x0a00000c

(2) Source 위치

→ sl5k/software/device_driver/dot

(3) Device Driver source

드라이버 구동방식은 LED와 동일하다.

```
#include <linux/config.h>
#include <linux/module.h>
#include <linux/moduleparam.h>
#include <linux/init.h>

#include <linux/kernel.h>   /* printk() */
#include <linux/slab.h>     /* kmalloc() */
```

```
#include <linux/fs.h>        /* everything... */
#include <linux/errno.h>     /* error codes */
#include <linux/types.h>     /* size_t */
#include <linux/mm.h>
#include <linux/kdev_t.h>
#include <linux/cdev.h>
#include <linux/device.h>
#include <linux/delay.h>

#include <asm/page.h>
#include <asm/io.h>
#include <asm/uaccess.h>

#define DOT_NAME          "dot"
#define DOT_PHYADDR        0x0a00000c

/*
 * Global Variables
 */
static unsigned long *dot_addr;
static int dot_major = 0;

module_param(dot_major, int, 0);
MODULE_AUTHOR("pooh(dwkim@libertron.com)");
MODULE_LICENSE("Dual BSD/GPL");

/*
 * Open the device
 */
static int dot_open(struct inode *inode, struct file *filp)
{
      return 0;
}

/*
 * Closing the device
 */
static int dot_release(struct inode *inode, struct file *filp)
{
      return 0;
}

/*
 * Data write to FPGA Dot matrix
 */
```

제 10 장

```
ssize_t dot_write(struct file *filp, const char __user *buf, size_t count,
                  loff_t *fops)
{
      unsigned int data;

      copy_from_user(&data, (unsigned int *)buf, count);
      writel(data, dot_addr);

      return count;
}

/*
 * Set up the cdev structure for a device
 */
static void dot_setup_cdev(struct cdev *dev, int minor, struct file_operations *fops)
{
      int err, devno = MKDEV(dot_major, minor);

      cdev_init(dev, fops);
      dev->owner = THIS_MODULE;
      dev->ops = fops;
      err = cdev_add(dev, devno, 1);

      if (err)
            printk(KERN_NOTICE "Error %d adding 7-segments%d", err, minor);
}

/*
 * Device 0 uses
 */
static struct file_operations dot_fops = {
      .owner = THIS_MODULE,
      .open = dot_open,
      .release = dot_release,
      .write = dot_write,
};

/*
 * We export two simple devices. There's no need for us to maintain any
 * special housekeeping info, so we just deal with raw cdevs.
 */
static struct cdev DOTDevs[1];

/*
```

```
 * Module housekeeping.
 */
static int dot_init(void)
{
        int result;
        dev_t dev = MKDEV(dot_major, 0);

        /* Figure out our device number. */
        if (dot_major)
                result = register_chrdev_region(dev, 1, DOT_NAME);
        else {
                result = alloc_chrdev_region(&dev, 0, 1, DOT_NAME);
                dot_major = MAJOR(dev);
        }
        if (result < 0) {
                printk(KERN_WARNING "%s: unable to get major %d₩n", DOT_NAME,
    dot_major);
                return result;
        }
        if (dot_major == 0)
                dot_major = result;

        /* Now set up two cdevs. */
        dot_setup_cdev(DOTDevs, 0, &dot_fops);

        /* Allocate I/O Memory */
        dot_addr = ioremap(DOT_PHYADDR, 0x1000);

        if (!dot_addr){
                printk("%s:memory allocation failed.₩n", DOT_NAME);
                iounmap(dot_addr);
                return -EIO;
        }

        printk("%s: Memory allocation success.₩n", DOT_NAME);

        return 0;
}


static void dot_cleanup(void)
{
           cdev_del(DOTDevs);
      iounmap(dot_addr);
           unregister_chrdev_region(MKDEV(dot_major, 0), 1);
```

```
}

module_init(dot_init);
module_exit(dot_cleanup);
```

(4) 컴파일

디바이스 드라이버 컴파일은 커널 헤더 파일을 필요로 한다. 'Makefile'에서 커널 위치경로를 바꾼 후 컴파일한다. 이 때 커널은 컴파일이 되어 있어야 한다. 그렇지 않으면 시스템 의존적인 헤더 파일 경로를 찾을 수가 없다.

```
☞ pwd                          // 현재 디렉터리 위치 확인
☞ ls                           // 파일리스트 확인
☞ make                         // 컴파일 실행
☞ ls                           // 새로 생성된 파일 확인
```

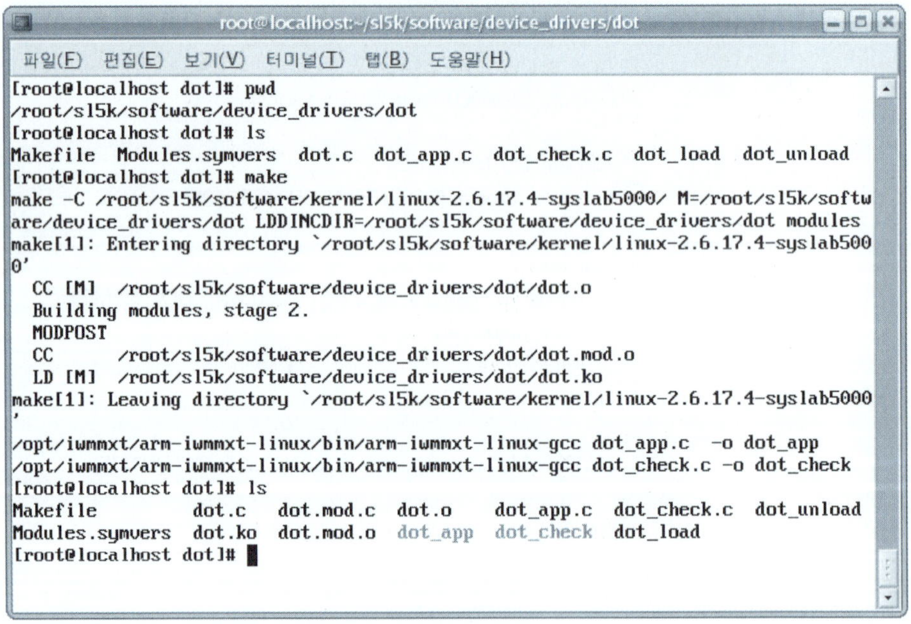

[그림 10-9] ▶ Dot-Matrix 디바이스 드라이버 컴파일

(5) 레지스터 모듈

드라이버를 등록하는 데 필요한 절차를 쉘 스크립트 파일로 제공한다. 이것은 'insmod' 명령으로 드라이버 모듈을 올리고 'mknod' 명령으로 디바이스 노드를 생성한다. 이 때 필요한 디바이스 메이저 번호는 /proc/devices 파일을 참조하여 가져 온다.

```
#!/bin/bash
module="dot"
device="dot"
mode="664"

# invoke insmod with all arguments we got
# and use a pathname, as newer modutils don't look in . by default
/sbin/insmod -f ./$module.ko $* || exit 1

major=`cat /proc/devices | awk "₩₩$2==₩"$module₩" {print ₩₩$1}"`

# Remove stale nodes and replace them, then give gid and perms
# Usually the script is shorter, it's simple that has several devices in it.

rm -f /dev/${device}
mknod /dev/${device} c $major 0
```

(6) Device test

'minicom'을 실행시킨 후 커널 부팅을 시작한다. 부팅 완료 후 프롬프트가 나오면 Host PC로부터 컴파일된 드라이버 파일과 응용프로그램, 그리고 쉘 스크립트 파일을 다운로드받는다. 먼저, 'dot_load' 스크립트를 수행시킨다. 그러면 그림과 같이 등록된 모듈과 생성된 디바이스 노드를 확인할 수 있다. 등록된 모듈은 'lsmod' 명령으로 확인할 수 있다.

```
☞ ls                  // 파일 리스트 확인
☞ sh dot_load         // LED 디바이스 드라이버 등록
☞ lsmod               // 현재 로드된 모듈 목록 출력
☞ ls -l /dev/dot      // 현재 등록된 디바이스 드라이버 출력
```

제
10
장

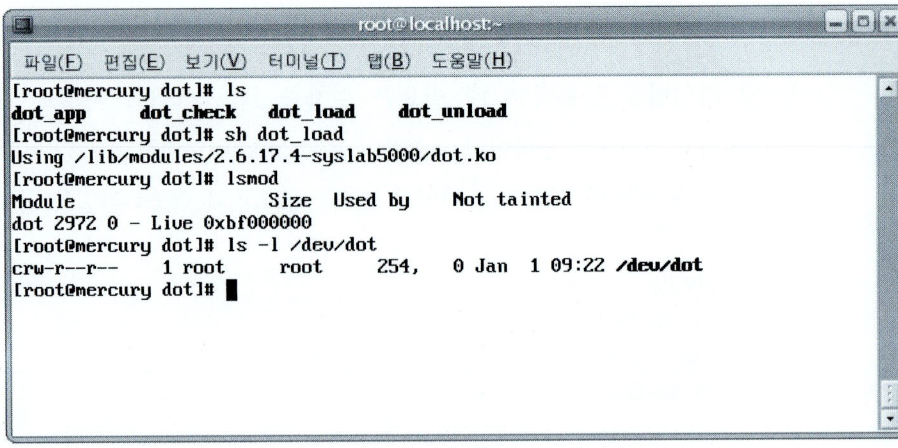

[그림 10-10] ▶ LED 디바이스 드라이버 모듈 등록

dot_app 어플리케이션을 실행시킨다. 이 프로그램은 0~f 문자를 순차적으로 matrix에 출력시킨다.

```
☞ chmod 755 dot_app          // 실행 가능 상태로 권한 변경
☞ ./dot_app                  // DOT 어플리케이션 실행
```

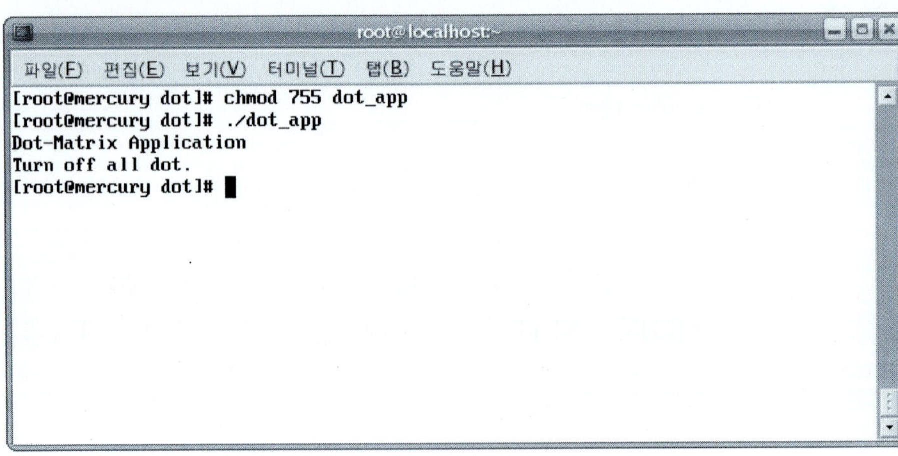

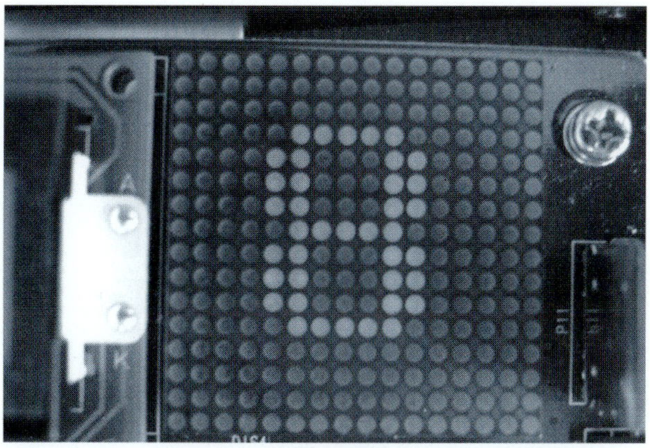

[그림 10-11] ▶ Dot-Matrix 응용 프로그램 수행 결과

4) Key-Matrix

SYS-Lab 5000 보드는 4x4 Key-Matrix를 장착하고 있으며, FPGA에 디코딩된 어드레스를 통해 제어할 수 있다.

(1) Physical Address

→ 0x0a00001c

(2) Source 위치

→ sl5k/software/device_driver/key

(3) IRQ 번호

→ 165

(4) Device Driver source

드라이버 구동방식은 위의 디바이스 드라이버와는 달리 인터럽트 방식을 사용한다. 이것은 Key-Matrix의 버튼이 눌려지면 FPGA가 인터럽트 신호를 발생시켜 CPLD의 FPGA B/D IRQ를 통해 CPU가 인터럽트를 처리하도록 되어 있다. CPLD를 통해 들어오는 인터럽트는 CPU의 GPIO0을 통해 들어오게 되어 있다. 따라서, Key-Matrix 디바이스 드라이버에서 해당 IRQ 번호를 가지고 인터럽트를 등록시키고 인터럽트 처리를 위한 핸들러를 등록시켜 인터럽트를 처리하도록 되어 있다.

CPLD 레지스터 맵은 Section 9.4 CPLD Register Map을 참조하면 된다.

```
#include <linux/config.h>
#include <linux/module.h>
#include <linux/moduleparam.h>
#include <linux/init.h>

#include <linux/kernel.h>      /* printk() */
#include <linux/slab.h>        /* kmalloc() */
#include <linux/fs.h>          /* everything... */
#include <linux/errno.h>       /* error codes */
#include <linux/types.h>       /* size_t */
#include <linux/mm.h>
#include <linux/kdev_t.h>
#include <linux/cdev.h>
#include <linux/device.h>
#include <linux/delay.h>
#include <linux/ioport.h>
#include <linux/interrupt.h>
#include <linux/workqueue.h>
#include <linux/wait.h>

#include <asm/page.h>
#include <asm/io.h>
#include <asm/uaccess.h>
#include <asm/irq.h>
#include <asm/system.h>        // 인터럽트 금지/해제와 관련된 헤더 파일

#include <asm/arch/pxa-regs.h>
#include <asm/arch/syslab5000.h>

#define KEY_NAME          "key"
#define KEY_PHYADDR       0x0a00001c

/*
 * Global Variables
 */
static unsigned long *key_addr;
static int key_major = 0;
static char key_value = 0;
static int key_irq = -1;
```

```
 // 블로킹 IO 처리를 위한 대기큐 초기화
DECLARE_WAIT_QUEUE_HEAD(waitQueue);

module_param(key_major, int, 0);
MODULE_AUTHOR("pooh(dwkim@libertron.com)");
MODULE_LICENSE("Dual BSD/GPL");

/*
 * Data read to FPGA Key matrix
 */

ssize_t key_read(struct file *filp, char __user *buf, size_t count, loff_t *fops)
{
        // 데이터의 입력을 기다리는 동안 프로세스를 sleep시킴
        interruptible_sleep_on(&waitQueue);
        copy_to_user(buf, &key_value, 1);

        return 0;
}

/*
 * Key-Matrix 인터럽트 처리를 위한 인터럽트 핸들러
 */
static irqreturn_t key_interrupt(int irq, void *dev_id, struct pt_regs *regs)
{
        unsigned long flag;

        // 인터럽트 처리를 위해 프로세서의 현재 상태를 저장
        local_save_flags(flag);
        // 프로세서의 인터럽트를 금지
        local_irq_disable();

        // 눌려진 Key-matrix 값을 하드웨어로부터 읽어옴
        key_value = readb(key_addr) & 0x0f;

        // 대기 큐에 sleep 중인 프로세스를 깨움
        wake_up_interruptible(&waitQueue);
        // 저장한 프로세서 상태를 읽어들인 후, 인터럽트 금지 해제시킴
        local_irq_restore(flag);

        return IRQ_HANDLED;
}

/*
```

```
 * Set up the cdev structure for a device
 */
static void key_setup_cdev(struct cdev *dev, int minor, struct file_operations *fops)
{
        int err, devno = MKDEV(key_major, minor);

        cdev_init(dev, fops);
        dev->owner = THIS_MODULE;
        dev->ops = fops;
        err = cdev_add(dev, devno, 1);

        if (err)
                printk(KERN_NOTICE "Error %d adding 7-segments%d", err, minor);
}

/*
 * Open the device
 */
static int key_open(struct inode *inode, struct file *filp)
{
        int err;

        if (!try_module_get(THIS_MODULE))
                return -ENODEV;

        /* Request the IRQ */
        if (key_irq >= 0){
                // key-matrix를 위한 인터럽트 등록
                err = request_irq(key_irq, key_interrupt,
                                        SA_INTERRUPT, "key", NULL);

                if (err){
                        printk(KERN_ERR "key: can't request key detect irq.₩n");
                        key_irq = -1;

                        return -EIO;
                }
        }
        return 0;
}

/*
 * Closing the device
 */
static int key_release(struct inode *inode, struct file *filp)
```

```
{
        module_put(THIS_MODULE);
        // 인터럽트 등록 해제
        free_irq(key_irq, NULL);

        return 0;
}

/*
 * Device 0 uses
 */
static struct file_operations key_fops = {
        .owner = THIS_MODULE,
        .open = key_open,
        .release = key_release,
        .read = key_read,
};

/*
 * We export two simple devices.  There's no need for us to maintain any
 * special housekeeping info, so we just deal with raw cdevs.
 */
static struct cdev KEYDevs[1];

/*
 * Module housekeeping.
 */
static int key_init(void)
{
        int result;
        dev_t dev = MKDEV(key_major, 0);

        // 인터럽트 변수에 FPGA_IRQ 번호 할당
        key_irq = SYSLAB5000_FPGA_IRQ;
        // CPLD의 FPGA IRQ를 enable시킴
        SYSLAB5000_INTMSKENA |= 0x20;

        /* Figure out our device number. */
        if (key_major)
                result = register_chrdev_region(dev, 1, KEY_NAME);
        else {
                result = alloc_chrdev_region(&dev, 0, 1, KEY_NAME);
                key_major = MAJOR(dev);
        }
        if (result < 0) {
```

제
10
장

```
            printk(KERN_WARNING "%s: unable to get major %d\n", KEY_NAME,
    key_major);
            return result;
        }
        if (key_major == 0)
            key_major = result;

        /* Now set up two cdevs. */
        key_setup_cdev(KEYDevs, 0, &key_fops);

        /* Allocate I/O Memory */
        key_addr = ioremap(KEY_PHYADDR, 0x1000);

        if (!key_addr){
            printk("%s:memory allocation failed.\n", KEY_NAME);
            iounmap(key_addr);
            return -EIO;
        }

        return 0;
}

static void key_cleanup(void)
{
        cdev_del(KEYDevs);
        iounmap(key_addr);
        unregister_chrdev_region(MKDEV(key_major, 0), 1);
}

module_init(key_init);
module_exit(key_cleanup);
```

(5) 컴파일

디바이스 드라이버 컴파일은 커널 헤더 파일을 필요로 한다. 'Makefile'에서 커널 위치경로를 바꾼 후 컴파일한다. 이 때 커널은 컴파일이 되어 있어야 한다. 그렇지 않으면 시스템 의존적인 헤더 파일 경로를 찾을 수가 없다.

```
☞ pwd        // 현재 디렉터리 위치 확인
☞ ls         // 파일 리스트 확인
☞ make       // 컴파일 실행
☞ ls         // 새로 생성된 파일 확인
```

```
root@localhost:~/sl5k/software/device_drivers/key
파일(F) 편집(E) 보기(V) 터미널(T) 탭(B) 도움말(H)
[root@localhost key]# pwd
/root/sl5k/software/device_drivers/key
[root@localhost key]# ls
Makefile  Modules.symvers  key.c  key_app.c  key_load  key_unload
[root@localhost key]# make
make -C /root/sl5k/software/kernel/linux-2.6.17.4-syslab5000/ M=/root/sl5k/softw
are/device_drivers/key LDDINCDIR=/root/sl5k/software/device_drivers/key modules
make[1]: Entering directory `/root/sl5k/software/kernel/linux-2.6.17.4-syslab500
0'
  CC [M]  /root/sl5k/software/device_drivers/key/key.o
  Building modules, stage 2.
  MODPOST
  CC      /root/sl5k/software/device_drivers/key/key.mod.o
  LD [M]  /root/sl5k/software/device_drivers/key/key.ko
make[1]: Leaving directory `/root/sl5k/software/kernel/linux-2.6.17.4-syslab5000
'
/opt/iwmmxt/arm-iwmmxt-linux/bin/arm-iwmmxt-linux-gcc key_app.c  -o key_app
[root@localhost key]# ls
Makefile         key.c   key.mod.c  key.o    key_app.c  key_unload
Modules.symvers  key.ko  key.mod.o  key_app  key_load
[root@localhost key]# 
```

[그림 10-12] ▶ Key-Matrix 디바이스 드라이버 컴파일

(6) 레지스터 모듈

드라이버를 등록하는 데 필요한 절차를 쉘 스크립트 파일로 제공한다. 이것은 'insmod' 명령으로 드라이버 모듈을 올리고 'mknod' 명령으로 디바이스 노드를 생성한다. 이 때 필요한 디바이스 메이저 번호는 /proc/devices 파일을 참조하여 가져 온다.

```
#!/bin/bash
module="key"
device="key"
mode="664"

# invoke insmod with all arguments we got
# and use a pathname, as newer modutils don't look in . by default
/sbin/insmod -f ./$module.ko $* || exit 1

major=`cat /proc/devices | awk "₩₩$2==₩"$module₩" {print ₩₩$1}"`

# Remove stale nodes and replace them, then give gid and perms
# Usually the script is shorter, it's simple that has several devices in it.

rm -f /dev/${device}
mknod /dev/${device} c $major 0
```

제 10 장

(7) Device test

'minicom'을 실행시킨 후 커널 부팅을 시작한다. 부팅 완료 후 프롬프트가 나오면 Host PC로부터 컴파일된 드라이버 파일과 응용프로그램, 그리고 쉘 스크립트 파일을 다운로드받는다. 먼저, 'key_load' 스크립트를 수행시킨다. 그럼 아래 그림과 같이 등록된 모듈과 생성된 디바이스 노드를 확인할 수 있다. 등록된 모듈은 'lsmod' 명령으로 확인할 수 있다.

```
☞ ls                    // 파일 리스트 확인
☞ sh key_load           // Key Matrix 디바이스 드라이버 등록
☞ lsmod                 // 현재 로드된 모듈 목록 출력
☞ ls -l /dev/key        // 현재 등록된 디바이스 드라이버 출력
```

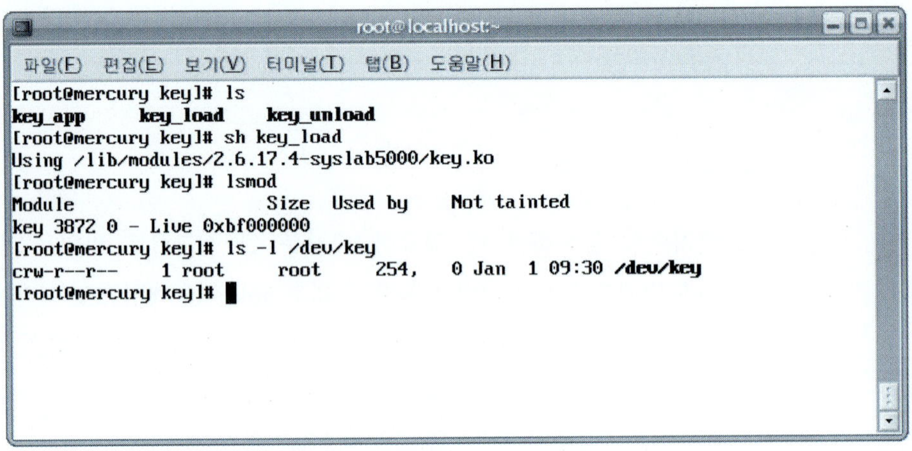

[그림 10-13] ▶ Key-Matrix 디바이스 드라이버 모듈 등록

key_app 응용 프로그램을 실행시킨다. key-matrix의 버튼을 누를 때마다 인터럽트 핸들러가 동작하여 FPGA로부터 받은 데이터를 응용 프로그램에서 화면에 출력시켜 준다. '0'버튼을 누르면 프로그램이 종료된다.

```
☞ ls                    // 파일 리스트 확인
☞ chmod 755 key_app     // 실행 가능 상태로 권한 변경
☞ ./key_app             // Key Matrix 어플리케이션 실행
```

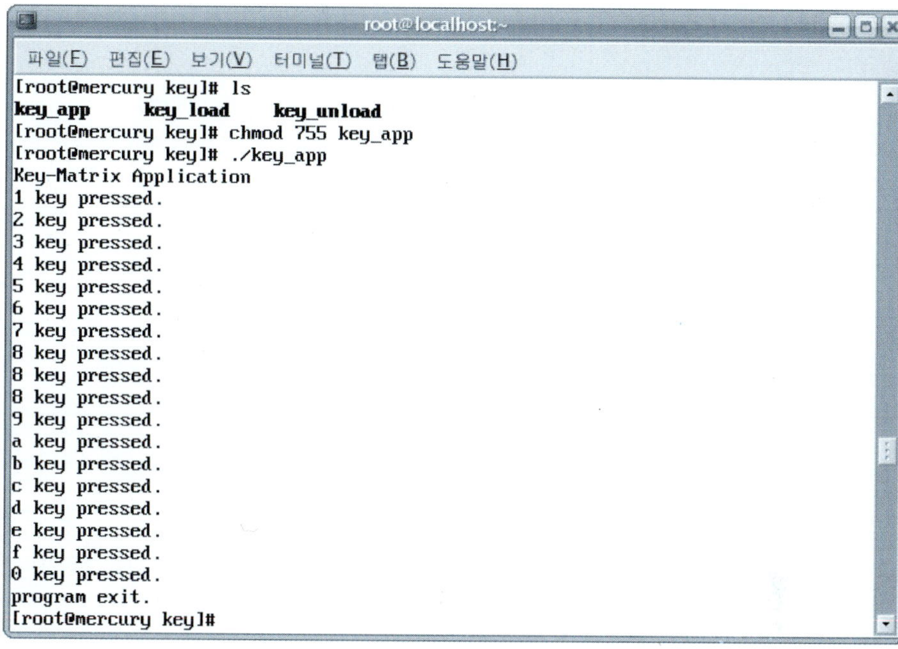

root@localhost:~

파일(F) 편집(E) 보기(V) 터미널(T) 탭(B) 도움말(H)

```
[root@mercury key]# ls
key_app     key_load     key_unload
[root@mercury key]# chmod 755 key_app
[root@mercury key]# ./key_app
Key-Matrix Application
1 key pressed.
2 key pressed.
3 key pressed.
4 key pressed.
5 key pressed.
6 key pressed.
7 key pressed.
8 key pressed.
8 key pressed.
8 key pressed.
9 key pressed.
a key pressed.
b key pressed.
c key pressed.
d key pressed.
e key pressed.
f key pressed.
0 key pressed.
program exit.
[root@mercury key]#
```

[그림 10-14] ▶ Key-Matrix 디바이스 드라이버 시험

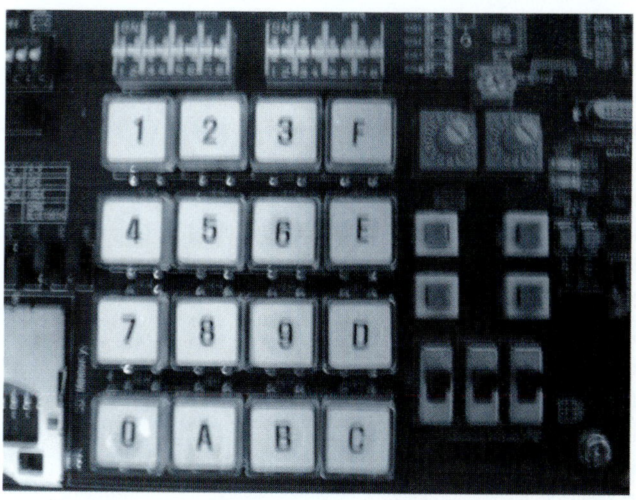

[그림 10-15] ▶ Key-Matrix 응용 프로그램 실행 결과

5) Text LCD

SYS-Lab 5000 보드는 2Line, 32 Character LCD를 장착하고 있으며, FPGA에 디코딩된 어드레스를 통해 제어할 수 있다.

(1) Physical Address

→ 0x0a000014 (TLCD Instruction Control Register)

→ 0x0a000018 (TLCD Data Conrtol Register)

(2) Source 위치

→ sl5k/software/device_driver/tlcd

(3) Device Driver source

드라이버 구동방식은 사용자가 Character형 또는 String형 데이터를 입력하면 디바이스 드라이버는 Text-LCD Character Font Table을 바탕으로 Instruction Control Register와 Data Control Register를 조작하여, 사용자 입력 데이터를 LCD에 출력하도록 되어 있다.

```
#include <linux/string.h>
#include <linux/config.h>
#include <linux/module.h>
#include <linux/moduleparam.h>
#include <linux/init.h>
#include <linux/kernel.h>     /* printk() */
#include <linux/slab.h>       /* kmalloc() */
#include <linux/fs.h>         /* everything... */
#include <linux/errno.h>      /* error codes */
#include <linux/types.h>      /* size_t */
#include <linux/mm.h>
#include <linux/kdev_t.h>
#include <linux/cdev.h>
#include <linux/device.h>
#include <linux/delay.h>
#include <asm/page.h>
#include <asm/io.h>
#include <asm/uaccess.h>

#define TLCD_NAME         "tlcd"         // Text-LCD Device의 이름
#define TLCD_PHYADDR      0x0a000018     // Data Control Register의 주소
#define TLCD_CTLADDR      0x0a000014     // Instruction Register의 주소

// Text LCD Character Font Table
```

```
#define     TLCD_0          0x30 // 숫자 정의
#define     TLCD_1          0x31
#define     TLCD_2          0x32
#define     TLCD_3          0x33
#define     TLCD_4          0x34
                .
                .
                .
#define     TLCD_A          0x41  // 영문 대문자 정의
#define     TLCD_B          0x42
#define     TLCD_C          0x43
#define     TLCD_D          0x44
                .
                .
                .
#define     TLCD_a          0x61  // 영문 소문자 정의
#define     TLCD_b          0x62
#define     TLCD_c          0x63
#define     TLCD_d          0x64
                .
                .
                .
#define     TLCD_OTH_1      0x21 // 특수 문자 정의
#define     TLCD_OTH_2      0x22
#define     TLCD_OTH_3      0x23
#define     TLCD_OTH_4      0x24
                .
                .
                .
#define     TLCD_BLANK      0x20 // 공백 문자 정의

static unsigned int tlcd_data_tbl[] = {     // TLCD Character Font Table 정의
        TLCD_A,TLCD_B,TLCD_C,TLCD_D,TLCD_E,TLCD_F,......................................,
        TLCD_a,TLCD_b,TLCD_c,TLCD_d,TLCD_e,TLCD_f,.......................................,
        TLCD_0,TLCD_1,TLCD_2,TLCD_3,TLCD_4,TLCD_5,........................................,
            TLCD_OTH_21,TLCD_OTH_22,TLCD_OTH_23,.............................,TLCD_BLANK,

};
static unsigned char tlcd_char_tbl[] = {   // 사용자 입력 값 정의 Table

   'A','B','C','D','E','F','G','H','I','J','K','L','M','N','O','P','Q','R','S','T','U','V','W','X','Y','Z',
        'a','b','c','d','e','f','g','h','i','j','k','l','m','n','o','p','q','r','s','t','u','v',.............................
};
```

제 10 장

```
/*
 * Global Variables
 */
static unsigned long *tlcd_addr;
static unsigned long *tlcd_ctl_addr;
static int tlcd_major = 0;
static int tlcd_char_count = 0;
static unsigned int tlcd_gram_addr = 0x80;
module_param(tlcd_major, int, 0);
MODULE_AUTHOR("jhoon_kim");
MODULE_LICENSE("Dual BSD/GPL");

/*
 * Open the device
 */
static int tlcd_open(struct inode *inode, struct file *filp)
{
        return 0;
}
/*
 * Closing the device
 */
static int tlcd_release(struct inode *inode, struct file *filp)
{
        return 0;
}
/*
 * Data write to Text LCD
 */
ssize_t tlcd_write(struct file *filp, const char __user *buf, size_t count,
                        loff_t *fops)
{
        int i,loop;
        unsigned char *buff;
        unsigned char data;

        (unsigned char *)buff=(unsigned char *)buf;

        // Character형 데이터 입력시 처리 부분
        if(count==1){
                        // 입력받은 문자가 32개가 넘어가면 화면 초기화
                        if(tlcd_char_count==32){
                                        tlcd_gram_addr=0x80;
                                        outb(0x01,tlcd_ctl_addr);
```

```
                                        tlcd_char_count=0;
                                        msleep(1);
                                        }
                // 입력 받은 문자가 16개가 넘어가면 줄 바꿈
                if(tlcd_char_count==16){
                                        tlcd_gram_addr=0xc0;
                                        outb(0xc0,tlcd_ctl_addr);
                                        msleep(1);
                                        }
                get_user(data, (unsigned char *)buff);

                // 사용자 입력 값 정의 Table과 Text-LCD Character Font Table
                   을 비교하여 사용자 입력 값에 맞는 문자를 LCD에 출력
                for(i=0;i<=(sizeof(tlcd_char_tbl)-1);i++){
                                if(data==tlcd_char_tbl[i]) {
                                    tlcd_gram_addr=tlcd_gram_addr+0x1;
                                    //왼쪽으로 커서 이동
                                    outb(tlcd_data_tbl[i],tlcd_addr);
                                    //LCD에 문자 출력
                                    msleep(1);
                                    tlcd_char_count++;
                                    //현재까지 출력한 문자 Offset
                                    }
                }
                if((int)data==8) // 사용자가 백스페이스키를 눌렀을 때 문자 삭제
                {

                                  tlcd_gram_addr=tlcd_gram_addr-0x1;
                                  //오른쪽으로 커서 이동
                                  outb(tlcd_gram_addr,tlcd_ctl_addr);
                                  //커서 이동 값을 LCD에 적용
                                  msleep(1);
                                  outb(TLCD_BLANK,tlcd_addr); // 문자 삭제
                                  msleep(1);
                                  outb(tlcd_gram_addr,tlcd_ctl_addr);

                                  tlcd_char_count--;
                                  // 현재까지 출력한 문자 Offset 감소
                }
                return count;
}


// write(fd,&value,count) 함수에서 1000을 초과하는 count값을 입력하면 Text LCD
화면을 초기화
```

제 10 장

```
    if(count>1000){
                //1.function set
                outb(0x38,tlcd_ctl_addr);
                //2.wait for more than 39us
                msleep(1);
                //3.Display OFF
                outb(0x08,tlcd_ctl_addr);
                //4. Wait for more than 39us
                msleep(1);
                //5. Display Clear
                outb(0x1,tlcd_ctl_addr);
                //6. Wait for more than 1.53us
                msleep(1);
                //7. Enrty Mode Set
                outb(0x06,tlcd_ctl_addr);
                //8. Wait for more than 39us
                msleep(1);
                //9. Display ON
                outb(0x0d,tlcd_ctl_addr);
                msleep(1);
            }

    else if(count<1000 && count>1)  // 문자열 출력
    {
        for(loop = 0; loop < count; loop++)
        {
            if(loop==0){ // 처음 출력할 때 커서의 위치 지정
                outb(0x01,tlcd_ctl_addr);
                msleep(1);
                }

            if(loop==16){ // 두 번째 라인의 커서의 위치 지정
                outb(0xc0,tlcd_ctl_addr);
                msleep(1);
                }
            if(loop==32){ // 두 번째 라인까지 Data가 모두 출력되었을 때 남은 Data 출력을
                    위해 화면을 지우고 커서를 첫 번째 줄에 위치

                outb(0x01,tlcd_ctl_addr);
                msleep(1);
                }


            get_user(data, (unsigned char *)buff);
```

```
                // LCD에 문자 출력
                for(i=0;i<=(sizeof(tlcd_char_tbl)-1);i++){
                        if(data==tlcd_char_tbl[i]) {
                                outb(tlcd_data_tbl[i],tlcd_addr);
                                msleep(1);
                                break;
                        }
                }
            buff+=1; // 다음 문자를 출력하기 위해 사용자 입력 값이 저장된 buff의
                        Offset을 1증가
            }
            return count;
        }
        return count;
}

/*
 * Set up the cdev structure for a device
 */
static void tlcd_setup_cdev(struct cdev *dev, int minor, struct file_operations *fops)
{
        int err, devno = MKDEV(tlcd_major, minor);

        cdev_init(dev, fops);
        dev->owner = THIS_MODULE;
        dev->ops = fops;
        err = cdev_add(dev, devno, 1);

        if (err)
                printk(KERN_NOTICE "Error %d adding Text LCD Device", err, minor);
}

/*
 * Device 0 uses
 */
static struct file_operations tlcd_fops = {
        .owner = THIS_MODULE,
        .open = tlcd_open,
        .release = tlcd_release,
        .write = tlcd_write,
};

/*
 * We export two simple devices.  There's no need for us to maintain any
 * special housekeeping info, so we just deal with raw cdevs.
```

```
 */
static struct cdev TLCDDevs[1];

/*
 * Module housekeeping.
 */
static int tlcd_init(void)
{
        int result;
        dev_t dev = MKDEV(tlcd_major, 0);

        /* Figure out our device number. */
        if (tlcd_major)
                result = register_chrdev_region(dev, 1, TLCD_NAME);
        else {
                result = alloc_chrdev_region(&dev, 0, 1, TLCD_NAME);
                tlcd_major = MAJOR(dev);
        }
        if (result < 0) {
                printk(KERN_WARNING "%s: unable to get major %d₩n", TLCD_NAME,
                    tlcd_major);
                return result;
        }
        if (tlcd_major == 0)
                tlcd_major = result;

        /* Now set up two cdevs. */
        tlcd_setup_cdev(TLCDDevs, 0, &tlcd_fops);

        /* Allocate I/O Memory */
        tlcd_addr = ioremap(TLCD_PHYADDR, 0x1000);
        tlcd_ctl_addr = ioremap(TLCD_CTLADDR, 0x1000);

        if (!(tlcd_addr)){
                printk("%s:memory allocation failed.₩n", TLCD_NAME);
                iounmap(tlcd_addr);
                iounmap(tlcd_ctl_addr);
                return -EIO;
        }

        printk("%s: Memory allocation success.₩n", TLCD_NAME);


        // 디바이스 드라이버 로드시 Text LCD 초기화
```

```
        //1.function set
        outb(0x38,tlcd_ctl_addr);
        //2.wait for more than 39us
        msleep(1);
        //3.Display OFF
        outb(0x08,tlcd_ctl_addr);
        //4. Wait for more than 39us
        msleep(1);
        //5. Display Clear
        outb(0x1,tlcd_ctl_addr);
        //6. Wait for more than 1.53us
        msleep(1);
        //7. Enrty Mode Set
        outb(0x06,tlcd_ctl_addr);
        //8. Wait for more than 39us
        msleep(1);
        //9. Display ON
        outb(0x0d,tlcd_ctl_addr);
        msleep(1);
        printk("%s: Initialize success.₩n", TLCD_NAME);

        return 0;
}


static void tlcd_cleanup(void)
{
            cdev_del(TLCDDevs);
      iounmap(tlcd_addr);
      iounmap(tlcd_ctl_addr);
            unregister_chrdev_region(MKDEV(tlcd_major, 0), 1);
}

module_init(tlcd_init);
module_exit(tlcd_cleanup);
```

(4) 컴파일

디바이스 드라이버 컴파일은 커널 헤더 파일을 필요로 한다. 'Makefile'에서 커널 위치경로를 바꾼 후 컴파일을 한다. 이 때 커널은 컴파일이 되어 있어야 하며, 그렇지 않으면 시스템 의존적인 헤더 파일 경로를 찾을 수가 없다.

제 10 장

☞ pwd	// 현재 디렉터리 위치 확인
☞ ls	// 파일 리스트 확인
☞ make	// 컴파일 실행
☞ ls	// 새로 생성된 파일 확인

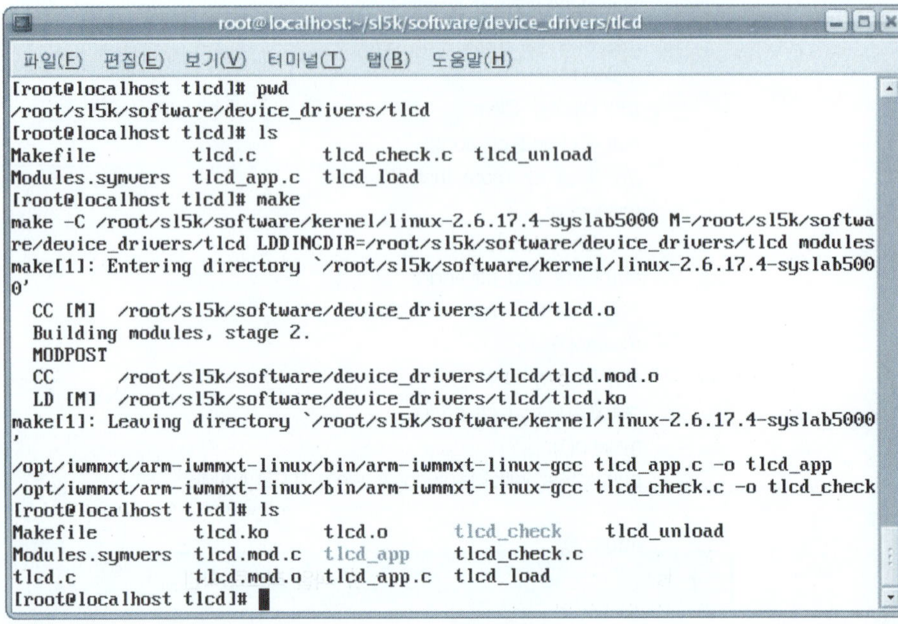

```
root@localhost:~/sl5k/software/device_drivers/tlcd
파일(F) 편집(E) 보기(V) 터미널(T) 탭(B) 도움말(H)
[root@localhost tlcd]# pwd
/root/sl5k/software/device_drivers/tlcd
[root@localhost tlcd]# ls
Makefile         tlcd.c       tlcd_check.c  tlcd_unload
Modules.symvers  tlcd_app.c   tlcd_load
[root@localhost tlcd]# make
make -C /root/sl5k/software/kernel/linux-2.6.17.4-syslab5000 M=/root/sl5k/softwa
re/device_drivers/tlcd LDDINCDIR=/root/sl5k/software/device_drivers/tlcd modules
make[1]: Entering directory `/root/sl5k/software/kernel/linux-2.6.17.4-syslab500
0'
  CC [M]  /root/sl5k/software/device_drivers/tlcd/tlcd.o
  Building modules, stage 2.
  MODPOST
  CC      /root/sl5k/software/device_drivers/tlcd/tlcd.mod.o
  LD [M]  /root/sl5k/software/device_drivers/tlcd/tlcd.ko
make[1]: Leaving directory `/root/sl5k/software/kernel/linux-2.6.17.4-syslab5000
'
/opt/iwmmxt/arm-iwmmxt-linux/bin/arm-iwmmxt-linux-gcc tlcd_app.c -o tlcd_app
/opt/iwmmxt/arm-iwmmxt-linux/bin/arm-iwmmxt-linux-gcc tlcd_check.c -o tlcd_check
[root@localhost tlcd]# ls
Makefile         tlcd.ko      tlcd.o      tlcd_check    tlcd_unload
Modules.symvers  tlcd.mod.c   tlcd_app    tlcd_check.c
tlcd.c           tlcd.mod.o   tlcd_app.c  tlcd_load
[root@localhost tlcd]#
```

[그림 10-16] ▶ Text-LCD 디바이스 드라이버 컴파일

(5) 레지스터 모듈

드라이버를 등록하는 데 필요한 절차를 쉘 스크립트 파일로 제공한다. 이것은 'insmod' 명령으로 드라이버 모듈을 올리고 'mknod' 명령으로 디바이스 노드를 생성한다. 이 때 필요한 디바이스 메이저 번호는 /proc/devices 파일을 참조하여 가져 온다.

```
#!/bin/bash
module="tlcd"
device="tlcd"
mode="664"

# invoke insmod with all arguments we got
# and use a pathname, as newer modutils don't look in . by default
```

```
/sbin/insmod -f ./$module.ko $* || exit 1

major=`cat /proc/devices | awk "₩₩$2==₩"$module₩" {print ₩₩$1}"`

# Remove stale nodes and replace them, then give gid and perms
# Usually the script is shorter, it's simple that has several devices in it.

rm -f /dev/${device}
mknod /dev/${device} c $major 0
```

(6) Device test

'minicom'을 실행시킨 후 커널 부팅을 시작한다. 부팅 완료 후 프롬프트가 나오면 Host PC로부터 컴파일된 드라이버 파일과 응용 프로그램, 그리고 쉘 스크립트 파일을 다운로드받는다. 먼저, 'tlcd_load' 스크립트를 수행시킨다. 그러면 그림과 같이 등록된 모듈과 생성된 디바이스 노드를 확인할 수 있다. 등록된 모듈은 'lsmod' 명령으로 확인할 수 있다.

```
☞ ls                    // 파일 리스트 확인
☞ sh tlcd_load          // Text LCD 디바이스 드라이버 등록
☞ lsmod                 // 현재 로드된 모듈 목록 출력
☞ ls -l /dev/tlcd       // 현재 등록된 디바이스 드라이버 출력
```

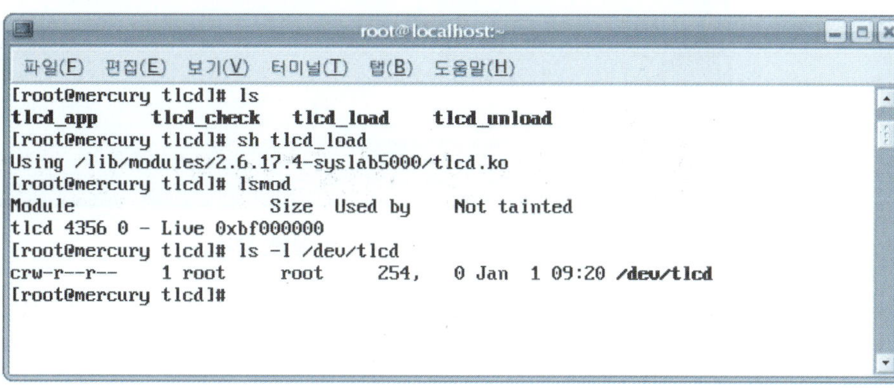

[그림 10-17] ▶ Text-LCD 디바이스 드라이버 모듈 등록

tlcd_app 응용 프로그램을 실행시킨다. 문자와 문자열을 입력할 때마다 FPGA로부터 받은 데이터를 응용 프로그램에서 LCD 화면으로 출력시켜 준다. 'Q'키를 입력

제 10 장

하면 프로그램이 종료된다.

```
☞ chmod 755 tlcd_app          // 실행 가능 상태로 권한 변경
☞ ./tlcd_app                  // Text LCD 어플리케이션 실행
```

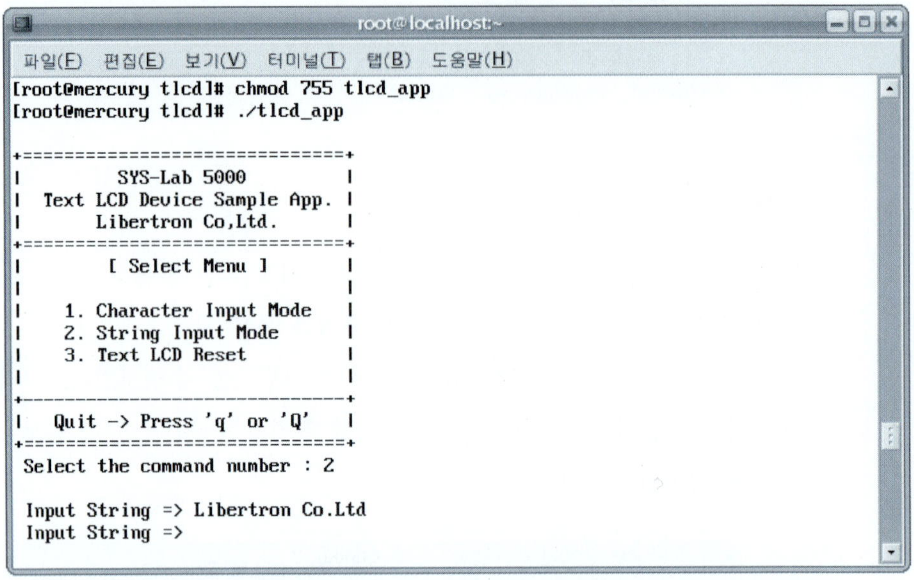

[그림 10-18] ▸ Text-LCD 응용 프로그램 실행 결과

6) Dip Switch

SYS-Lab 5000 보드에는 2개의 Dip Switch가 있으며, 2개의 Dip Switch에는 총 16개의 스위치가 있다. 각 Dip Switch는 ON/OFF시 Dip Switch 레지스터의 해당 비트가 0과 1이 설정된다.

(1) Physical Address

→ 0x0a000030(Dip Switch Control Register)

(2) Source 위치

→ Dip Switch : sl5k/software/device_driver/dip

(3) Device Driver source

드라이버 구동방식은 사용자가 응용 프로그램에서 read(fd, &value, count) 함수를 사용하여 장치에 접근하면 드라이버는 현재 Switch의 값을 16진수로 변환하여 &value 변수로 반환하게 된다.

```
#include <linux/config.h>
#include <linux/module.h>
#include <linux/moduleparam.h>
#include <linux/init.h>

#include <linux/kernel.h>       /* printk() */
#include <linux/slab.h>         /* kmalloc() */
#include <linux/fs.h>           /* everything... */
#include <linux/errno.h>        /* error codes */
#include <linux/types.h>        /* size_t */
#include <linux/mm.h>
#include <linux/kdev_t.h>
#include <linux/cdev.h>
#include <linux/device.h>
#include <linux/delay.h>
#include <linux/ioport.h>
#include <linux/interrupt.h>
#include <linux/workqueue.h>
#include <linux/wait.h>

#include <asm/page.h>
#include <asm/io.h>
#include <asm/uaccess.h>
#include <asm/irq.h>
#include <asm/system.h>

#include <asm/arch/pxa-regs.h>
#include <asm/arch/syslab5000.h>
```

```
#define DIP_NAME          "dip"            // Dip Switch의 장치이름
#define DIP_PHYADDR       0x0a000030   // Dip Switch의 물리 주소

/*
 * Global Variables
 */
static unsigned long *dip_addr;
static int dip_major = 0;

module_param(dip_major, int, 0);
MODULE_AUTHOR("jhoon_kim");
MODULE_LICENSE("Dual BSD/GPL");

/*
 * Data read to FPGA DIP matrix
 */

ssize_t dip_read(struct file *filp, char __user *buf, size_t count,
                    loff_t *fops)
{
        unsigned int dip_value;
        dip_value = readl(dip_addr) & 0xffff;        //Dip Switch의 Value 값을 읽음

        copy_to_user(buf, &dip_value, 4);            //Value 값 반환

        return 0;
}

/*
 * Set up the cdev structure for a device
 */
static void dip_setup_cdev(struct cdev *dev, int minor, struct file_operations *fops)
{
        int err, devno = MKDEV(dip_major, minor);

        cdev_init(dev, fops);
        dev->owner = THIS_MODULE;
        dev->ops = fops;
        err = cdev_add(dev, devno, 1);

        if (err)
                printk(KERN_NOTICE "Error %d adding DIP Value%d", err, minor);
}
```

```
/*
 * Open the device
 */
static int dip_open(struct inode *inode, struct file *filp)
{

        return 0;
}

/*
 * Closing the device
 */
static int dip_release(struct inode *inode, struct file *filp)
{

        return 0;

}

/*
 * Device 0 uses
 */
static struct file_operations dip_fops = {
        .owner = THIS_MODULE,
        .open = dip_open,
        .release = dip_release,
        .read = dip_read,
};

/*
 * We export two simple devices.  There's no need for us to maintain any
 * special housekeeping info, so we just deal with raw cdevs.
 */
static struct cdev DIPDevs[1];

/*
 * Module housekeeping.
 */
static int dip_init(void)
{
        int result;
        dev_t dev = MKDEV(dip_major, 0);

        /* Figure out our device number. */
        if (dip_major)
```

```
                result = register_chrdev_region(dev, 1, DIP_NAME);
        else {
                result = alloc_chrdev_region(&dev, 0, 1, DIP_NAME);
                dip_major = MAJOR(dev);
        }
        if (result < 0) {
                printk(KERN_WARNING "%s: unable to get major %d₩n", DIP_NAME,
                                                        dip_major);
                return result;
        }
        if (dip_major == 0)
                dip_major = result;

        /* Now set up two cdevs. */
        dip_setup_cdev(DIPDevs, 0, &dip_fops);

        /* Allocate I/O Memory */
        dip_addr = ioremap(DIP_PHYADDR, 0x1000);

        if (!dip_addr){
                printk("%s:memory allocation failed.₩n", DIP_NAME);
                iounmap(dip_addr);
                return -EIO;
        }

        return 0;
}

static void dip_cleanup(void)
{
        cdev_del(DIPDevs);
        iounmap(dip_addr);
        unregister_chrdev_region(MKDEV(dip_major, 0), 1);

}

module_init(dip_init);
module_exit(dip_cleanup);
```

(4) 컴파일

디바이스 드라이버 컴파일은 커널 헤더 파일을 필요로 한다. 'Makefile'에서 커널 위치경로를 바꾼 후 컴파일을 한다. 이 때 커널은 컴파일이 되어 있어야 하며, 그렇지 않으면 시스템 의존적인 헤더 파일 경로를 찾을 수가 없다.

```
☞ pwd        // 현재 디렉터리 위치 확인
☞ ls         // 파일 리스트 확인
☞ make       // 컴파일 실행
☞ ls         // 새로 생성된 파일 확인
```

```
root@localhost:~/sl5k/software/device_drivers/dip
파일(F) 편집(E) 보기(V) 터미널(T) 탭(B) 도움말(H)
[root@localhost dip]# pwd
/root/sl5k/software/device_drivers/dip
[root@localhost dip]# ls
Makefile  Modules.symvers  dip.c  dip_app.c  dip_check.c  dip_load  dip_unload
[root@localhost dip]# make
make -C /root/sl5k/software/kernel/linux-2.6.17.4-syslab5000/ M=/root/sl5k/softw
are/device_drivers/dip LDDINCDIR=/root/sl5k/software/device_drivers/dip modules
make[1]: Entering directory `/root/sl5k/software/kernel/linux-2.6.17.4-syslab500
0'
  CC [M]  /root/sl5k/software/device_drivers/dip/dip.o
  Building modules, stage 2.
  MODPOST
  CC      /root/sl5k/software/device_drivers/dip/dip.mod.o
  LD [M]  /root/sl5k/software/device_drivers/dip/dip.ko
make[1]: Leaving directory `/root/sl5k/software/kernel/linux-2.6.17.4-syslab5000
'

/opt/iwmmxt/arm-iwmmxt-linux/bin/arm-iwmmxt-linux-gcc dip_app.c -o dip_app
/opt/iwmmxt/arm-iwmmxt-linux/bin/arm-iwmmxt-linux-gcc dip_check.c -o dip_check
[root@localhost dip]# ls
Makefile         dip.c   dip.mod.c  dip.o      dip_app.c  dip_check.c  dip_unload
Modules.symvers  dip.ko  dip.mod.o  dip_app    dip_check  dip_load
[root@localhost dip]# 
```

[그림 10-19] ▶ Dip Switch 디바이스 드라이버 컴파일

(5) 레지스터 모듈

드라이버를 등록하는 데 필요한 절차를 쉘 스크립트 파일로 제공한다. 이것은 'insmod' 명령으로 드라이버 모듈을 올리고 'mknod' 명령으로 디바이스 노드를 생성한다. 이 때 필요한 디바이스 메이저 번호는 /proc/devices 파일을 참조하여 가져 온다.

```
#!/bin/bash
module="dip"
device="dip"
mode="664"

# invoke insmod with all arguments we got
# and use a pathname, as newer modutils don't look in . by default
/sbin/insmod -f ./$module.ko $* || exit 1

major=`cat /proc/devices | awk "₩₩$2==₩"$module₩" {print ₩₩$1}"`

# Remove stale nodes and replace them, then give gid and perms
# Usually the script is shorter, it's simple that has several devices in it.

rm -f /dev/${device}
mknod /dev/${device} c $major 0
```

(6) Device test

'minicom'을 실행시킨 후 커널 부팅을 시작한다. 부팅 완료 후 프롬프트가 나오면 Host PC로부터 컴파일된 드라이버 파일과 응용프로그램, 그리고 쉘 스크립트 파일을 다운로드받는다. 먼저, 'dip_load' 스크립트를 수행시킨다. 그럼 아래 그림과 같이 등록된 모듈과 생성된 디바이스 노드를 확인할 수 있다. 등록된 모듈은 'lsmod' 명령으로 확인할 수 있다.

☞ ls	// 파일 리스트 확인
☞ sh dip_load	// Dip Switch 디바이스 드라이버 등록
☞ lsmod	// 현재 로드된 모듈 목록 출력
☞ ls -l /dev/dip	// 현재 등록된 디바이스 드라이버 출력

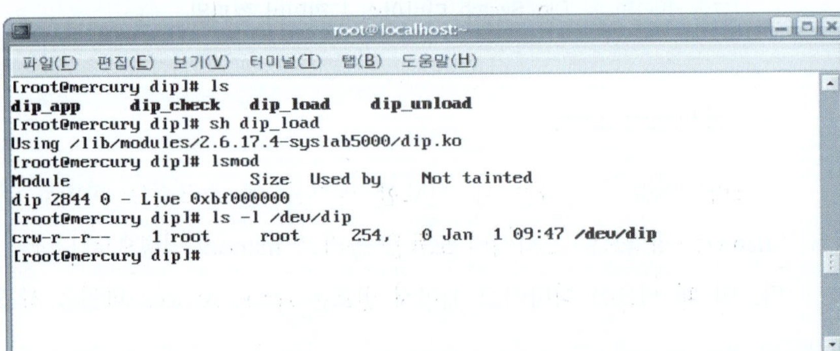

[그림 10-20] ▶ Dip Switch 디바이스 드라이버 모듈 등록

dip_app 응용 프로그램을 실행시킨다. 프로그램을 실행시키면 현재 Dip Switch의 상태가 출력된다.

```
☞ ls                        // 파일 리스트 확인
☞ chmod 755 dip_app         // 실행 가능 상태로 권한 변경
☞ ./dip_app                 // Dip Switch 어플리케이션 실행
```

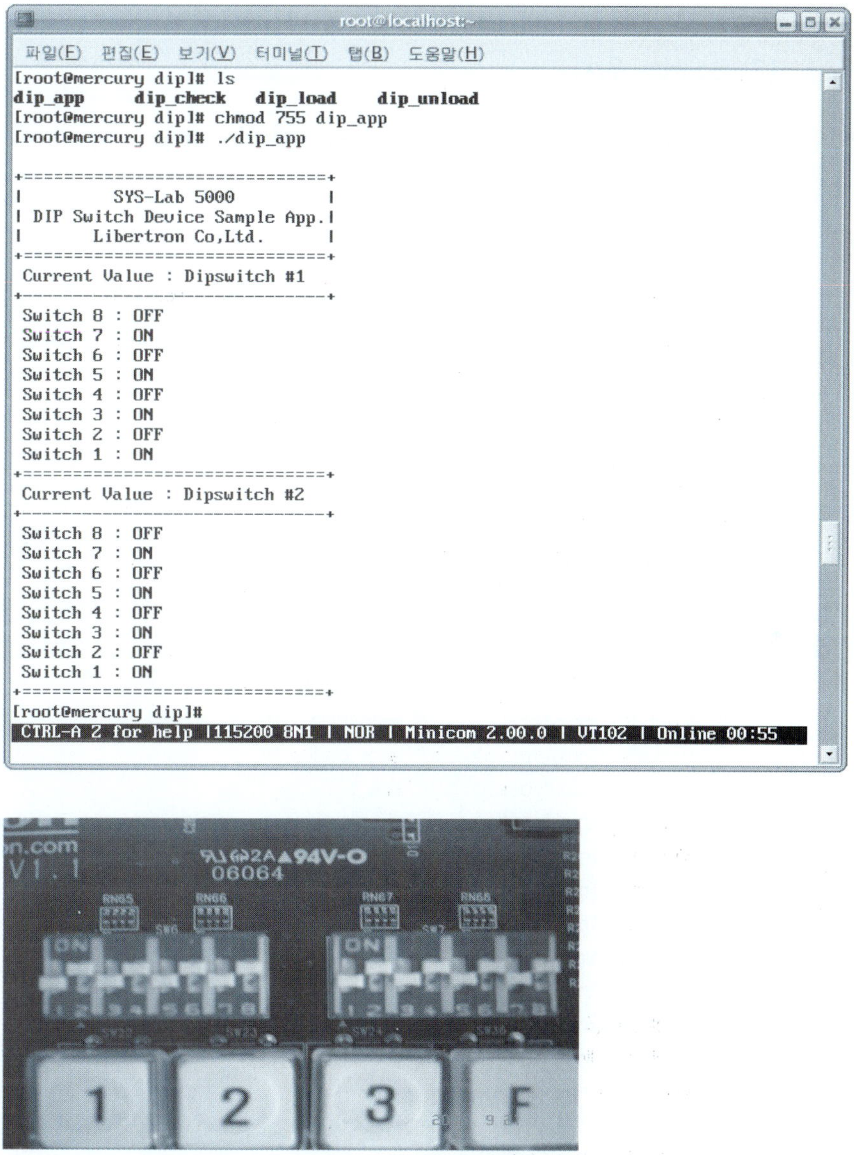

[그림 10-21] ▶ Dip Switch 응용 프로그램 실행 결과

제 10 장

7) Slide Switch

SYS-Lab 5000 보드에는 3개의 Slide Switch가 있으며, 각 Slide Switch는 ON/OFF 시 Slide 레지스터의 해당 비트가 0과 1이 설정된다.

(1) Physical Address

→ 0x0a000034 (Slide Switch Control Register)

(2) Source 위치

→ Slide Switch : sl5k/software/device_driver/slide

(3) Device Driver source

드라이버 구동방식은 사용자가 응용프로그램에서 read 함수를 사용하여 장치에 데이터를 읽어들이면 드라이버는 현재 Switch의 값을 16진수로 변환하여 사용자 영역의 변수로 반환하게 된다.

```
#include <linux/config.h>
#include <linux/module.h>
#include <linux/moduleparam.h>
#include <linux/init.h>

#include <linux/kernel.h>     /* printk() */
#include <linux/slab.h>       /* kmalloc() */
#include <linux/fs.h>         /* everything... */
#include <linux/errno.h>      /* error codes */
#include <linux/types.h>      /* size_t */
#include <linux/mm.h>
#include <linux/kdev_t.h>
#include <linux/cdev.h>
#include <linux/device.h>
#include <linux/delay.h>
#include <linux/ioport.h>
#include <linux/interrupt.h>
#include <linux/workqueue.h>
#include <linux/wait.h>

#include <asm/page.h>
#include <asm/io.h>
```

```
#include <asm/uaccess.h>
#include <asm/irq.h>
#include <asm/system.h>

#include <asm/arch/pxa-regs.h>
#include <asm/arch/syslab5000.h>

#define SLIDE_NAME          "slide"
#define SLIDE_PHYADDR       0x0a000034

/*
 * Global Variables
 */
static unsigned long *slide_addr;
static int slide_major = 0;

module_param(slide_major, int, 0);
MODULE_AUTHOR("jhoon_kim");
MODULE_LICENSE("Dual BSD/GPL");

/*
 * Data read to FPGA SLIDE matrix
 */

ssize_t slide_read(struct file *filp, char __user *buf, size_t count,
                   loff_t *fops)
{
        unsigned int slide_value;
        slide_value = readl(slide_addr) & 0x7;

        copy_to_user(buf, &slide_value, 4);

        return 0;
}

/*
 * Set up the cdev structure for a device
 */
static void slide_setup_cdev(struct cdev *dev, int minor, struct file_operations *fops)
{
        int err, devno = MKDEV(slide_major, minor);

        cdev_init(dev, fops);
        dev->owner = THIS_MODULE;
        dev->ops = fops;
```

```
        err = cdev_add(dev, devno, 1);

        if (err)
                printk(KERN_NOTICE "Error %d adding SLIDE Value%d", err, minor);
}

/*
 * Open the device
 */
static int slide_open(struct inode *inode, struct file *filp)
{

        return 0;
}

/*
 * Closing the device
 */
static int slide_release(struct inode *inode, struct file *filp)
{

        return 0;

}

/*
 * Device 0 uses
 */
static struct file_operations slide_fops = {
        .owner = THIS_MODULE,
        .open = slide_open,
        .release = slide_release,
        .read = slide_read,
};

/*
 * We export two simple devices.  There's no need for us to maintain any
 * special housekeeping info, so we just deal with raw cdevs.
 */
static struct cdev SLIDEDevs[1];

/*
 * Module housekeeping.
 */
static int slide_init(void)
```

```
{
        int result;
        dev_t dev = MKDEV(slide_major, 0);

        /* Figure out our device number. */
        if (slide_major)
                result = register_chrdev_region(dev, 1, SLIDE_NAME);
        else {
                result = alloc_chrdev_region(&dev, 0, 1, SLIDE_NAME);
                slide_major = MAJOR(dev);
        }
        if (result < 0) {
                printk(KERN_WARNING "%s: unable to get major %d₩n", SLIDE_NAME,
  slide_major);
                return result;
        }
        if (slide_major == 0)
                slide_major = result;

        /* Now set up two cdevs. */
        slide_setup_cdev(SLIDEDevs, 0, &slide_fops);

        /* Allocate I/O Memory */
        slide_addr = ioremap(SLIDE_PHYADDR, 0x1000);

        if (!slide_addr){
                printk("%s:memory allocation failed.₩n", SLIDE_NAME);
                iounmap(slide_addr);
                return -EIO;
        }

        return 0;
}

static void slide_cleanup(void)
{
        cdev_del(SLIDEDevs);
      iounmap(slide_addr);
        unregister_chrdev_region(MKDEV(slide_major, 0), 1);

}

module_init(slide_init);
module_exit(slide_cleanup);
```

(4) 컴파일

디바이스 드라이버 컴파일은 커널 헤더 파일을 필요로 한다. 'Makefile'에서 커널 위치경로를 바꾼 후 컴파일을 한다. 이 때 커널은 컴파일이 되어 있어야 하며, 그렇지 않으면 시스템 의존적인 헤더 파일 경로를 찾을 수가 없다.

```
☞ pwd        // 현재 디렉터리 위치 확인
☞ ls         // 파일 리스트 확인
☞ make       // 컴파일 실행
☞ ls         // 새로 생성된 파일 확인
```

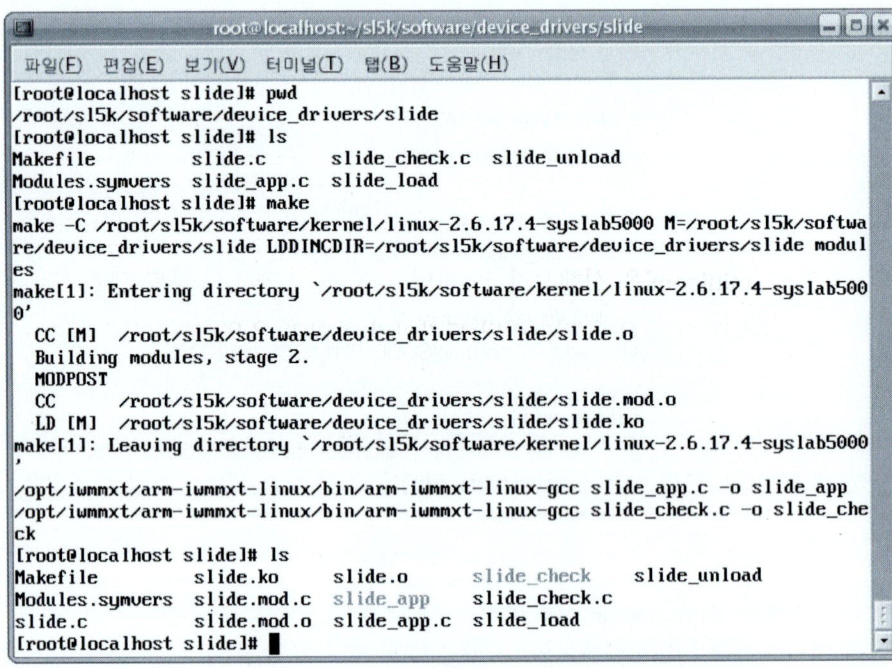

[그림 10-22] ▶ Slide 디바이스 드라이버 컴파일

(5) 레지스터 모듈

드라이버를 등록하는 데 필요한 절차를 쉘 스크립트 파일로 제공한다. 이것은 'insmod' 명령으로 드라이버 모듈을 올리고 'mknod' 명령으로 디바이스 노드를 생성한다. 이 때 필요한 디바이스 메이저 번호는 /proc/devices 파일을 참조하여 가져온다.

```
#!/bin/bash
module="slide"
device="slide"
mode="664"

# invoke insmod with all arguments we got
# and use a pathname, as newer modutils don't look in . by default
/sbin/insmod -f ./$module.ko $* || exit 1

major=`cat /proc/devices | awk "₩₩$2==₩"$module₩" {print ₩₩$1}"`

# Remove stale nodes and replace them, then give gid and perms
# Usually the script is shorter, it's simple that has several devices in it.

rm -f /dev/${device}
mknod /dev/${device} c $major 0
```

(6) Device test

'minicom'을 실행시킨 후 커널 부팅을 시작한다. 부팅 완료 후 프롬프트가 나오면 호스트 PC로부터 컴파일된 드라이버 파일과 응용프로그램, 그리고 쉘 스크립트 파일을 다운로드받는다. 먼저, 'slide_load' 스크립트를 수행시킨다. 그럼 아래 그림과 같이 등록된 모듈과 생성된 디바이스 노드를 확인할 수 있다. 등록된 모듈은 'lsmod' 명령으로 확인할 수 있다.

```
☞ ls                    //파일 리스트 확인
☞ sh slide_load         // Slide Switch 디바이스 드라이버 등록
☞ lsmod                 // 현재 로드된 모듈 목록 출력
☞ ls -l /dev/slide      // 현재 등록된 디바이스 드라이버 출력
```

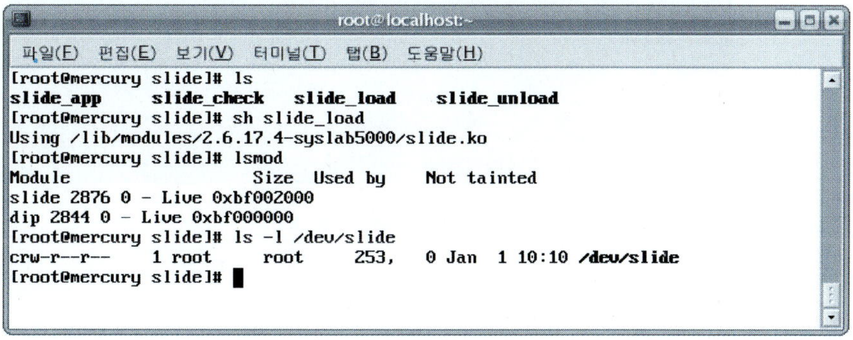

[그림 10-23] ▶ Slide 디바이스 드라이버 모듈 등록

slide_app 응용 프로그램을 실행시킨다. 프로그램을 실행시키면 현재 Slide Switch의 상태가 출력된다.

```
☞ ls                          // 파일 리스트 확인
☞ chmod 755 slide_app         // 실행 가능 상태로 권한 변경
☞ ./slide_app                 // Slide Switch 어플리케이션 실행
```

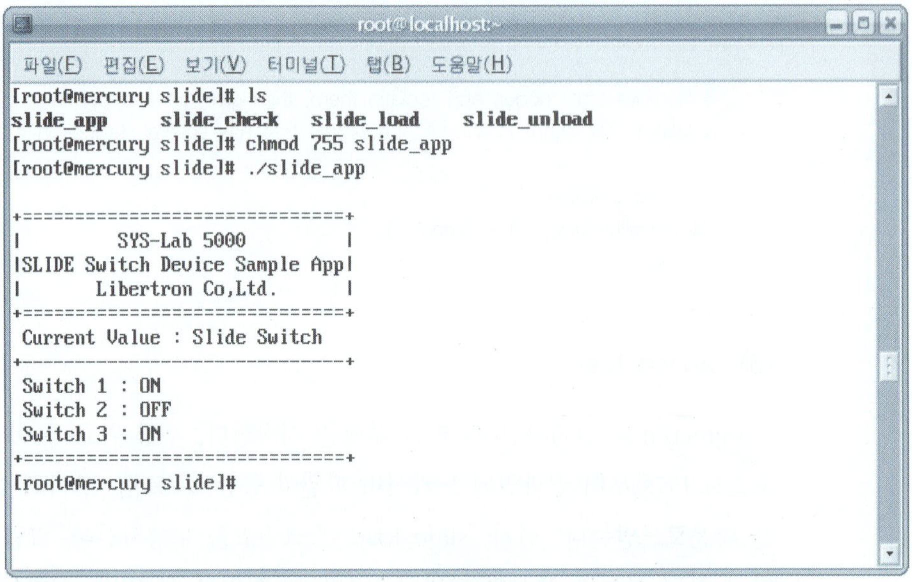

```
root@localhost:~
파일(F) 편집(E) 보기(V) 터미널(T) 탭(B) 도움말(H)
[root@mercury slide]# ls
slide_app     slide_check    slide_load     slide_unload
[root@mercury slide]# chmod 755 slide_app
[root@mercury slide]# ./slide_app

+================================+
|         SYS-Lab 5000           |
|SLIDE Switch Device Sample App|
|      Libertron Co,Ltd.         |
+================================+
 Current Value : Slide Switch
+--------------------------------+
 Switch 1 : ON
 Switch 2 : OFF
 Switch 3 : ON
+================================+
[root@mercury slide]#
```

[그림 10-24] ▶ Slide 응용 프로그램 수행 결과

8) Push Switch

SYS-Lab 5000 보드에는 4개의 Push Switch가 있으며, 각 Push Switch는 ON/OFF시 Slide 레지스터의 해당 비트가 0과 1이 설정된다.

(1) Physical Address

→ 0x0a000038 (Push Switch Control Register)

(2) Source 위치

→ Push Switch : sl5k/software/device_driver/push

(3) Device Driver source

드라이버 구동방식은 사용자가 응용 프로그램에서 read(fd, &value, count) 함수를 사용하여 장치에 접근하면 드라이버는 현재 Switch의 값을 16진수로 변환하여 & value 변수로 반환하게 된다.

```
#include <linux/config.h>
#include <linux/module.h>
#include <linux/moduleparam.h>
#include <linux/init.h>

#include <linux/kernel.h>    /* printk() */
#include <linux/slab.h>      /* kmalloc() */
#include <linux/fs.h>        /* everything... */
#include <linux/errno.h>     /* error codes */
#include <linux/types.h>     /* size_t */
#include <linux/mm.h>
#include <linux/kdev_t.h>
#include <linux/cdev.h>
#include <linux/device.h>
#include <linux/delay.h>
#include <linux/ioport.h>
#include <linux/interrupt.h>
#include <linux/workqueue.h>
#include <linux/wait.h>

#include <asm/page.h>
#include <asm/io.h>
```

제10장

```
#include <asm/uaccess.h>
#include <asm/irq.h>
#include <asm/system.h>

#include <asm/arch/pxa-regs.h>
#include <asm/arch/syslab5000.h>

#define PUSH_NAME          "push"
#define PUSH_PHYADDR       0x0a000038

/*
 * Global Variables
 */
static unsigned long *push_addr;
static int push_major = 0;

module_param(push_major, int, 0);
MODULE_AUTHOR("jhoon_kim");
MODULE_LICENSE("Dual BSD/GPL");

/*
 * Data read to FPGA PUSH matrix
 */

ssize_t push_read(struct file *filp, char __user *buf, size_t count,
                  loff_t *fops)
{
        unsigned int push_value;
        push_value = readl(push_addr) & 0xf;

        copy_to_user(buf, &push_value, 4);

        return 0;
}

/*
 * Set up the cdev structure for a device
 */
static void push_setup_cdev(struct cdev *dev, int minor, struct file_operations *fops)
{
        int err, devno = MKDEV(push_major, minor);

        cdev_init(dev, fops);
        dev->owner = THIS_MODULE;
        dev->ops = fops;
        err = cdev_add(dev, devno, 1);
```

```
        if (err)
                printk(KERN_NOTICE "Error %d adding PUSH Value%d", err, minor);
}

/*
 * Open the device
 */
static int push_open(struct inode *inode, struct file *filp)
{

        return 0;
}

/*
 * Closing the device
 */
static int push_release(struct inode *inode, struct file *filp)
{

        return 0;

}

/*
 * Device 0 uses
 */
static struct file_operations push_fops = {
        .owner = THIS_MODULE,
        .open = push_open,
        .release = push_release,
        .read = push_read,
};

/*
 * We export two simple devices.  There's no need for us to maintain any
 * special housekeeping info, so we just deal with raw cdevs.
 */
static struct cdev PUSHDevs[1];

/*
 * Module housekeeping.
 */
static int push_init(void)
{
```

```
        int result;
        dev_t dev = MKDEV(push_major, 0);

        /* Figure out our device number. */
        if (push_major)
                result = register_chrdev_region(dev, 1, PUSH_NAME);
        else {
                result = alloc_chrdev_region(&dev, 0, 1, PUSH_NAME);
                push_major = MAJOR(dev);
        }
        if (result < 0) {
                printk(KERN_WARNING "%s: unable to get major %d\n", PUSH_NAME,
                                                    push_major);
                return result;
        }
        if (push_major == 0)
                push_major = result;

        /* Now set up two cdevs. */
        push_setup_cdev(PUSHDevs, 0, &push_fops);

        /* Allocate I/O Memory */
        push_addr = ioremap(PUSH_PHYADDR, 0x1000);

        if (!push_addr){
                printk("%s:memory allocation failed.\n", PUSH_NAME);
                iounmap(push_addr);
                return -EIO;
        }

        return 0;
}


static void push_cleanup(void)
{
            cdev_del(PUSHDevs);
        iounmap(push_addr);
            unregister_chrdev_region(MKDEV(push_major, 0), 1);

}

module_init(push_init);
module_exit(push_cleanup);
```

(4) 컴파일

디바이스 드라이버 컴파일은 커널 헤더 파일을 필요로 한다. 'Makefile'에서 커널 위치경로를 바꾼 후 컴파일을 한다. 이 때 커널은 컴파일이 되어 있어야 하며, 그렇지 않으면 시스템 의존적인 헤더 파일 경로를 찾을 수가 없다.

☞ pwd	// 현재 디렉터리 위치 확인
☞ ls	// 파일 리스트 확인
☞ make	// 컴파일 실행
☞ ls	// 새로 생성된 파일 확인

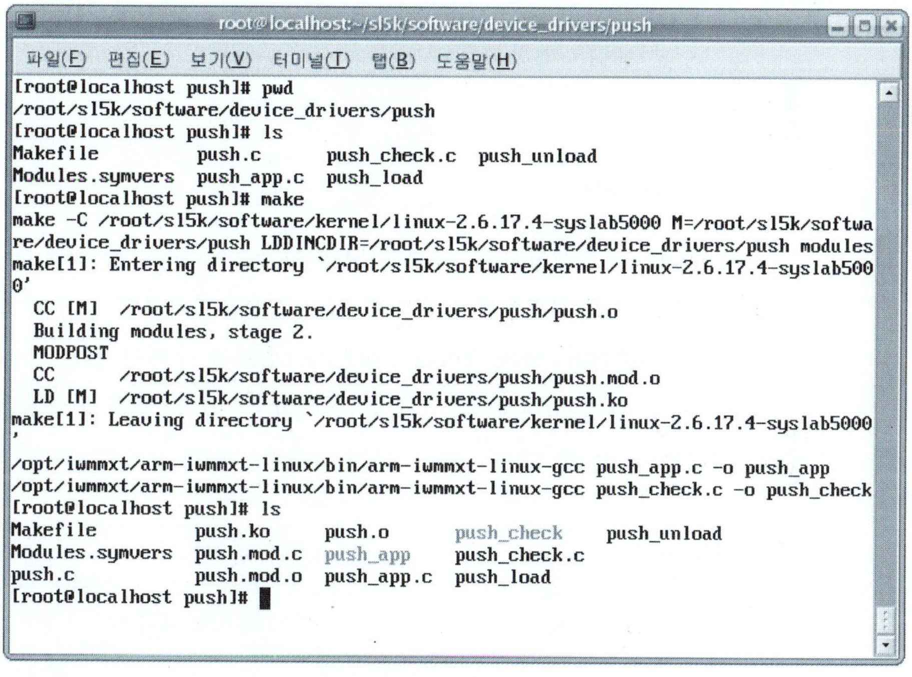

[그림 10-25] ▶ Push Switch 디바이스 드라이버 컴파일

(5) 레지스터 모듈

드라이버를 등록하는 데 필요한 절차를 쉘 스크립트 파일로 제공한다. 이것은 'insmod' 명령으로 드라이버 모듈을 올리고 'mknod' 명령으로 디바이스 노드를 생성한다. 이 때 필요한 디바이스 메이저 번호는 /proc/devices 파일을 참조하여 가져온다.

제 10 장

```
#!/bin/bash
module="push"
device="push"
mode="664"

# invoke insmod with all arguments we got
# and use a pathname, as newer modutils don't look in . by default
/sbin/insmod -f ./$module.ko $* || exit 1

major=`cat /proc/devices | awk "\\$2==\"$module\" {print \\$1}"`

# Remove stale nodes and replace them, then give gid and perms
# Usually the script is shorter, it's simple that has several devices in it.

rm -f /dev/${device}
mknod /dev/${device} c $major 0
```

(6) Device test

'minicom'을 실행시킨 후 커널 부팅을 시작한다. 부팅 완료 후 프롬프트가 나오면 호스트 PC로부터 컴파일된 드라이버 파일과 응용프로그램, 그리고 쉘 스크립트 파일을 다운로드받는다. 먼저, 'push_load' 스크립트를 수행시킨다. 그럼 그림과 같이 등록된 모듈과 생성된 디바이스 노드를 확인할 수 있다. 등록된 모듈은 'lsmod' 명령으로 확인할 수 있다.

```
☞ ls                // 파일 리스트 확인
☞ sh push_load      // Push Switch 디바이스 드라이버 등록
☞ lsmod             // 현재 로드된 모듈 목록 출력
☞ ls -l /dev/push   // 현재 등록된 디바이스 드라이버 출력
```

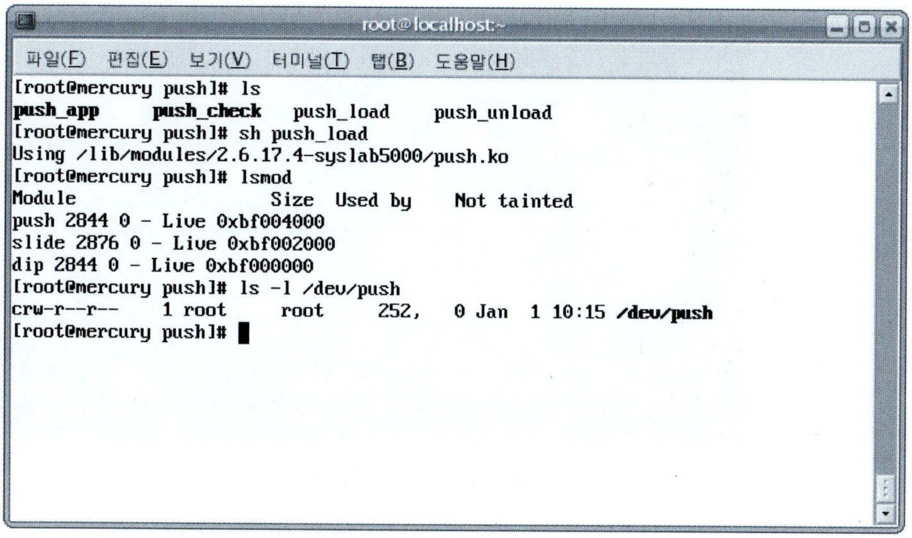

```
root@localhost:~
파일(F) 편집(E) 보기(V) 터미널(T) 탭(B) 도움말(H)
[root@mercury push]# ls
push_app      push_check    push_load     push_unload
[root@mercury push]# sh push_load
Using /lib/modules/2.6.17.4-syslab5000/push.ko
[root@mercury push]# lsmod
Module                  Size  Used by    Not tainted
push 2844 0 - Live 0xbf004000
slide 2876 0 - Live 0xbf002000
dip 2844 0 - Live 0xbf000000
[root@mercury push]# ls -l /dev/push
crw-r--r--    1 root     root     252,   0 Jan  1 10:15 /dev/push
[root@mercury push]#
```

[그림 10-26] ▶ Push Switch 디바이스 드라이버 모듈 등록

push_app 응용 프로그램을 실행시킨다. 프로그램을 실행시키면 현재 Push Switch의 상태가 출력된다.

☞ ls	// 파일 리스트 확인
☞ chmod 755 push_app	// 실행 가능 상태로 권한 변경
☞ ./push_app	// Push Switch 어플리케이션 실행

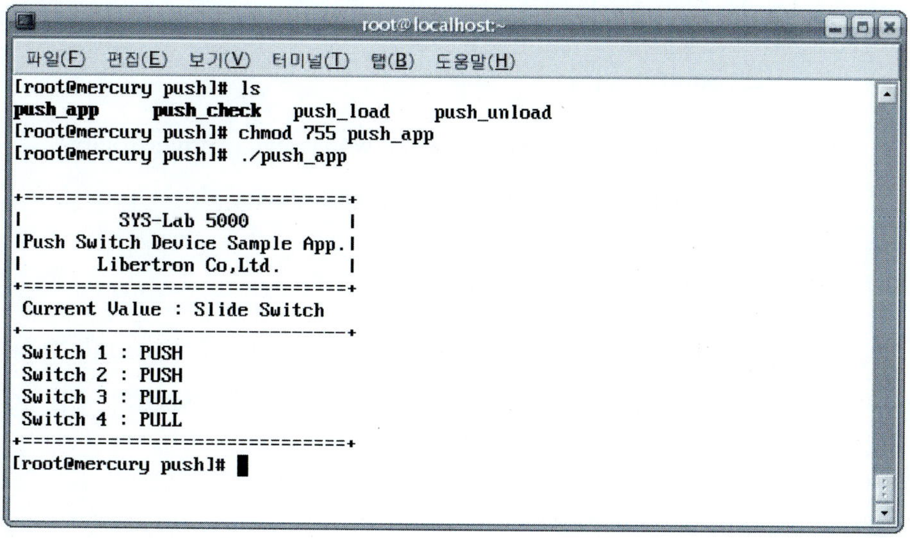

```
root@localhost:~
파일(F) 편집(E) 보기(V) 터미널(T) 탭(B) 도움말(H)
[root@mercury push]# ls
push_app      push_check    push_load     push_unload
[root@mercury push]# chmod 755 push_app
[root@mercury push]# ./push_app

+==============================+
|         SYS-Lab 5000         |
|Push Switch Device Sample App.|
|      Libertron Co,Ltd.       |
+==============================+
 Current Value : Slide Switch
+------------------------------+
 Switch 1 : PUSH
 Switch 2 : PUSH
 Switch 3 : PULL
 Switch 4 : PULL
+==============================+
[root@mercury push]#
```

제 10 장

[그림 10-27] ▶ Push Switch 응용 프로그램 실행 결과

9) Rotary Switch

SYS-Lab 5000 보드에는 2개의 Rotary Switch가 있으며, 각 Rotary Switch가 위치해 있는 값 그대로 레지스터에 기록이 된다.

(1) Physical Address

→ 0x0a00003c (Rotary Switch #1 Control Register)

→ 0x0a000040 (Rotary Switch #2 Control Register)

(2) Source 위치

→ Rotary Switch #1 : sl5k/software/device_driver/rotary1

→ Rotary Switch #2 : sl5k/software/device_driver/rotary2

(3) Device Driver source

드라이버 구동방식은 사용자가 응용 프로그램에서 read(fd, &value, count) 함수를 사용하여 장치에 접근하면 드라이버는 현재 Switch의 값을 16진수로 변환하여 &value 변수로 반환하게 된다.

```
#include <linux/config.h>
#include <linux/module.h>
#include <linux/moduleparam.h>
#include <linux/init.h>

#include <linux/kernel.h>      /* printk() */
#include <linux/slab.h>        /* kmalloc() */
#include <linux/fs.h>          /* everything... */
#include <linux/errno.h>       /* error codes */
#include <linux/types.h>       /* size_t */
#include <linux/mm.h>
#include <linux/kdev_t.h>
#include <linux/cdev.h>
#include <linux/device.h>
#include <linux/delay.h>
#include <linux/ioport.h>
#include <linux/interrupt.h>
#include <linux/workqueue.h>
#include <linux/wait.h>

#include <asm/page.h>
#include <asm/io.h>
#include <asm/uaccess.h>
#include <asm/irq.h>
#include <asm/system.h>

#include <asm/arch/pxa-regs.h>
#include <asm/arch/syslab5000.h>

#define ROTARY1_NAME          "rotary1"
#define ROTARY1_PHYADDR       0x0a00003c

/*
 * Global Variables
 */
static unsigned long *rotary1_addr;
static int rotary1_major = 0;

module_param(rotary1_major, int, 0);
MODULE_AUTHOR("jhoon_kim");
MODULE_LICENSE("Dual BSD/GPL");

/*
 * Data read to FPGA ROTARY1 matrix
 */
```

제 10 장

```
ssize_t rotary1_read(struct file *filp, char __user *buf, size_t count,
                    loff_t *fops)
{
        unsigned int rotary1_value;
        rotary1_value = readl(rotary1_addr) & 0xf;

        copy_to_user(buf, &rotary1_value, 4);

        return 0;
}

/*
 * Set up the cdev structure for a device
 */
static void rotary1_setup_cdev(struct cdev *dev, int minor, struct file_operations *fops)
{
        int err, devno = MKDEV(rotary1_major, minor);

        cdev_init(dev, fops);
        dev->owner = THIS_MODULE;
        dev->ops = fops;
        err = cdev_add(dev, devno, 1);

        if (err)
                printk(KERN_NOTICE "Error %d adding ROTARY1 Value%d", err, minor);
}

/*
 * Open the device
 */
static int rotary1_open(struct inode *inode, struct file *filp)
{

        return 0;
}

/*
 * Closing the device
 */
static int rotary1_release(struct inode *inode, struct file *filp)
{

        return 0;
```

```
}

/*
 * Device 0 uses
 */
static struct file_operations rotary1_fops = {
        .owner = THIS_MODULE,
        .open = rotary1_open,
        .release = rotary1_release,
        .read = rotary1_read,
};

/*
 * We export two simple devices.  There's no need for us to maintain any
 * special housekeeping info, so we just deal with raw cdevs.
 */
static struct cdev ROTARY1Devs[1];

/*
 * Module housekeeping.
 */
static int rotary1_init(void)
{
        int result;
        dev_t dev = MKDEV(rotary1_major, 0);

        /* Figure out our device number. */
        if (rotary1_major)
                result = register_chrdev_region(dev, 1, ROTARY1_NAME);
        else {
                result = alloc_chrdev_region(&dev, 0, 1, ROTARY1_NAME);
                rotary1_major = MAJOR(dev);
        }
        if (result < 0) {
                printk(KERN_WARNING "%s: unable to get major %d₩n", ROTARY1_NAME,
                                                        rotary1_major);
                return result;
        }
        if (rotary1_major == 0)
                rotary1_major = result;

        /* Now set up two cdevs. */
        rotary1_setup_cdev(ROTARY1Devs, 0, &rotary1_fops);

        /* Allocate I/O Memory */
```

제 10 장

```
        rotary1_addr = ioremap(ROTARY1_PHYADDR, 0x1000);

        if (!rotary1_addr){
                printk("%s:memory allocation failed.\n", ROTARY1_NAME);
                iounmap(rotary1_addr);
                return -EIO;
        }

        return 0;
}


static void rotary1_cleanup(void)
{
        cdev_del(ROTARY1Devs);
      iounmap(rotary1_addr);
        unregister_chrdev_region(MKDEV(rotary1_major, 0), 1);

}

module_init(rotary1_init);
module_exit(rotary1_cleanup);
```

(4) 컴파일

디바이스 드라이버 컴파일은 커널 헤더 파일을 필요로 한다. 'Makefile'에서 커널 위치경로를 바꾼 후 컴파일을 한다. 이 때 커널은 컴파일이 되어 있어야 하며, 그렇지 않으면 시스템 의존적인 헤더 파일 경로를 찾을 수가 없다.

```
☞ pwd                                // 현재 디렉터리 위치 확인
☞ ls                                 // 파일 리스트 확인
☞ make                               // 컴파일 실행
☞ ls                                 // 새로 생성된 파일 확인
```

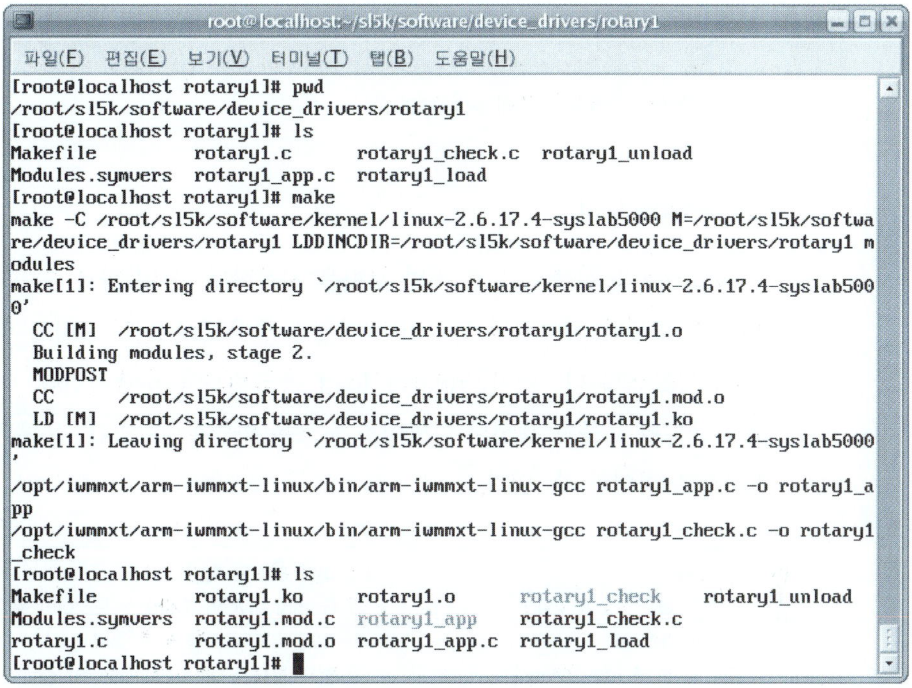

[그림 10-28] ▶ Rotary Switch1 디바이스 드라이버 컴파일

(5) 레지스터 모듈

드라이버를 등록하는 데 필요한 절차를 쉘 스크립트 파일로 제공한다. 이것은 'insmod' 명령으로 드라이버 모듈을 올리고 'mknod' 명령으로 디바이스 노드를 생성한다. 이 때 필요한 디바이스 메이저 번호는 /proc/devices 파일을 참조하여 가져 온다.

```
#!/bin/bash
module="rotary1"
device="rotary1"
mode="664"

# invoke insmod with all arguments we got
# and use a pathname, as newer modutils don't look in . by default
/sbin/insmod -f ./$module.ko $* || exit 1

major=`cat /proc/devices | awk "₩₩$2==₩"$module₩" {print ₩₩$1}"`

# Remove stale nodes and replace them, then give gid and perms
# Usually the script is shorter, it's simple that has several devices in it.
```

```
rm -f /dev/${device}
mknod /dev/${device} c $major 0
```

(6) Device test

'minicom'을 실행시킨 후 커널 부팅을 시작한다. 부팅 완료 후 프롬프트가 나오면 Host PC로부터 컴파일된 드라이버 파일과 응용프로그램, 그리고 쉘 스크립트 파일을 다운로드받는다. 먼저, 'rotary1_load' 스크립트를 수행시킨다. 그럼 아래 그림과 같이 등록된 모듈과 생성된 디바이스 노드를 확인할 수 있다. 등록된 모듈은 'lsmod' 명령으로 확인할 수 있다.

```
☞ ls                    // 파일 리스트 확인
☞ sh rotary1_load       // Rotary switch 디바이스 드라이버 등록
☞ lsmod                 // 현재 로드된 모듈 목록 출력
☞ ls -l /dev/rotary1    // 현재 등록된 디바이스 드라이버 출력
```

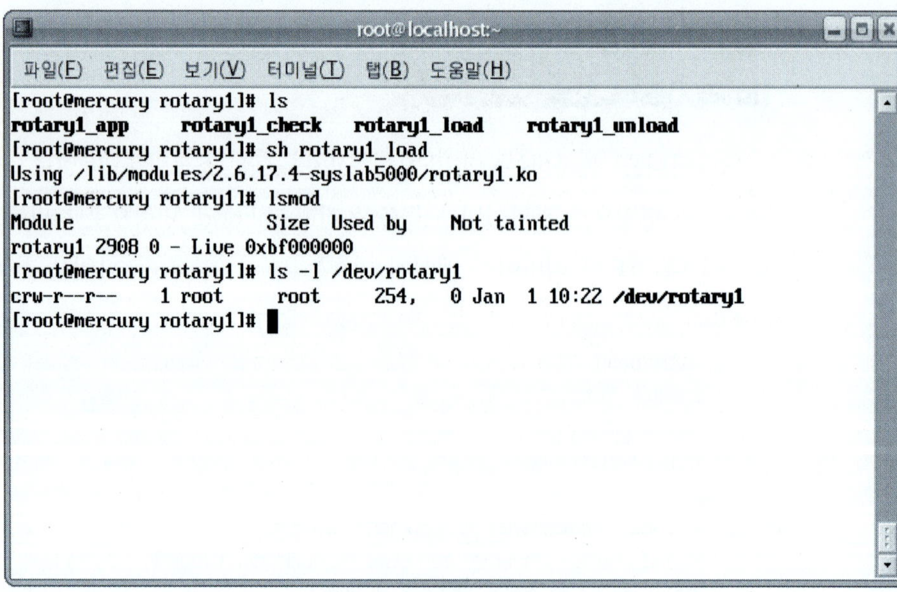

[그림 10-29] ▶ Rotary Switch 디바이스 드라이버 모듈 등록

rotary1_app 응용 프로그램을 실행시킨다. 프로그램을 실행시키면 현재 Rotary Switch의 상태가 출력된다.

```
☞ ls                          // 파일 리스트 확인
☞ chmod 755 rotary1_app       // 실행 가능 상태로 권한 변경
☞ ./rotary1_app               // Rotary Switch 어플리케이션 실행
```

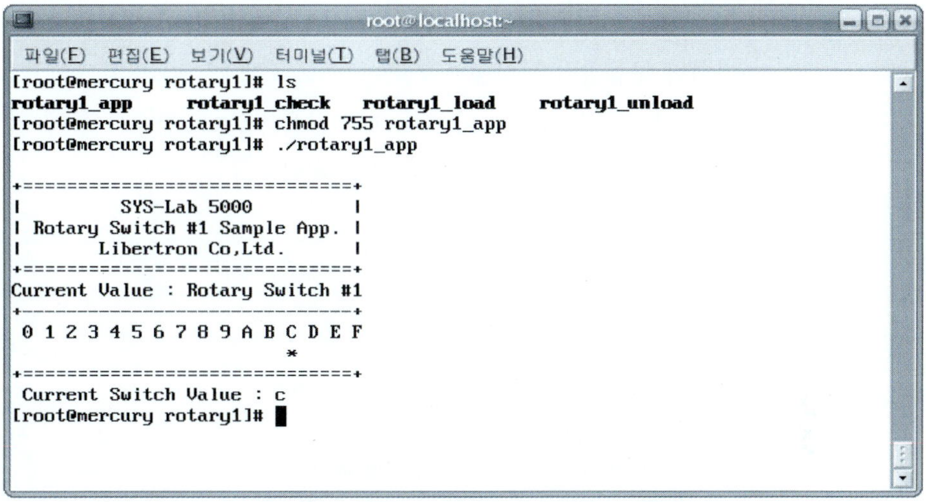

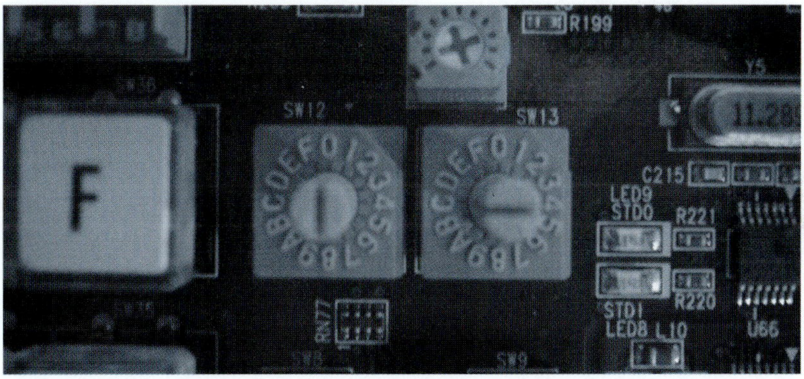

[그림 10-30] ▶ Push Switch 응용 프로그램 수행 결과

10) Step Motor

SYS-Lab 5000 보드에는 1개의 Step Motor를 장착하고 있으며, SMCR 레지스터의 비트 setting을 통해 모터의 속도와 방향을 제어할 수 있다.

(1) Physical Address

→ 0x0a000028

(2) Source 위치

→ sl5k/software/device_driver/step

(3) Device Driver source

드라이버 구동방식은 사용자가 응용 프로그램에서 ioctl(fd, cmd, arg)함수를 사용하여 장치에 접근하면 드라이버는 cmd 값을 Switch 함수를 통해 가각의 설정에 따라 SMCR 레지스터의 주소에 데이터를 써넣는다.

```
#include <linux/config.h>
#include <linux/module.h>
#include <linux/moduleparam.h>
#include <linux/init.h>

#include <linux/kernel.h>       /* printk() */
#include <linux/slab.h>         /* kmalloc() */
#include <linux/fs.h>           /* everything... */
#include <linux/errno.h>        /* error codes */
#include <linux/types.h>        /* size_t */
#include <linux/mm.h>
#include <linux/kdev_t.h>
#include <linux/cdev.h>
#include <linux/device.h>
#include <linux/delay.h>

#include <asm/page.h>
#include <asm/io.h>
#include <asm/uaccess.h>

#include <linux/fcntl.h>

#define STEP_NAME           "step"
#define STEP_PHYADDR        0x0a000028

#define IOCTL_STEP_LEFT     1
#define IOCTL_STEP_RIGHT    2
#define IOCTL_STEP_SPUP     3
#define IOCTL_STEP_SPDW     4
#define IOCTL_STEP_OFF      0

/*
 * Global Variables
```

```
 */
static unsigned long *step_addr;
static int step_major = 0;
unsigned int speed = 0xfffff; // step motor speed set value

module_param(step_major, int, 0);
MODULE_AUTHOR("pooh(dwkim@libertron.com)");
MODULE_LICENSE("Dual BSD/GPL");

/*
 * Open the device
 */
static int step_open(struct inode *inode, struct file *filp)
{
        return 0;
}

/*
 * Closing the device
 */
static int step_release(struct inode *inode, struct file *filp)
{
        return 0;
}

/*
 * Set up the cdev structure for a device
 */
static void step_setup_cdev(struct cdev *dev, int minor, struct file_operations *fops)
{
        int err, devno = MKDEV(step_major, minor);

        cdev_init(dev, fops);
        dev->owner = THIS_MODULE;
        dev->ops = fops;
        err = cdev_add(dev, devno, 1);

        if (err)
                printk(KERN_NOTICE "Error %d adding 'step motor' %d", err, minor);
}

/*
 * ioctl function
 */
int step_ioctl(struct inode *inode, struct file *filp, unsigned int cmd, unsigned long arg){
```

```
    printk("₩n*test arg value : %x ₩n",arg);

    switch(cmd)
    {
        case 0xfffff :  speed  = arg ; outl(speed,step_addr); break; /*SMCR register init*/

        case IOCTL_STEP_LEFT  :  speed &=~(arg); outl(speed,step_addr); break;

        case IOCTL_STEP_RIGHT :  speed |= (arg); outl(speed,step_addr); break;

        case IOCTL_STEP_SPUP  :  speed -= (arg); outl(speed,step_addr); break;

        case IOCTL_STEP_SPDW  :  speed += (arg); outl(speed,step_addr); break;

        case IOCTL_STEP_OFF   :  outl(arg,step_addr); break;
    }

    return speed;
}

/*
 * ioctl function
 */
static struct file_operations step_fops = {
        .owner = THIS_MODULE,
        .open   = step_open,
        .release = step_release,
        .ioctl = step_ioctl,
};

/*
 * We export two simple devices.  There's no need for us to maintain any
 * special housekeeping info, so we just deal with raw cdevs.
 */
static struct cdev STEPDevs[1];

/*
 * Module housekeeping.
 */
static int step_init(void)
{
    int result;
    dev_t dev = MKDEV(step_major, 0);

    /* Figure out our device number. */
```

```
        if (step_major)
              result = register_chrdev_region(dev, 1, STEP_NAME);
        else {
              result = alloc_chrdev_region(&dev, 0, 1, STEP_NAME);
              step_major = MAJOR(dev);
        }
        if (result < 0) {
              printk(KERN_WARNING "step: unable to get major %d₩n", step_major);
              return result;
        }
        if (step_major == 0)
              step_major = result;

        /* Now set up two cdevs. */
        step_setup_cdev(STEPDevs, 0, &step_fops);

        /* Allocate I/O Memory */
        step_addr = ioremap(STEP_PHYADDR, 0x1000);

        if (!step_addr){
              printk("%s:memory allocation failed.₩n", STEP_NAME);
              iounmap(step_addr);
              return -EIO;
        }

        printk("%s: Memory allocation success.₩n", STEP_NAME);

        return 0;
}

static void step_cleanup(void)
{
        cdev_del(STEPDevs);
      iounmap(step_addr);
        unregister_chrdev_region(MKDEV(step_major, 0), 1);
}

module_init(step_init);
module_exit(step_cleanup);
```


(4) 컴파일

디바이스 드라이버 컴파일은 커널 헤더 파일을 필요로 한다. 'Makefile'에서 커널 위치경로를 바꾼 후 컴파일을 한다. 이 때 커널은 컴파일이 되어 있어야 하며, 그렇지 않으면 시스템 의존적인 헤더 파일 경로를 찾을 수가 없다.

```
☞ pwd        // 현재 디렉터리 위치 확인
☞ ls         // 파일 리스트 확인
☞ make       // 컴파일 실행
☞ ls         // 새로 생성된 파일 확인
```

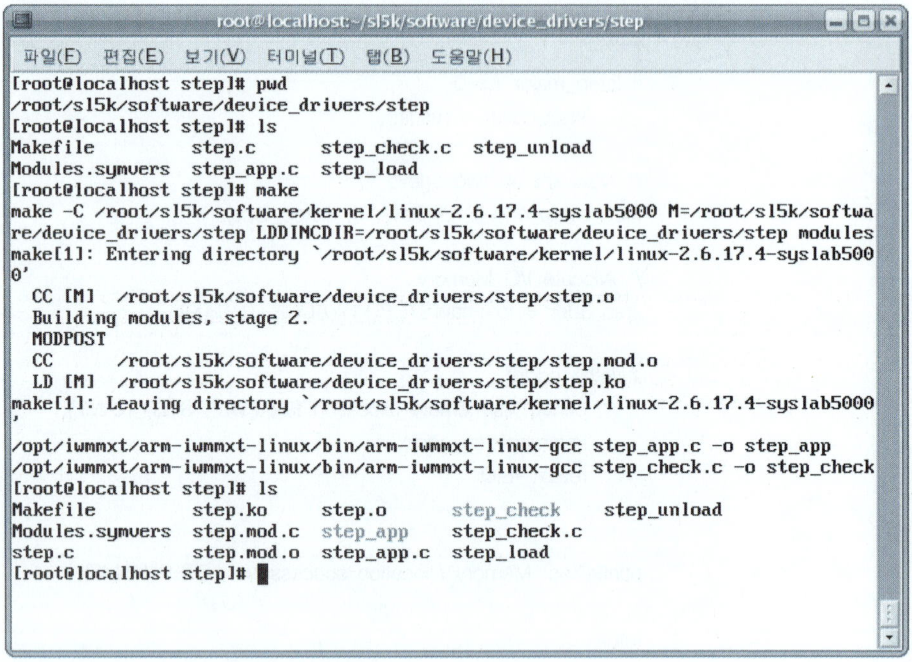

[그림 10-31] ▶ Step Motor 디바이스 드라이버 컴파일

(5) 레지스터 모듈

드라이버를 등록하는 데 필요한 절차를 쉘 스크립트 파일로 제공한다. 이것은 'insmod' 명령으로 드라이버 모듈을 올리고 'mknod' 명령으로 디바이스 노드를 생성한다. 이때 필요한 디바이스 메이저 번호는 /proc/devices 파일을 참조하여 가져 온다.

```
#!/bin/bash
module="step"
device="step"
mode="664"

# invoke insmod with all arguments we got
```

```
# and use a pathname, as newer modutils don't look in . by default
/sbin/insmod -f ./$module.ko $* || exit 1

major=`cat /proc/devices | awk "₩₩$2==₩"$module₩" {print ₩₩$1}"`

# Remove stale nodes and replace them, then give gid and perms
# Usually the script is shorter, it's simple that has several devices in it.

rm -f /dev/${device}
mknod /dev/${device} c $major 0
```

(6) Device test

'minicom'을 실행시킨 후 커널 부팅을 시작한다. 부팅 완료 후 프롬프트가 나오면 호스트 PC로부터 컴파일된 드라이버 파일과 응용프로그램, 그리고 쉘 스크립트 파일을 다운로드받는다. 먼저, 'step_load' 스크립트를 수행시킨다. 그럼 그림과 같이 등록된 모듈과 생성된 디바이스 노드를 확인할 수 있다. 등록된 모듈은 'lsmod' 명령으로 확인할 수 있다.

```
☞ ls                    //파일 리스트 확인
☞ sh step_load          // step 모듈 생성, step 노드 설정
☞ lsmod                 // 등록된 모듈 확인
☞ ls -l /dev/step       // 디바이스 노드 파일 생성 확인
```

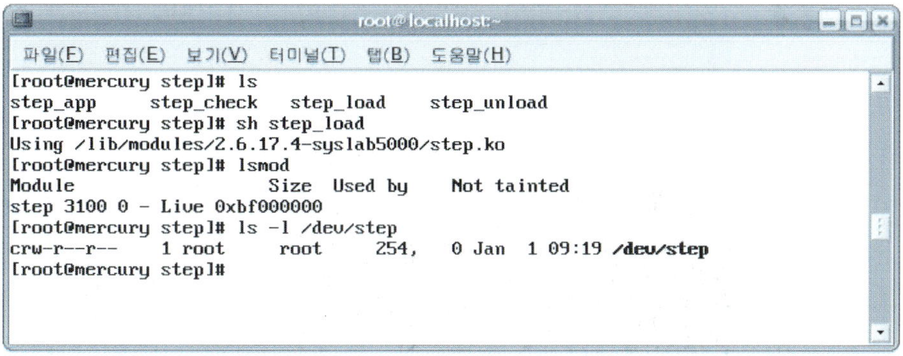

[그림 10-32] ▶ Step Motor 디바이스 드라이버 모듈 등록

step_app 응용 프로그램을 실행시킨다. 이 프로그램은 사용자로부터 0~4까지의 숫자를 입력받아 레지스터로 출력시킨다. STMR레지스터의 값을 변경하여 Step Motor의 동작을 변화시킬 수 있다.

제 10 장

```
☞ ls                        //파일 리스트 확인
☞ chmod 755 step_app        //읽기/쓰기 권한 부여
☞ ./step_app                // 응용프로그램 실행
```

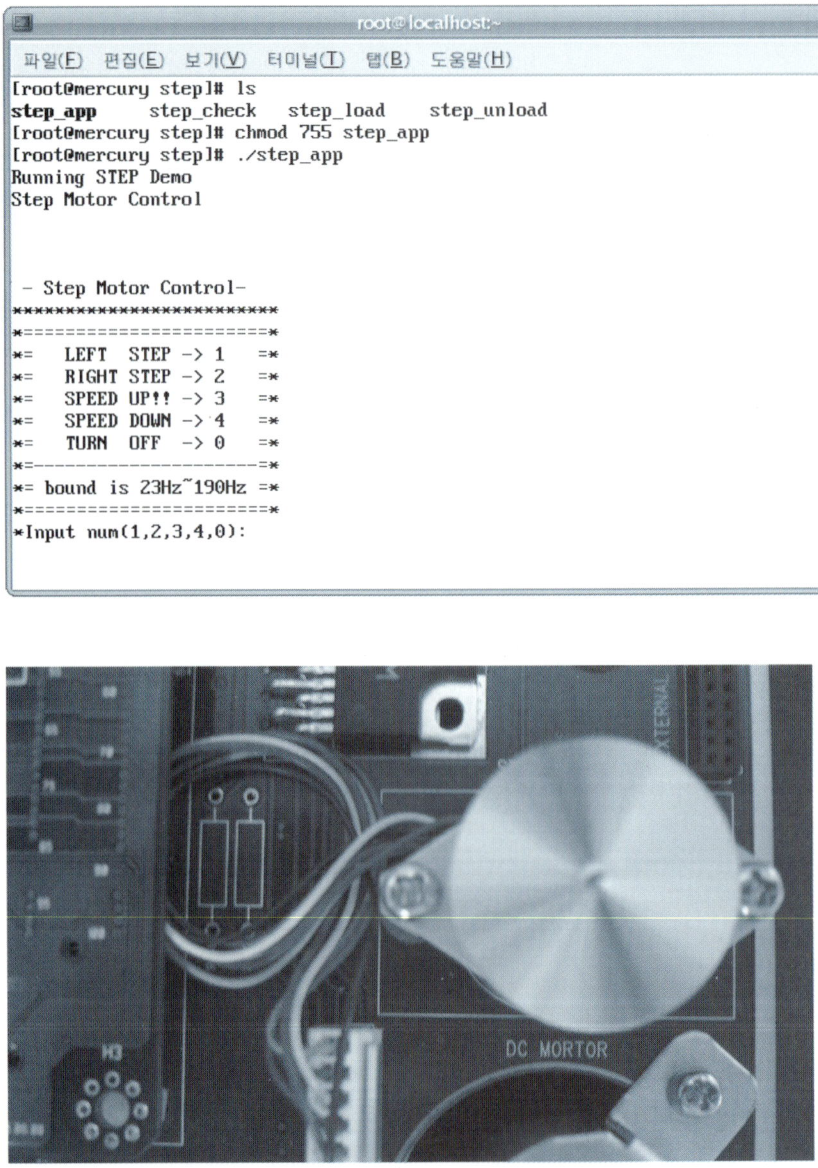

[그림 10-33] ▶ Step Motor 응용프로그램 수행 결과

찾아보기

저자 약력

■ 남 상 엽

- 공학박사
- 삼성종합기술원 정보시스템연구소 근무
- 모토로라 반도체통신(주) 기술연구소 근무
- (현) 국제대학 정보통신과 교수

■ 김 영 일

- 공학박사(경원대)
- LG 전자 근무
- (현) 오산대학 디지털전자과 교수

■ 하 판 봉

- 공학박사(서울대)
- 전자통신연구소 근무
- (현) 창원대학교 메카트로닉스공학부 전자전공 교수
  창원대학교 지능형 홈 인력양성사업단장

임베디드 소프트웨어 쉽게 배우기

2007년 3월 15일 1판 1쇄 발행

저 자 남상엽 · 김영일 · 하판봉
발행인 남 승 우

발행처 도서출판 상尙 학學 당堂
서울특별시 동작구 사당3동 220-43
TEL : 02) 595-1692~4
FAX : 02) 595-1394
E-mail : namdoo6@unitel.co.kr
신고 : 2-155호 (1968. 11. 29)

정가 25,000원

ISBN 978-89-85437-54-7 93560

당신은 이제 FPGA와 PXA272 기반의 SYS-Lab을 활용하는 임베디드 시스템 분야의 진정한 설계 전문가 입니다.
FPGA와 PXA272를 이용한 임베디드 시스템 장비
SYS Lab 5000
Libertron

FPGA와 PXA272를 이용한 임베디드 시스템 장비

SYSLab5000

SYS-Lab 5000은 인텔사의 최신 MPU Bulverde(PXA272)와 Xilinx사의 최신 FPGA(Spartan-3, Virtex-4)가 장착되어 FPGA 설계 검증 및 임베디드 시스템 교육 및 연구 개발에 적합한 장비이다. 또한 Bulverde의 저전력, 초소형 및 고성능(520MHz) 특징을 이용하여 다양한 제품 개발에 적용할 수 있다.

제품 구성 및 특징

제품 구성

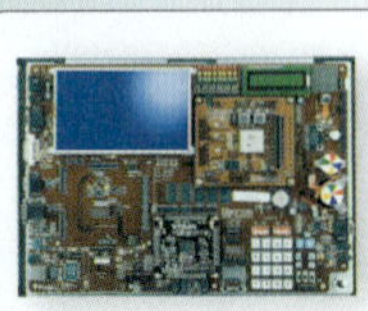

- Embedded 시스템 설계 교육 및 연구 개발을 위한 프로세서 지원
  - Processor : PXA272(32bit, RISC, 520MHz)
- SoC 설계를 위한 대용량의 FPGA 지원
  - Xilinx Virtex-4 350만~500만 게이트급 선택 장착 가능
  - Xilinx Spartan-3 100만~200만 게이트급 선택 장착 가능
- 다양한 실습을 위한 주변 장치 제공
  - Camera, Motor, Audio, USB, LCD 등
- 옵션 보드
  - 3D 모듈, GPS 모듈, Bluetooth 모듈 지원

제품 특징

- 저전력, 고성능(520MHz)의 Intel Bulverde PXA272 processor 탑재
  - 인텔의 무선 MMX™ 기술 탑재로 3D 게임과 고화질 비디오 구현 가능
- 임베디드 리눅스가 탑재되어 원하는 프로그램으로 운영 가능
  - 각종 디바이스 드라이버 제공
- GTK-Plus 기반의 X-Windows 지원
- VGA급 7인치 TFT LCD 장착(Wide)
  - 고화질의 출력과 다양한 형태의 멀티미디어 실험 실습 가능
- FPGA 모듈을 프로세서에 시스템 버스 방식으로 연결
  - 시스템 버스의 한 장치로 구성하여 소프트웨어로 간단히 제어 가능
- Spartan-3 100만 게이트급 기본 장착 되어 있으며, 사용자 요청에 따라 Virtex-4 500만 게이트급 확장 가능
- 교육용 교재 지원
- 교재 개발용 자료 지원

개발 환경 지원

- FPGA Design Tool
  - Xilinx ISE Foundation(Full option 정품)
  - ModelSim XE Starter or SE(option) 지원
- S/W 개발 환경
  - Linux Kernel : 2.6.X
  - GCC Compiler : 3.4.3

교재 지원

- PXA272와 FPGA 기반의 임베디드 시스템 설계 및 응용
  - 임베디드 시스템 구조의 이해
  - FPGA를 활용한 디바이스 드라이버 설계 실습
- 실습 예제 CD 제공

활용 분야

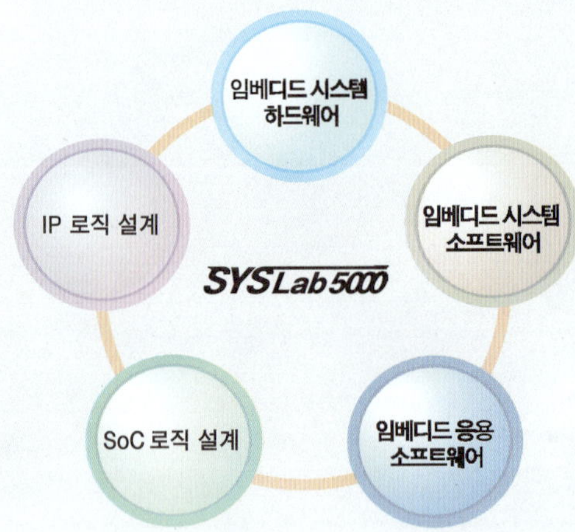

활용 실습

- SoC 교육 및 연구 개발
- 임베디드 시스템 소프트웨어 교육 및 연구 개발
- 임베디드 시스템 하드웨어 교육 및 연구 개발
- 3D Multimedia 실험 실습(옵션 보드 추가 시)
- Multimedia Player(MPEG Player, MP3 Player)
- Portable Device(PDA, Handheld PC)
- Industrial Device(Control Panel, Monitoring Station)
- Game Box
- Network Device(Gateway, Router, Terminal)
- 기타 각종 장치 제어
- GPS, Bluetooth를 통한 통신 실험 가능(옵션 보드 추가 시)

블록 다이어그램

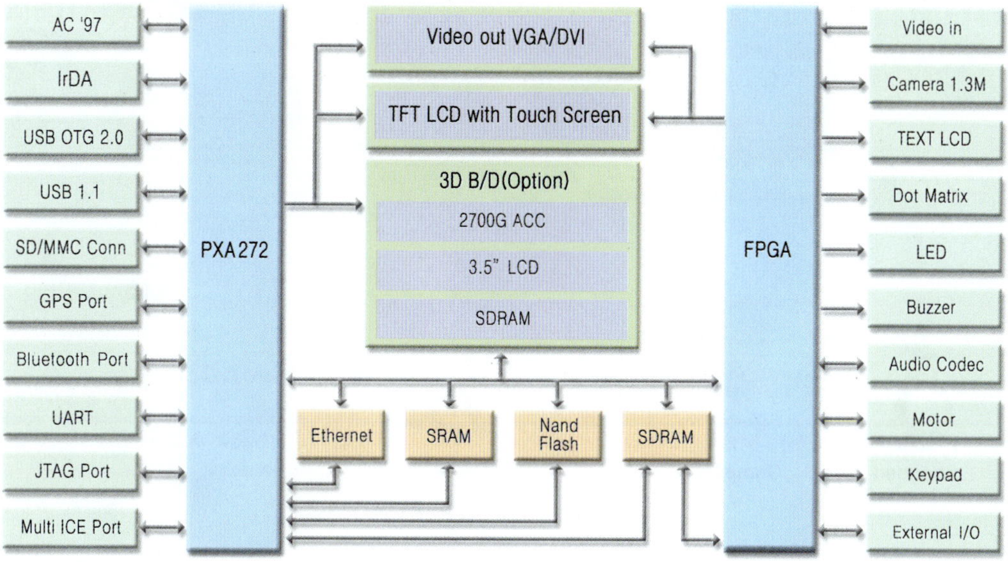

세부 사양

구 분	항 목	사 양	비 고
H / W	CPU 모듈	Intel PXA272 - Bulverde	
	FPGA 옵션 보드	Spartan - 3 : 100만~200만 게이트급 Virtex-4 : 350만~500만 게이트급	
	Memory	SDRAM 128MB(32Bit, 100MHz), SRAM 4MB, 512MB Nand Flash	
	Display	7" TFT LCD(Touch Screen), Dot Matrix, 7-Segment, LED 등	
	Camera	1.3M Pixel CMOS	
	Audio	AC'97 Codec Chip, Codec UCB1400	
	Keypad	Direct/Matrix, PS2	
	RTC	Battery Back UP RTC	
	Interface	UART 3Port, USB Host 1Port, USB Client 1Port, USB OTG 2.0 1Port JTAG, Multi-ICE, VGA, IrDA, DVI, Ethernet 10/100M	
	Socket	SD/MMC	
	Motor	Stepping Motor, DC Motor	
	옵션 보드	3D Module, GPS Module, Bluetooth Module	
S / W	FPGA Design Tool	Xilinx ISE Foundation (Full option 정품) ModelSim Simulator (XE Starter)	대학 교육 기관 무상 기증
	Operating System	Linux 2.6.X	
	X-Window	GTK - Plus 기반의 X - Window	
	Compiler	GCC 3.4.3	
	Device Driver	Ethernet 10/100M, USB Host, USB OTG 2.0, USB Client, USB HDD, TFT LCD, 3D, GPS, Bluetooth, VGA, Camera, SD/MMC, IrDA, RTC, AC'97, Stepping Motor, DC Motor, Dot Matrix, LED	